纺织试验设计及最优化

郁崇文　汪　军　王新厚　胡良剑　编著

東華大學出版社
·上海·

内 容 提 要

本书结合大量的纺织工程应用实例，对工程应用中经常遇到的试验方案设计，试验数据处理，回归方程的建立与分析，以及最优化方法进行了阐述和实例分析，并配有相关的函数表和程序，便于教学、自学和实际应用。本书可作为纺织工程或相关工程专业的研究生课程教材，也可作为科研和工程技术人员的参考书。

图书在版编目(CIP)数据

纺织试验设计及最优化 / 郁崇文等编著. —上海：东华大学出版社，2019.8

ISBN 978-7-5669-1621-1

Ⅰ.①纺… Ⅱ.①郁… Ⅲ.①纺织—试验设计—研究生—教材 Ⅳ.①TS101.92

中国版本图书馆 CIP 数据核字(2019)第 160109 号

责任编辑：吴川灵

封面设计：魏依东

出　　版：东华大学出版社（上海市延安西路 1882 号，200051）

本社网址：http://dhupress.dhu.edu.cn

天猫旗舰店：http://dhdx.tmall.com

营销中心：021-62193056　62373056　62379558

印　　刷：苏州工业园区美柯乐制版印务有限责任公司

开　　本：787 mm×1 092 mm　1/16

印　　张：17.5

字　　数：433 千字

版　　次：2019 年 8 月第 1 版

印　　次：2023 年 6 月第 2 次印刷

书　　号：ISBN 978-7-5669-1621-1

定　　价：79.00 元

序

在纺织工程领域中，工程应用常常要通过试验来确定有关的工艺参数、零部件的规格等，而这一切，都需要通过合理设计试验方案，以及统计检验分析，建立指标与影响因子之间的关系，这些是试验设计课程教学的内容。而根据所建立的关系，寻求使指标达到最优时的因子取值(范围)，则是最优化课程教学的内容。本教材将试验设计与最优化的内容结合在一起，内容包括了试验设计的方法，试验数据的分析，以及针对试验结果进行参数的最优化求解。本课程还通过工程应用中的大量案例分析，进一步说明了有关试验设计、数据分析和最优化求解的方法和实际应用，使学生更容易理解、掌握和运用相关知识。

本教材在原来的《工程参数的最优化设计》基础上进行了改编。本次编写中，删减了原有教材中的正交多项式、多目标优选，以及复合形法等，补充了日常应用较多的正交试验设计。另外，为使读者使用方便，还补充编制了最优化计算的 MATLAB 程序。最后，结合示例，对整个试验设计、结果分析和最优化及其程序运用等进行了说明，着重强调对学生解决工程应用中实际问题的能力培养，尤其适合纺织工程专业硕士研究生应用型培养的特点。

本教材改编的分工如下：第 1 章、第 6—10 章郁崇文，第 2 章王新厚，第 3—5 章汪军，第 10 章及最优化计算的 MATLAB 程序编制胡良剑。另外，研究生肖雨晴、王思意、陈明镜等在案例的计算和说明，以及绘图等方面，做了大量工作；赵馨博士在程序编制和计算示例分析中也给予了指导，在此一并表示感谢。书中的错误与不足，也恳请有关专家和读者批评指正。

2019 年 5 月

目　录

第一章　试验数据的处理 ……… 1

第一节　独立性检验 ……… 1

第二节　异常值检验 ……… 3

第三节　正态性检验 ……… 7

第四节　等方差性检验 ……… 16

第二章　正交试验设计 ……… 23

第一节　正交表的一般知识 ……… 23

第二节　正交试验设计的应用 ……… 26

第三节　正交试验设计的一般方法 ……… 37

第三章　线性回归 ……… 51

第一节　一元线性回归 ……… 51

第二节　多元线性回归 ……… 66

第三节　多项式回归 ……… 81

第四章　回归正交试验设计 ……… 84

第一节　一次回归正交设计 ……… 84

第二节　二次回归正交设计 ……… 89

第三节　二次回归的正交组合设计 ……… 100

第四节　二次回归正交设计的统计分析 ……… 107

第五节　回归正交设计的应用 ……… 110

第五章　回归旋转设计 ……… 117

第一节　回归设计的旋转性 ……… 117

第二节　二次旋转设计 ……… 118

第三节　二次旋转中的 m_0 的选择 ……… 123

第四节　回归旋转设计的应用 ……… 129

第六章　最优化设计的基础知识 ……… 137

第一节　设计变量 ……… 138

第二节　目标函数 ……… 140

第三节　约束条件 ……… 152

第四节　最优化设计的数学模型 ……… 154

第五节　优化设计的一般过程及其几何解释 ……… 156

第六节　优化计算的迭代方法 ……… 158

第七章　无约束问题的最优化方法 ……… 161

第一节　一维搜索的最优化方法 ……… 161

第二节　坐标轮换法……………………………………………………………… 167
第三节　梯度法和共轭梯度法……………………………………………………… 171
第四节　牛顿法和变尺度法………………………………………………………… 178
第五节　多变量无约束最优化方法小结…………………………………………… 185
第八章　约束问题的最优化方法…………………………………………………… 187
第一节　约束随机方向搜索法……………………………………………………… 188
第二节　惩罚函数法………………………………………………………………… 194
第九章　多目标函数的最优化方法………………………………………………… 210
第一节　统一目标法………………………………………………………………… 210
第二节　主要目标法………………………………………………………………… 212
第三节　多目标优化中数学模型的尺度变换……………………………………… 213
第十章　应用示例…………………………………………………………………… 217
第一节　二次通用旋转组合设计示例……………………………………………… 217
第二节　二次回归组合正交设计示例……………………………………………… 234
附录 1　附表 ………………………………………………………………………… 241
附录 2　程序清单 …………………………………………………………………… 269
参考文献……………………………………………………………………………… 271

第一章　试验数据的处理

试验中,由于随机性、仪器、设备和操作中的问题,会不可避免地导致试验结果中存在一些系统或随机性的误差,从而影响分析的准确性。此外,在应用回归分析、方差分析等统计分析手段时,对试验数据也有一定的要求,即:样本对总体的代表性和样本遵从特定的检验方法的要求。因此,必须在对试验数据进行统计分析之前,对试验数据本身进行预处理,使其符合统计分析的要求。

例如,在方差分析时,因其分析是建立在一些重要的假定的基础上的,也就是说,只有当所采集的数据符合有关假定时,才能使用方差分析。这些假定就是:个体的独立性、误差的正态性和方差的一致性。

独立性是指每个样品个体的采集不受上一个样本的影响,通常可以通过采样的随机性来保证,所谓采样的随机性意味着总体中每个个体被采集的机会均等,这实际上是样本对总体的代表性问题。非随机采样可能导致一系列问题,如方差的不一致性和误差的非正态性等。样本的正态性是常用数理统计方法的前提条件。尽管这一假定至关重要,但一个样本是否具有随机性根本无法用统计方法加以检验,只能靠实验者在进行观测和试验设计时加以注意。

第一节　独立性检验

保证个体的独立性就是要使所采集的每个样本与上一个样本没有关联。数据是否符合独立性假定可以用游程检验加以判断。例如,在小区栽培实验中,常常会因为相邻地块的性质相似而造成数据的非独立性特征。如果不将同一处理水平的样点放在相邻位置,即将试验地块作随机化安排,就可以保证获得具有独立性的样本。

一个样本是否能代表它的总体,关键在于采样的随机性。非随机采样一方面可能导致样本特征与总体特征的不一致,另一方面也可能反映在个体的非独立性方面,样本中个体的独立性是指它们的采集过程完全不受其他个体的干扰。对那些分布在某一时间或空间范围内的个体而言,个体间的自相关特性是导致采样非独立性的重要原因,而样本的非独立性则会造成统计分析的错误结论。例如,为了比较两个同类城区的噪声污染程度,先在第一区测定若干数据,再到第二区进行测定。由于噪声水平往往有随时间变化的趋势,这样得到的数据就有一定程度的自相关性,即一个测定值与其邻近测定值有某种相似性,直接比较上述两组数据显然不能正确反映两个城区间的差别。

采样的独立性首先应当在采样过程中加以注意。例如在上述两城区噪声比较研究中,可以考虑在两个城区同步采样以克服时间因素的影响。本节提供的游程检验虽然可用于样本非独立性检验,但由于方法本身仅适用于二分类类型数据,从方法学角度出发,这类检验的效率很低,不能指望仅仅由这样的检验来保证采样的可靠性。

游程检验是一种假设检验的方法,使用时先假定采集的个体具有独立性特征,然后通过适当方法加以证实或加以否定。游程检验基于样本显示的游程数(r)。一个游程意味着一个连续的、具有相同取值的数据串,在它前后与其相邻的则是不同取值。波动游程检验是游程检验的基本方法,该方法使用二分类类型数据,对原始数据就是二分类者,可直接进行检验,若原始数据并非二分类类型,那么必须在检验前作数据变换(类型转换),使成为二分类数据。例如,在原始数据是连续量的情况下,可根据每个数据与中位数的大小关系,分别用正号和负号代表大于和小于中位数的观测值,如果样本量为奇数,则删去等于中位数的个体,这样就得到一组个体取值为正号或负号的二分类样本。这种基于中位数的检验又叫中位数上下游程检验,对于这种方法,一个游程就是一连串正号或一连串负号,该数据串前后均为另一种符号,对其他定量数据,如离散量或顺序量,也可以参照此法演变出类似的游程检验来。

将总样本量记为 n,分别用 n_1 和 n_2 代表两个类别的数据个数,对原始数据不是类型变量的中位数上下游程检验或类似变通办法,n_1 一般等于 n_2,检验时首先将 n 个观测值按出现顺序(采样顺序)排列,然后求得游程数 r。例如,对下列二分类样本,其游程数为 6, $n_1=8$, $n_2=6$。

M	M	M	M	F	F	M	M	M	F	M	F	F	F

对以下数据,由于属于连续量,先按中位数 9.5 将各数据转换为正号或负号,大于 9.5 者取正号,反之取负号,则可知,其游程数等于 7, $n_1=8$, $n_2=8$。

16	12	10	9	5	8	15	5	2	1	8	16	20	3	20	12
+	+	+	−	−	−	+	−	−	−	−	+	+	−	+	+

当将数据按大小次序排列后,其中位数可按下式计算

$$\text{中位数}=\begin{cases} x_{k+1}, & (n=2k+1) \\ \dfrac{1}{2}(x_k+x_{k+1}), & (n=2k) \end{cases}$$

如果 n_1 和 n_2 都小于 20,可以直接从波动游程检验临界值表(附表 1-1)中得到一对检验临界值 $r_{1,\,0.05}[n_1,\ n_2]$ 和 $r_{2,\,0.05}[n_1,\ n_2]$,限于篇幅,表中仅仅列举了 0.05 显著性水平的临界值,如果计算游程数 r 落在两个临界值之外,即

$$r \leqslant r_1 \quad \text{或} \quad r \geqslant r_2$$

那么可以认为该样本中的个体不具备独立性。

在样本量较大时 ($n_1>20$ 或 $n_2>20$), r 的抽样分布近似于正态,可以先计算

$$t_s=\frac{\left|r-\dfrac{2n_1n_2}{n_1+n_2}-1\right|-0.5}{\sqrt{\dfrac{2n_1n_2(2n_1n_2-n_1-n_2)}{(n_1+n_2)^2(n_1+n_2-1)}}} \tag{1-1}$$

将计算值与附表 1-2 中的 $t_\alpha[\infty]$ 相比,如果

$$t_s>t_\alpha[\infty]$$

则可以认为该样本中的个体不具有独立性,这里 α 一般取 0.05。

除波动游程检验外,还有一些适合于检验个体独立性的方法,如利用一级自回归系列模型的

参数方法以及非参数的 Von Neumann 比计算。由于这些方法都不太常用,故不再作详细介绍。

【例 1-1】 检验以下样本采集的独立性:

9	8	5	3	1	8	9	7	8	5	2	8	1	2	2	9	9	8	9	5	4	7	2	1

根据取值大于还是小于它们的中位数 6,将之转换为二分类数据:

+	+	−	−	−	+	+	+	+	−	−	+	−	−	−	+	+	+	+	−	−	+	−	−

对此组数据,有:$n_1=12$, $n_2=12$, $r=10$。

由于 n_1 和 n_2 均在 20 以下,可直接从附表 1-1 中查到临界值,有

$$r_{1,\,0.05}[12,\ 12]=7 \quad 和 \quad r_{2,\,0.05}[12,\ 12]=19$$

计算 r 值落在两临界值之间,不能认为样本中个体不具独立性。

第二节 异常值检验

在一批试验数据中,如混杂有异常数据,则必然会歪曲实验结果。因此,必须正确地剔除异常数据(或称坏值)。另一方面,由于在特定条件下进行实验测量的随机波动性,致使测量数据有一定的分散性,如果人为地丢掉一些误差较大的、但不属于异常的数据,这样会造成虚假的高精度,这也是不正确的。

人们对异常数据的判别与剔除,往往采用两种方法:

1. *物理判别法*

即在试验过程中,人们根据常识或经验,判别由于仪器或设备的震动、数据的误读等原因造成的坏值,随时发现,随时剔除。

2. *统计判别法*

统计判别法的基本思想在于,给定一个置信概率(例如 0.99),并确定一个置信限,凡超过此限的误差,就认为它不属随机误差范围,系属异常数据,应予剔除。

一般情况下从一个总体中抽样时,取值越接近分布中心,其值出现的可能性就越大。相反,那些距分布中心远的取值出现的概率就较小。例如,从一个均值等于 0,方差等于 1 的标准正态分布总体中抽样时,取值落在 0 附近的可能性远远大于取值在 5 左右的概率。一个样本中出现概率很小的值叫做异常值。无论异常值的出现纯属偶然还是与观测过程中的某些失误有关,其存在都会对统计分析结果产生影响。这当然不是实验者所希望的。为了克服少数异常值带来的干扰,常常有必要在进行统计分析之前检验并剔除样本中的异常值。常用的异常值检验方法包括 t-检验、Grubbs 检验、Dixon 检验和 Walsh 检验等。

试验者可以在选定的正确性概率下根据上述四种方法作出某个或某些观测值是否属于异常的判断,可以主观确定的这一最大允许错误率记作显著性水平 α,用以表示某观测值并非异常,而检验结果却将它判断为异常的可能性,通常取 $\alpha=0.05$。这意味着如果检验结果认为某值是异常,该结论不正确的概率不会大于 5%,由此可见,试验者可以通过改变 α 值来调整检验方法的严格程度。假如宁可错误地剔除非异常数据也不愿意放过可能的异常值,那么应当选择大一些的 α 值,反之,如果要求尽量不作出错误剔除,那么可用较小的 α 值进行检验。

除 Walsh 法可同时检验若干个可疑值外,以下介绍的方法都是针对一个可疑值进行的。如果实验者怀疑的观测值不止一个,就必须逐个加以检验并决定取舍。一般步骤是先将所有数据从小到大排列,以两端极值作为可疑值,然后分别加以检验。如果发现最大值或最小值是异常,那么可以将其剔除并进一步检验次大值或次小值,直至剩余数据的最大和最小值都不再是异常为止。

Grubbs 检验和 t-检验适用于采自正态分布总体的样本。这两种检验的主要差别反映在它们的严格性(其反面是保守性)程度方面。相比之下,t-检验要比 Grubbs 检验严格。这就是说,如果取相同的 α 值,并用这两种方法检验同一样本,t-检验方法剔除的异常值可能多于(至少等于)Grubbs 检验的结果。因此,实验者也可以根据特定的严格性要求在这两种方法中进行选择。

Grubbs 检验和 t-检验的检验值都等于可疑值与算术均值之差的绝对值除以标准差,分别用 G_s 和 K_s 表示其统计量。但 Grubbs 法使用的均值 $\bar{x}$ 和标准差 s 是全体数据的统计量,即,对全体数据中的每个数据 x_i,有

$$G_s = \frac{|x_i - \bar{x}|}{s} \tag{1-2}$$

而 t-检验用的是不包括可疑值在内数据的计算结果。分别用 $\tilde{x}$ 和 $\tilde{s}$ 表示不包括可疑值数据的均值和标准差,有

$$K_s = \frac{|x_i - \tilde{x}|}{\tilde{s}} \tag{1-3}$$

两种方法的检验值计算中都不应当包括已被剔除的异常值。如果检验值大于相应临界值,即当

$$G_s > G_\alpha[n] \qquad \text{(Grubbs 检验)}$$

或

$$K_s > K_\alpha[n] \qquad (t\text{-检验})$$

时,可以判定该可疑值为异常。这一判断的可靠性为 $1-\alpha$。两种方法的检验临界值 $G_\alpha[n]$ 和 $K_\alpha[n]$ 值可分别根据 α 和样本量 n(包括可疑值在内)从异常值 Grubbs 检验临界值表(附表 1-3)和异常值 t-检验临界值表(附表 1-4)中查到。

在很多情况下,试验者对总体是否为正态分布以及样本中是否存在异常观测值都没有把握。虽然数理统计方法分别提供了这两个方面的检验手段,但对它们的相互影响却很难判断。一方面,当样本来自非正态分布总体,如对数正态分布总体时,先进行异常值检验可能导致错误剔除,从而使剔除后样本趋近正态分布。另一方面,如果样本代表的背景总体确属正态分布,而试验者在异常值剔除之前先进行分布检验,那么由于样本中个别异常值的存在造成分布向一侧偏斜,从而可能得出总体不属正态分布的错误结论。由此可见,究竟应当先用上述两种方法作异常值剔除还是先进行分布检验是一个很难回答的问题,试验者只能凭经验作出适当的选择。

Dixon 检验也适用于正态分布情形,但由于其检验值计算式因样本量不同而异,一般仅用于小样本量数据。采用 Dixon 检验时首先根据样本量 n 和 α 值从 Dixon 检验临界值与检验系数计算式表(附表 1-5)中查得 Dixon 系数 D_s 的计算式(表中右侧)和相应的检验临界值(表中

左侧)。根据计算式求出检验系数后再与临界值比较,如果

$$D_s > D_\alpha[n]$$

则该可疑值异常。

Walsh 检验是一种非参数方法,可用于任意分布对象,使用时不需要临界值表。与上述所有方法的另一重要差别在于这种检验一般只适用于大样本量数据。事实上,只有当以下关系成立时才有可能使用 Walsh 检验。

$$\mathrm{Trunc}(\sqrt{2n}) > 1 + \frac{1}{\alpha} \tag{1-4}$$

式中,Trunc 函数代表取整运算。根据此式,当 α 取值为 0.05 时,样本量必须在 220 以上。另外,Walsh 检验不必像上述方法那样对可疑值进行逐个计算,它可以同时检验若干可疑数据。如果实验者怀疑数据中最大的 r 个或最小的 r 个数据为异常值的话,首先计算

$$c = \mathrm{Trunc}(\sqrt{2n}) \tag{1-5}$$

$$k = r + c \tag{1-6}$$

$$b = \frac{1 + \sqrt{\dfrac{c - \dfrac{1}{\alpha}}{\alpha(c-1)}}}{c - \dfrac{1}{\alpha} - 1} \tag{1-7}$$

如果可疑值为数据中的最小值,求

$$W = x_r - (1+b)x_{n-r} - bx_{n+1-k} \tag{1-8}$$

若可疑值为最大值,则计算

$$W = -x_{n+1-r} + (1+b)x_{n-r} - bx_{n+1-k} \tag{1-9}$$

将这 r 个可疑值判定为异常的条件是

$$W < 0$$

上述几种异常值检验方法及各自的适用条件归纳在表 1-1 中。

表 1-1 异常值检验方法

检验方法	适用范围及特点
t-检验	正态分布样本,较严格
Grubbs 检验	正态分布样本,保守性适中
Dixon 检验	正态分布样本,小样本量,较保守
Walsh 检验	正态或非正态分布样本,大样本量

【例 1-2】 用不同方法从下列观察数据中剔除异常值:

−4.44, −1.41, −0.78, −0.78, 0.55, 0.64, 1.05, 1.05, 1.72, 5.91, 9.30, 20.49

【解】 将上述数据按从小到大按顺序排列,即

$$X_1 = -4.44,\ X_2 = -1.41,\ \cdots,\ X_{11} = 9.30,\ X_{12} = 20.49$$

(异常值用 * 表示,非异常值记为—)

(1) 用 t-检验,分别对数据中的最大、最小值进行检验,结果如下。

可疑值	x_i	n	$\tilde{x}$	$\tilde{s}$	$\lvert x_i - \tilde{x} \rvert$	K_s	$K_{0.05[n]}$	结论
X_1	−4.44	12	3.404	6.175	7.844	1.27	2.33	—
X_{12}	20.49	12	1.137	3.471	19.353	5.58	2.33	*
X_{11}	9.30	11	0.321	2.434	8.979	3.69	2.37	*
X_{10}	5.91	10	−0.267	1.769	5.877	3.32	2.43	*
X_9	1.72	9	−0.515	1.722	2.235	1.30	2.51	—

(2) 以相同的方式用 Grubbs 检验得到的结果比 t-检验略为保守,仅将 X_{11} 和 X_{12} 确定为异常值。

可疑值	x_i	n	$\tilde{x}$	$\tilde{s}$	$\lvert x_i - \tilde{x} \rvert$	G_s	$G_{0.05[n]}$	结论
X_1	−4.44	12	2.750	6.297	7.190	1.14	2.29	—
X_{12}	20.49	12	2.750	6.297	17.740	2.82	2.29	*
X_{11}	9.30	11	1.137	3.471	8.163	2.35	2.23	*
X_{10}	5.91	10	0.321	2.434	5.289	2.17	2.18	—

(3) 用 Dixon 检验发现的异常值与 t-检验的完全一样。

可疑值	x_i	n	D_s	$D_{0.05[n]}$	结论
X_1	−4.44	12	0.266	0.546	—
X_{12}	20.49	12	0.679	0.546	*
X_{11}	9.30	11	0.708	0.576	*
X_{10}	5.61	10	0.554	0.477	*
X_9	1.72	9	0.214	0.512	—

(4) 用 Walsh 检验时,因样本量很小,α 值至少应取 0.34。在实际应用中,Walsh 检验不适合于检验如此小的数据。此例仅用来表明如何运算。先假定最大和最小值为异常,故取

$$r = 1,\ c = \mathrm{Trunc}\sqrt{24} = 4,\ k = 1 + 4 = 5$$

$$b = \frac{1 + \sqrt{\dfrac{4 - \dfrac{1}{0.34}}{(0.34) \times 3}}}{4 - \dfrac{1}{0.34} - 1} = 34.32$$

对最小值的检验值

$$W_1 = -4.44 - (1 + 34.32) \times (-1.41) + 34.32 \times (0.55) = 64.24$$

相应地,对于最大值的检验值

$$W_2 = -20.49 + (1 + 34.32) \times (9.30) - 34.32 \times (1.05) = 271.95$$

对最小和最大值的计算值 W 都大于零,可见它们都不是异常值。用 Walsh 检验得到的结果

与其他方法完全不同的主要原因是此例样本量太小,故所取 α 值偏大。

第三节 正态性检验

分布的正态性是数理统计方法中最重要的假定,包括参数检验、方差分析、相关分析和回归分析在内的大多数统计分析都要求数据符合这一假定。造成试验结果非正态性的原因有两种,一是总体本身就不是正态分布的,二是样本中包含个别异常值。对于非正态分布的总体,做适当数据变换(如对对数正态分布总体做对数变换,对左偏或右偏数据作 Box-Cox 变换等),或者改用非参数检验方法都是可行的选择。在有异常值存在的情况下,则应将其先剔除再作方差分析。

正态分布检验不仅可用来判断原始变量是否服从正态分布,还常常用于检验非正态分布总体经某种数学变换后是否成为正态分布形式。关于对数正态分布和指数正态分布的检验就是常见的两例。从属对数正态分布的总体经对数变换后即成为正态分布,而指数变换可以将指数正态分布总体转换为正态分布形式。对这些分布类型的检验与正态检验方法雷同,只要在作正态检验之前对原始数据进行适当变换即可。

一、几种正态分布的检验方法及比较

将在本节介绍的正态分布检验方法主要包括偏度-峰度检验,Shapiro-Wilk 检验和 Lillifors 检验。其中偏度-峰度检验由于对数据信息利用充分,且可分别描述分布的偏斜程度和峰形陡缓,因此是最常用的检验方法。相比之下,Shapiro-Wilk 正态分布检验更适用于小样本量的场合。

本节还包括几种不太严格的,但快速、简便的正态检验方法。这些快速检验方法虽然比较粗糙而且极易受个别异常值的干扰,但在用作对某些样本作大致判断,以确定能否使用特定的参数统计方法时仍有其实用价值,本节将要介绍的此类方法包括,D'Agostino 法以及正态分布的经验判断法则和 David 快速检验。有关方法及各自的特点如下表所列。

表 1-2 正态性检验方法

检验方法	适用性及特点
偏度-峰度检验	仅对偏度或峰度敏感
Shapiro-Wilk 检验	小样本数据
David 检验	简便但易受异常值干扰
D'Agostino 检验	简便但不严格,仅对峰态敏感

1. 正态分布的偏度-峰度检验

偏度系数和峰度系数是两个描述总体中个体分布形式的重要统计量。在理论正态分布总体中的这两个参数都应当为零,对偏度系数而言,该值大于零说明分布峰右偏,而小于零则表示左偏。另一方面,峰度系数大于零和小于零的两种情形分别反映了分布峰的尖峰态和平坦峰态。鉴于这两个统计量的上述特征可以利用偏度系数和峰度系数检验一个总体的分布类型是否为正态,亦即检验总体的这两个参数是否等于零,这就是偏度-峰度检验。

与其他正态分布检验方法相比,偏度-峰度检验的优点是不言而喻的。作为典型的参数方

法，其检验功效高，并有明确的概率意义，甚至能利用 t-分布函数得到拒绝原假设时的准确相伴概率。除此之外，这种方法的另一优点在于可以从偏度和峰度两个不同角度来判断总体对正态分布的偏离，这在对研究对象分布形式的描述和解释方面都非常有用。譬如一个右偏的尖峰分布很可能说明数据分布接近对数正态形式。当然总体对正态分布的偏离有时也会反映在其他方面，比如双峰态就是其中一种。偏度-峰度检验对判断这样的分布特性当然是无能为力的。

偏度-峰度检验实质上是分别针对总体偏度系数和峰度系数进行 t-检验的两种独立方法。由于分布的偏斜形式有左偏和右偏两种可能，而峰度同样有尖峰和平坦峰两种状态，因此关于偏度系数和峰度系数的统计检验与许多其他检验一样有单、双侧之分。正因为如此，偏度检验和峰度检验各有两种不同的对立假设。分别用 γ_1 和 γ_2 表示总体偏、峰度系数，偏度系数 t-检验的原假设为

$$H_0: \gamma_1 = 0$$

而对立假设区别单、双侧两种情况分别是

$$H_1: \gamma_1 \neq 0 \quad (\text{双侧检验})$$
$$H_1: \gamma_1 > 0 \quad (\text{单侧检验})$$
$$H_1: \gamma_1 < 0 \quad (\text{单侧检验})$$

双侧峰度检验的统计假设是

$$H_0: \gamma_2 = 0$$
$$H_1: \gamma_2 \neq 0$$

相应的单侧检验的原假设与双侧检验相同，但对立假设却为

$$H_1: \gamma_2 > 0$$
$$H_1: \gamma_2 < 0$$

如果用 g_1 和 g_2 表示样本量为 n 的样本偏度系数和峰度系数的话，偏度检验和峰度检验的计算统计量分别是

$$t_1 = \frac{|g_1|}{\sqrt{\dfrac{6n(n-1)}{(n-2)(n+1)(n+3)}}} \tag{1-10}$$

$$t_2 = \frac{|g_2|}{\sqrt{\dfrac{24n(n-1)}{(n-3)(n-2)(n+3)(n+5)}}} \tag{1-11}$$

其中

$$g_1 = \frac{\sqrt{n}\sum_{i=1}^{n}(x_i - \bar{x})^3}{\left[\sum_{i=1}^{n}(x_i - \bar{x})^2\right]^{3/2}} = \frac{\hat{\mu}_3}{s^3},\ g_2 = \frac{n\sum_{i=1}^{n}(x_i - \bar{x})^4}{\left[\sum_{i=1}^{n}(x_i - \bar{x})^2\right]^2} = \frac{\hat{\mu}_4}{s^4}$$

其中，s^2 为样本的二阶中心矩即方差，$\hat{\mu}_3$、$\hat{\mu}_4$ 分别为 3 阶和 4 阶中心矩。

像其他 t-检验方法一样，可以将计算值与 t-检验临界值比较以决定是否拒绝检验的原假设。在 α 显著性水平，对双侧检验，拒绝原假设的条件是

$$t_1 > t_\alpha[v] \text{（偏度检验）}$$
$$t_2 > t_\alpha[v] \text{（峰度检验）}$$

自由度 $v = n-1$。

对单侧检验，则在以下条件下拒绝检验的原假设

$$t_1 > t_{2\alpha}[v] \text{（偏度检验）}$$
$$t_2 > t_{2\alpha}[v] \text{（峰度检验）}$$

对一个检验对象，只要偏度检验或峰度检验中有一个拒绝了原假设，就可以认为该样本来自非正态分布的总体。换言之，对于服从正态分布的总体，两项检验结果都不应当显著。

【例 1-3】 测定了来自某地区表土 82 个样品中的锌含量。为作进一步统计分析，应先作正态分布检验，以确定有没有必要进行数据变换或选用非参数方法。测定值的有关统计量如下(原始数据从略)：

$$n = 82,\ g_1 = 2.71,\ g_2 = 11.18$$

分别建立两组统计假设。对于偏度检验，有

$$H_0: \gamma_1 = 0$$
$$H_1: \gamma_1 \neq 0$$

对峰度检验的假设为

$$H_0: \gamma_2 = 0$$
$$H_1: \gamma_2 \neq 0$$

据式(1-10)和(1-11)，分别计算两个检验统计量

$$t_1 = \frac{2.71}{\sqrt{\dfrac{6(82)\times(82-1)}{(82-2)\times(82+1)\times(82+3)}}} = 10.2$$

$$t_2 = \frac{11.18}{\sqrt{\dfrac{24(82)\times(82+1)}{(82-3)\times(82-2)\times(82+3)\times(82+5)}}} = 189.11$$

如果以 0.05 为显著性水平，自由度 $v = n-1$，从附表 1-2 中得到

$$t_{0.05}[81] = 1.99$$

临界值大大低于两个计算值，可以有把握地拒绝检验的两个原假设。可见该地区表土锌含量不属正态分布。由于偏度系数和峰度系数均明显大于零，该总体呈右偏尖峰态分布。据经验可知，土壤微量元素含量常常为对数正态分布形式(恰好呈右偏尖峰态)。下面对原始数据作对数变换，再对变换后的数据进行偏度-峰度检验，即分别对两组统计假设作偏度-峰

度t-检验。

对偏度系数

$$H_0:\gamma_1=0\text{ (经对数变换)}$$
$$H_1:\gamma_1\neq 0\text{ (经对数变换)}$$

对峰度系数

$$H_0:\gamma_2=0\text{ (经对数变换)}$$
$$H_1:\gamma_2\neq 0\text{ (经对数变换)}$$

经对数变换后的有关统计量为

$$n=82,\ g_1=0.21,\ g_2=-0.51$$

计算检验统计量

$$t_1=\frac{0.21}{0.26}=0.81,\ t_2=\frac{0.51}{0.52}=0.98$$

仍取 0.05 的显著性水平,检验的临界值还是

$$t_{0.05}[81]=1.99$$

两个计算值都在临界值以下,故接受两个原假设。检验结论是该地区土壤锌含量服从对数正态分布。

2. 正态分布的 Shapiro-Wilk 检验

对于样本量较小 ($50\geqslant n\geqslant 8$) 的情况,可以用 Shapiro-Wilk 检验代替偏度-峰度检验。与偏度-峰度检验不同的是,Shapiro-Wilk 检验对偏度和峰度以外的非正态性特征也敏感,但不能区分总体对正态分布的偏离表现在什么方面,只是笼统地判断一个样本是否来自正态分布的总体。其统计假设为:

H_0:样本来自正态分布的总体

H_1:样本来自非正态分布的总体

由于 Shapiro-Wilk 检验的检验统计量计算以及临界值获取都依赖于专门的统计用表,所以只有在可以查到适当的检验系数和临界值时才有可能使用这种方法。这实际上是 Shapiro-Wilk 检验只适用于小样本量数据的重要原因。本书附表 1-6、1-7 分别为样本量在 50 以内的 Shapiro-Wilk 检验系数表和临界值表。

对样本量等于 n 的一个样本,将全体观测值按从小到大次序排列,得

$$x_1\leqslant x_2\leqslant x_3\leqslant\cdots\leqslant x_n\quad i=1,\ 2,\ \cdots,\ n$$

对该样本进行 Shapiro-Wilk 检验的第一步是根据样本量 n 从附表 1-6 中查取 n 个 Shapiro-Wilk 检验系数,记为 $\alpha_k(W)$。

Shapiro-Wilk 检验的统计量为:

$$W=\frac{\left[\sum_{k=1}^{l}\alpha_k(W)\cdot(x_{n+1-k}-x_k)\right]^2}{\sum_{k=1}^{n}(x_k-\overline{x})^2}\tag{1-12}$$

其中，当 n 为偶数时，$l=\frac{n}{2}$；

当 n 为奇数时，$l=\frac{n-1}{2}$。

根据 α 和 n 查表（附表 1-7）可知 W 的临界值 Z_α。

由此可作出判断：

当 $W<Z_\alpha$ 时，拒绝 H_0，即分布不呈正态。

当 $W \geqslant Z_\alpha$ 时，接受 H_0，即分布呈正态。

【例 1-4】 测得某种纱的伸长率（%）的数据为：

15.2，15.4，14.8，13.0，14.2，14.6，14.5，14.2

问其是否符合正态分布。

【解】

1）将各值按大小顺序排列：

x_1，	x_2，	x_3，	x_4，	x_5，	x_6，	x_7，	x_8
13.0，	14.2，	14.2，	14.5，	14.6，	14.8，	15.2，	15.4

其平均值为：

$$\bar{x}=\frac{1}{n}\sum_{i}^{n}x_i=\frac{1}{8}(13.0+14.2+14.2+14.5+14.6+14.8+15.2+15.4)=14.49$$

2）计算统计量 W：

因为 n 为偶数，所以 $l=\frac{8}{2}=4$

查附表 1-6 可知：$\alpha_1(W)=0.605\,2$，$\alpha_2(W)=0.316\,4$，$\alpha_3(W)=0.174\,3$，$\alpha_4(W)=0.056\,1$

$$W=\frac{[\alpha_1(x_8-x_1)+\alpha_2(x_7-x_2)+\alpha_3(x_6-x_3)+\alpha_4(x_5-x_4)]^2}{(x_1-\bar{x})^2+(x_2-\bar{x})^2+(x_3-\bar{x})^2+(x_4-\bar{x})^2+\cdots+(x_8-\bar{x})^2}=$$

$$\frac{[0.605\,2\times(15.4-13)+\cdots+0.056\,1\times(14.6-14.5)]^2}{1.49^2+0.29^2+\cdots+0.91^2}=\frac{1.879\,1^2}{3.822\,88}=0.923\,6$$

3）查附表 1-7 知：$Z_\alpha(\alpha=0.05)$ 为 $Z_{0.05}=0.818$。

4）作出统计判断：$W>Z_\alpha$，接受 H_0，即数据呈正态分布。

3. 正态分布的 D'Agostino 检验

D'Agostino 快速检验利用均值的平均绝对偏差与方差之比作为判断依据，虽然该方法对数据信息的利用比其他几种快速检验充分，但它仅仅对分布曲线的峰度敏感。这种方法在单纯作峰度检验时不如峰度系数 t-检验那么严格，而在进行快速判断时又不如前两种方法那样全面，但其对样本容量大的数据（$1\,000 \geqslant n \geqslant 50$）有较好的适应性。

D'Agostino 的检验步骤为：

1）将观察值按大小顺序排列：

$$x_1 \leqslant x_2 \leqslant \cdots \leqslant x_n$$

2）计算统计量 Y

$$Y=\frac{\sqrt{n}\,(D-0.282\,094\,79)}{0.029\,985\,98} \tag{1-13}$$

其中
$$D=\frac{\sum\limits_{k=1}^{n}\left(k-\frac{n+1}{2}\right)x_k}{(\sqrt{n})^3\sqrt{\sum\limits_{k=1}^{n}(x_k-\overline{x})^2}}=\frac{\sum\limits_{k=1}^{n}\left(k-\frac{n+1}{2}\right)x_k}{n^2\sigma_n} \tag{1-14}$$

或
$$D=\frac{D'}{(\sqrt{n})^3\sqrt{\sum\limits_{k=1}^{n}(x_k-\overline{x})^2}}=\frac{D'}{n^2\sigma_n} \tag{1-15}$$

式中
$$D'=\sum_{k=1}^{l}\left(\frac{n+1}{2}-k\right)(x_{n+1-k}-x_k) \tag{1-16}$$

其中：当 n 为偶数时，$l=\frac{n}{2}$；

当 n 为奇数时，$l=\frac{n-1}{2}$。

3）根据显著性水平 α 和 n 可查表(附表 1-8)知：$Z_{\alpha/2}$ 和 $Z_{1-\alpha/2}$。

4）作出统计判断：当 $Y<Z_{\alpha/2}$ 或 $Y>Z_{1-\alpha/2}$ 时，拒绝 H_0，即数据不为正态分布；

当 $Z_{\alpha/2}\leqslant Y\leqslant Z_{1-\alpha/2}$ 时，接受 H_0，即数据为正态分布。

【例 1-5】 测得苎麻 36 公支纱的品质指标(60 个数据)如下，问其是否服从正态分布(在 $\alpha=0.05$ 置信度下)。

1 680, 1 230, 1 720, 1 650, 1 290, 1 802, 1 804, 1 970, 1 620, 1 435, 1 504, 1 609,
1 440, 1 530, 1 392, 1 424, 1 725, 1 618, 1 820, 1 425, 1 705, 1 420, 1 560, 1 620,
1 570, 1 710, 1 630, 1 920, 2 080, 1 730, 1 760, 1 770, 1 680, 1 590, 1 520, 1 490,
1 620, 1 732, 1 801, 1 600, 1 570, 1 720, 2 010, 1 320, 1 330, 1 420, 1 510, 1 708,
1 802, 1 607, 1 620, 1 430, 1 721, 1 429, 1 372, 1 517, 1 627, 1 670, 1 806, 1 920

【解】 建立原假设 H_0：此组数据呈正态分布。

1）先将数据按大小次序排列如下：

1 230, 1 290, 1 320, 1 330, 1 372, 1 392, 1 420, 1 420, 1 424, 1 425, 1 429, 1 430,
1 435, 1 440, 1 490, 1 504, 1 510, 1 517, 1 520, 1 530, 1 560, 1 570, 1 570, 1 590,
1 600, 1 607, 1 609, 16 18, 1 620, 1 620, 1 620, 1 620, 1 627, 1 630, 1 650, 1 670,
1 680, 1 680, 1 705, 1 708, 1 710, 1 720, 1 720, 1 721, 1 725, 1 730, 1 732, 1 760,
1 770, 1 801, 1 802, 1 802, 1 804, 1 806, 1 820, 1 920, 1 920, 1 970, 2 010, 2 080

2）计算统计量：

上列数据的平均值 $\overline{x}=\frac{1}{n}\sum\limits_{i=1}^{n}x_i=\frac{1}{60}(1\,230+1\,290+1\,320+\cdots+2\,010+2\,080)=1\,621$

其方差为

$$\sigma_n=\sqrt{\frac{1}{n}\sum_{i=1}^{n}(x_i-\overline{x})^2}=$$

$$\sqrt{\frac{1}{60}[(1\,230-1\,621)^2+(1\,290-1\,621)^2+\cdots+(2\,080-1\,621)^2]}=180.98$$

按式(1-16)计算 D',此处,$n=60$ 为偶数,故:$l=\frac{n}{2}=\frac{60}{2}=30$,则有:

$$D'=\sum_{k=1}^{l}\left(\frac{n+1}{2}-k\right)(x_{n+1-k}-x_k)=$$

$$\left(\frac{60+1}{2}-1\right)\times(x_{60}-x_1)+\left(\frac{60+1}{2}-2\right)\times(x_{59}-x_2)+\cdots+\left(\frac{60+1}{2}-30\right)\times(x_{31}-x_{30})=$$

$$29.5\times(2\,080-1\,230)+28.5\times(2\,010-1\,290)+\cdots+0.5\times(1\,560-1\,530)=182\,001.5$$

$$\therefore\quad D=\frac{D'}{n^2\sigma_n}=\frac{182\,001.5}{60^2\times180.98}=0.279\,3$$

则 $$Y=\frac{\sqrt{n}\,(D-0.282\,094\,79)}{0.029\,985\,98}=\frac{\sqrt{60}\times(0.279\,3-0.282\,094\,79)}{0.029\,985\,98}=-0.723\,3$$

3) 根据 $\alpha=0.05$ 和 $n=60$,查附表 1-8 知:$Z_{\alpha/2}=-2.68$ 和 $Z_{1-\alpha/2}=1.13$,故可作出统计判断:由于 $Z_{\alpha/2}<Y<Z_{1-\alpha/2}$,所以,接受 H_0,即:此组数据呈正态分布。

4. 其他几种检验方法

检验正态分布的经验法是一种十分简单但也极为粗糙的方法。它直接根据样本中位数 M 和算术均值 $\bar{x}$ 的比值大小以及样本标准差 s 与样本均值 $\bar{x}$ 的大小关系进行判断。这两个指标中的前一个反映了峰形的对称与否,与偏度有关,而后者关系到峰形的陡缓,是峰态的指标。具体地说,在下述关系成立时,可以认为样本所代表的总体大致成正态分布:

$$0.9<\frac{M}{\bar{x}}<1.1 \tag{1-17}$$

且

$$\bar{x}>3s \tag{1-18}$$

这种经验检验方法除精确性差以外,另一缺陷在于没有明确的概率意义。严格地说,甚至不能将其视为一种统计检验方法,至多可用来对数据分布作粗略估计。

David 快速检验用样本范围 R 与标准差 s 的比值作为检验统计量。虽然使用的检验量十分简单,但因为附有比较详尽的临界值表,这种方法的可靠性及统计意义明显优于一般经验法;另一方面,由于 David 快速检验直接使用范围值,所以极易受个别异常值的干扰。使用 David 快速检验时首先计算检验统计量:

$$D_\alpha=\frac{R}{s} \tag{1-19}$$

根据样本量 n 和显著性水平 α,可以从附表 1-9 中查得检验临界值的上界和下界,如果计算值低于临界值的下界或者高于临界值的上界:

$$D_\alpha<D_{1,\alpha}[n]$$
$$D_\alpha>D_{2,\alpha}[n]$$

便可以拒绝检验的原假设而接受对立假设,这两个假设分别为:

H_0:样本来自正态分布总体

H_1:样本来自非正态分布总体

【例 1-6】 有一组观测数据,有关统计量如下所列(原始数据从略):

$$n=40;\ \bar{x}=3.60;\ s=1.127;\ M=3.44;\ R=5$$

用快速检验方法对下述假设进行检验:

H_0:样本来自正态分布总体

H_1:样本来自非正态分布总体

【解】 1) 根据一般经验法

$$\frac{M}{\bar{x}}=\frac{3.44}{3.60}=0.96$$

$$3s=3\times 1.127=3.38$$

根据计算结果,由于

$$0.90<\frac{M}{\bar{x}}<1.10$$

$$3s<\bar{x}$$

故认为数据服从正态分布。

2) 据 David 快速检验

$$\frac{R}{s}=\frac{5}{1.127}=4.44$$

对于 0.05 显著性水平和样本量 40 的情形,附表 1-9 中列举的临界值下限和上限分别为

$$D_{1,\,0.05}[40]=3.67$$

和

$$D_{2,\,0.05}[40]=5.16$$

由于计算值既不低于临界值下限又不高于其上限,可以接受原假设,即样本来自正态分布总体。

二、正态化变换

作为最常用的数据变换方法,正态化的用途是将非正态分布数据转换成服从正态分布的数据以利于进一步统计分析。应用数理统计中的许多重要方法都要求数据服从正态分布。例如方差分析的最重要假定之一就是数据的正态性,直接对不符合这种条件的数据进行方差分析有时会导致错误结论。如果数据不符合这一要求,那么实验者有两种选择:

(1) 作适当数据变换使数据正态化。例如,几何均值实质上就是对数据作对数变换后再计算算术均值并作适当逆变换的结果;

(2) 改用其他对数据分布没有严格要求的方法,比如用中位数代替算术均值表述总体大小、用非参数检验方法代替相应的参数方法进行假设检验等。

这里的第二种做法必然会降低统计方法的效率。如中位数中包含的信息量显然不及算术

均值,因此在有可能的条件下应尽量采用前一种方法。

非正态分布样本的分布形式多种多样,不可能找到适用于任何数据的统一的正态化方法。表 1-3 列举了一些针对不同情况的常用变换手段。

表 1-3　常用正态化方法

正态化方法	适用对象
对数变换	服从对数正态分布
平方根变换	服从泊松分布
角变换	服从二项分布
Box-Cox 幂变换	任意分布
Hinkley 幂变换	任意分布
Box-Tidwell 幂变换	任意分布

对数变换是一种很常用的正态化变换方法。其计算十分简单,只要对所有观测值取对数即可得到变换后的样本:

$$x'_i = \ln x_i \quad i = 1,\ 2,\ \cdots,\ n \tag{1-20}$$

平方根变换对那些遵从泊松分布的计数数据,即离散型变量的正态化特别有效。其计算如下

$$x'_i = \sqrt{x_i + 0.5} \quad i = 1,\ 2,\ \cdots,\ n \tag{1-21}$$

实验者常用的一些衍生变量,如比例变量和百分变量一般服从离散的二项分布。角变换专门用于将这类样本转换为正态分布数据

$$x'_i = \arcsin\sqrt{x_i} \quad i = 1,\ 2,\ \cdots,\ n \tag{1-22}$$

在对分布形式不十分清楚的非正态分布数据正态化方面,幂变换是十分有效的方法,很多情况下,只要取适当幂值,就可以将非正态分布的数据正态化。表 1-3 中列举的最后三种方法大同小异,它们实质上都是幂变换;其差别仅仅在于通过不同途径寻找最佳变换幂值。限于篇幅,本书仅介绍其中的 Box-Cox 变换。Box-Cox 幂变换的一般式为

$$x'_i = \ln x_i \quad \lambda = 0 \tag{1-23}$$

$$x'_i = \frac{x_i^{\lambda} - 1}{\lambda} \quad \lambda \neq 0 \tag{1-24}$$

根据 Box-Cox 法,使以下对数似然函数 L 取最大值的 λ 就是使该原始数据经过幂变换后最接近正态分布的最佳值

$$L = -\frac{v}{2}\ln s'^2 + (\lambda - 1)\,\frac{v}{n}\sum \ln x_i \tag{1-25}$$

式中 v 和 n 分别代表样本的自由度 ($v = n - 1$) 和样本量。式中 s'^2 是变换后数据的方差,x_i 则代表原始观测值。这里最佳 λ 的求得是一个典型的优化问题,任何一维搜索计算机程序都能用来对此问题求解。一般情况下,λ 取整数。如果计算 λ 为零,用式(1-23)作正态化变换(即对数变换)。若最佳值不等于零,则根据式(1-24)进行幂变换。

原始数据和变换后数据是否服从正态分布可以用前述有关假设检验方法加以判断。

应当说明的是，并非任何分布形式的数据都可以正态化。比如，当一组数据呈某种类型的双峰分布时，无论采用什么样的数据变换手段，都不可能将其分布形式正态化。

第四节　等方差性检验

等方差性(又称方差同质性)假定要求各个样本(同一因素不同水平的一组重复观测值)的方差大小没有显著差异。对数方差分析、Bartlett 检验、Fmax 检验和 Cochran 检验方法都可用来判断多总体情况下各样本的方差是否服从这一假定。如果检验结果发现数值不具有同质性，可以改用比较多样本大小的非参数检验方法，如 Kruskal-Wallis 检验等。

相对而言，对数方差分析是上述四种方法中最严格的。除此之外，该方法的另一重要优点在于它对总体的非正态性不敏感。这意味着对数方差分析对方差的显著差异具有专一性，因此在使用时不要求对总体分布形式作任何假定。然而，对数方差分析的计算过程中需将所有待检验样本分解成若干小样本，这就要求样本量不能太小。

Bartlett 检验也是一种常用的方法。与对数方差分析的主要区别在于 Bartlett 检验不仅对方差的差别敏感，而且对总体的非正态性(尤其是偏态特征)也十分敏感。一般将这一特点视为该方法的缺陷。如果研究目的在于对比若干总体的方差大小，那么在使用 Bartlett 检验之前就有必要首先对这些总体是否服从正态分布进行预备性检验，以保证最终结论的可靠性。当然，Bartlett 检验的这种特性有时可加以利用，比如在进行多样本均值比较的单因子方差分析或者多因素研究的多因子方差分析之前，对所研究的数据有一些具体要求，其中最重要的就是总体的正态性和方差的同质性。这时不妨直接利用 Bartlett 法同时对两者进行检验。只要检验结果不显著，就说明这些数据可以直接用于方差分析而无须作任何变换。

Fmax 检验和 Cochran 检验实际上是两种快速检验方法。它们的共同特点是使用方便。但由于这些快速检验对数据信息利用不够充分因而结果欠严密。相对而言，Cochran 检验略优于 Fmax 法。

各种方法的特点如下表所示。

表 1-4　比较多总体方差的假设检验方法

检验方法	特　点
对数方差分析	严格，但对非正态不敏感，样本量大
Bartlett 检验	对偏态敏感
Fmax 检验	快速，不严格
Cochran 检验	快速，不严格

一、对数方差分析

对数方差分析是各种多总体方差比较中最严密的方法。对数方差分析是因该方法将每个样本随机地分解成若干子样本，再分别计算各子样本的方差，最后对经过对数变换的子样本方差进行方差分析而得名。由于在计算中必须将每个样本分割成几个随机子样本，其样本量不能太小。

对 m 个样本，对数方差分析的目的在于判断这些样本是否来自方差相同的总体。其原假设为 m 个总体的方差均无明显差异，而对立假设是它们不完全相同。有必要强调的是，这样的对立假设显然不同于 m 个总体的方差完全不同。与多均值大小比较相似，只要 m 个总体方差中的任意两个有明显差别，检验结果就应当显著。至于在结果显著的情况下，究竟哪些总体的方差相同而哪些不同就不是对数方差分析或其他多总体方差比较方法所能回答的了。

正因为检验涉及多个样本，且检验结果并不考虑差异的顺序或方向，这类检验只可能是双侧的。上述假设记为

H_0：m 个样本来自方差相同的总体

H_1：m 个样本来自方差不完全相同的总体

对 m 个样本

$$x_{i1},\ x_{i2},\ x_{i3},\ \cdots,\ x_{ij},\ \cdots,\ x_{in_i} \quad i=1,\ 2,\ \cdots,\ m,\ j=1,\ 2,\ \cdots,\ n_i$$

在使用对数方差分析时，首先将每个样本量为 n_i 的样本随机分割成 r_i 个子样本。分组时使各子样本的样本量尽可能接近，且

$$r_i \approx \sqrt{n_i} \quad i=1,\ 2,\ \cdots,\ m$$

将各子样本的样本量记作 n_{ij}

$$i=1,\ 2,\ \cdots,\ m,\ j=1,\ 2,\ \cdots,\ r_i$$

数据成为 x_{ijk}

$$i=1,\ 2,\ \cdots,\ m,\ j=1,\ 2,\ \cdots,\ r_i,\ k=1,\ 2,\ \cdots,\ n_{ij}$$

然后分别求出每个子样本的均值、方差的对数以及每个子样本的自由度

$$\bar{x}_{ij}=\frac{\sum x_{ijk}}{n_{ij}} \quad i=1,\ 2,\cdots,\ m,\ j=1,\ 2,\ \cdots,\ r_i,\ k=1,\ 2,\ \cdots,\ n_{ij} \tag{1-26}$$

$$\ln s_{ij}^2=\ln\frac{\sum(x_{ijk}-\bar{x}_{ij})^2}{n_{ij}-1} \quad i=1,\ 2,\ \cdots,\ m,\ j=1,\ 2,\ \cdots,\ r_i \tag{1-27}$$

$$v_{ij}=n_{ij}-1 \quad i=1,\ 2,\ \cdots,\ m,\ j=1,\ 2,\ \cdots,\ r_i \tag{1-28}$$

式中 x_{ijk} 为第 i 个样本的第 j 个子样本中第 k 个观测值。$\bar{x}_{ij}$、s_{ij}^2 和 v_{ij} 分别代表第 i 个样本中的第 j 个子样本的算术均值、方差和自由度。在此基础上作方差分析

$$\bar{Z}_i=\frac{\sum_j(v_{ij}\ln s_{ij}^2)}{\sum_j v_{ij}} \quad i=1,\ 2,\ \cdots,\ m \tag{1-29}$$

$$\bar{Z}=\frac{\sum_i\sum_j(v_{ij}\ln s_{ij}^2)}{\sum_i\sum_j v_{ij}} \tag{1-30}$$

$$MS_m=\frac{\sum_i[(n_i-r_i)(\bar{Z}_i-\bar{Z})^2]}{m-1} \tag{1-31}$$

$$MS_w = \frac{\sum_i \sum_j [v_{ij}(\ln s_{ij}^2 - \bar{Z}_i)^2]}{\sum_i (r_i - 1)} \tag{1-32}$$

F-检验的检验统计量为

$$F_s = \frac{MS_m}{MS_w} \tag{1-33}$$

如果以下条件成立,便可以拒绝检验的原假设

$$F_s > F_\alpha[m-1,\ \Sigma r_i - m]$$

式中左侧为检验统计量,右侧的临界值可以根据选定的显著性水平 α、样本个数 m 以及子样本个数 r_i,从 F-分布临界值表(附表 1-10)中查到。

【例 1-7】 用四种不同分析程序重复测定一种粗纱经上浆后的粘附力。希望对四种方法的效果作出评价。数据(cN)如下表所示:

方法	测定值
1	372, 380, 382, 368, 374, 366, 360, 376
2	364, 358, 362, 372, 338, 344, 350, 376, 366, 350
3	348, 351, 362, 372, 344, 352, 360, 362, 366, 354, 342, 358, 348
4	342, 372, 374, 376, 344, 360

为评价这四种测定方法的优劣,不仅需要对方法的准确度加以比较,而且有必要比较它们在精密度方面有没有差别。精密度可以由每个样本(一种分析程序的若干重复测定值)的方差度量。

故使用对数方差分析方法对下列假设进行检验

H_0:四个总体的方差没有显著差别

H_1:四个总体的方差有显著差别

根据子样本约等于样本量的开方以及子样本量相似的原则,分别将 4 个样本随机分成 3、3、4 和 2 个子样本。假定原始数据顺序具有随机性,分组时不再作随机处理。分组结果如下表中括号所示。

方法	分组结果	n_i
1	(372, 380, 382) (368, 374, 366) (360, 376)	8
2	(364, 358, 362) (372, 388, 344) (350, 376, 366, 350)	10
3	(348, 351, 362) (372, 344, 352) (360, 362, 366) (354, 342, 358, 348)	13
4	(342, 372, 374) (376, 344, 360)	6

各子样本的方差和自由度计算如下:

样本	$\ln s_{ij}^2$	r_i	v_{ij}	n_i
1	3.332 2.853 4.852	3	2 2 1	8
2	4.862 4.431 5.098	3	2 2 3	10
3	3.995 5.338 2.234 3.892	4	2 2 2 3	13
4	5.772 5.545	2	2 2	6

对表中方差对数值作方差分析

$$\bar{Z}_1 = \frac{2\times 3.32 + 2\times 2.853 + 4.852}{2+2+1} = 3.444$$

$$\bar{Z}_2 = \frac{2\times 4.862 + 2\times 4.431 + 3\times 5.098}{2+2+3} = 4.840$$

$$\bar{Z}_3 = \frac{2\times 3.955 + 2\times 5.338 + 2\times 2.234 + 3\times 3.892}{2+2+2+3} = 3.868$$

$$\bar{Z}_4 = \frac{2\times 5.772 + 2\times 5.545}{2+2} = 5.658$$

$$\bar{Z} = \frac{2\times 3.332 + 2\times 2.853 + \cdots + 2\times 5.545}{2+2+\cdots+2} = 4.342$$

$$MS_m = \frac{(8-3)\times(3.444-4.342)^2 + \cdots + (6-2)\times(5.658-4.342)^2}{4-1} = 4.906$$

$$MS_w = \frac{2\times(3.332-3.444)^2 + \cdots + 2\times(5.545-5.658)^2}{(3-1)+(3-1)+(4-1)+(2-1)} = 1.624$$

$$F = \frac{4.906}{1.624} = 3.021$$

取 $\alpha = 0.05$ 的显著性水平,从附表 1-10 中查到:$F_{0.05}[3,\ 8] = 4.07$。

该值高于计算检验量,故不能拒绝方差相等的原假设,即未发现四种测定方法的精密度有显著差别。

二、Bartlett 检验

虽然 Bartlett 方法也可用来检验多总体方差差异的显著性,但与上述对数方差分析不同,其判断依据是不同样本分布的"拖尾"大小。因此,该方法对分布的非正态性也十分敏感。这就是说,只要总体方差有显著差别或者总体分布的偏斜程度有所不同,Bartlett 检验的结果都可能显著。在研究总体离散程度时,例如比较若干组测定值的精密度或者研究一些样本的波动大小时必须事先对它们的分布类型是否一致进行检验。只有当分布比较检验结果不显著时,才能采用 Bartlett 检验对总体的离散程度作进一步比较。

检验多总体方差是否一致的 Bartlett 检验方法的步骤如下:

对样本量分别为 n_i 的 m 个样本

$$x_{i1},\ x_{i2},\ x_{i3},\ \cdots,\ x_{in_i} \quad i = 1,\ 2,\ \cdots,\ m$$

1) 建立假设

H_0:m 个样本所代表的各总体方差相同

H_1:m 个样本所代表的各总体方差不同

2) 计算统计量

$$X^2 = \frac{\left[\sum_{i=1}^{m}(n_i-1)\ln s^2 - \sum_{i=1}^{m}(n_i-1)\ln s_i^2\right]}{C} \tag{1-34}$$

式中，s_i^2 为每组总体样本方差，$s_i^2=\frac{1}{n_i-1}\sum_{j=1}^{n_i}(x_{ij}-\bar{x}_i)^2 \quad i=1, 2, \cdots, m$

$$s^2=\frac{\sum_{i=1}^{m}(n_i-1)s_i^2}{\sum_{i=1}^{m}(n_i-1)} \tag{1-35}$$

$$C=1+\frac{1}{3(m-1)}\left[\sum_{i=1}^{m}\frac{1}{n_i-1}-\frac{1}{\sum_{i=1}^{m}(n_i-1)}\right] \tag{1-36}$$

在原假设成立的条件下，计算检验 χ^2 分布服从自由度为 $v=m-1$ 的卡方分布，可直接将此计算值与附表 1-11 中相应的临界值比较，如果计算值大于特定显著性水平(α)下的临界值，即：$X^2>\chi_\alpha^2[m-1]$，则在该水平下拒绝检验的原假设 H_0。

【例 1-8】 问下列 5 组数据是否方差相等？

第一组：14.0，14.2，14.4；第二组：15.2，15.0，15.4，15.6；第三组：16.0，15.8，16.3，16.1；第四组：17.5，17.3；第五组：18.0，18.4，18.2，18.6。

【解】 现以第一组数据的有关计算为例，来说明 Bartlett 法的检验步骤，其余列表进行计算如下：

样本组数 m_i	各组的数据 x	各组平均值 $\bar{x}_i$	各组方差 s_i^2	$\ln s_i^2$	每组样本个数 n_i
$i=1$	14.0, 14.2, 14.4	14.2	0.04	−3.218 88	3
$i=2$	15.2, 15.0, 15.4, 15.6	15.3	0.066	−2.718 10	4
$i=3$	16.0, 15.8, 16.3, 16.1	16.05	0.043	−3.146 56	4
$i=4$	17.5, 17.3	17.4	0.02	−3.912 02	2
$i=5$	18.0, 18.4, 18.2, 18.6	18.3	0.066	−2.718 10	4

按式(1-35)计算得

$$s^2=\frac{\sum_{i=1}^{m}(n_i-1)s_i^2}{\sum_{i=1}^{m}(n_i-1)}=$$

$$\frac{(3-1)\times0.04+(4-1)\times0.066+(4-1)\times0.043+(2-1)\times0.02+(4-1)\times0.066}{(3-1)+(4-1)+(4-1)+(2-1)+(4-1)}=0.052\,1$$

$\therefore \quad \ln s^2=-2.954\,6$

按式(1-36)计算得

$$C=1+\frac{1}{3(m-1)}\left[\sum_{i=1}^{m}\frac{1}{n_i-1}-\frac{1}{\sum_{i=1}^{m}(n_i-1)}\right]=$$

$$1+\frac{1}{3\times(m-1)}\left[\left(\frac{1}{2}+\frac{1}{3}+\frac{1}{3}+\frac{1}{1}+\frac{1}{3}\right)-\frac{1}{2+3+3+1+3}\right]=1.201$$

最后，按式(1-34)计算得

$$X^2=\frac{\left[\sum_{i=1}^{m}(n_i-1)\ln s^2-\sum_{i=1}^{m}(n_i-1)\ln s_i^2\right]}{C}=$$

$$\frac{12\times(-2.9546)-[(3-1)\times(-3.21888)+(4-1)\times(-2.71810)+\cdots+(4-1)\times(-2.71810)]}{1.201}=0.5353$$

查附表 1-11 得：$\chi_{\alpha}^2(m-1)=\chi_{0.05}^2(4)=9.49>X^2$，故，$H_0$ 成立，即这几组数据方差相等。

三、Fmax 检验

虽然 Fmax 检验不及以上两种方法严格，但由于其计算简便，也常用来比较多个样本是否来自方差相同的总体。如果仅仅作为方差分析的预备性检验，即对所研究样本是否具有方差同质性作大致判断，Fmax 检验可基本上满足要求。

Fmax 检验仅仅使用最大和最小方差的比值，在方差没有显著差异的条件下，该比值的分布不服从任何理论分布，因此必须使用专门的临界值表。本书附表 1-12 中列举的 Fmax 临界值至多可用于 12 个样本。对于 m 个样本量各异的样本

$$x_{i1},\ x_{i2},\ x_{i3},\ \cdots,\ x_{in_i}\quad i=1,\ 2,\ \cdots,\ m$$

为检验以下假设

H_0：m 个样本的方差相同

H_1：m 个样本的方差不都相同

先计算 m 个样本的方差

$$s_i^2\quad(i=1,\ 2,\ \cdots,\ m)$$

并从中得到最大值和最小值

$$s_{\max}^2=\max(s_i^2) \tag{1-37}$$

$$s_{\min}^2=\min(s_i^2) \tag{1-38}$$

分别将方差最大和最小的两个样本的样本量记作 $n_{\max}$ 和 $n_{\min}$，有

$$F=\frac{s_{\max}^2}{s_{\min}^2} \tag{1-39}$$

$$v=\min(n_{\max},\ n_{\min})-1 \tag{1-40}$$

其中 Fmax 即检验统计量，v 为自由度。根据此自由度和选定的显著性水平 α，可从附表 1-12 中查得临界值，最后判断：若 $\mathrm{Fmax}>\mathrm{Fmax}_{\alpha}[m,\ v]$，则拒绝 H_0。

【例 1-9】 对上例中的数据，采用 Fmax 法检验其方差是否一致。

【解】 从上例的计算表中可知

$$s_{\max}^2=s_2^2=s_5^2=0.066,\ s_{\min}^2=s_4^2=0.02$$

对应地，$n_{\max}=n_2=n_5=4,\ n_{\min}=n_4=2$

因此，$F_{max}=\frac{s_{max}^2}{s_{min}^2}=\frac{0.066}{0.02}=3.3$，$v=\min[n_{max}, n_{min}]-1=2-1=1$

取置信度 $\alpha=0.05$，样本组数 $m=5$，查 Fmax 的临界值表 1-12 可知，$Fmax<Fmax_{0.05}(5, 1)=202$。所以，可以得出统计结论：该五组数据方差是相等的。

四、Cochran 检验

另一种可用于多方差比较的方法是 Cochran 检验。虽然该方法与 Fmax 检验同属简便的快速检验方法，但 Cochran 检验在对数据信息的利用方面略优于 Fmax 检验。因此，如果希望选用比 Fmax 检验稍严密的方法，特别是当所研究一组样本中的最大方差值 s_{max}^2 比其他所有样本方差大得多时，Fmax 检验可能导致较大误差，此时最好使用 Cochran 法。

像 Fmax 检验一样，这种方法使用很简单的检验量对下述假设进行检验

H_0：m 个样本来自方差相同的总体

H_1：m 个样本来自方差不同的总体

Cochran 检验的统计量按下式计算：

$$\hat{G}_{max}=\frac{s_{max}^2}{\sum_{i=1}^{m}s_i^2} \tag{1-41}$$

附表 1-13 列举了 α 分别为 0.05 和 0.01 两种显著性水平的临界值。其中自由度根据所有 m 个样本量的调和均值计算，即

$$v=\frac{m}{\sum_{i=1}^{m}\frac{1}{n_i}}-1 \tag{1-42}$$

由于附表 1-13 中 m 和 v 都不是连续列举的，必要时可以用线性插值方法获得所需临界值。当检验计算值大于临界值时

$$\hat{G}_{max}>G_{\alpha}[m, v]$$

可以在 α 水平拒绝原假设 H_0。

【例 1-10】 对上例中的数据，采用 Cochran 法检验其方差是否一致。

【解】 上例中，$s_{max}^2=s_2^2=s_5^2=0.066$ $\quad \sum_{i=1}^{m}s_i^2=0.04+0.066+\cdots+0.02=0.235$

$$v=\frac{5}{\frac{1}{3}+\frac{1}{4}+\cdots+\frac{1}{4}}-1=2.159$$

$\therefore \quad \hat{G}_{max}=\frac{0.066}{0.235}=0.281$

在 $\alpha=0.05$ 水平下，查附表 1-13，知：$G_{0.05}(5, 2)=0.788\,5>\hat{G}_{max}$，接受 H_0，即这几组数据方差是相同的。

第二章　正交试验设计

在生产和科研工作中，经常要做许多试验。特别在纺织生产过程中，实际问题是错综复杂的。影响试验结果的因素很多，有些因素对试验结果有单独的影响，有些因素则与其他因素相互作用而共同影响试验结果。在安排试验时总想多试验几个因素，但是逐个试验，次数必然很多，不仅会耗费大量的人力物力，而且有时还会因为时间的拖长，试验条件改变，使试验失败。那么，如何安排这种多因素的试验，使试验既能次数少，耗费小，又能得到正确结论，取得较好的效果呢？这就是值得研究的一个问题。

正交试验设计是一种安排多因素试验的数学方法，它是从大量生产实践和科学实验中总结出来的，它在提高产品的产量、质量，研究采用新工艺、新品种，了解新设备的工艺性能以及改进技术管理等方面，都取得了较好的效果。

正交试验设计所要解决的问题是：

1. 合理安排多因素的试验，使试验次数尽量减少。

2. 从试验数据中能分析各因素对试验结果造成的影响，即要能分析出哪些是主要因素，哪些是次要因素，哪些是独立作用，哪些是交互作用。

第一节　正交表的一般知识

一、正交表的定义

设有 $a_1, a_2 \cdots a_r$ 和 $b_1, b_2 \cdots b_s$ 两组水平，把"水平对"

$$
\begin{array}{l}
(a_1, b_1), (a_1, b_2) \cdots (a_1, b_s) \\
(a_2, b_1), (a_2, b_2) \cdots (a_2, b_s) \\
\cdots\cdots\cdots\cdots\cdots\cdots\cdots\cdots \\
(a_r, b_1), (a_r, b_2) \cdots (a_r, b_s)
\end{array}
$$

称为上述两组水平所构成的"完全对"。一般写成 (a_i, b_j)，用数码表示，如

$$
\begin{array}{ccc}
(1, 1) & (1, 2) & (1, 3) \\
(2, 1) & (2, 2) & (2, 3) \\
(3, 1) & (3, 2) & (3, 3)
\end{array}
$$

"完全对"的个数＝因素 1 的水平数×因素 2 的水平数

如果一个矩阵的某两列中，同一行的水平所构成的"水平对"是一个"完全对"，而且每次出现的次数相同时，就说这两列搭配均衡。如

$$
\begin{vmatrix} 1 & 1 & 1 \\ 1 & 2 & 2 \\ 2 & 1 & 2 \\ 2 & 2 & 1 \end{vmatrix}
\quad
\begin{vmatrix} 1 & 1 & 2 \\ 2 & 2 & 2 \\ 1 & 2 & 1 \\ 2 & 1 & 1 \end{vmatrix}
\quad
\begin{vmatrix} 2 & 2 & 1 \\ 1 & 1 & 1 \\ 2 & 1 & 2 \\ 1 & 2 & 2 \end{vmatrix}
\quad
\begin{vmatrix} 2 & 2 & 2 \\ 2 & 1 & 1 \\ 1 & 2 & 1 \\ 1 & 1 & 2 \end{vmatrix}
$$

在每两列中,(1, 1), (1, 2), (2, 1), (2, 2)都各出现一次,因此是“搭配均衡”。又如

$$\begin{vmatrix}1&1&1\\1&1&2\\1&2&1\\1&2&2\\2&1&1\\2&1&2\\2&2&1\\2&2&2\end{vmatrix}\quad\begin{vmatrix}1&1&1\\2&1&2\\2&1&2\\1&1&1\\2&2&1\\1&2&2\\1&2&2\\2&2&1\end{vmatrix}\quad\begin{vmatrix}1&1&1\\1&2&2\\2&1&1\\2&2&2\\1&1&2\\1&2&1\\2&1&2\\2&2&1\end{vmatrix}$$

在每两列中,(1, 1), (1, 2), (2, 1), (2, 2)都各出现两次,因此也是“搭配均衡”的。

由此,可以得到正交表的定义为:设$\boldsymbol{A}$是一个$n\times m$矩阵,如果$\boldsymbol{A}$的任意两列都搭配均衡,则称$\boldsymbol{A}$是一个正交表。

也就是说,只要任意两列的水平所构成的“水平对”是一个带有相同重复的“完全对”,或者说只要任意两列间各个水平相碰次数相同,搭配均匀,这样的表格就叫正交表。其实正交表就是利用“均衡分散性”和“整齐可比性”这两条正交性原理,从大量试验方案中挑选适当的具有代表性、典型性的试验点,并按照有规律的顺序排列成的表格。

可见,正交表必须满足两个条件:

(1) 每列中,各种水平出现的次数相等。

(2) 任意两列中,“完全对”出现的次数也相等。

再看

$$(1)\begin{vmatrix}1&1&2\\1&2&1\\2&1&1\\2&2&2\end{vmatrix}\quad(2)\begin{vmatrix}1&1&2\\2&1&1\\1&2&1\\2&2&2\end{vmatrix}\quad(3)\begin{vmatrix}1&1&2\\2&2&2\\1&2&1\\2&1&1\end{vmatrix}\quad(4)\begin{vmatrix}2&1&2\\2&2&1\\1&1&1\\1&2&2\end{vmatrix}$$

它们都是正交表,把(1)的第一列和第二列互换得(2)表,把(1)的第4行换到第2行得(3)表,把(1)表的第1列的水平编号1和2互换得(4)表。由此可知正交表有如下一些性质:

1. 列的位置可以互换,互换后仍然是任两列搭配均衡。

2. 行的位置可以互换,互换后“水平对”没有变。

3. 同列的水平可以互换,互换后不影响“水平对”。

二、正交表的代号

正交表分为几种类型,由于水平数和列数不同,就出现了各式各样的正交表。现在仅对常用正交表的代号作如下介绍。

一般正交表的代号为

$$L_N(t^q)$$

其中:L—— 正交表;

N—— 试验方案数(正交表的行数);

t—— 因素的水平数(或叫位级数、处理数);

q ——正交表的列数。

如 $L_4(2^3)$,表示试验 4 个方案,因素的水平数为 2,共有 3 列的正交表。

又如 $L_8(2^7)$,表示试验 8 个方案,因素的水平数为 2,共有 7 列的正交表。

又如 $L_9(3^4)$,表示试验 9 个方案,因素的水平数为 3,共有 4 列的正交表。

又如 $L_{25}(5^6)$, 表示试验 25 个方案,因素的水平数为 5,共有 6 列的正交表。

当试验因素的水平不相同时,有混合型正交表,其代号为

$$L_N(t_1^{q_1} \times t_2^{q_2})$$

如 $L_{18}(6 \times 3^6)$,表示试验 18 个方案,有 1 列 6 水平和 6 列 3 水平的正交表。

如 $L_{16}(4^3 \times 2^6)$, 表示试验 16 个方案,有 3 列 4 水平和 6 列 2 水平的正交表。

三、正交表的交互作用表

按正规方法排出的正交表,大多数都附有交互作用表,以便在考察交互作用时使用。现以 $L_8(2^7)$ 的交互作用表(表 2-1)为例说明交互作用表的用法。

表 2-1　交互作用表

列号＼列号	1	2	3	4	5	6	7
1	(1)	3	2	5	4	7	6
2		(2)	1	6	7	4	5
3			(3)	7	6	5	4
4				(4)	1	2	3
5					(5)	3	2
6						(6)	1
7							(7)

把两个列号像坐标找交点一样,找到表中的交点即为交互列的列号。如第 1、2 列的交互列在第 3 列;第 3、6 列的交互列在第 5 列。

有些正交表后面没有附上交互作用表,可能有以下原因:(1)在正交表下面注明一句话就能表达了,不必列成表,如 $L_4(2^3)$, 在下面注明,任意两列间的交互作用为另一列。意思表示:第 1、2 列的交互列在第 3 列;第 1、3 列的交互列在第 2 列;第 2、3 列的交互列在第 1 列。(2)这些表无法考察交互作用。(3)这张表不是按正规方法排出的。

关于交互列的知识,只简要介绍两点:

(1) 任两列间都有 $t-1$ 个交互列(t 为因素的水平数)。如 $t=2$ 时,任两列间都有 $2-1=1$ 个交互列。$t=3$ 时,任两列间都有 $3-1=2$ 个交互列。

(2) 正交表中交互列的总数为 $(t-1) \cdot C_q^2$ 个。式中,C 为排列符号,q 为安排因素的列数,如 $L_3(2^7)$ 取 $q=5$ 时共有

$$(2-1)\cdot C_5^2=1\times\frac{5!}{2!\ (5-2)!}=\frac{5\times4}{2}=10$$

个交互列。如 $L_4(2^3)$ 取 $q=3$ 时共有

$$(2-1)\cdot C_3^2=1\times\frac{3!}{2!\ (3-2)!}=\frac{3\times2}{2}=3$$

个交互列。

总的规律是:水平数越多,交互列数越多;考察的因素越多,交互列也越多。

第二节　正交试验设计的应用

正交试验设计法可用于纺织工程中的多因素问题分析。下面通过几个实例,从中总结出正交试验设计的一般步骤和方法。

【例 2-1】 为了提高 18 tex 汗布的条干,减少由于条干差而产生的阴影,在工艺参数确定方面进行试验。根据经验,条干不好的原因主要是握持力与牵伸力不相适应。按照工厂的具体条件,选择细纱后牵伸、细纱加压和粗纱捻系数这三个因素,并各取三个水平进行试验,其因素水平表如表 2-2 所示。

表 2-2　因素水平表

水平＼因素	细纱后牵伸 A	细纱加压 B /kg	粗纱捻系数 C
1	1.14	10×7	95
2	1.01	13×7	104
3	1.24	13×8	112

选什么样的正交表呢?考虑到三个水平的正交表有 $L_9(3^4)$,$L_8(3^7)$,$L_{27}(3^{13})$ 等,由于试验次数不能多,又没有考察交互作用,故选 $L_9(3^4)$。

正交表选定后,要把因素具体放在哪一列上,这叫“表头设计”,由于不考察交互作用,因此,可将因素任意排放,如表 2-3。

表 2-3　表头设计

列号	1	2	3	4
因素	A	B		C

第 3 列空着不用,只用其他三列,仍然是一张正交表。

紧接着列出每次试验的具体方案,称为“填试验表”(或叫填试验计划表),如表 2-4。

填表的方法是先把 $L_9(3^4)$ 列出,注意把每一列的水平编号一起填在表中每个位置的左边。根据表头设计把因素的名称和代号填上。第 3 列空着未用可以不画不填。另在右边加一列作为今后填试验结果用。最后,根据因素水平表把具体数据填在水平编号的右边。

这样就得到每一次试验的具体方案。如第一次试验是:细纱后牵伸 1.14,细纱加压 10×7 kg,粗纱捻系数 95。

表 2-4 正交试验表

试验号 \ 列号/因素	1 后牵伸 A	2 加压 B /kg	4 捻系数 C	汗布条干名次 y_i
1	1(1.14)	1(10×7)	1 (95)	3
2	1(1.14)	2(13×7)	2 (104)	2
3	1(1.14)	3(13×8)	3 (112)	1
4	2(1.01)	1(10×7)	3 (112)	9
5	2(1.01)	2(13×7)	1 (95)	8
6	2(1.01)	3(13×8)	2 (104)	7
7	3(1.24)	1(10×7)	2 (104)	4
8	3(1.24)	2(13×7)	3 (112)	5
9	3(1.24)	3(13×8)	1 (95)	6

下一步就是根据试验表的安排进行试验，共做 9 次试验。汗布条干的好坏用名次来表示，最好的是 1，最差的是 9，把试验结果填入表 2-4 中最后一列。

下面对试验结果进行直观分析。表 2-5 中，K 是同一列中同一水平的试验结果之和，下标为水平编号，如 K_1 是同一列中 1 水平的试验结果之和；$\bar{K}$ 是 K 的平均值，即 $\bar{K}=\dfrac{K}{n}$，n 为同一列中同一水平的试验次数；R 是极差，是同列中 $\bar{K}$ 的最大值和最小值之差。

其中：A 因素的 $K_1=3+1+2=6$，$K_2=9+8+7=24$，$K_3=4+5+6=15$；

A 因素的 $\bar{K}_1=\dfrac{6}{3}=2$，$\bar{K}_1=\dfrac{24}{3}=8$，$\bar{K}_1=\dfrac{15}{3}=5$；

A 因素的极差 $R=8-2=6$。

表 2-5 直观分析表

试验号 \ 因素	A	B	C	汗布条干的名次 y_i
1	1	1	1	3
2	1	2	2	2
3	1	3	3	1
4	2	1	3	9
5	2	2	1	8
6	2	3	2	7
7	3	1	2	4
8	3	2	3	5
9	3	3	1	6
K_1	6	16	17	
K_2	24	15	13	
K_3	15	14	15	
$\bar{K}_1$	2	16/3	17/3	
$\bar{K}_2$	8	5	13/3	
$\bar{K}_3$	5	14/3	5	
R	6	2/3	4/3	

为了能直观看出各个水平对试验结果的影响，每个因素应画一张趋势图。由于二个水平的比较容易判断，所以二个水平一般不画趋势图。下面给出各个因素试验结果的趋势图，如图 2-1。从图中可看出，后牵伸倍数对汗布条干的影响较大。

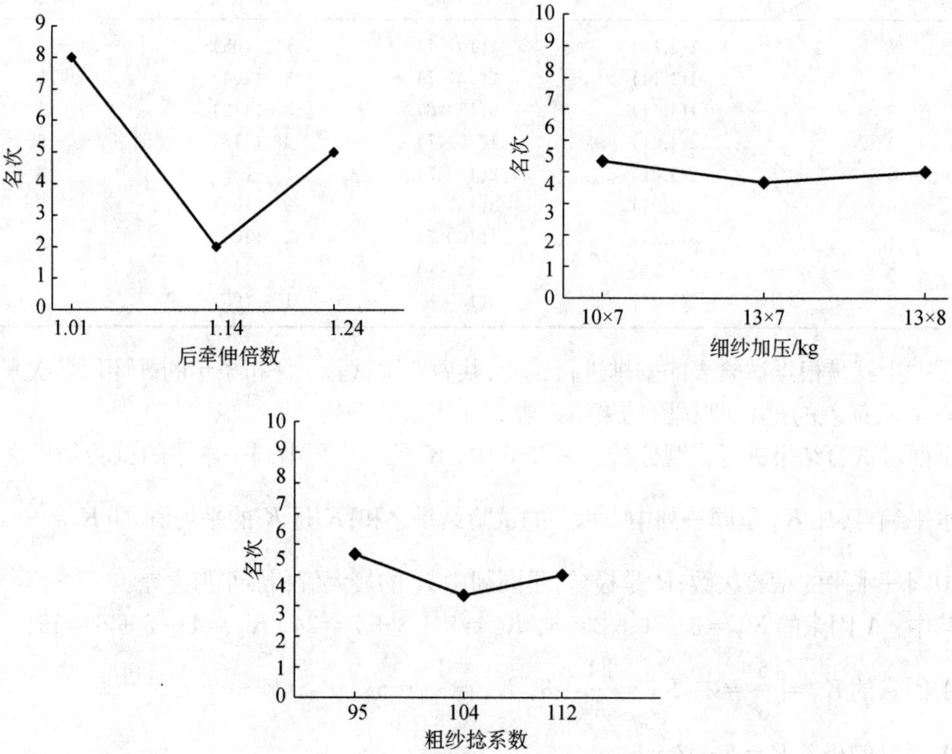

图 2-1　工艺参数对汗布条干影响的趋势图

根据上面的资料和图形，就可以着手分析了。

首先是三个因素的影响主次。这可用极差来分析，极差大说明这个因素的不同水平对结果的影响较大，极差小说明这个因素不论取什么水平对结果的影响较小。因此得出判断的方法是：极差大的是主要因素，极差小的是次要因素。本例中，A 因素极差最大，C 因素其次，B 因素更次。所以，各因素对试验结果（条干名次）的影响程度排序可写成：$A > C > B$。

另外还要找出最佳组合方案。这可以用各因素水平的平均数来分析。在 A 因素中 1 水平名次最好，在 B 因素中 3 水平名次最好，在 C 因素中 2 水平名次最好。把三个因素的最好水平组合起来就是最佳组合方案。一般写成：

$$A_1B_3C_2$$

即后牵伸 1.14，细纱加压 13×8 kg，粗纱捻系数 104 的工艺参数组合下，汗布的条干最好。这个最佳组合还没有试过，应该重新试验加以验证。试验时，最好在原试验方案中找几个结果较好的方案（如表 2-4 中的方案 3、方案 2 等）同时进行对比验证。

在实际工作中，影响细纱条干的因素，也同时会影响其他质量指标。如强度和重量不匀率。在生产中希望找到一个最佳的组合方案来提高黑板条干名次，但是不能因此使强度和重量不匀率变坏而造成降等。这就出现了多指标的分析问题。下面举个例子，说明对多指标的分析方法。

【例 2-2】 选粗纱捻系数、加压杠杆比、加压铊重和钳口隔距四个因素，并各取三个水平做试验，目的是提高黑板条干名次（越小越好），同时考虑强度（越大越好）和重量不匀率（越小越好），暂不考察交互作用。

因素和水平见表 2-6。

表 2-6　因素水平表

水平 \ 代号 \ 因素	粗纱捻系数	加压杠杆比	加压铊重/kg	钳口隔距/mm
	A	*B*	*C*	*D*
1	89	2.1∶1	2.5	4
2	94	1.8∶1	3.0	3.5
3	99	1.6∶1	2.7	3.8

由于暂不考察交互作用，四个因素都是三个水平，故选用 $L_9(3^4)$ 也能满足要求。表头设计比较简单，每列放一个因素就行了。

把试验表和试验结果列在表 2-7 内，以便分析。

表 2-7　直观分析表

试验号 \ 因素 \ 列号	1	2	3	4	试验结果		
	A	*B*	*C*	*D*	黑板条干名次	强度/($cN \cdot tex^{-1}$)	重量不匀率/%
1	1 (89)	1 (2.1∶1)	1 (2.5)	1 (4)	8	24.17	1.70
2	1 (89)	2 (1.8∶1)	2 (3.0)	2 (3.5)	9	24.06	1.85
3	1 (89)	3 (1.6∶1)	3 (2.7)	3 (3.8)	5	24.28	1.90
4	2 (94)	1 (2.1∶1)	2 (3.0)	3 (3.8)	3	23.92	2.20
5	2 (94)	2 (1.8∶1)	3 (2.7)	1 (4)	2	24.3	2.10
6	2 (94)	3 (1.6∶1)	1 (2.5)	2 (3.5)	1	23.97	2.35
7	3 (99)	1 (2.1∶1)	3 (2.7)	2 (3.5)	4	24.03	1.80
8	3 (99)	2 (1.8∶1)	1 (2.5)	3 (3.8)	6	24.05	1.95
9	3 (99)	3 (1.6∶1)	2 (3.0)	1 (4)	7	24.32	1.75

黑板条干名次					强度/($cN \cdot tex^{-1}$)					重量不匀率/%				
K_1	22	15	15	17	K_1	72.51	72.13	72.19	72.79	K_1	6.45	5.70	6.00	5.55
K_2	6	17	19	14	K_2	72.19	72.41	72.31	72.06	K_2	6.65	5.90	5.80	6.00
K_3	17	13	11	14	K_3	72.40	72.57	72.61	72.25	K_3	5.30	6.00	5.80	6.05
$\bar{K}_1$	7.33	5	5	5.67	$\bar{K}_1$	24.17	24.04	24.06	24.26	$\bar{K}_1$	1.82	1.90	2.00	1.85
$\bar{K}_2$	2	5.67	6.33	4.67	$\bar{K}_2$	24.06	24.14	24.10	24.02	$\bar{K}_2$	2.22	1.97	1.93	2.00
$\bar{K}_3$	5.67	4.33	3.67	4.67	$\bar{K}_3$	24.13	24.19	24.20	24.08	$\bar{K}_3$	1.83	2.00	1.93	2.02
R	5.33	1.34	2.67	1	R	0.11	0.15	0.14	0.24	R	0.40	0.10	0.07	0.17

列表方法与前例不同的是：在试验结果中同时把三种指标的数据都填入；在计算时仍按以前的方法分别把三种指标的试验结果进行计算。画出趋势图如图 2-2。

画图的方法与前例相同，只是三个指标分别画出。在随机化处理的情况下，画图时要注意：横坐标是从左到右把各水平的具体数据从小到大排列，而描点时对 $\bar{K}_1$、$\bar{K}_2$、$\bar{K}_3$ 的水平作

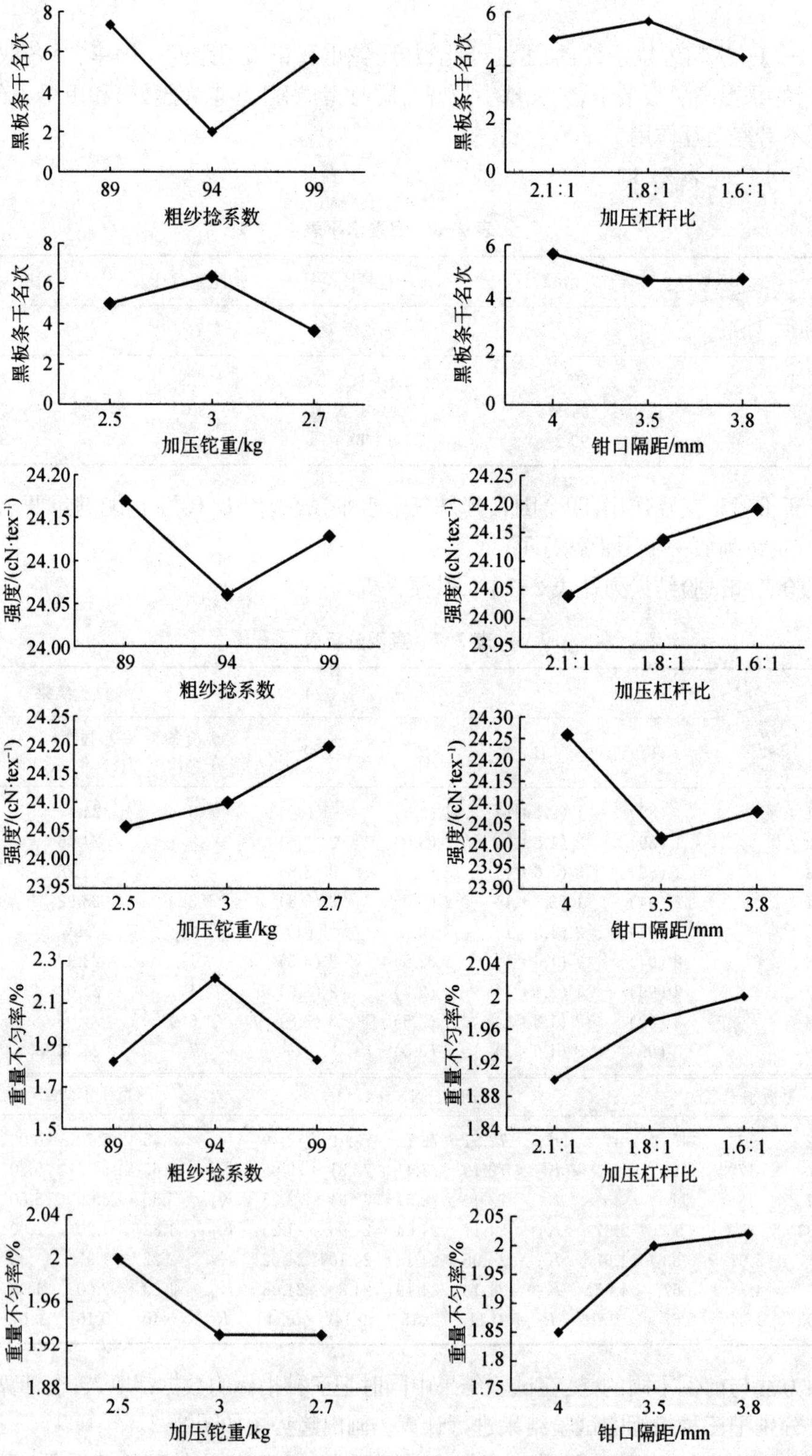

图 2-2　工艺参数对条干等指标影响的趋势

了随机化处理，即不一定是从小到大排列。

直观分析：

1. 影响主次。

对黑板条干，粗纱捻系数的极差最大，其余依次为加压铊重、加压杠杆比、钳口隔距，即 $A > C > B > D$。

对强度，钳口隔距的极差最大，其余依次为加压杠杆比、加压铊重、粗纱捻系数，即 $D > B > C > A$。

对重量不匀率，粗纱捻系数的极差最大，其余依次为钳口隔距，加压杠杆比、加压铊重，即 $A > D > B > C$。

2. 最佳组合。

对黑板条干，粗纱捻系数是 2 水平最好，加压杠杆比是 3 水平最好，加压铊重是 3 水平最好，钳口隔距是 2、3 水平都好，即

$$A_2B_3C_3D_2(D_3)$$

对强度，粗纱捻系数是 1 水平最好，加压杠杆比是 3 水平最好，加压铊重是 3 水平最好，钳口隔距是 1 水平最好，即

$$A_1B_3C_3D_1$$

对重量不匀率，粗纱捻系数是 1 水平最好，加压杠杆比是 1 水平最好，加压铊重是 2、3 水平都好，钳口隔距是 1 水平最好，即

$$A_1B_1C_2(C_3)D_1$$

对三个指标的分析结果，其最佳组合都不完全相同，这是就要考虑以哪个指标为主。在实际生产中，强度都已超过 24.00，即不论哪种组合都能达到上等水平；重量不匀率都在上等范围内；这次试验重点是解决条干问题，因此，选 $A_2B_3C_3D_2$，即

粗纱捻系数 94　　　　加压杠杆比 1.6∶1

加压铊重 2.7 kg　　　钳口隔距 3.5 mm

但是，这个最佳组合还没有试过，应该重新试验加以验证。同时，B 因素的最好水平在最小的一端，也可能还有更好的水平，因此最好再做扩大试验。

在纺织工程中，不少因素是存在交互作用的，下面举几个交互作用的例子，先举个两水平的。

【例 2-3】 影响细纱断头的因素中，选钢领型号、锭速、钢丝圈和筒管直径四个因素，并各取两个水平试验，测试不同参数下的细纱断头率(每个参数下测试两次)。因素和水平如表 2-8。

表 2-8　因素水平表

因素 水平	钢领型号 A	锭速/($r\cdot m^{-1}$) B	钢丝圈型号 C	筒管直径/mm D
1	JG_2 4251	15 500	FU 1/0	19
2	JG_4 4251	16 000	6903 1/0	17

考虑到前三个因素可能有交互作用，要占用三列，再加上四个因素要占四列，共占七列，四个因素都是 2 水平，故用 $L_8(2^7)$，在考察交互作用时，表头设计就要用上交互作用表，结果如表 2-9。

表 2-9 表头设计

列号	1	2	3	4	5	6	7
因素	A	B	$A\times B$	C	$A\times C$	$B\times C$	D

具体做法是:先把 A、B 两因素放在第 1 列和第 2 列。查交互作用表,1、2 列的交互作用在第 3 列,把 $A\times B$ 写在第 3 列。把 C 因素放在第 4 列。1、4 列的交互作用在第 5 列,把 $A\times C$ 写在第 5 列。2、4 列的交互作用在第 6 列,把 $B\times C$ 写在第 6 列。最后剩第 7 列,恰好放上 D 因素。因未考虑 D 的交互作用,故表头设计就完成了。

表 2-10 正交试验表

试验号 \ 列号	1	2	3	4	5	6	7
因素	A	B	$A\times B$	C	$A\times C$	$B\times C$	D
1	1	1	1	1	1	1	1
2	1	1	1	2	2	2	2
3	1	2	2	1	1	2	2
4	1	2	2	2	2	1	1
5	2	1	2	1	2	1	2
6	2	1	2	2	1	2	1
7	2	2	1	1	2	2	1
8	2	2	1	2	1	1	2

表 2-11 直观分析表

试验号 \ 列号	1	2	3	4	5	6	7	断头率(%) x_i
因素	A	B	$A\times B$	C	$A\times C$	$B\times C$	D	
1	1	1	1	1	1	1	1	46 44
2	1	1	1	2	2	2	2	60 58
3	1	2	2	1	1	2	2	40 42
4	1	2	2	2	2	1	1	60 62
5	2	1	2	1	2	1	2	49 50
6	2	1	2	2	1	2	1	56 57
7	2	2	1	1	2	2	1	55 53
8	2	2	1	2	1	1	2	54 52
K_1	412	420	422	379	391	417	433	
K_2	426	418	416	459	447	421	405	
$\bar{K}_1$	51.500	52.500	52.750	47.375	48.875	52.125	54.125	
$\bar{K}_2$	53.250	52.250	52.000	57.375	55.875	52.625	50.625	
R	1.750	0.250	0.750	10.000	7.000	0.500	3.500	

然后把试验表填出来,如表 2-10。每个参数下的两次试验结果均填入表中最后一列。

现在根据表 2-11 来做综合分析:

(1) 影响主次。根据 R 来判断,绝对值大的影响大,绝对值小的影响小。得:

$$C > A\times C > D > A > A\times B > B\times C > B$$

(2) 最佳组合方案。单从主效应看,断头率小的好,则最佳组合方案是:

$$A_1B_2C_1D_2$$

由于 B 的影响很小,因此最佳组合方案也可写成

$$A_1C_1D_2$$

又由于 $A\times C$ 的影响特别显著,必须分析它们的搭配关系,分析的方法是把 A、C 两因素各水平在一起的试验结果,列成组合分析表,如表 2-12。

表中,A_1C_1 在第 1 号试验中两次和为 90,在第 3 号试验中两次和为 82,平均为 43。其余类推。

表 2-12 组合分析表

C \ A	A_1	A_2
C_1	$\frac{90+82}{4}=43$	$\frac{99+108}{4}=51.75$
C_2	$\frac{118+122}{4}=60$	$\frac{113+106}{4}=54.75$

分析结果,仍然是 A_1C_1 断头最少,与从主效应角度选出的组合一致。这个最佳组合方案在第 3 号试验中已试过,可再重复试一次以防偶然。

在直观分析表中,我们将第五列作为了 A、C 的交互作用列,但这是否符合实际情况呢?我们给出以下验证:

由前面的 $A\times C$ 组合分析表会看到:

在 C_1 时,$A_2-A_1=51.75-43=8.75$,如无交互作用,则在 C_2 时,A_2 应为 $A_1+8.75=60+8.75=68.75$,现在实际为 54.75,与计算相差为(−14)。

在 A_1 时,$C_2-C_1=60-43=17$,如无交互作用,则在 A_2 时,C_2 应为 $C_1+17=51.75+17=68.75$,现在实际为 54.75,与计算相差为(−14)。

这样 A、C 的交互作用为 $[(-14)+(-14)]\times 2=-56$,恰好是第 5 列的 $R=-56$。而且 $90+82+113+106=391$,恰好是第 5 列的 K_1。$99+108+118+122=447$,恰好是第 5 列的 K_2,这就验证了 A、C 的交互作用恰好在第 5 列。

再举一个三水平交互作用的例子。

【例 2-4】 粗纱机的伸长率对粗纱重量不匀率和条干不匀率都有影响,但是影响伸长率的因素很多,现只对张力牙的齿数和铁炮起点位置进行试验,测试不同参数下的粗纱伸长率(每个参数下测试三次),目的是使粗纱伸长率稳定在 1.4%~1.5%之间,因素和水平列表如表 2-13。

表 2-13 因素水平表

水平 \ 代号 \ 因素	张力牙齿数/T	铁炮起点位置/mm
	A	B
1	38	80
2	39	70
3	40	60

考虑到这两个因素可能有交互作用,故要考察 $A \times B$。

表头设计时,要注意三个水平的任意两列间的交互列有两列(而不是一列)。本例是两个因素占用两列,另有两列交互列,共计四列,因此,选 $L_9(3^4)$ 也就够了。在附表 1-14 中,$L_9(3^4)$ 的交互作用表没有排出,但在正交表的下面有注明:任两列的交互列为另外两列。即 1、2 列的交互列在 3、4 列,1、3 列的交互列在 2、4 列,2、4 列的交互列在 1、3 列,1、4 列的交互列在 2、3 列。现在把 A 因素放在第 1 列,B 因素放在第 2 列,则 $A \times B$ 在第 3 列和第 4 列,排列如表 2-14。

表 2-14　表头设计

列号	1	2	3	4
因素	A	B	$A \times B$	$A \times B$

填试验表和试验结果如表 2-15。

表 2-15　正交试验直观分析表

试验号 \ 因素 \ 列号	1	2	3	4	伸长率/%		
	A	B	$A \times B$	$A \times B$	x_i		
1	1	1	1	1	2.3	2.4	2.2
2	1	2	2	2	2.2	2.4	2.0
3	1	3	3	3	1.9	2.0	1.8
4	2	1	2	3	1.2	1.3	1.1
5	2	2	3	1	1.5	1.5	1.5
6	2	3	1	2	1.6	1.4	1.5
7	3	1	3	2	0.7	0.8	0.6
8	3	2	1	3	0.8	0.7	0.9
9	3	3	2	1	0.9	0.8	1.0
K_1	19.2	12.6	13.8	14.1			
K_2	12.6	13.5	12.9	13.2			
K_3	7.2	12.9	12.3	11.7			
$\bar{K}_1$	2.13	1.40	1.53	1.57			
$\bar{K}_2$	1.40	1.50	1.43	1.47			
$\bar{K}_3$	0.80	1.43	1.37	1.30			
R	1.33	0.10	0.16	0.27			

计算方法与前面的例子相同。画出趋势图如图 2-3。

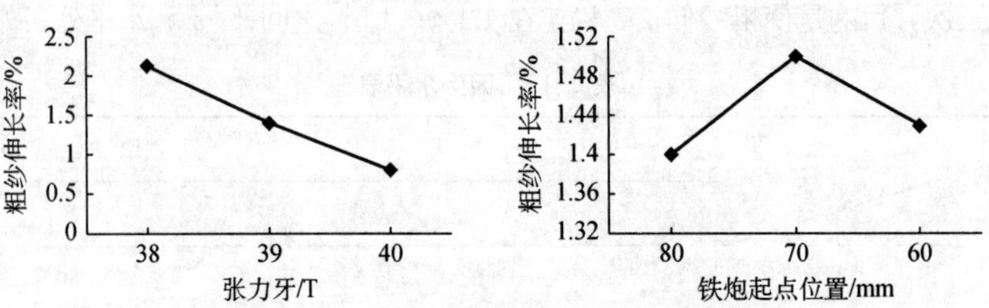

图 2-3　工艺参数对粗纱伸长率影响的趋势图

直观分析：

(1) 根据极差大小，各因素影响的主次是：$A > A \times B > B$

(2) 最佳组合。由图 5-3 可知，根据伸长率的平均数，粗纱伸长率要控制在 1.4%～1.5%，A 因素只有一个水平(39^T)，B 因素则三个水平均可。由于 $A \times B$ 的影响还较大，应列出交互作用分析表如表 2-16。

表 2-16　组合分析表

B \ A	A_1	A_2	A_3
B_1	2.3	1.2	0.7
B_2	2.2	1.5	0.8
B_3	1.9	1.5	0.9

从表中可以看出，A_2B_2、A_2B_3 均能满足要求。即最佳组合为：

张力牙 39^T，铁炮起点位置 70 mm；或

张力牙 39^T，铁炮起点位置 60 mm。

最后再举一个水平不同的例子。

【例 2-5】 织布机的工艺参数(因素)对卡其布的布面纹路是否清晰有影响，但是，工艺参数中哪些影响大，哪些影响小还不清楚。想通过试验找到主要因素，得到较好的工艺参数以提高卡其布面纹路的清晰度。

因素和水平的范围确定，从经验知道，开口时间(用 mm 来表示)、后梁位置和压铊重量这三个因素的变化对清晰度有影响，如把这些试验都放在一台车上来做，又嫌时间太长，因此把机台也作为一个因素。四个因素具有不同的水平，列表如表 2-17。

表 2-17　因素水平表

水平 \ 因素	开口时间/mm A	后梁位置/mm B	机台编号 C	压铊重量/kg D
1	209	108	#163	12
2	216	102	#150	9
3		95	#205	17
4		89	#160	22

选什么样的正交表呢？由于各因素的水平不同，就只能选混合型正交表。有的书附有一部分混合型正交表，有的书则完全没有。这里只介绍一种简单方法，就是把普通正交表的某一列改为不同水平，然后检查任意两列间的“完全对”是否出现次数相同而满足正交表搭配均衡的要求。

现在有四个因素，最多的为四个水平，暂不考察交互作用，故用 $L_{16}(4^5)$ 即可。先把第 1 列改为 2 水平，结果如表 2-19。

这是不是一张正交表呢？只要把第 1 列与其他列的“水平对”做分析，就发现(1, 1)，(1, 2)，(1, 3)，(1, 4)，(2, 1)，(2, 2)，(2, 3)，(2, 4)各出现两次，因此是均衡搭配的，是一张正交表。

由于暂不考察交互作用，表头设计比较简单，按顺序放上四个因素就行了。考虑到调整开

口时间比较麻烦,而第 1 列的前 8 个试验都是 1 水平,后 8 个试验都是 2 水平,在 16 次试验中只改变一次,改变较小,故把开口时间放在第 1 列,其他几项变动的情况相同,三个因素可以随便的放在哪一列。这样就得到表头设计如表 2-18。

表 2-18　表头设计

列号	1	2	3	4	5
因素	开口时间 A	后梁位置 B	机台编号 C	压铊重量 D	

第 5 列空着不用。

评定布面纹路清晰度的指标很多,而且也没有统一规定,实际采用评分的办法:每块布样分纹深、纹直两个指标,把标样定位二级,明显超过标样的评为一级,达不到的评为三级,差距大的评为四级,差别不太明显,略好或略坏的用"+"或"-"表示。然后按评定结果给分,一级给 3 分,二级给 2 分,三级给 1 分,四级给 0 分,"+"号给 0.5 分,"-"给-0.5 分。现以纹深为例,把试验和得分一起列入表 2-19。

表 2-19　正交试验直观分析表

试验号＼因素	A	B	C	D	得分 x_i		
1	1	1	1	1	3	3.5	2.5
2	1	2	2	2	3	2.5	3.5
3	1	3	3	3	3	3	3
4	1	4	4	4	3	3.5	2.5
5	1	1	2	3	1	1	1
6	1	2	1	4	2	1.5	2.5
7	1	3	4	1	2.5	3.0	2.0
8	1	4	3	2	3	3	3
9	2	1	3	4	1	0.5	1.5
10	2	2	4	3	2	2.5	1.5
11	2	3	1	2	2	2	2
12	2	4	2	1	2	1.5	2.5
13	2	1	4	2	1	1	1
14	2	2	3	1	2.5	2.5	2.5
15	2	3	2	4	2	1.5	2.5
16	2	4	1	3	2	2.5	1.5
K_1	61.5	18	27	30			
K_2	43.5	28.5	24	27			
K_3		28.5	28.5	24			
K_4		30	25.5	24			
$\bar{K}_1$	2.563	1.5	2.25	2.5			
$\bar{K}_2$	1.813	2.375	2	2.25			
$\bar{K}_3$		2.375	2.375	2			
$\bar{K}_4$		2.5	2.125	2			
R	0.75	1.0	0.375	0.5			
调整极差 R'	2.435	1.559	0.585	0.779			

要注意的是,A 因素的 1 水平和 2 水平分别试验了 24 次,计算 $\bar{K}_1$、$\bar{K}_2$ 时要用 24 去除。其他三个因素的四个水平分别只试了 12 次,求平均值时用 12 去除。

此外，当因素水平不同时，即使因素对指标的影响程度相同，水平多的因素极差也会更大。因此，需要对极差进行折算，如表 2-20。

表 2-20　折算系数表

水平数	2	3	4	5	6	7	8	9	10
折算系数 d	0.71	0.52	0.45	0.4	0.37	0.35	0.34	0.32	0.31

R' 的计算公式为：

$$R' = R \cdot d \cdot \sqrt{n}$$

其中 n 为因素每个水平的实验重复次数。

$$R'_A = 0.7 \times 0.71 \times \sqrt{24} = 2.435$$
$$R'_B = 1 \times 0.45 \times \sqrt{12} = 1.559$$
$$R'_C = 0.375 \times 0.45 \times \sqrt{12} = 0.585$$
$$R'_D = 0.5 \times 0.45 \times \sqrt{12} = 0.779$$

只作直观分析。画出趋势图如图 2-4。

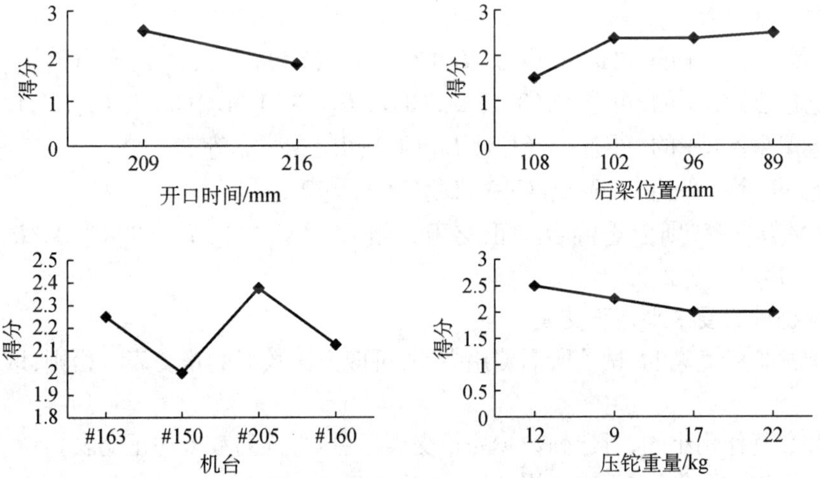

图 2-4　工艺参数对纹路水平得分影响的趋势图

1. 影响主次。在分析影响主次时，主要看极差。现在 A 因素是二个水平，其他因素是四个水平，必须进行调整才能进行比较。根据调整极差 R'，得影响主次为：$A > B > D > C$

2. 最佳组合。根据平均数，得分越高越好，最佳组合为：$A_1B_4C_3D_1$。

对得出的最佳组合应作试验验证。为减少试验时的条件变化带来的影响，应与原方案中较好的方案同时进行试验，以便对比试验结果。

第三节　正交试验设计的一般方法

根据第二节的应用实例，总结出正交试验设计的一般步骤是：

一、决定试验的因素和水平

在一次试验中,到底考察几个因素并各取几个水平,总的原则是:根据需要和可能。

1. 有两种情况不能列为考察因素。

(1) 测不出因素的数值,或者得不到定性的了解,看不出因素的作用。

(2) 控制手段还不具备,不能把因素控制在指定的水平上。

2. 对事物的变化规律了解不多时,可多取一些因素。

具体做法也可分两步进行。第一步多试几个因素,从中初步发现比较重要的少数因素。第二步,再对这少数几个因素进行试验。

一般倾向于多考察几个因素,以免漏掉主要因素,而且,对于正交试验,有时增加一、二个因素并不会导致试验方案数增加。

3. 重要的因素或特别希望详细了解的因素,可多取一些水平,反之则可少取一些水平。每个因素的水平数,可以相等也可以不相等。决定水平的方法有:(1)均分法,即把考察范围平均分配成若干水平;(2)按实际决定,以不漏掉合理值为原则。

二、选择适当的正交表

当考察的因素和水平决定后,就要选择适当的正交表。具体做法是:

(一) 先看水平数

如果全是二个水平的,可选 $L_4(2^3)$、$L_8(2^7)$、$L_{12}(2^{11})$、$L_{16}(2^{15})$、$L_{32}(2^{31})$, 等等。

如果全是三个水平的,可选 $L_9(3^4)$、$L_{18}(3^7)$、$L_{27}(3^{13})$、$L_{30}(3^{13})$、$L_{54}(2^{25})$, 等等。

如果全是四个水平的,可选 $L_{16}(4^5)$、$L_{32}(4^9)$、$L_{64}(4^{21})$, 等等。

如果全是五个水平的,可选 $L_{25}(5^6)$、$L_{50}(5^{11})$, 等等。

如果水平数不等,则应选混合型正交表。如 $L_8(4\times 2^4)$、$L_{12}(3\times 2^4)$、$L_{16}(4\times 2^{12})$、$L_{18}(2\times 3^7)$、$L_{32}(4^9\times 2^4)$, 等等。

(二) 根据试验要求来定正交表

1. 要求试验精度高的、试验所需费用少的,可取方案数多的正交表。否则,取方案数少的正交表。

2. 已知交互作用小的,可选列数少的正交表。否则,选列数多的正交表。

3. 要分析的交互作用多,应选用列数多的正交表。

三、表头设计

表头设计就是根据已确定的因素和已选定的正交表,将已确定的因素摆放到正交表的各列上。具体做法是:

(一) 先看是否考察交互作用

1. 如不考察交互作用,每个因素的位置可任意摆放,一般是按顺序摆放在前几列。

2. 如要考察交互作用,情况则复杂得多,下面以 $L_8(2^7)$ 为例作详细介绍。

假若安排 A、B、C 三个因素,同时要考察它们之间的交互作用,一般习惯把 A 因素摆在第 1 列,B 因素摆在第 2 列,$A\times B$ 在第 3 列,C 因素摆在第 4 列。再查交互作用表,$A\times C$ 在第 5 列,$B\times C$ 在第 6 列,第 7 列空着。列成表如表 2-21。

表 2-21　三因素交互作用表头设计

列号	1	2	3	4	5	6	7
因素	A	B	$A\times B$	C	$A\times C$	$B\times C$	

这并不是唯一的设计，还可以设计成表 2-22 中的各种方案，都能满足要求。

表 2-22　三因素交互作用表头设计总表

列号	1	2	3	4	5	6	7
因素	A	B	$A\times B$	$A\times C$	C		$B\times C$
	A	B	$A\times B$	$B\times C$		C	$A\times C$
	A	B	$A\times B$		$B\times C$	$A\times C$	C
	$A\times B$	A	B	C		$A\times C$	$B\times C$
	$A\times B$	A	B		C	$B\times C$	$A\times C$
	$A\times B$	A	B	$A\times C$	$B\times C$	C	
	$A\times B$	A	B		$A\times C$	$B\times C$	C
	$B\times C$	A		B	C	$A\times B$	$B\times C$
		A	$B\times C$	B	$A\times C$	$A\times B$	C
	$A\times B$	$A\times C$	$B\times C$	A	B	C	
	$A\times B$	$B\times C$	$A\times C$	A	B		C
	$B\times C$	$A\times B$	$A\times C$	A		B	C
	$B\times C$	$A\times C$	$A\times B$		A	B	C

假若安排四个因素 A、B、C、D，各因素有好多种摆法，下面设计两种摆法如表 2-23。

表 2-23　四因素交互作用表头设计

列号	1	2	3	4	5	6	7
因素	A	B	$A\times B$ $C\times D$	C	$A\times C$ $B\times D$	$B\times C$ $A\times D$	D
	A	B $C\times D$	$A\times B$	C $B\times D$	$A\times C$	D $B\times C$	$A\times D$

第一种设计是把四个主要因素摆在第 1、2、4、7 列，其交互作用根据交互作用表，$A\times B$ 和 $C\times D$ 都在第 3 列，$A\times C$ 和 $B\times D$ 都在第 5 列，$B\times C$ 和 $A\times D$ 都在第 6 列。第二种设计是把四个主要因素摆在第 1、2、4、6 列，其交互列 $C\times D$ 在 2 列，$A\times B$ 在 3 列，$B\times D$ 在 4 列，$A\times C$ 在 5 列，$B\times C$ 在 6 列，$A\times D$ 在 7 列。

在第一种设计中，有两对交互作用分别在第 3、5、6 列。在第二种设计中，第 2、4、6 列既有主要因素 B、C、D，还有交互作用在同一列。这里把主要因素的作用与交互作用混在一起，或者交互作用与交互作用混在一起的情况，叫做混杂。其意思是说这一列有两种情况存在。

要完全避免混杂，在因素较多时是十分困难的，其试验方案将大大增加。如要做四因素 2 水平的试验，主要因素占 4 列，交互作用要占 $C_4^2=6$ 列，则试验方案必定在 10 个以上。又如五个因素都是 2 水平，则方案数 $5+C_5^2=15$ 个以上。

这就产生了矛盾，要想能分析各种因素的交互作用(即避免混杂)，方案数需增加较多，要想减少方案数，就不能完全避免混杂。解决矛盾的办法是，凡可以不考察交互作用的就不要考察交互作用,即暂时忽略交互作用。

对于四个因素的表头设计,分两种类型介绍,一种是只要求主因素不混杂,另一种是只考察一部分交互作用,即只要求一部分交互作用不与主因素混杂。

(1) 主因素不与交互作用混杂

除了前面已介绍的第一种设计外,还可能有以下几种设计如表 2-24。

表 2-24 表头设计

列号	1	2	3	4	5	6	7
因素	A	B	$A\times B$ $C\times D$	$A\times C$ $B\times D$	C	D	$B\times C$ $A\times D$
	A	$A\times B$ $C\times D$	B	C	$A\times C$ $B\times D$	D	$B\times C$ $A\times D$
	A	$A\times B$ $C\times D$	B	$A\times C$ $B\times D$	C	$B\times C$ $A\times D$	D
	$A\times B$ $C\times D$	A	B	C	D	$A\times C$ $B\times D$	$B\times C$ $A\times D$
	$A\times B$ $C\times D$	$A\times C$ $B\times D$	$B\times C$ $A\times D$	A	B	C	D

(2) 部分交互作用不与主因素混杂

举一个例子,要求 $B\times C$、$B\times D$、$C\times D$ 不与主因素混杂,只介绍设计的方法(见表 2-25)。

表 2-25 表头设计

列号	1	2	3	4	5	6	7
因素	A $B\times C$	B	C				
	A $C\times D$	B		C	D	$B\times C$	$B\times D$
	A	B	$C\times D$	C	$B\times D$	$B\times C$	D

设计步骤是:

先把 A 摆在第1列,B 摆在第2列,再把 C 摆在第3列,则 $B\times C$ 在第1列,与 A 混杂,故 C 摆在第3列不行。改 C 摆在第4列,这时 $B\times C$ 在第6列,没有混杂。然后把 D 摆在第5列,则 $B\times C$ 在第7列,但 $C\times D$ 在第1列,又与 A 混杂,故不能摆在第5列。改 D 摆在第7列,这时 $B\times D$ 在第5列,$C\times D$ 在第3列,都未混杂,满足了要求。

(二) 设计安排顺序

假若四个因素,哪一列摆 A 和哪些列摆 B、C、D 呢? 安排顺序的方法有四种:

1. 按试验前猜想的主次顺序安排。这种方法把事前猜想的主要因素摆在前面,然后依次摆次要的,目的是便于比较原来的猜想是否正确。

2. 更换试验费事的因素,可摆在试验过程中水平改变最少的一列,如 $L_8(2^7)$。

$$L_8(2^7)\begin{vmatrix}1&1&1&1&1&1&1\\1&1&1&2&2&2&2\\1&2&2&1&1&2&2\\1&2&2&2&2&1&1\\2&1&2&1&2&1&2\\2&1&2&2&1&2&1\\2&2&1&1&2&2&1\\2&2&1&2&1&1&2\end{vmatrix}$$

在按顺序的 8 个方案中，第一列共改变 2 次，第二列共改变 4 次，第三列共改变 3 次，第四列共改变 8 次，第五列共改变 7 次，第六列共改变 5 次，第七列共改变 6 次。可见第一列改变最少，就可把改变最费事的因素摆在第一列，使试验时减少过多的工作。其次可摆第 3 列或第 2 列。

3. 按照工作时间的先后顺序安排。每次试验都有每个因素的某一个水平参与试验，有时因素之间在操作上本身就有一个顺序，如果按操作的顺序把因素摆在各列上，就可节约时间，方便工作。

4. 任意安排。

四、填试验表

填试验表就是按照选用的 L 表和表头设计，把因素的各水平填入相应的位置，最后得到每次试验的具体方案。

在填写时可以采取随机化的方法，即各因素的水平不一定按由大到小或由小大到的顺序排列。如例 2-1 中，细纱后牵伸的 1 水平是 1.14，2 水平是 1.01，3 水平是 1.24。

填表时有几点值得注意：

1. 为了避免发生错误，最好先把每个因素的水平列成表。如要做随机化处理，就在列表时固定下来。

2. 在正交表选定后，方案数和各个水平编号的位置就固定下来了，这时应按表中的试验次数和各个水平编号的位置如实填写。不能随意增减方案数，也不能随意改变水平编号的位置。如果随意变动，将破坏“搭配均衡”，就不再是正交表了。

3. 在有交互作用的情况下，交互列只填水平编号，没有具体的水平数字可填。在正交表没有用完时，空余的列可以空着不填。

五、分析试验结果

关于每个方案的试验次数问题，一般来说，一个方案只试一次，其数据的偶然性较大，结论不可靠。如果某方案的试验过多，数据的偶然性减少了，结论的可靠性也提高了，但是试验次数过多，必然费工费时。因此，每个方案的试验次数应视具体情况而定。一般的做法是：每个方案只试一次，然后对得出的最佳方案再做试验，以防止偶然。

下面着重介绍对试验结果的分析方法。

分析的方法有两种，一种是直观分析，一种是方差分析。前者直观、简单，后者比较细致、复杂。现介绍直观分析的步骤。

1. 列表计算数据。

表格形式如表 2-19。

其中,调整极差 R',是在用混合正交表时,由于各因素的水平不同,为了便于比较,因此需要调整。

2. 画趋势图。

目的是能直观看出各个水平对试验结果的影响。由于两个水平的比较容易判断,所以两个水平一般不画趋势图。

3. 综合分析。

(1) 找出主次因素。极差(在用混合正交表时是调整差)大的是主要因素,极差小的是次要因素。根据极差大小的顺序从左到右排出各个因素,并用箭头隔开。

(2) 找出最佳组合方案。最佳组合方案是把每个因素中 $\bar{K}$ 最好的水平组合起来即可。组合后可能出现三种情况:最佳组合已做过试验,为防止偶然,可复试一次;最佳组合在试验范围的边界上,可能在试验范围外还有更好的水平而成为新的最佳组合,这时应扩大试验;最佳组合尚未试过,应重新试验,加以验证。

若要考察交互作用时,则要排出组合分析表。

如分析 A、B 两因素的交互作用,格式如表 2-26。

表 2-26　交互作用组合分析表

A \ B	B_1	B_2
A_1	Ⅰ	Ⅱ
A_2	Ⅲ	Ⅳ

其中,Ⅰ——A_1 和 B_1 同时参与试验的试验结果平均值;

Ⅱ——A_1 和 B_2 同时参与试验的试验结果平均值;

Ⅲ——A_2 和 B_1 同时参与试验的试验结果平均值;

Ⅳ——A_2 和 B_2 同时参与试验的试验结果平均值。

如果这里分析得出的最佳组合与前面的分析结果不一致,应以这里的分析为准。

六、方差分析法

根据以上所介绍的方法,利用正交表安排试验,并用直观分析法对试验结果进行分析,因为“均衡分散”与“综合可比”这两个特点,使得我们仅做一部分试验就能获得所需的结论,而且方法简便易行,计算量小,在一般情况下,结论也是可靠的。但是,我们知道,在任何试验过程中,都存在着随机因素造成的试验误差,通常可以将它们忽略不计。但是当误差较大时,会影响结论的可靠性。这时,我们可以借用方差分析,将试验误差所引起的指标的变动与各因子及其水平不同所引起的指标变动区分开来,以便分析出影响试验结果的真正因素。同时,极差分析只能相对比较各因素对试验结果的影响程度,但不能说明各因素对试验结果是否有显著的影响,而方差分析可以说明各因素对试验结果的显著性,能更好地帮助我们寻找最优的参数。下面通过例题介绍如何用方差分析法对试验结果进行分析。

利用方差分析法来分析试验结果时,由于要考虑随机因素对指标的影响,因此在选取正交表安排试验时，要使表中的因子数大于实际的因子数。例如，表 2-4 的试验是三因子三水平，我们可以选用 $L_9(3^4)$ 表安排试验，将三因素依次放在表的第 1、2、4 列后，还空出一列无因素可安排，这一列可视为随机试验误差。按照此法安排试验，得出试验计划表及试验结果，列于表 2-27 内，并在表上进行一系列的有关计算。

表 2-27　试验计划和计算表

试验号 ＼ 因素 ＼ 列号	1 后牵伸 A	2 加压 B	3 误差	4 捻系数 C	汗布条干名次 y_i
1	1(1.14)	1(10×7)	1	1(95)	3
2	1(1.14)	2(13×7)	2	2(104)	2
3	1(1.14)	3(13×8)	3	3(112)	1
4	2(1.01)	1(10×7)	2	3(112)	9
5	2(1.01)	2(13×7)	3	1(95)	8
6	2(1.01)	3(13×8)	1	2(104)	7
7	3(1.24)	1(10×7)	3	2(104)	4
8	3(1.24)	2(13×7)	1	3(112)	5
9	3(1.24)	3(13×8)	2	1(95)	6
K_1	6	16	15	17	
K_2	24	15	17	13	
K_3	15	14	13	15	
K_1^2	36	256	225	289	$T=\sum y_i=45$
K_2^2	576	225	289	169	$T^2=2\ 025$
K_3^2	225	196	169	225	$T^2/9=225$
$K_1^2+K_2^2+K_3^2$	837	677	683	683	
$(K_1^2+K_2^2+K_3^2)/3$	279	225.67	227.67	227.67	
$(K_1^2+K_2^2+K_3^2)/3-T^2/9$	54	0.67	2.67	2.67	

将试验结果汗布条干名次 y 的变动(或波动、差异)用总偏差平方和 S_T 来表示，则

$$S_T=\sum(y_i-\bar{y})^2=\sum y_i^2-\frac{\left(\sum y_i\right)^2}{9}=\sum y_i^2-\frac{T^2}{9}$$

其中 $\bar{y}=\dfrac{\sum y_i}{9}$，并令 $T=\sum y_i$

总偏差平方和可以分解为各因子的偏差平方和与试验误差的偏差平方和，即

$$S_T=S_A+S_B+S_C+S_E$$

各偏差平方和的计算如下：

例如 A 位于 $L_9(3^4)$ 表的第一列上，有 3 个一水平，3 个二水平，3 个三水平。如果这个试验只安排一个因子 A，则实验结果 y 的差异就完全是由 A 因子的水平变化与试验误差所引起的。这时可以用 A 因子的各水平对 y 的平均影响 $K_{1A}/3$、$K_{2A}/3$ 和 $K_{3A}/3$ 分别代替各个水平(每个水平有 3 个)对 y 的影响，所以因子 A 的偏差平方和 S_A 可以由 3 个 $K_{1A}/3$、3 个 $K_{2A}/3$ 和 3 个 $K_{3A}/3$ 与 $\bar{y}$ 的偏差平方和计算得到，即

$$S_A = 3\left(\frac{K_{1A}}{3} - \bar{y}\right)^2 + 3\left(\frac{K_{2A}}{3} - \bar{y}\right)^2 + 3\left(\frac{K_{3A}}{3} - \bar{y}\right)^2$$

经简单运算,上式可化简为

$$S_A = \frac{K_{1A}^2 + K_{2A}^2 + K_{3A}^2}{3} - \frac{T^2}{9} = 54$$

类似地可求出因子 B、C 和试验误差 E 的偏差平方和 S_B, S_C 和 S_E 的值。S_E 是空列(误差列)的波动。

$$S_B = \frac{K_{1B}^2 + K_{2B}^2 + K_{3B}^2}{3} - \frac{T^2}{9} = 0.67$$

$$S_C = \frac{K_{1C}^2 + K_{2C}^2 + K_{3C}^2}{3} - \frac{T^2}{9} = 2.67$$

$$S_E = \frac{K_{1E}^2 + K_{2E}^2 + K_{3E}^2}{3} - \frac{T^2}{9} = 2.67$$

各因子与试验误差的自由度为

$$f_A = f_B = f_C = f_E = 3 - 1 = 2$$

为了进行各因子的显著性检验,列出方差分析表如表 2-28。

表 2-28　影响汗布条干的因素方差分析表

方差来源	平方和	自由度	均方	F 比
因子 A	$S_A = 54$	2	27	$F_A = 20.25$
因子 B	$S_B = 0.67$	2	0.335	$F_B = 0.25$
因子 C	$S_C = 2.67$	2	1.335	$F_C = 1.00$
误差 E	$S_E = 2.67$	2	1.335	
总和	$S_T = 60.01$	8	—	—

由附表 1-10 的 F 分布表查得 $F_{0.05}(2, 2) = 19$, $F_A > F_{0.05}$,故 A 因子显著;$F_B < F_C < F_{0.05}$,故 B 因子和 C 因子均不显著。本例方差分析的结论与直观分析法的结论是一致的,但是,方差分析进一步说明了只有 A 因素的影响是显著的,应该合理选择,而 B、C 因素的影响不显著,可以忽略,故其水平可以随便选。

七、正交设计助手分析

正交设计助手是一款针对正交实验设计及实验结果的分析而制作的专业软件,使用正交设计助手软件可以使正交试验的分析更加简便快捷。在本节中,主要介绍了正交设计助手的基本使用方法,并使用软件对本节中出现的例题进行了分析。所用软件版本为正交设计助手 II V3.1 专业版。

首先,以例 2-1 为例,简要介绍一下软件的使用方法。首先打开软件 ,点击文件—新建工程,实验—新建实验,在实验说明中填写实验名称和简要描述,然后选择正交表,填写相应的因素和水平，单击确定后，可在未命名工程的下一级找到自己想要的正交表，填写实验结果后即可进行正交分析，如图 2-5。

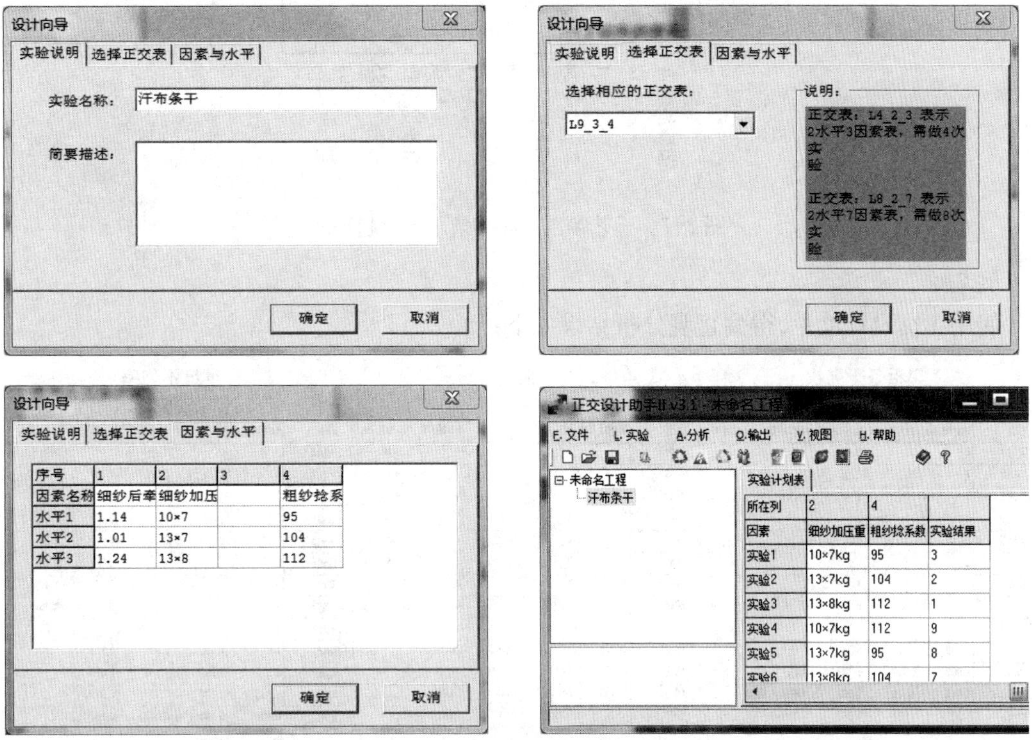

图 2-5　正交设计助手数据输入界面

点击，即可获得直观分析结果：

所在列	1	2	3	4	
因素	细纱后牵伸	细纱加压重		粗纱捻系数	实验结果
实验1	1	1	1	1	3
实验2	1	2	2	2	2
实验3	1	3	3	3	1
实验4	2	1	2	3	9
实验5	2	2	3	1	8
实验6	2	3	1	2	7
实验7	3	1	3	2	4
实验8	3	2	1	3	5
实验9	3	3	2	1	6
均值1	2.000	5.333	5.000	5.667	
均值2	8.000	5.000	5.667	4.333	
均值3	5.000	4.667	4.333	5.000	
极差	6.000	0.666	1.334	1.334	

图 2-6　直观分析结果

点击，则可获得各个因素试验结果的趋势图：

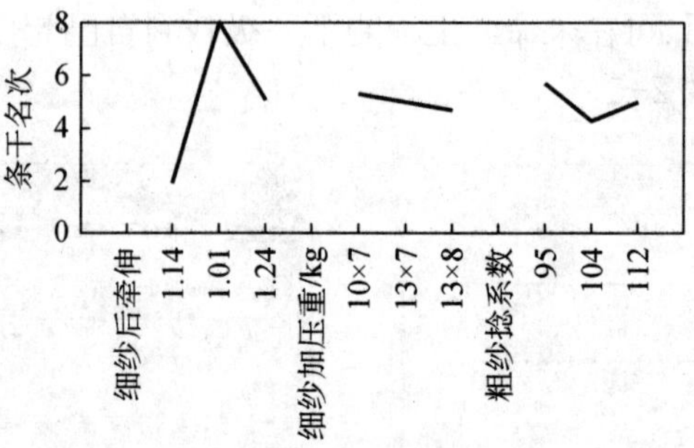

图 2-7 工艺参数对汗布条干影响趋势图

例 2-2

使用正交设计助手,得到直观分析结果如下:

黑板条干名次

所在列	1	2	3	4	
因素	粗纱捻系数	加压杠杆比	加压铊重	钳口隔距	实验结果
实验1	1	1	1	1	8
实验2	1	2	2	2	9
实验3	1	3	3	3	5
实验4	2	1	2	3	3
实验5	2	2	3	1	2
实验6	2	3	1	2	1
实验7	3	1	3	2	4
实验8	3	2	1	3	6
实验9	3	3	2	1	7
均值1	7.333	5.000	5.000	5.667	
均值2	2.000	5.667	6.333	4.667	
均值3	5.667	4.333	3.667	4.667	
极差	5.333	1.334	2.666	1.000	

强度

所在列	1	2	3	4	
因素	粗纱捻系数	加压杠杆比	加压铊重	钳口隔距	实验结果
实验1	1	1	1	1	24.17
实验2	1	2	2	2	24.06
实验3	1	3	3	3	24.28
实验4	2	1	2	3	23.92
实验5	2	2	3	1	24.3
实验6	2	3	1	2	23.97
实验7	3	1	3	2	24.03
实验8	3	2	1	3	24.05
实验9	3	3	2	1	24.32
均值1	24.170	24.040	24.063	24.263	
均值2	24.063	24.137	24.100	24.020	
均值3	24.133	24.190	24.203	24.083	
极差	0.107	0.150	0.140	0.243	

重量不匀率

所在列	1	2	3	4	
因素	粗纱捻系数	加压杠杆比	加压铊重	钳口隔距	实验结果
实验1	1	1	1	1	1.7
实验2	1	2	2	2	1.85
实验3	1	3	3	3	1.9
实验4	2	1	2	3	2.2
实验5	2	2	3	1	2.1
实验6	2	3	1	2	2.35
实验7	3	1	3	2	1.8
实验8	3	2	1	3	1.95
实验9	3	3	2	1	1.75
均值1	1.817	1.900	2.000	1.850	
均值2	2.217	1.967	1.933	2.000	
均值3	1.833	2.000	1.933	2.017	
极差	0.400	0.100	0.067	0.167	

图 2-8 直观分析结果

趋势图如下:

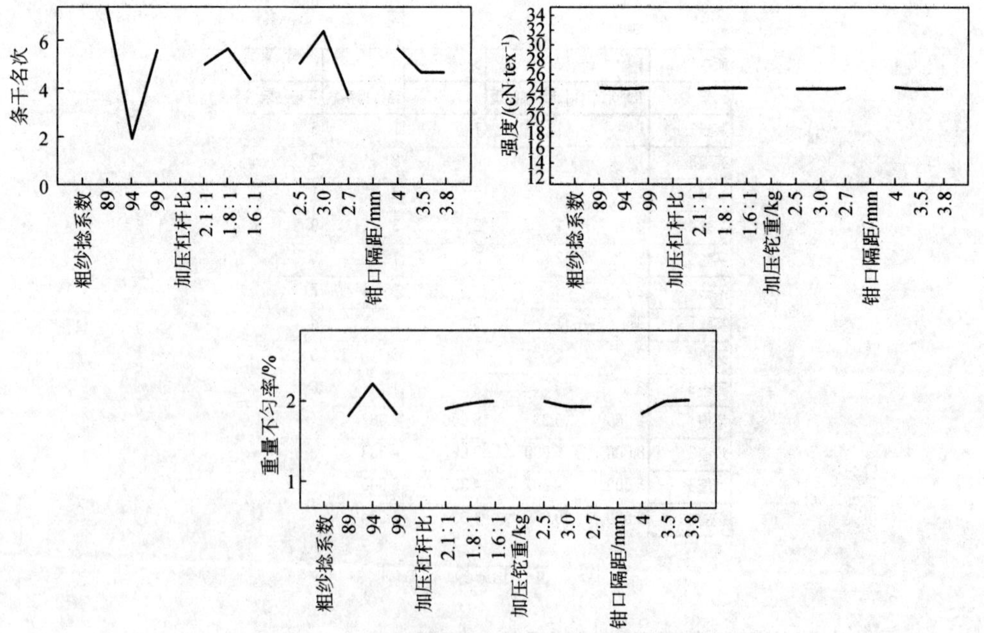

图 2-9 工艺参数对条干等指标影响的趋势

以例 2-3 为例,简要介绍如何使用正交设计助手解决介绍考虑交互作用的正交试验。

(1) 打开正交设计助手,输入因素与水平

序号	2	3	4	5	6	7
因素名称	锭速B	A×B	钢丝圈C	A×C	B×C	筒管直
水平1	15500		FU 1/0			19
水平2	16000		6903 1/0			17

图 2-10　输入因素水平

(2) 得到直观分析结果:

所在列	1	2	3	4	5	6	7	
因素	钢领型号A	锭速B	A×B	钢丝圈C	A×C	B×C	筒管直径D	实验结果
实验1	1	1	1	1	1	1	1	45
实验2	1	1	1	2	2	2	2	59
实验3	1	2	2	1	1	2	2	41
实验4	1	2	2	2	2	1	1	61
实验5	2	1	2	1	2	1	2	49.5
实验6	2	1	2	2	1	2	1	56.5
实验7	2	2	1	1	2	2	1	54
实验8	2	2	1	2	1	1	2	53
均值1	51.500	52.500	52.750	47.375	48.875	52.125	54.125	
均值2	53.250	52.250	52.000	57.375	55.875	52.625	50.625	
极差	1.750	0.250	0.750	10.000	7.000	0.500	3.500	

图 2-11　直观分析结果

(3) 分析因素 A 和 C 的交互作用,点击  ,选择发生交互作用的两个因素:

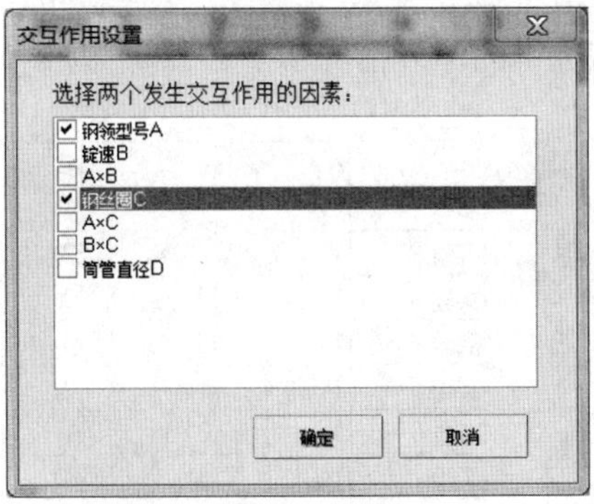

图 2-12　选择交互作用因子

得到交互作用表:

钢丝圈C	钢领型号A	
	JG2 4251	JG4 4251
FU 1/0	43.000	51.750
6903 1/0	60.000	54.750

图 2-13　交互作用表

例 2-4

利用正交设计助手,得到如下结果:

所在列	1	2	3	4	
因素	张力牙A	铁炮起点位	A×B	A×B	实验结果
实验1	1	1	1	1	2.3
实验2	1	2	2	2	2.2
实验3	1	3	3	3	1.9
实验4	2	1	2	3	1.2
实验5	2	2	3	1	1.5
实验6	2	3	1	2	1.5
实验7	3	1	3	2	0.7
实验8	3	2	1	3	0.8
实验9	3	3	2	1	0.9
均值1	2.133	1.400	1.533	1.567	
均值2	1.400	1.500	1.433	1.467	
均值3	0.800	1.433	1.367	1.300	
极差	1.333	0.100	0.166	0.267	

图 2-14　直观分析结果

铁炮起点位	张力牙A		
	38T	39T	40T
80	2.300	1.200	0.700
70	2.200	1.500	0.800
60	1.900	1.500	0.900

图 2-15　交互作用分析表

例 2-5

(1) 打开混合水平表编辑器:blend.exe。对标准正交表进行改造:

点击文件—创建,选择 L16_4_5 正交表,在右边表格里,选择要替换的单元格,点鼠标右键,选一个水平数来替换当前选中的单元格的水平数,保存为 x_1。

正交表:

L16_4_5

选择要合并的列:

A
B
C
D
E

	A	B	C	D	E
实验 1	1	1	1	1	1
实验 2	1	2	2	2	2
实验 3	1	3	3	3	3
实验 4	1	4	4	4	4
实验 5	1	1	2	3	4
实验 6	1	2	1	4	3
实验 7	1	3	4	1	2
实验 8	1	4	3	2	1
实验 9	2	1	3	4	2
实验 10	2	2	4	3	1
实验 11	2	3	1	2	4
实验 12	2	4	2	1	3
实验 13	2	1	4	2	3
实验 14	2	2	3	1	4
实验 15	2	3	2	4	1
实验 16	2	4	1	3	2

图 2-16　混合水平正交表

(2) 新建实验,选择混合水平正交表,选择刚刚建立的 x_1 正交表。

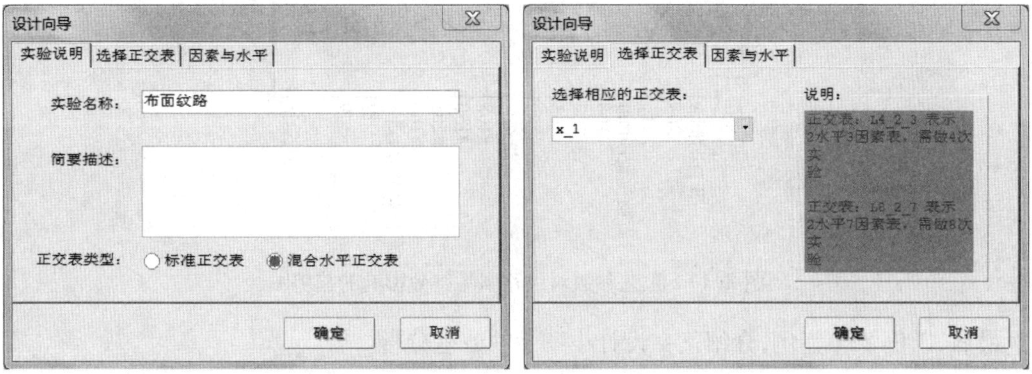

图 2-17　选择正交表

(3) 输入因素与水平和实验结果,得到直观分析表:

所在列	1	2	3	4	5	
因素	开口时间A	后梁位置B	机台C	压铊重量D		实验结果
实验1	1	1	1	1	1	3
实验2	1	2	2	2	2	3
实验3	1	3	3	3	3	3
实验4	1	4	4	4	4	3
实验5	1	1	2	3	4	1
实验6	1	2	1	4	3	2
实验7	1	3	4	1	2	2.5
实验8	1	4	3	2	1	3
实验9	2	1	3	4	2	1
实验10	2	2	4	3	1	2
实验11	2	3	1	2	4	2
实验12	2	4	2	1	3	2
实验13	2	1	4	2	3	1
实验14	2	2	3	1	4	2.5
实验15	2	3	2	4	1	2
实验16	2	4	1	3	2	2
均值1	2.563	1.500	2.250	2.500	2.500	
均值2	1.813	2.375	2.000	2.250	2.125	
均值3		2.375	2.375	2.000	2.000	
均值4		2.500	2.125	2.000	2.125	
极差	0.750	1.000	0.375	0.500	0.500	

图 2-18　直观分析结果

需要注意的是,这里的极差没有进行调整。

(4) 趋势图如下:

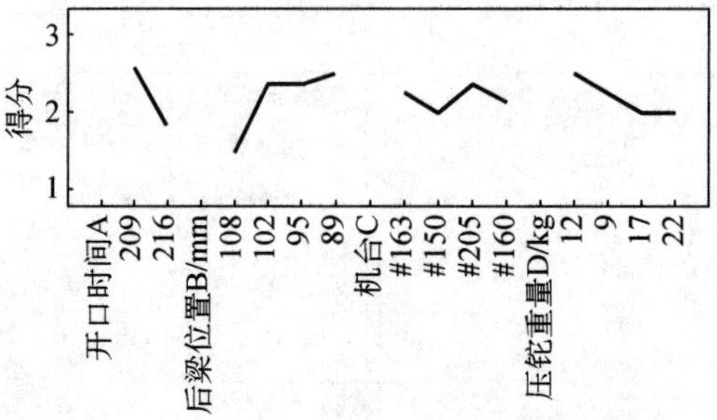

图 2-19　工艺参数对纹路水平得分影响的趋势图

最后,以例 2-1 为例,介绍正交设计小助手的方差分析。

(1) 输入数据后,点击进行方差分析。

(2) 选取之前空白的第三列作为误差所在列。

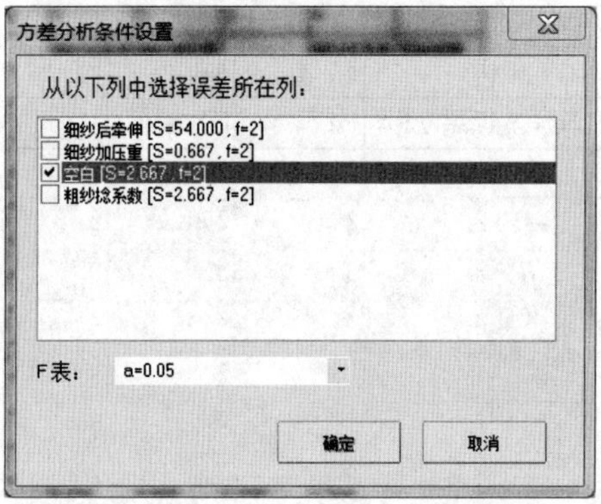

图 2-20　选取误差列

(3) 得到如下方差分析表:

实验计划表 | 直观分析表 | 方差分析表

因素	偏差平方和	自由度	F比	F临界值	显著性
细纱后牵伸	54.000	2	20.247	19.000	*
细纱加压重	0.667	2	0.250	19.000	
粗纱捻系数	2.667	2	1.000	19.000	
误差	2.67	2			

图 2-21　方差分析结果

经过与本章前几节例题对比,可看出正交设计助手分析的分析结果真实可信,且操作简便,可大幅减小计算成本。

第三章　线 性 回 归

在生产实践和科学实验中，经常遇到一些同处于一个统一体中的变量。在这个统一体中，这些变量是相互联系、相互制约的，即它们之间客观上存在着一定的关系。为了深入了解事物的本质，往往需要找出描述这些变量之间依存关系的数学表达式。在微积分中已经研究了完全确定的函数关系(如图 3-1)。然而，在许多实际问题中，或是由于变量之间的关系比较复杂，使精确的数学表达式无法得到，或是由于生产或试验过程中不可避免地存在着误差的影响，从而使它们之间的关系具有某种不确定性(如图 2-2)。

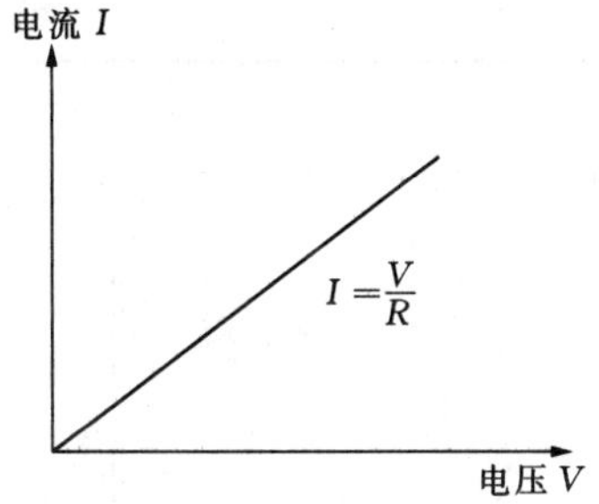

图 3-1　电压与电流的关系

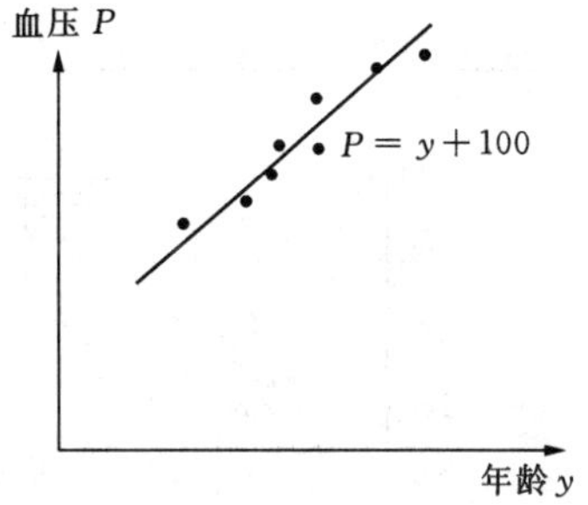

图 3-2　年龄与血压的关系

因此实践中常采用统计方法，在大量的试验和观察中，寻找隐藏在上述随机性后面的统计规律性，这类统计规律称为回归关系。有关回归关系的计算方法和理论通称为回归分析，它是数理统计的一个重要分支，在生产实践和科学研究中有着广泛的应用，譬如求经验公式，找出产量或质量指标与生产条件的关系，确定最佳生产条件，预报气象与病虫害，制定自动控制中的数学模型等等，都要用到回归分析的工具。

回归分析的主要内容有：

(1) 从一组数据出发，确定这些变量间的定量关系式；

(2) 对这些关系式的可信程度进行统计检验；

(3) 从影响着某一个量的许多变量中，判断这些变量对该量影响的显著程度；

(4) 利用所求得的定量关系式对生产过程进行预报和控制；

(5) 根据回归的分析方法，特别是进行预报和控制所提出的要求，设计试验方案；

(6) 寻求试验点数较少，且具有较好统计性质的回归设计方法(关于这些内容的详细情况，将在以后各章逐步介绍)。

回归分析所研究的数学模型主要是线性回归模型和多项式回归模型，后者可以转化为前者，但后者本身也有一些特殊的方法。

第一节　一元线性回归

一元线性回归处理的是两个变量之间的线性关系。如，通过试验及其结果的分析，找出两

个变量 x 和 y 间所存在的某种线性关系,这就是一元线性回归分析。

一、一元线性回归的数学模型

例如:已知在牵伸过程中,牵伸倍数的大小 (x) 与牵伸力(y) 的大小有一定的关系,为了研究这种关系,特安排实验,测试了在不同牵伸倍数条件下的牵伸力数据如表 3-1。

表 3-1　不同牵伸倍数下的牵伸力测试数据

试验号 α	牵伸倍数 x_α	牵伸力 y_α/cN
1	1.8	290
2	1.9	255
3	2.0	215
4	2.1	185
5	2.2	160

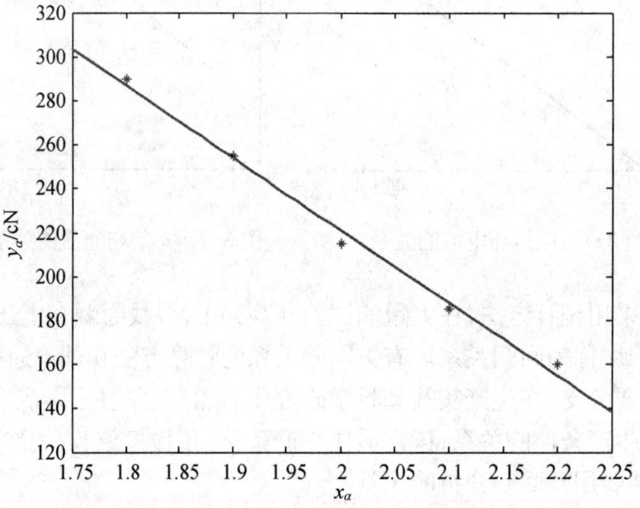

图 3-3　牵伸倍数与牵伸力的关系

将这些数据组一一描绘在坐标图上(如图 3-3),可以发现,这些点大致都落在一条直线附近,也就是说,x 与 y 之间的关系基本上可以认为是直线关系,这些点之所以与直线有一些偏离,主要是由于在实验过程中其他一些随机因素的影响而引起的。因此,表 3-1 中的有关牵伸倍数和牵伸力的关系可以假设有如下的表达式:

$$y_\alpha = \beta_0 + \beta_1 x_\alpha + \varepsilon_\alpha。\quad \varepsilon_\alpha \sim N(0,\ \sigma^2),\ \alpha = 1,\ 2,\ \cdots,\ N \tag{3-1}$$

其中,$\varepsilon_1, \varepsilon_2, \cdots, \varepsilon_N$ 分别表示其他随机因素对牵伸力 y_α 影响的总和,一般假设它们是一组相互独立,且服从同一正态分布 $N(0, \sigma^2)$ 的随机变量(本书中,对 ε_α, $\alpha = 1, 2, \cdots, N$,都作这样的假定,以后一般不再另行说明)。变量 x 可以是随机变量,也可以是一般变量,这里,只讨论它是一般变量的情况,即它是可以精确测量或严格控制的变量。在上述这些条件下,变量 y 是服从正态分布 $N(\beta_0 + \beta_1 x_\alpha, \sigma^2)$ 的随机变量。式(3-1) 就是一元线性回归的数学模型。在上例中,$N = 5$。

二、参数的最小二乘估计

一元线性回归数学模型中，β_0、β_1 是未知的参数，必须通过试验来估计之。可以采用最小二乘法来估计式(3-1)中的参数 β_0、β_1，即，设 b_0、b 为参数 β_0、β_1 的最小二乘估计值，则得到 x 与 y 的一元线性回归方程为：

$$\hat{y} = b_0 + bx \tag{3-2}$$

对于每一个 x_α，由回归方程(3-2)可以确定一个回归值 $\hat{y}_\alpha = b_0 + bx_\alpha$。这个回归值 $\hat{y}_\alpha$ 与实际观察值 y_α 之差为 $y_\alpha - \hat{y}_\alpha = y_\alpha - b_0 - bx_\alpha$，刻划了 y_α 与回归直线 $\hat{y} = b_0 + bx_\alpha$ 的偏离程度。对于所有的 x_α，如果 $\hat{y}_\alpha$ 与 y_α 的偏离越小，则可以认为直线和所有的试验点拟合得越好。显然，全部观察值 y_α 与回归值 $\hat{y}_\alpha$ 的偏离平方和为：

$$Q(b_0, b) = \sum_{\alpha=1}^{N} (y_\alpha - \hat{y}_\alpha)^2 = \sum_{\alpha=1}^{N} (y_\alpha - b_0 - bx_\alpha)^2。 \tag{3-3}$$

式(3-3)表示了全部观察值与回归直线的偏离程度。所谓最小二乘法，就是使得：$Q(b_0, b)$ 达到最小的一种确定 b_0，b 的方法。因此，最小二乘法配出的直线 $\hat{y} = b_0 + bx$，它和点 (x_α, y_α)，$\alpha = 1, 2, \cdots, N$ 的偏离是所有直线中最小的。由于 $Q(b_0, b)$ 是 b_0，b 的二次函数，又是非负的，所以其最小值总是存在的。根据极值定理，要求的估计值 b_0，b 是下列方程组的解：

$$\begin{cases} \dfrac{\partial Q}{\partial b_0} = -2\sum\limits_\alpha (y_\alpha - b_0 - bx_\alpha) = 0 \\ \dfrac{\partial Q}{\partial b} = -2\sum\limits_\alpha (y_\alpha - b_0 - bx_\alpha)x_\alpha = 0 \end{cases}$$

其中 $\sum\limits_\alpha$ 表示对 α 从 1 到 N 的和，该方程组称正规方程组，它还可以写成如下的形式：

$$\begin{cases} \sum\limits_\alpha (y_\alpha - \hat{y}) = 0 \\ \sum\limits_\alpha (y_\alpha - \hat{y})x_\alpha = 0 \end{cases}$$

解上述正规方程组，得

$$\begin{cases} b_0 = \bar{y} - b\bar{x}, \\ b = \dfrac{\sum\limits_\alpha x_\alpha y_\alpha - \dfrac{1}{N}(\sum\limits_\alpha x_\alpha)(\sum\limits_\alpha y_\alpha)}{\sum\limits_\alpha x_\alpha^2 - \dfrac{1}{N}(\sum\limits_\alpha x_\alpha)^2} \end{cases} \tag{3-4}$$

其中，$\bar{x} = \dfrac{1}{N}\sum\limits_\alpha x_\alpha$，$\bar{y} = \dfrac{1}{N}\sum\limits_\alpha y_\alpha$。假如把 $b_0 = \bar{y} - b\bar{x}$ 代入 $\hat{y} = b_0 + bx$，可得回归方程的另一形式：

$$\hat{y} - \bar{y} = b(x - \bar{x}) \tag{3-5}$$

由此可见，回归直线 $\hat{y}=b_0+bx$ 是通过点 $(\bar{x},\bar{y})$ 的，明确这一点，对回归直线的作图是有帮助的。

下面进一步研究最小二乘估计 b_0, b 的统计性质。因为 $y_\alpha(\alpha=1,2,\cdots,N)$ 是 N 个相互独立的随机变量，且：

$$E(y_\alpha)=E(\beta_0+\beta x_\alpha+\varepsilon_\alpha)=\beta_0+\beta x_\alpha,$$

所以它们算术平均数的平均值是

$$E(\bar{y})=E\left(\frac{1}{N}\sum_\alpha y_\alpha\right)=\frac{1}{N}\sum_\alpha E(y_\alpha)=\beta_0+\beta\bar{x}_\alpha。$$

最小二乘估计 b_0, b 是诸 y_α 的线性函数，因而它们也是正态随机变量。由

$$E(y_\alpha)=\beta_0+\beta_\alpha x_\alpha \text{ 和 } E(\bar{y})=\beta_0+\beta\bar{x},$$

可得 b_0, b 的平均值

$$E(b)=E\left[\frac{\sum_\alpha(x_\alpha-\bar{x})(y_\alpha-\bar{y})}{\sum_\alpha(x_\alpha-\bar{x})^2}\right]=\frac{\sum_\alpha(x_\alpha-\bar{x})[(\beta_0+\beta x_\alpha)-(\beta_0+\beta\bar{x})]}{\sum_\alpha(x_\alpha-\bar{x})^2}=\beta$$

$$E(b_0)=E(\bar{y}-b\bar{x})=(\beta_0+\beta\bar{x})-(\beta\bar{x})=\beta_0。$$

所以，b_0, b 分别是 β_0、β 的无偏估计。这是最小二乘估计的一个重要性质。由此可以推出：

$$E(\hat{y})=E(b_0+bx)=\beta_0+\beta x=E(y)。$$

这表明 $\hat{y}$ 是 $E(y)$ 的无偏估计，即回归值 $\hat{y}$ 可看作是某一点实际观察值 y 的平均值。

现在来计算 b, b_0 的方差：

$$b=\frac{\sum_\alpha(x_\alpha-\bar{x})(y_\alpha-\bar{y})}{\sum_\alpha(x_\alpha-\bar{x})^2}=\frac{\sum_\alpha(x_\alpha-\bar{x})y_\alpha-\bar{y}\sum_\alpha(x_\alpha-\bar{x})}{\sum_\alpha(x_\alpha-\bar{x})^2}$$

$$=\frac{\sum_\alpha(x_\alpha-\bar{x})y_\alpha}{\sum_\alpha(x_\alpha-\bar{x})^2}=\sum_\alpha\frac{(x_\alpha-\bar{x})}{\sum_\alpha(x_\alpha-\bar{x})^2}y_\alpha$$

由于

$$D(y_\alpha)=D(\beta_0+\beta x_\alpha+\varepsilon_\alpha)=\sigma^2$$

立即得：

$$D(b)=\sum_\alpha\left[\frac{x_\alpha-\bar{x}}{\sum_\alpha(x_\alpha-\bar{x})^2}\right]^2D(y_\alpha)=\frac{\sum_\alpha(x_\alpha-\bar{x})^2}{\left[\sum_\alpha(x_\alpha-\bar{x})^2\right]^2}\sigma^2=\frac{\sigma^2}{\sum_\alpha(x_\alpha-\bar{x})^2} \tag{3-6}$$

式(3-6)可见，方差的大小表示随机变量取值波动的大小，回归系数 b 的波动大小不仅与

误差的方差σ^2有关，而且还取决于观测数据中自变量x的分散程度。如果x值较为分散，则b的波动就小，也就是估计比较精确。反之，若原始数据x是在一个较小的范围内取得的，则β的估计精度变差。

类似可以求得估计量b_0的方差，因为：

$$b_0 = \bar{y} - b\bar{x} = \sum_{\alpha} \left[\frac{1}{N} - \frac{\bar{x}(x_\alpha - \bar{x})}{\sum_{\alpha} (x_\alpha - \bar{x})^2} \right] y_\alpha$$

故有

$$D(b_0) = \sigma^2 \left[\frac{1}{N} + \frac{\bar{x}^2}{\sum_{\alpha} (x_\alpha - \bar{x})^2} \right] \tag{3-7}$$

由此可知，回归系数b_0的方差不仅与σ和x的波动大小有关，而且还同观察数据的个数N有关。数据越多，且x值越分散，估计量b_0就越精确。

三、回归方程的显著性检验

根据由式(3-4)所求出的系数b_0和b，就可以求出回归方程(3-2)，但这个回归方程是否基本上符合变量y与x之间的客观规律？用它来根据自变量x的值预报因变量y的值，效果如何？这就需要对所得的回归方程的适用性进行统计检验。

观察值y_1，y_2，…，y_N之间的差异，可以归结为两个方面的原因引起的：

(1) 自变量x取值的不同；

(2) 其他因素(包括试验误差等)的影响。为了检验这两个方面对差异影响的程度，首先就必须把它们所引起的差异，从观察值y的总的差异中分解出来。

$S_{总}$称为试验数据的总的偏差平方和，它表示所有数据围绕平均值的总的波动；$S_{回}$称为回归平方和，它表示由自变量x的变化而引起的结果波动，因此，它的大小反映了自变量x的重要程度；$S_{剩}$称为剩余平方和，它是由试验误差以及其他未加控制的因素引起的，它的大小反映了试验误差及其他因素对试验结果的影响。

通过平方和分解公式，就可以把上面对N个观察值的两种影响从数量上基本区分开来。如果变量y与x之间无线性关系，则模型$y_\alpha = \beta_0 + \beta x_\alpha + \varepsilon_\alpha$中的一次项系数$\beta = 0$；反之，$\beta \neq 0$，所以要检验两个变量之间是否有线性关系，就是要检验β是否为零。而这一点可以通过比较$S_{回}$与$S_{剩}$来实现。

N个观察值之间的差异，可用观察值y与其算术平均值$\bar{y}$的偏差平方和来表示，称为总的偏差平方和，记为：

$$S_{总} = \sum_{\alpha=1}^{N} (y_\alpha - \bar{y})^2 \tag{3-8}$$

又：

$$\begin{aligned} S_{总} &= \sum_{\alpha} (y_\alpha - \bar{y})^2 = \sum_{\alpha} [(y_\alpha - \hat{y}_\alpha) + (\hat{y}_\alpha - \bar{y})]^2 \\ &= \sum_{\alpha} (\hat{y}_\alpha - \bar{y})^2 + \sum_{\alpha} (y_\alpha - \hat{y}_\alpha)^2 + 2\sum_{\alpha} (y_\alpha - \hat{y}_\alpha)(\hat{y}_\alpha - \bar{y}) \end{aligned}$$

其中交叉项为零,因为

$$\sum_{\alpha}(y_{\alpha}-\hat{y}_{\alpha})(\hat{y}_{\alpha}-\bar{y})=\sum_{\alpha}(y_{\alpha}-\hat{y}_{\alpha})(b_{0}+bx_{\alpha}-\bar{y})$$

$$=(b_{0}-\bar{y})\sum_{\alpha}(y_{\alpha}-\hat{y}_{\alpha})+b\sum_{\alpha}(y_{\alpha}-\hat{y}_{\alpha})x_{\alpha}=0$$

于是可以得到总的偏差平方和的分解公式:

$$\sum_{\alpha}(y_{\alpha}-\bar{y})^{2}=\sum_{\alpha}(\hat{y}_{\alpha}-\bar{y})^{2}+\sum_{\alpha}(y_{\alpha}-\hat{y}_{\alpha})^{2}, \tag{3-9}$$

或者写成

$$S_{总}=S_{回}+S_{剩} \tag{3-10}$$

其中:

$$S_{回}=\sum_{\alpha}(\hat{y}_{\alpha}-\bar{y})^{2} \tag{3-11}$$

$$S_{剩}=\sum_{\alpha}(y_{\alpha}-\hat{y}_{\alpha})^{2} \tag{3-12}$$

各项平方和的自由度为:

$f_{总}=$总试验数$-1=N-1$;$f_{回}=$自变量的个数p;$f_{总}=f_{回}+f_{剩}$。

可以证明,在假设“$\beta=0$”的条件下,$S_{剩}$为正态变量$N(0, 1)$的平方,即$S_{回}$服从自由度为1的χ^2分布。

考虑到$S_{回}$与$S_{剩}$的自由度之和等于$S_{总}$的自由度,可得$S_{回}$与$S_{剩}$互相独立。根据概率论可得:在假设“$\beta=0$”成立的条件下,统计量

$$F=\frac{S_{回}/f_{回}}{S_{剩}/f_{剩}}=\frac{S_{回}/1}{S_{剩}/(N-2)}$$

服从自由度为1和$N-2$的F分布。

上述结论是在假设“$\beta=0$”成立的条件下推得的,在给定的显著性水平α下,统计量F应有

$$P\{F\leqslant F_{\alpha}(1, N-2)\}=1-\alpha。$$

这表明事件“$F>F_{\alpha}(1,N-2)$”是小概率事件,它在一次试验中不应发生,假如算得的F值确大于$F_{\alpha}(1, N-2)$,则说明原假设“$\beta=0$”不成立,这意味着线性回归模型中的一次项是必要的,不可少的,该现象下可称回归方程是显著的。反之,则称为不显著。这种用F检验对回归方程进行显著性检验的方法称为方差分析。

同时应该指出,上述F检验所作出的“回归方程显著”这一判断,只是表明相对于其他因素及试验误差来说,因素x的一次项对指标y的影响是重要的,但它并不能告诉我们:影响y的除x外,是否还有一个或几个不可忽略的其他因素,以及x和y的关系是否确是线性关系。换言之,在上述意义下的“回归方程显著”,并不能表明这个回归方程是拟合得很好的。

因此,如果有重复试验,就可以将剩余平方和中所包含的由于试验误差所引起的误差平方和$S_{误}$以及还有其他因素对结果的影响引起的失拟平方和S_{Lf}。进一步分解出来,从而判别

该回归方程是否还有其他不可忽略的因素没有考虑。

四、重复试验

如上所述,为了检验一个回归方程拟合得好坏,需要做一些重复试验。通过重复试验可以获得误差平方对失拟平方和进行 F 检验,就可确定回归方程拟合程度的好坏。重复试验可以对部分试验点进行,也可以对全部试验点进行。对部分试验点进行重复试验时,又可以对一个或几个试验点进行重复。为了简单起见,假设仅对第 N 号试验进行了 m 次重复,得到 $N+m-1$ 个数据。

$y_1, y_2, \cdots, y_{N-1}, y_N, y_{N+1}, \cdots, y_{N+m-1}$,其中前 $N-1$ 个试验没有重复,后 m 个试验是重复第 N 号试验,记 $\bar{y}$ 为这 $N+m-1$ 个数据的算术平均值。于是对这 $N+m-1$ 个数据可以算得回归系数和各种平方和,例如

$$S_{总} = \sum_{\alpha=1}^{N+m-1} (y_\alpha - \bar{y})^2,\ f_{总} = (N+m-1)-1 = N+m-2,$$

$$S_{回} = \sum_{\alpha=1}^{N+m-1} (\hat{y}_\alpha - \bar{y})^2,\ f_{回} = 1,$$

$$S_{剩} = \sum_{\alpha=1}^{N+m-1} (y_\alpha - \hat{y}_\alpha)^2,\ f_{剩} = f_{总} - f_{回} = N+m-3。$$

此外,利用后面 m 个数据还可以算得误差平方和

$$S_{误} = \sum_{\alpha=N}^{N+m-1} (y_\alpha - \bar{y}_N)^2,\ f_{误} = m-1,$$

其中,$\bar{y}_N$ 是 $y_N, y_{N+1}, \cdots, y_{N+m-1}$ 的算术平均值。由于剩余平方和反映了试验误差与其他未加控制的因素的影响,因此,假如从 $S_{剩}$ 中除去 $S_{误}$,那么余下来的就是失拟平方和,有

$$S_{Lf} = S_{剩} - S_{误},\quad f_{Lf} = f_{剩} - f_{误} = (N+m-3)-(m-1) = N-2。$$

失拟平方和反映了其他未加控制的因素的影响,即回归方程拟合得好坏的程度。总的偏差平方和与回归平方和、失拟平方和以及误差平方和的关系为:

$$S_{总} = S_{回} + S_{Lf} + S_{误}$$

可以证明:在假设“$\beta=0$”成立的条件下,

$$\frac{S_{回}}{\sigma^2} \sim \chi^2(1),\ \frac{S_{Lf}}{\sigma^2} \sim \chi^2(N-2),\ \frac{S_{误}}{\sigma^2} \sim \chi^2(m-1)。$$

且它们相互独立,于是可以构建统计量

$$F_1 = \frac{S_{Lf}/f_{Lf}}{S_{误}/f_{误}} \sim F(f_{Lf}, f_{误})$$

来检验回归方程拟合得是好还是坏。

对于给定的显著性水平 α,假如计算得 $F_1 < F_\alpha(f_{Lf}, f_{误})$,则 F 检验结果不显著,这说明失拟平方和主要是由试验误差等偶然因素引起的。这时可把 S_{Lf} 和 $S_{误}$ 合并,并用来检验

$S_{回}$，即

$$F_2=\frac{S_{回}/f_{回}}{(S_{Lf}+S_{误})/(f_{Lf}+f_{误})}\sim F(f_{Lf},f_{误})$$

如果 F_2 检验的结果显著,就称回归方程是拟合得好的;如果 F_2 不显著,这时有两种可能:

(1) 所选因素 x 对 y 没有什么系统的影响;

(2) 试验误差过大。

当然这时所求得的回归方程是不理想的。

对于给定的显著性水平 α,假如算得 $F_1>F_\alpha(f_{Lf},f_{误})$,即第一次 F 检验结果显著,则说明失拟平方和中除含有试验误差影响外,还有其他一些因素的影响。这时有如下几种可能:

(1) 影响 y 的除所选因素 x 外,还有其他不可忽略的因素;

(2) y 和 x 是曲线关系而非线性关系;

(3) y 和 x 无关。

在这种情况下,即使用 $S_{误}$ 对 $S_{回}$进行第二次 F 检验的结果显著,也不能说此方程是拟合得好的,需要查明原因,可能要改变一元回归模型,例如,可用多元回归等再作进一步研究。

假设对全部 N 个试验点各进行 m 次重复试验,总共获得 $N\times m$ 个数据,这 $N\times m$ 个数据的结构式是:

$$y_{\alpha i}=\beta_0+\beta x_\alpha+\varepsilon_\alpha,\ \alpha=1,\ 2,\ \cdots,\ N,\ i=1,\ 2,\ \cdots,\ m。$$

这就是重复试验情况下的一元线性回归的数学模型,其中 $\varepsilon_{\alpha i}$ 是相互独立且服从同一正态分布 $N(0,\ \sigma^2)$ 的一组随机变量。

在重复试验情况下,同样可用最小二乘法获得参数 β_0, β 的最小二乘估计:

$$b_0=\bar{y}-b\bar{x},$$

$$b=\frac{\sum\limits_\alpha x_\alpha\bar{y}_\alpha-\frac{1}{N}\left(\sum\limits_\alpha\bar{y}_\alpha\right)\left(\sum\limits_\alpha x_\alpha\right)}{\sum\limits_\alpha x_\alpha^2-\frac{1}{N}\left(\sum\limits_\alpha x_\alpha\right)^2}。$$

其中,$\bar{x}=\frac{1}{N}\sum\limits_\alpha x_\alpha$, $\bar{y}=\frac{1}{Nm}\sum\limits_\alpha\sum\limits_i y_{\alpha i}$, $\bar{y}_\alpha=\frac{1}{m}\sum\limits_i y_{\alpha i}$。

从上式可以看出,用每个试验点上的平均观察值所配的回归方程,与用原来的 $N\times m$ 个观察值所配出来的回归方程完全一样。即只要把式(3-4)中的 y_α 用$\bar{y}_\alpha$ 代替即可。

总的偏差平方和及自由度为

$$S_{总}=\sum_\alpha\sum_i\ (y_{\alpha i}-\bar{y})^2,\ f_{总}=Nm-1。$$

为了对回归方程进行统计检验,就要把总的偏差平方和进行如下分解:

$$\begin{aligned}S_{总}&=\sum_\alpha\sum_i\left[(y_\alpha-\bar{y}_\alpha)+(\bar{y}_\alpha-\hat{y}_\alpha)+(\hat{y}_\alpha-\bar{y})\right]^2\\&=\sum_\alpha\sum_i\ (y_{\alpha i}-\bar{y}_\alpha)^2+\sum_\alpha\sum_i\ (\bar{y}_\alpha-\hat{y}_\alpha)^2+\sum_\alpha\sum_i\ (\hat{y}_\alpha-\bar{y})^2\end{aligned}$$

上式等号成立是因为所有交叉项乘积的和均为零的缘故。其中,回归平方和 $S_{回}$ 是由于 x 的变化而产生的:

$$S_{回} = \sum_{\alpha}\sum_{i}(\hat{y}_{\alpha} - \bar{y})^2 = m\sum_{\alpha}(\hat{y}_{\alpha} - \bar{y})^2,\ f_{回} = 1,$$

误差平方和 $S_{误}$ 反映了重复试验所引起的 y 的变化:

$$S_{误} = \sum_{\alpha}\sum_{i}(y_{\alpha i} - \bar{y}_{\alpha})^2,\ f_{误} = N(m-1),$$

失拟平方和 S_{Lf} 是由于其他原因而产生的:

$$S_{Lf} = \sum_{\alpha}\sum_{i}(\bar{y}_{\alpha} - \hat{y}_{\alpha})^2 = m\sum_{\alpha}(\hat{y}_{\alpha} - \bar{y}_{\alpha})^2,\ f_{Lf} = f_{剩} - f_{误}$$

平方和分解公式为:$S_{总} = S_{回} + S_{Lf} + S_{误}$。

利用分解定理可以证得,在假设"$\beta=0$"成立的条件下,$S_{回}/\sigma^2$、$S_{误}/\sigma^2$、S_{Lf}/σ^2 分别服从 $\chi^2(1)$、$\chi^2[N(m-1)]$、$\chi^2(N-2)$ 分布,并且相互独立。于是在所有试验都进行 m 次重复的情况下,回归方程的统计检验可按如下步骤进行。

首先,构建统计量 F_1 对失拟平方和进行 F 检验。

$$F_1 = \frac{S_{Lf}/f_{Lf}}{S_{误}/f_{误}} \sim F[(N-2),\ N(m-1)],$$

假如对给定的显著性水平 α,有 $F_1 > F_{\alpha}[(N-2),\ N(m-1)]$,那就说明方程无效,即说明了失拟平方和 S_{Lf} 中除含有试验误差的影响外,尚含有其他因素的影响,需查明原因;假如对给定的显著性水平 α,有 $F_1 \leqslant F_{\alpha}[(N-2),\ N(m-1)]$,那就说明失拟平方和 S_{Lf} 主要是由试验误差等偶然因素引起的,在这种情况下,可以将失拟平方和与误差平方和合并起来检验回归平方和。

$$F_2 = \frac{S_{回}/f_{回}}{(S_{Lf}+S_{误})/(f_{Lf}+f_{误})} \sim F(1, Nm-2)。$$

假如对给定的显著性水平 α,有 $F_2 > F_{\alpha}(1,\ Nm-2)$,那就说明回归方程是显著的;这时的"回归方程显著",表明这一回归方程拟合得较好。假如对给定的显著性水平 α,有 $F_2 \leqslant F_{\alpha}(1,\ Nm-2)$,那就说明回归方程中引入 x 的一次项没有多大作用,这时可能是由于试验误差过大,也可能是由于并不存在对 y 有显著影响的因素。

回归方程有效和回归方程显著是两个不等价的概念,前者说明回归方程包含了过程的所有重要因素,后者说明回归方程包含了过程的主要因素。

五、回归方程的预报和控制

先讨论预报问题。对任一给定的 x_0,由回归方程可得其回归值

$$\hat{y}_0 = b_0 + bx_0$$

$\hat{y}_0$ 是 x_0 处的观察值

$$y_0 = \beta_0 + \beta x_0 + \varepsilon_0$$

的一个估计。所谓预报问题,用统计数学的话来说,就是一个区间估计问题,也就是在一定的显著性水平 α 下,寻找一个正数 δ,使得实际观察值 y_0 以 $1-\alpha$ 的概率落在区间 $(\hat{y}_0-\delta,\hat{y}_0+\delta)$ 内,即

$$P=\{\hat{y}-\delta<y_0<\hat{y}_0+\delta\}=1-\alpha,$$

或

$$P\{|y_0-\hat{y}_0|<\delta\}=1-\alpha。$$

为了解决这个问题,先求 $y_0-\hat{y}_0$ 的分布。因为 y_0 与 $\hat{y}_0$ 都服从正态分布,所以 $y_0-\hat{y}_0$ 也是服从正态分布的,它的平均值与方差分别是

$$\begin{aligned}
&E(y_0-\hat{y}_0)=0,\\
&D(y_0-\hat{y}_0)=E(y_0-\hat{y}_0)^2=E(\beta_0+\beta x_0+\varepsilon_0-b_0-bx_0)^2\\
&\qquad=E\left[(\beta_0-b_0)+(\beta-b)x_0+\varepsilon_0\right]^2\\
&\qquad=E(\beta_0-b_0)^2+x_0^2E(\beta-b)^2+E(\varepsilon_0)^2+2x_0E(\beta_0-b_0)(\beta-b)\\
&\qquad=\left[\frac{1}{N}+\frac{\bar{x}^2}{\sum\limits_{\alpha}(x_\alpha-\bar{x})^2}\right]\sigma^2+\frac{x_0^2\sigma^2}{\sum\limits_{\alpha}(x_\alpha-\bar{x})^2}+\sigma^2-2x_0\frac{\bar{x}\sigma^2}{\sum\limits_{\alpha}(x_\alpha-\bar{x})^2}\\
&\qquad=\sigma^2\left[1+\frac{1}{N}+\frac{(x_0-\bar{x})}{\sum\limits_{\alpha}(x_\alpha-\bar{x})^2}\right]
\end{aligned}$$

所以,$y_0-\hat{y}_0\sim N\left[0,\left(1+\frac{1}{N}+\frac{(x_0-\bar{x})^2}{\sum\limits_{\alpha}(x_\alpha-\bar{x})^2}\right)\sigma^2\right]$。

上式中 σ 是未知的,可以先求出它的估计值的平方 $\hat{\sigma}^2$,由于随机变量 $y_0-\hat{y}_0$ 与 $\hat{\sigma}$ 是相互独立的,所以通过下面的 F 分布:

$$\frac{(y_0-\hat{y}_0)^2}{\left(1+\frac{1}{N}+\frac{(x_0-\bar{x})^2}{\sum\limits_{\alpha}(x_\alpha-\bar{x})^2}\right)\sigma^2}\sim F(1,\ N-2)$$

将以 $1-\alpha$ 的概率保证:

$$\hat{y}_0-\delta<y_0<\hat{y}_0+\delta,$$

其中,

$$\delta=\sqrt{F_\alpha(1,N-2)\,\hat{\sigma}^2\left[1+\frac{1}{N}+\frac{(x_0-\bar{x})^2}{\sum\limits_{\alpha}(x_\alpha-\bar{x})^2}\right]}。$$

上式表明,利用回归方程预报实际观察值 y_0 的偏差 δ 不仅与显著性水平 α 有关(α 愈小,$F\alpha(1,N-2)$ 就愈大,δ 也就愈大),而且与观察点 x_0 有关。当 x_0 靠近 $\bar{x}$ 时,δ 就小;当 x_0 远离 $\bar{x}$ 时,δ 就大,即 $\delta=\delta(x_0)$,假如分别作出函数 $y=\hat{y}-\delta$ 和 $y=\hat{y}+\delta$ 的图形(见图 3-4),那么它

们把回归直线夹在之间，两头都呈喇叭形。

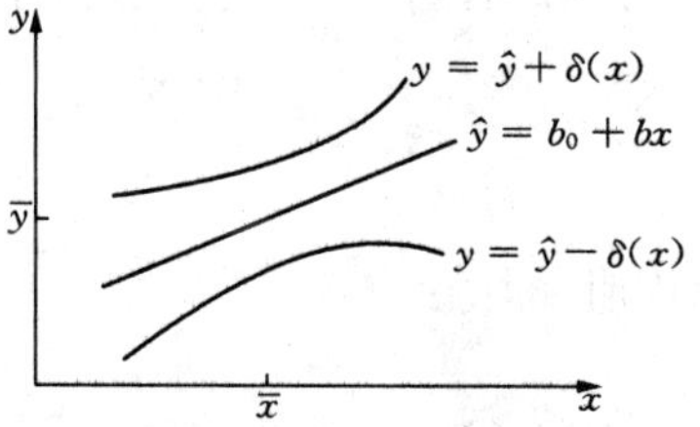

图 3-4　估计值 $\hat{y}$ 的预测区间

关于预报问题，剩下来的是如何获得方差 σ^2 的估计量。在没有重复试验的情况下，剩余平方和 $S_{剩}$ 可以提供 σ^2 的无偏估计。事实上

$$
\begin{aligned}
S_{剩}&=\sum_{\alpha}(y_{\alpha}-\hat{y}_{\alpha})^2=\sum_{\alpha}[(\beta_0+\beta x_{\alpha}+\varepsilon_{\alpha})-(b_0+bx_{\alpha})]^2\\
&=\sum_{\alpha}[(\beta_0-b_0)+(\beta-b)x_{\alpha}+\varepsilon_{\alpha}]^2\\
&=\sum_{\alpha}[(\beta_0-b_0)^2+(\beta-b)^2x_{\alpha}^2+\varepsilon_{\alpha}^2+2(\beta_0-b_0)\varepsilon_{\alpha}+2(\beta-b)x_{\alpha}\varepsilon_{\alpha}+\\
&\quad 2(\beta_0-b_0)(\beta-b)x_{\alpha}],
\end{aligned}
$$

$$
E(S_{剩})=ND(b_0)+(\sum_{\alpha}x_{\alpha}^2)D(b)+N\sigma^2-2E(b_0\sum_{\alpha}\varepsilon_{\alpha})-2E(b\sum_{\alpha}x_{\alpha}\varepsilon_{\alpha})+2(\sum_{\alpha}x_{\alpha})\operatorname{cov}(b_0,b),
$$

由于

$$
\begin{aligned}
E(b_0\sum_{\alpha}\varepsilon_{\alpha})&=E\left\{\sum_{\alpha}\left[\frac{1}{N}-\frac{x(\bar{x}_{\alpha}-\bar{x})}{\sum(x_{\alpha}-\bar{x})^2}\right]\varepsilon_{\alpha}\right\}(\sum_{\alpha}\varepsilon_{\alpha})\\
&=\sum_{\alpha}\left[\frac{1}{N}-\frac{x(\bar{x}_{\alpha}-\bar{x})}{\sum_{\alpha}(x_{\alpha}-\bar{x})^2}\right]\sigma^2=\sigma^2,
\end{aligned}
$$

$$E(b\sum_{\alpha}x_{\alpha}\varepsilon_{\alpha})=\sigma^2,$$

$$\operatorname{cov}(b_0,b)=-\frac{\bar{x}\sigma^2}{\sum_{\alpha}(x_{\alpha}-\bar{x})^2},$$

再注意到 $D(b_0)$ 及 $D(b)$ 的公式，即得：

$$
E(S_{剩})=N\sigma^2\left[\frac{1}{N}+\frac{\bar{x}^2}{\sum_{\alpha}(x_{\alpha}-\bar{x})^2}\right]+(\sum_{\alpha}x_{\alpha}^2)\frac{\sigma^2}{\sum_{\alpha}(x_{\alpha}-\bar{x})^2}+
$$

$$
N\sigma^2-2\sigma^2-2\sigma^2-2Nx\frac{\bar{x}\sigma^2}{\sum_{\alpha}(x_{\alpha}-\bar{x})^2}=(N-2)\sigma^2。
$$

所以 $S_{剩}/(N-2)$ 给出了 σ^2 的无偏估计。

在重复试验的情况下，误差平方和可以提供 σ^2 的无偏估计，这是因为

$$S_{误}=\sum_{\alpha}\sum_{i}(y_{\alpha i}-\bar{y}_{\alpha})^2=\sum_{\alpha}\sum_{i}(\varepsilon_{\alpha i}-\bar{\varepsilon}_{\alpha})^2,$$

其中，$\bar{\varepsilon}_{\alpha}=\frac{1}{m}\sum_{i}\varepsilon_{\alpha i}$，对 $S_{误}$ 求平均值，即得：

$$E(S_{误})=N(m-1)\sigma^2,$$

所以，$S_{误}/N(m-1)$ 给出了 σ^2 的无偏估计。

在重复试验的情况下，当用误差平方和检验失拟平方和的结果不显著时，$S_{Lf}+S_{误}$ 也可以提供 σ^2 的无偏估计，这是因为：

$$E(S_{Lf}+S_{误})=(Nm-2)\sigma^2$$

下面来讨论控制问题，如图 3-5 所示。

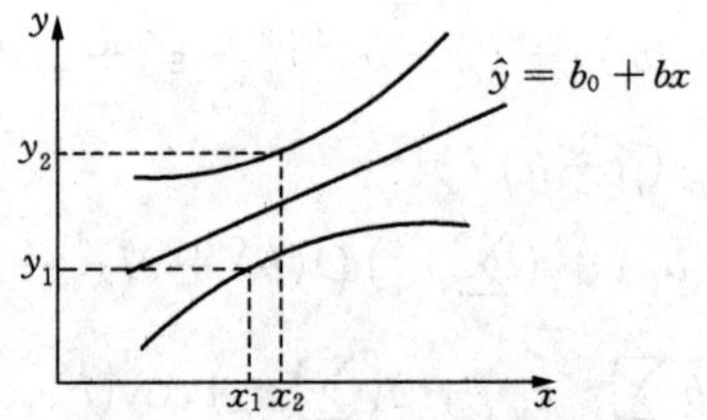

图 3-5　估计值 $\hat{y}$ 的预测区间

所谓控制问题，实际上是预报的反问题，即要求观察值 y 在一定范围内 $y_1<y<y_2$ 内取值，那么应考虑把自变量 x 控制在何处，也就是要寻找这样两个数 x_1、x_2，使得

$$\hat{y}-\delta(x_1)>y_1,$$
$$\hat{y}+\delta(x_2)<y_2。$$

假如 x_1、x_2，存在的话，那这个问题也就解决了。

在实际应用时，由于 δ 的计算十分复杂，所以还要把它进一步简化。前面已讨论过，δ 除了与显著性水平 α 有关外，还与 N 和 x_0 有关。当 x_0 取值在 $\bar{x}$ 附近，N 又比较大时，有：

$$1+\frac{1}{N}+\frac{(x_0-\bar{x})^2}{\sum_{\alpha}(x_{\alpha}-\bar{x})^2}\approx 1,$$

又

$$\sigma^2\approx\hat{\sigma}^2=\frac{S_{剩}}{N-2},$$

所以在这种情况下，可近似地认为

$$y_0-\hat{y}_0\sim N(0,\hat{\sigma}),$$

利用正态分布的性质，有

$$P\{\hat{y}_0-2\hat{\sigma}<y_0<\hat{y}_0+2\hat{\sigma}\}=95\%,$$
$$P\{\hat{y}_0-3\hat{\sigma}<y_0<\hat{y}_0+3\hat{\sigma}\}=99\%。$$

在实际应用时，可用上式来近似地进行预报和控制。

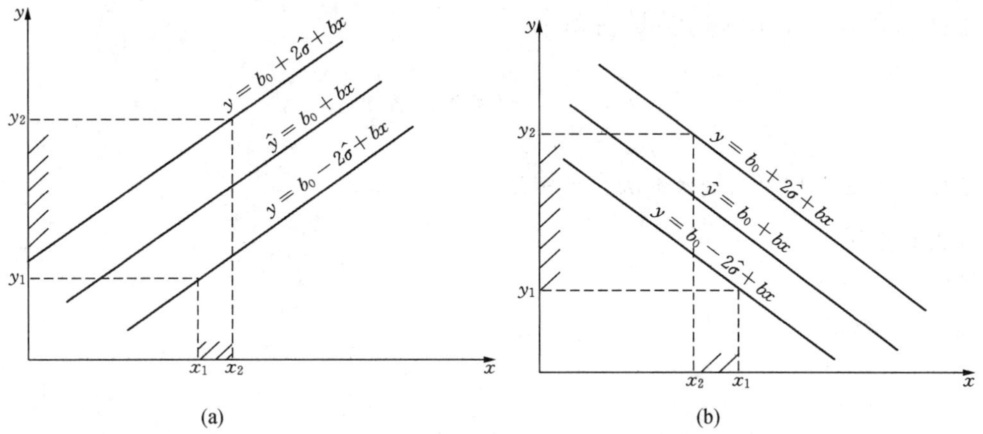

图 3-6　估计值 $\hat{y}$ 以 95%的概率分布区间

如图 3-6 所示，在平面上作两条平行于回归线的直线

$$y=b_0-2\hat{\sigma}+bx,$$
$$y=b_0+2\hat{\sigma}+bx,$$

则可预报在 x 附近的一系列的观察值中，有 95% 概率将落在这两条直线所夹成的带形区域中。如果要控制 y 在 $y_1<y<y_2$ 内，也只要通过方程

$$y_1=b_0-2\hat{\sigma}+bx_1,$$
$$y_2=b_0+2\hat{\sigma}+bx_2,$$

分别解出 x_1 和 x_2，从而确定 x 值的控制范围。

六、示例

【例 3-1】 为研究山羊绒纱线强力与捻度的关系，对不同捻度 26^s 双股羊绒纱进行强力测试，结果如表 3-2 所示。求强力与捻度的一元线性回归方程，并进行显著性检验。($\alpha=0.05$)

表 3-2　26^s 羊绒纱在不同捻度下的强力

捻度 x /(捻·米$^{-1}$)	270	280	290	300	310
强力 y /cN	372.60	389.50	399.90	422.10	435.20

解：

本例为一元线性回归方程，即 $p=1$，回归方程为 $y=b_0+b_1x$。

其矩阵可写为：$\boldsymbol{Y}=\begin{pmatrix}y_1\\y_2\\y_3\\y_4\\y_5\end{pmatrix}=\begin{pmatrix}372.6\\389.5\\399.9\\422.1\\435.2\end{pmatrix}$，$\boldsymbol{X}=\begin{pmatrix}1 & x_{11}\\1 & x_{12}\\\vdots & \vdots\\1 & x_{15}\end{pmatrix}=\begin{pmatrix}1 & 270\\1 & 280\\1 & 290\\1 & 300\\1 & 310\end{pmatrix}$，

根据式(3-21)，知本例中的回归系数为

$$b=\begin{pmatrix}b_0\\b_1\end{pmatrix}=(\boldsymbol{X}'\boldsymbol{X})^{-1}\boldsymbol{X}'\boldsymbol{Y}$$

应用 MATLAB 软件，输入本例的 $\boldsymbol{Y}$ 和 $\boldsymbol{X}$ 矩阵进行求解。

输入 $\boldsymbol{Y}$ 矩阵

```
Y=      372.6
        389.5
        399.9
        422.1
        435.2
```

输入 $\boldsymbol{X}$ 矩阵

```
X=      1   270
        1   280
        1   290
        1   300
        1   310
```

根据 MATLAB 软件中的系数矩阵求解公式

b=INV(X′ * X)(X′ * Y)(注：INV 表示对矩阵求逆)

得到 $b_0=-53.760\ 0 \quad b_1=1.578\ 0$

即 y=1.578 0×(−53.760 0)

然后计算回归平方和及剩余平方和，构建并计算 F 统计量

$$S_{回}=\sum_{\alpha}(\hat{y}_{\alpha}-\hat{y})^2 \quad S_{剩}=\sum_{\alpha}(y_{\alpha}-\hat{y}_{\alpha})^2$$

$$F=\frac{S_{回}/1}{S_{剩}/(N-2)}=\frac{S_{回}}{S_{剩}/(N-2)}$$

计算得

$$S_{回}=2\ 490.1 \quad S_{剩}=23.888\ 0 \quad F=312.719\ 9>F_{\alpha}(1,\ N-2)=F_{0.05}(1,\ 3)=10.1$$

因此得到的回归方程在显著性水平 0.05 下显著。

【例 3-2】 在例 3-1 中，再补充对 310 捻/米的情况下，进行 5 次重复测试，测试结果如表 2-3，求强力与捻度的一元线性方程，并进行显著性和拟合性检验。($\alpha=0.05$)

表 3-3　羊绒纱重复测试数据

测试号	1	2	3	4	5
强力/cN	410.69	445.81	433.65	459.32	426.55

解:

由例 3-1 和例 3-2 可知,对 310 捻/米的试验共进行了 6 次重复,共获得 5+6−1=10 个数据

因此输入数据得到 ***Y*** 矩阵与 ***X*** 矩阵

Y=　372.6
389.5
399.9
422.1
435.2
410.69
445.81
433.65
459.32
426.55

X=　1　270
1　280
1　290
1　300
1　310
1　310
1　310
1　310
1　310
1　310

同样根据系数矩阵计算公式

b=INV(X′ * X)(X′ * Y)

得到回归系数及回归方程

$b_0=-52.2480$　$b_1=1.5726$

即 y=1.572 6×(−52.248 0)

分别计算总的偏差平方和、回归平方和、剩余平方和、误差平方和以及失拟平方和,构建两个 F 统计量并计算

$$S_{总}=\sum_{\alpha=1}^{N+m-1}(y_\alpha-\bar{y})^2,\ S_{回}=\sum_{\alpha=1}^{N+m-1}(\hat{y}_\alpha-\bar{y})^2,\ S_{剩}=\sum_{\alpha=1}^{N+m-1}(y_\alpha-\hat{y}_\alpha)^2,\ S_{Lf}=S_{剩}-S_{误}。$$

$$F_1 = \frac{S_{Lf}/f_{Lf}}{S_{误}/f_{误}},\ F_2 = \frac{S_{回}/f_{回}}{(S_{Lf}+S_{误})/(f_{Lf}+f_{误})}$$

计算得:

$S_{回}=4\ 946.1,\ f_{回}=1;$

$S_{剩}=1\ 396.3,\ f_{剩}=f_{总}-f_{回}=(N+m-2)-1=8;$

$y_N=435.203\ 3,\ S_{误}=1\ 372.3,\ f_{误}=m-1=5;$

$S_{Lf}=23.946\ 3,\ f_{Lf}=f_{剩}-f_{误}=(N+m-1)-(m-1)=3$。

$$F_1=\frac{S_{Lf}/f_{Lf}}{S_{误}/f_{误}}0.029\ 1 < F_\alpha(f_{Lf},\ f_{误})=F_{0.05}(3,\ 5)=5.41$$

这表明剩余平方和主要是由误差引起的,其他因素导致的失拟项很小,因此方程拟合很好。

$$F_2=\frac{S_{回}/f_{回}}{(S_{Lf}+S_{误})/(f_{Lf}+f_{误})}=28.339\ 4 > F_\alpha(f_{回},\ f_{剩})=F_{0.05}(1,\ 8)=5.32。$$

这表明总的偏差平方和中,回归平方和占主要作用,因此方程显著。由此表明该方程是有效的。

第二节　多元线性回归

在许多实际问题中,与某一变量 y 有关系的变量不只是一个,而是多个,譬如一共有 p 个变量 $x_1,\ x_2,\ \cdots,\ x_p$,研究变量 y 与变量 p 个变量 $x_1,\ x_2,\ \cdots,\ x_p$ 之间的定量关系的问题称为多元回归问题。本节着重讨论简单而又一般的多元线性回归问题,因为许多多元非线性回归问题都可以化为多元线性回归问题,多元线性回归分析的原理与一元线性回归分析完全相同,只是在计算上要比一元线性回归分析复杂得多。

一、多元线性回归的数学模型

假如变量 y 与 p 个变量 $x_1,\ x_2,\ \cdots,\ x_p$ 的内在联系是线性的,它的第 α 次试验数据是:

$$(y_\alpha;\ x_{\alpha1},\ x_{\alpha2},\ \cdots,\ x_{\alpha p}),\ \alpha=1,\ 2,\ \cdots\ N \tag{3-13}$$

那么这一组数据可以假设有如下的结构式:

$$\begin{cases} y_1=\beta_0+\beta_1x_{11}+\beta_2x_{12}+\cdots+\beta_px_{1p}+\varepsilon_1 \\ y_2=\beta_0+\beta_1x_{21}+\beta_2x_{22}+\cdots+\beta_px_{2p}+\varepsilon_2 \\ \cdots\cdots\cdots\cdots\cdots\cdots\cdots\cdots\cdots\cdots\cdots\cdots \\ y_N=\beta_0+\beta_1x_{N1}+\beta_2x_{N2}+\cdots+\beta_px_{Np}+\varepsilon_N \end{cases} \tag{3-14}$$

其中,$\beta_0,\ \beta_1,\ \cdots,\ \beta_p$ 是 $p+1$ 个待估计参数,$x_{\alpha1},\ x_{\alpha2},\ \cdots,\ x_{\alpha p}$ 是 p 个可以精确测量或可控制的一般变量,$\varepsilon_1,\ \varepsilon_2,\ \cdots,\ \varepsilon_N$ 是 N 个相互独立且服从同一正态分布 $N(0,\sigma^2)$ 的随机变量,这就是多元线性回归的数学模型。

用矩阵来研究多元线性回归是方便的。故令

$$\underset{N\times 1}{\boldsymbol{Y}}=\begin{pmatrix} y_1 \\ y_2 \\ \vdots \\ y_N \end{pmatrix},\quad \underset{N\times(p+1)}{\boldsymbol{X}}=\begin{pmatrix} 1 & x_{11} & x_{12} & \cdots & x_{1p} \\ 1 & x_{21} & x_{22} & \cdots & x_{2p} \\ \vdots & \vdots & \vdots & \cdots & \vdots \\ 1 & x_{N1} & x_{N2} & \cdots & x_{Np} \end{pmatrix} \tag{3-15}$$

$$\underset{(p+1)\times 1}{\beta}=\begin{pmatrix} \beta_0 \\ \beta_1 \\ \vdots \\ \beta_p \end{pmatrix},\quad \underset{N\times 1}{\varepsilon}=\begin{pmatrix} \varepsilon_1 \\ \varepsilon_2 \\ \vdots \\ \varepsilon_N \end{pmatrix}.$$

那么多元线性回归的数学模型式(3-14)可以写成矩阵形式

$$\boldsymbol{Y}=\boldsymbol{X}\beta+\varepsilon \tag{3-16}$$

其中 ε 是 N 维随机向量,它的分量是相互独立的。

二、参数 β 的最小二乘估计

为了估计参数 β,仍采用最小二乘法。设 $b_0, b_1, \cdots, b_p$ 分别是参数 $\beta_0, \beta_1, \cdots, \beta_p$ 的最小二乘估计,则其回归方程为

$$\hat{y}=b_0+b_1x_1+b_2x_2+\cdots+b_px_p \tag{3-17}$$

由最小二乘法知道,$b_0, b_1, \cdots, b_p$ 应使得全部观察值 y_α 与回归值 $\hat{y}_\alpha$ 的残差平方和 Q 达到最小,即:

$$\begin{aligned} Q&=\sum_\alpha (y_\alpha-\hat{y}_\alpha)^2=\sum_\alpha (y_\alpha-b_0-b_1x_{\alpha 1}-b_2x_{\alpha 2}-\cdots-b_px_{\alpha p})^2 \\ &=(\boldsymbol{Y}-\boldsymbol{X}\beta)'(\boldsymbol{Y}-\boldsymbol{X}\beta)=\text{最小。} \end{aligned}$$

亦即

$$\begin{cases} \dfrac{\partial Q}{\partial b_0}=-2\sum\limits_\alpha (y_\alpha-\hat{y}_\alpha)=0, \\ \dfrac{\partial Q}{\partial b_j}=-2\sum\limits_\alpha (y_\alpha-\hat{y}_\alpha)x_{\alpha j}=0, \end{cases} \quad (j=1,\ 2,\ \cdots,\ p) \tag{3-18}$$

式(3-18)称为正规方程组。

如以矩阵形式来运算,令

$$\underset{(p+1)\times N}{\boldsymbol{X}'}\ \underset{N\times 1}{\boldsymbol{Y}}=\underset{(p+1)\times 1}{\boldsymbol{B}},\quad \underset{1\times(p+1)}{\boldsymbol{B}'}=\underset{1\times N}{\boldsymbol{Y}'}\ \underset{N\times(p+1)}{\boldsymbol{X}},$$

$$\boldsymbol{A}=\underset{(p+1)\times N}{\boldsymbol{X}'}\ \underset{N\times(p+1)}{\boldsymbol{X}},\ \text{且:}\boldsymbol{A}'=\boldsymbol{A}\text{。}$$

则正规方程组可表示为:

$$(\boldsymbol{X}'\boldsymbol{X})b=\boldsymbol{X}'\boldsymbol{Y}, \tag{3-19}$$

或

$$\boldsymbol{A}b=\boldsymbol{B} \tag{3-20}$$

其中 $b=(b_0, b_1, b_2, \cdots, b_p)$,是正规方程组中的未知数。在系数矩阵 $\boldsymbol{A}$ 满秩的条件下,$\boldsymbol{A}$ 的逆矩阵 $\boldsymbol{A}^{-1}$ 存在,因而可求出

$$b=\hat{\beta}=\boldsymbol{A}^{-1}\boldsymbol{B}=(\boldsymbol{X}'\boldsymbol{X})^{-1}\boldsymbol{X}'\boldsymbol{Y} \tag{3-21}$$

式(3-21)就是模型(3-14)中参数的最小二乘估计,亦称回归方程(3-17)的回归系数。在式(3-21)中特称:

$\boldsymbol{X}$—— 结构矩阵,

$\boldsymbol{X}'$——$\boldsymbol{X}$ 的转置矩阵,

$\boldsymbol{A}=\boldsymbol{X}'\boldsymbol{X}$—— 信息矩阵(系数矩阵),

$\boldsymbol{C}=\boldsymbol{A}^{-1}=(\boldsymbol{X}'\boldsymbol{X})^{-1}$—— 系数矩阵的逆矩阵,

$\boldsymbol{B}=\boldsymbol{X}'\boldsymbol{Y}$—— 常数项矩阵,

$\hat{\beta}=b$—— 回归系数矩阵。

根据前面所设,有:

$$\boldsymbol{C}=\boldsymbol{A}^{-1}=(C_{ij})=\begin{pmatrix} c_{00} & c_{01} & c_{02} & \cdots & c_{0p} \\ c_{10} & c_{11} & c_{12} & \cdots & c_{1p} \\ c_{20} & c_{21} & c_{22} & \cdots & c_{2p} \\ \vdots & \vdots & \vdots & \vdots & \vdots \\ c_{p0} & c_{p1} & c_{p2} & \cdots & c_{pp} \end{pmatrix},$$

$$\boldsymbol{B}=\begin{pmatrix} B_0 \\ B_1 \\ B_2 \\ \vdots \\ B_p \end{pmatrix}=\begin{pmatrix} \sum_\alpha y_\alpha \\ \sum_\alpha x_{\alpha 1} y_\alpha \\ \sum_\alpha x_{\alpha 2} y_\alpha \\ \vdots \\ \sum_\alpha x_{\alpha p} y_\alpha \end{pmatrix}=\boldsymbol{X}'\boldsymbol{Y}=\begin{pmatrix} 1 & 1 & \cdots & 1 \\ x_{11} & x_{21} & \cdots & x_{N1} \\ x_{12} & x_{22} & \cdots & x_{N2} \\ \vdots & \vdots & \vdots & \vdots \\ x_{1p} & x_{2p} & \cdots & x_{Np} \end{pmatrix}\begin{pmatrix} y_1 \\ y_2 \\ y_3 \\ \vdots \\ y_N \end{pmatrix},$$

即:$B_j=\sum_{\alpha=1}^{N} x_{\alpha j} y_\alpha$。

则:

$$b=\begin{pmatrix} b_0 \\ b_1 \\ b_2 \\ \vdots \\ b_p \end{pmatrix}=\boldsymbol{CB}=\begin{pmatrix} c_{00} & c_{01} & c_{02} & \cdots & c_{0p} \\ c_{10} & c_{11} & c_{12} & \cdots & c_{1p} \\ c_{20} & c_{21} & c_{22} & \cdots & c_{2p} \\ \vdots & \vdots & \vdots & \vdots & \vdots \\ c_{p0} & c_{p1} & c_{p2} & \cdots & c_{pp} \end{pmatrix}\begin{pmatrix} B_0 \\ B_1 \\ B_2 \\ \vdots \\ B_p \end{pmatrix}$$

$$b_k=c_{k0}B_0+c_{k1}B_1+\cdots+c_{kp}B_p,$$

或者表示为：

$$b_k=\sum_{j=0}^{p}c_{kj}B_j。\quad K=0,\ 1,\ 2,\ \cdots,\ p。\tag{3-22}$$

下面是最小二乘估计式(3-21)的统计性质。

(1) 最小二乘估计式(3-21)是参数 β 的无偏估计量。记 b 的平均值(期望值)为：

$$E(b)=E\begin{pmatrix}b_0\\b_1\\\vdots\\b_p\end{pmatrix}=\begin{pmatrix}E(b_0)\\E(b_1)\\\vdots\\E(b_p)\end{pmatrix},$$

于是有

$$\begin{aligned}E(b)&=E[(\boldsymbol{X}'\boldsymbol{X})^{-1}\boldsymbol{X}'\boldsymbol{Y}]=(\boldsymbol{X}'\boldsymbol{X})^{-1}\boldsymbol{X}'E(\boldsymbol{Y})=(\boldsymbol{X}'\boldsymbol{X})^{-1}\boldsymbol{X}'E(\boldsymbol{X}\beta+\varepsilon)\\&=(\boldsymbol{X}'\boldsymbol{X})^{-1}\boldsymbol{X}'[\boldsymbol{X}\beta+E(\varepsilon)]。\end{aligned}$$

注意到模型(3-14)中的假设：$E(\varepsilon)=0$，

所以

$$E(b)=(\boldsymbol{X}'\boldsymbol{X})^{-1}\boldsymbol{X}'\boldsymbol{X}\beta=\beta\tag{3-23}$$

(2) 回归系数 b 的相关矩阵等于 σ^2 与系数矩阵的逆矩阵 $\boldsymbol{C}=\boldsymbol{A}^{-1}$ 的乘积，即：

$$\mathrm{cov}(b_i,\ b_j)=\sigma^2C_{ij},\quad i,\ j=0,\ 1,\ 2,\ \cdots,\ p。\tag{3-24}$$

这个性质表明，用最小二乘法求出的诸回归系数 $b_0,\ b_1,\ \cdots,\ b_p$ 相互之间存在相关性。

从上面可知，在处理多元线性回归问题时，主要计算以下四个矩阵：

$$\boldsymbol{X},\ \boldsymbol{A},\ \boldsymbol{C},\ \boldsymbol{B}。$$

其中，$\boldsymbol{X}$ 是多元线性回归模型中数据 y_α 的结构矩阵，它构成了 N 次试验，$\boldsymbol{A}$ 是正规方程组的系数矩阵(亦称信息矩阵)，$\boldsymbol{A}=\boldsymbol{X}'\boldsymbol{X}$；$\boldsymbol{C}$ 是系数矩阵 $\boldsymbol{A}$ 的逆矩阵，性质(2)表明，它与回归系数 b 的相关矩阵只差一个因子 σ^2，今后称为相关矩阵，$\boldsymbol{B}$ 是正规方程组的常数项矩阵，它实际上是一个列向量，今后简称为常数项矩阵。回归系数

$$b=(\boldsymbol{X}'\boldsymbol{X})^{-1}\boldsymbol{X}'\boldsymbol{Y}=A^{-1}B=CB。$$

【例 3-3】 配直线，数据结构式为

$$y_\alpha=\beta_0+\beta_1x_\alpha+\varepsilon_\alpha,\ \alpha=1,\ 2,\ \cdots,\ N。\tag{3-25}$$

它的结构矩阵 $\boldsymbol{X}$ 与系数矩阵 $\boldsymbol{A}$ 分别为

$$\boldsymbol{X}=\begin{pmatrix}1&x_1\\1&x_2\\\vdots&\vdots\\1&x_N\end{pmatrix},\ \boldsymbol{A}=\boldsymbol{X}'\boldsymbol{X}=\begin{pmatrix}N&\sum_\alpha x_\alpha\\\sum_\alpha x_\alpha&\sum_\alpha x_\alpha^2\end{pmatrix},$$

系数矩阵 **A** 的行列式为

$$|\boldsymbol{A}|=N\sum_{\alpha}x_{\alpha}^{2}-(\sum_{\alpha}x_{\alpha})^{2}=N\sum_{\alpha}(x_{\alpha}-\bar{x})^{2}$$

其中，$\bar{x}=\frac{1}{N}\sum_{\alpha}x_{\alpha}$，由此容易导出相关矩阵

$$\boldsymbol{C}=\boldsymbol{A}^{-1}=\begin{pmatrix}\frac{\sum_{\alpha}x_{\alpha}^{2}}{|\boldsymbol{A}|} & \frac{-\sum_{\alpha}x_{\alpha}}{|\boldsymbol{A}|}\\ \frac{-\sum_{\alpha}x_{\alpha}}{|\boldsymbol{A}|} & \frac{N}{|\boldsymbol{A}|}\end{pmatrix} \tag{3-26}$$

式(3-25)的回归系数为：

$$b=\begin{pmatrix}b_{0}\\ b_{1}\end{pmatrix}=\boldsymbol{CB}=\begin{pmatrix}\frac{\sum_{\alpha}x_{\alpha}^{2}}{|\boldsymbol{A}|} & \frac{-\sum_{\alpha}x_{\alpha}}{|\boldsymbol{A}|}\\ \frac{-\sum_{\alpha}x_{\alpha}}{|\boldsymbol{A}|} & \frac{N}{|\boldsymbol{A}|}\end{pmatrix}\begin{pmatrix}\sum_{\alpha}y_{\alpha}\\ \sum_{\alpha}x_{\alpha}y_{\alpha}\end{pmatrix}。$$

所以

$$b_{0}=\frac{1}{|A|}\left[(\sum_{\alpha}x_{\alpha}^{2})(\sum_{\alpha}y_{\alpha})-(\sum_{\alpha}x_{\alpha})(\sum_{\alpha}x_{\alpha}y_{\alpha})\right],$$

$$b_{1}=\frac{1}{|A|}\left[N\sum_{\alpha}x_{\alpha}y_{\alpha}-(\sum_{\alpha}x_{\alpha})(\sum_{\alpha}y_{\alpha})\right]。$$

经过简单的代数运算，上式即可化成求一元线性回归系数的公式。

三、回归方程的显著性检验

在实际问题中，事先我们并不能断定随机变量 y 与一般变量 $x_{1}, x_{2}, \cdots, x_{p}$ 之间是否确有线性关系。在求线性回归方程前，线性回归模型(3-17)式只是一种假设，尽管这种假设常常不是没有根据的，但在求出线性回归方程后，还是需要对其进行统计检验，以给出肯定或否定的结论。为此，我们需要把总的平方和进行分解。

设：式(3-17)　$\hat{y}=b_{0}+b_{1}x_{1}+b_{2}x_{2}+\cdots+b_{p}x_{p}$

是所求出的回归方程，$\hat{y}_{\alpha}$ 是第 α 个试验点 $(x_{\alpha 1}, x_{\alpha 2}, \cdots, x_{\alpha p})$ 上的回归值，显然

$$\hat{\boldsymbol{Y}}=\begin{pmatrix}\hat{y}_{1}\\ \hat{y}_{2}\\ \vdots\\ \hat{y}_{N}\end{pmatrix}=\begin{pmatrix}1 & x_{11} & x_{12} & \cdots & x_{1p}\\ 1 & x_{21} & x_{22} & \cdots & x_{2p}\\ \vdots & \vdots & \vdots & \cdots & \vdots\\ 1 & x_{N1} & x_{N2} & \cdots & x_{Np}\end{pmatrix}\begin{pmatrix}b_{0}\\ b_{1}\\ b_{2}\\ \vdots\\ b_{p}\end{pmatrix}=\boldsymbol{X}b=\boldsymbol{XA}^{-1}\boldsymbol{X}'\boldsymbol{Y}。 \tag{3-27}$$

总的偏差平方和

$$S_{总}=\sum_{\alpha}(y_{\alpha}-\bar{y})^2=\sum_{\alpha}y_{\alpha}^2-\frac{1}{N}\left(\sum_{\alpha}y_{\alpha}\right)^2,\text{其自由度 } f_{总}=N-1, \tag{3-28}$$

与一元回归情况类似,

$$S_{总}=S_{回}+S_{剩}。 \tag{3-29}$$

上述思想方法在多元线性回归中有完全类似的过程。对式(3-29)和一元线性回归一样,其中回归平方和

$$S_{回}=\sum_{\alpha}(\hat{y}_{\alpha}-\bar{y})^2,\ f_{回}=p, \tag{3-30}$$

它是由于引入变量 x_1, x_2, …, x_p 以后引起的,剩余平方和

$$S_{剩}=\sum_{\alpha}(y_{\alpha}-\hat{y}_{\alpha})^2,\quad f_{剩}=f_{总}-f_{回}=N-p-1, \tag{3-31}$$

它是由于试验误差和其他因素而引起的。

如果变量 y 与变量 x_1, x_2, …, x_p 之间无线性关系,则模型(3-17)式中的一次项系数 b_1, b_2, …, b_p 应均为零。所以要检验变量 y 与变量 x_1, x_2, …, x_p 之间是否有线性关系,就是要检验假设

$$H_0:\beta_1=0,\ \beta_2=0,\ \cdots,\ \beta_p=0 \tag{3-32}$$

是否成立,它和一元线性回归一样,这一点可以通过比较 $S_{回}$ 和 $S_{剩}$ 来实现。

可以证明:在满足矩阵 $\boldsymbol{X}$ 满秩和假设 H_0 成立的条件下,

$$\frac{S_{回}}{\sigma^2}\sim\chi^2(p),\ \frac{S_{剩}}{\sigma^2}\sim\chi^2(N-p-1)。$$

$S_{回}$ 和 $S_{剩}$ 相互独立。从而

$$F=\frac{S_{回}/f_{回}}{S_{剩}/f_{剩}}=\frac{S_{回}/p}{S_{剩}/(N-p-1)}\sim F(p,\ N-p-1)。$$

这样就可用上述统计量 F 来检验假设 H_0 是否成立。若对于给定的一组数据(3-13)式,算得

$$F>F_{\alpha}(p,\ N-p-1),$$

可以认为在显著性水平 α 下,线性回归方程(3-17)是有显著意义的。反之,则认为线性回归方程(3-17)没有显著意义,这时,需要进一步查明原因,根据情况分别处理。

上面的讨论可以总结在一张方差分析表中。

表 3-4　方差分析表

来源	平方和	自由度	均方和	F
回归	$S_{回}=\sum_{\alpha}(\hat{y}_{\alpha}-\bar{y})^2=S_{总}-S_{剩}$	$f_{回}=p$	$\frac{S_{回}}{p}$	$\frac{S_{回}/p}{S_{剩}/(n-p-1)}$

（续表）

来源	平方和	自由度	均方和	F
剩余	$S_{剩}=\sum_{\alpha}(y_\alpha-\hat{y}_\alpha)^2$	$f_{剩}=N-p-1$	$\dfrac{S_{剩}}{(n-p-1)}$	—
总计	$S_{总}=\sum_{\alpha}(y_\alpha-\bar{y})^2$	$f_{总}=N-1$	—	

此外，在重复试验的情况下，例如对每个试验都重复m次，只要用m个数据的平均值$\bar{y}_\alpha$取代y_α，就可用上面的公式获得参数β的最小二乘估计，回归平方和$S_{回}$和剩余平方$S_{剩}$在重复试验的情况下，还可获得误差平方和

$$S_{误}=\sum_{\alpha}\sum_{i=1}^{m}(y_{\alpha i}-\bar{y}_\alpha)^2,\ f_{误}=N(m-1) \tag{3-33}$$

这时对回归方程的检验，完全可以参照一元回归重复试验的情况进行。

四、回归系数的显著性检验

在多元回归模型中，一般并不满足于线性回归方程是显著的这个结论，因为回归方程显著并不意味着每个自变量x_1, x_2, …, x_p对因变量y的影响是重要的。而人们总想从回归方程中剔除那些次要的、可有可无的变量，重新建立更为简单的线性回归方程，以利于更好地对y进行预报和控制。显然，如果某个变量对y的作用不显著，那么在多元线性回归模型中，它前面的系数β_j就可以取值为零，因此，检验因子x_j是否显著等价于检验假设

$$H_0:\ \beta_j=0。 \tag{3-34}$$

下面来研究这种检验方法。

从前面的论述和推导中可以看出，最小二乘估计b_j是服从正态分布的随机变量y_1, y_2, …, y_N的线性函数，所以，b_j也是服从正态分布的随机变量，且

$$E(b_i)=\beta_j,$$
$$D(b_i)=c_{jj}\sigma^2。$$

其中c_{ij}为相关矩阵$\boldsymbol{C}=A^{-1}$中对角线上第j个元素，于是

$$\frac{b_j-B_j}{\sqrt{c_{jj}\sigma^2}}\sim N(0,1),$$

可以证明，随机变量b_j与$S_{剩}$相互独立。于是有

$$F=\frac{(b_j-B_j)^2/S_{jj}}{S_{剩}/(N-p-1)}\sim F(1,N-p-1),$$

或

$$t=\frac{(b_j-B_j)/\sqrt{S_{jj}}}{\sqrt{S_{剩}/(N-p-1)}}\sim t(N-p-1),$$

故在假设式(3-34)下,可采用统计量

$$F=\frac{b_j^2/c_{jj}}{S_{剩}/(N-p-1)}, \tag{3-35}$$

或

$$t=\frac{b_j}{\sqrt{c_{jj}S_{剩}/(N-p-1)}}=\frac{b_{jj}}{\hat{\sigma}\sqrt{c_{jj}}}, \tag{3-36}$$

来检验回归系数 β_j 是否显著,

在对回归系数的显著性检验中,应用式(3-36)作检验时,有可能所有的 t_j 都大于临界值 t_α,但在另一些实际问题中,可能会有一个(甚至几个)t_j 小于临界值,这时相应的变量 x_j 就被认为在回归方程中不起什么作用;应从回归方程中剔除,重新建立更为简单的线性回归方程。

应该指出:从回归方程中剔除一个变量,譬如是 x_i,这决不意味着把b_ix_i 项从回归方程中删除就完事了,而是应该从 $p-1$ 个变量:$x_1, x_2, \cdots, x_{i-1}, x_{i+1}, \cdots, x_p$ 着手,重新估计回归系数,写出新的回归方程

$$\hat{y}'=b_0^*+b_1^*x_1+\cdots+b_{i-1}^*x_{i-1}+b_{i+1}^*x_{i+1}+\cdots+b_p^*x_p。 \tag{3-37}$$

其中,$b_j^*(j\neq i)$ 是新的回归系数,一般地说,$b_j^*\neq b_j$。这是因为回归系数之间存在着相关性,当从原回归方程中剔除一个变量时,其他变量,特别是与它相关密切的一些变量的回归系数就会受到影响,有时影响是很大的,甚至会引起符号的变化。所以在进行 t 检验或 F 检验时,必须特别谨慎。一般,对回归系数进行一次检验后,只能剔除其中一个因子,这个因子是所有不显著因子中 F 值或 t 值为最小的,然后重新建立新的回归方程,再对新的回归系数逐个进行检验,直到余下的回归系数都显著时为止。

由于建立新的回归方程,得重新进行大量的计算,于是促使人们进一步去寻求新老回归系数之间的关系,以简化计算。

可以证明,在 y 对$x_1, x_2, \cdots, x_i, \cdots, x_p$ 的多元回归中,当取消一个变量x_i 后,$p-1$个变量的新的回归系数 $b_j^*(j\neq i)$,与原来的回归系数 b_j 之间有下述关系

$$b_j^*=b_j-\frac{c_{ij}}{c_{ii}}b_i,\ j\neq i。 \tag{3-38}$$

其中 c_{ii}, c_{ij},是原 p 元回归中相关矩阵$\boldsymbol{C}=(c_{ij})$ 的元素。

一个根本解决这个问题的设想是;在安排试验时就选择这样一些点进行试验,使得回归系数之间不存在相关,即相关矩阵 $\boldsymbol{C}$ 为对角阵。由(3-38)式知,这时从回归方程中剔除任一个变量都不需要引起什么新的计算,这一设想将在本书第四章(正交回归设计)中介绍。

此外,由于总的偏差平方和 $S_{总}$ 可以被分解为$S_{回}$ 和$S_{剩}$ 两项,其中回归平方和$S_{回}$ 是所有自变量对 y 波动的总贡献,所考虑的自变量愈多,回归平方和 $S_{回}$ 就愈大(当然增加那些与 y 关系很小的变量只会使回归平方和有很小的增加)。因此若在所考虑的自变量中去掉一个自变量时,回归平方和只会减少,不会增加,减少的数值愈大,说明该因素在回归中所起的作用愈大,也就是该变量愈重要。

设 $S_{回}$ 是p 个变量$x_1, x_2, \cdots, x_p$ 所引起的回归平方和,$S'_{回}$是 $p-1$个变量$x_1, x_2, \cdots,$

x_{i-1}，x_{i+1}，…，x_p 所引起的回归平方和(即除去 x_i)，那末它们的差

$$Q_i = S_{回} - S'_{回}, \tag{3-39}$$

就是去掉变量 x_i 后，回归平方和所减少的量。今后称 Q_i 为变量 x_i 的偏回归平方和。由上可知，利用偏回归平方和 Q_i 可以衡量每个变量在回归中所起的作用大小。

可以证明：

$$Q_i = \frac{b_i^2}{c_{ii}} \tag{3-40}$$

由此可见，F 统计量式(3-35)的分子就是偏回归平方和，它是偏回归平方和与平均剩余平方和的比，因此它可用来检验某个变量是否显著。

前面提到，用 F 统计量式(3-35) 对每个变量进行显著性检验时，回归方程中可能同时存在着几个不显著的变量，如 x_1 和 x_2，这时我们只能剔除其中 F 值比较小的那个变量，而不应把它们一起剔除。变量 x_1 和 x_2 之间可能存在密切的相关关系，因此，在剔除 x_1 后，x_1 对 y 的影响很大部分可以转加到 x_2 对 y 的影响上，所以这时回归平方和并不会因此而减少很多，即 x_1 的偏回归平方和 Q_i 一定很小。同样理由，x_2 的偏回归平方和也不会很大，但是在这种情况下，假如把变量 x_1 和 x_2 都从回归方程中剔去，那就会比较多地减少回归平方和，从而影响回归方程的精度。因此，凡是偏回归平方和大的变量，一定是显著的；凡是偏回归平方和小的变量，却并不一定不显著，但是可以肯定，偏回归平方和最小的那个变量，必然是所有变量中对 y 作用最小的一个，假如此变量检验结果又不显著，那就可以将该变量剔除。剔除一个变量后，得重新计算回归系数和偏回归平方和，一般它们的大小都会有所改变，所以应对它们重新再作检验。

五、利用回归方程进行预报和控制

为了利用回归方程进行预报和控制，需要在点 x_{01}，x_{02}，…，x_{0p} 处的观察值

$$y_0 = \beta_0 + \beta_1 x_{01} + \beta_2 x_{02} + \cdots + \beta_p x_{0p} + \varepsilon_0,$$

与回归值 $\hat{y}_0 = b_0 + b_1 x_{01} + \cdots + b_p x_{0p}$ 之间的偏差 $y_0 - \hat{y}_0$ 的分布。与一元线性回归情况类似，为了说明该偏差 $y_0 - \hat{y}_0$ 服从正态分布，并且

$$y_0 - \hat{y}_0 \sim N\left(0, \left(1 + \frac{1}{N} + \sum_{i=1}^{p}\sum_{j=1}^{p} c_{ij}(x_{0i} - \bar{x}_i)(x_{0j} - \bar{x}_j)\right)\sigma^2\right),$$

其中 c_{ij} 为相关矩阵 $\boldsymbol{C}$ 的元素。

与一元线性回归问题的预报和控制相类似，在多元线性回归的情况下，当 N 比较大时，而且 x_{0j} 比较接近于 $\bar{x}_j$ 时，可以近似地认为

$$y_0 - \hat{y}_0 \sim N(0, \hat{\sigma}^2),$$

因此，可用下式进行预报和控制：

$$\begin{cases} P\{\hat{y}_0 - 2\sigma < y_0 < \hat{y}_0 + 2\sigma\} = 0.95 \\ P\{\hat{y}_0 - 3\sigma < y_0 < \hat{y}_0 + 3\sigma\} = 0.99 \end{cases} \tag{3-41}$$

这里的σ在无重复实验的情况下，可由剩余平方和获得它的无偏估计。

由式(3-27)可推得：

$$E(S_{剩})=\sigma^2[N-(p+1)]=(N-p-1)\sigma^2 \tag{3-42}$$

式(3-42)说明，在多元回归正确的条件下，剩余平方和$S_{剩}$基本上是由于随机误差引起的，因此它提供了方差σ^2的无偏估计

$$\hat{\sigma}^2=\frac{S_{剩}}{f_{剩}}=\frac{1}{N-p-1}\sum_{\alpha}(y_\alpha-\hat{y})^2, \tag{3-43}$$

它的平方根$\hat{\sigma}=\sqrt{S_{剩}/f_{剩}}$提供了方差$\sigma$的估计值。

在重复试验的情况下，可由误差平方和$S_{误}$或它与S_{Lf}的和$S_{剩}$来提供σ^2的无偏估计，即

$$\hat{\sigma}^2=\frac{1}{N(m-1)}S_{误} \tag{3-44}$$

或

$$\hat{\sigma}^2=\frac{1}{Nm-p-1}(S_{误}+S_{Lf}) \tag{3-45}$$

六、示例

【例 3-4】 在上浆实验中，考察某种助剂与浆液浓度、粘度、PVA 用量、变性淀粉用量之间的关系，以改善上浆质量。现把某次上浆实验中的有关助剂与浆液浓度、粘度、PVA 用量、变性淀粉用量的实验数据列表 3-5 如下。

表 3-5 某次实验中助剂与浆液浓度、粘度、PVA 用量、变性淀粉用量数据

试验序号	助剂 S	浆液浓度 V	粘度 t	PVA 用量 O	变性淀粉 M	淀粉总量
	kg	%	Pa·S	kg	kg	kg
1	2.81	15.40	12.10	62.6	0	62.6
2	2.81	15.30	12.43	41.0	0	41.0
3	2.81	14.88	12.67	63.5	0	63.5
4	3.18	15.10	11.97	106.0	25.9	131.9
5	3.80	17.78	11.68	144.5	0	144.5
6	3.92	18.10	12.02	164.0	67.2	231.2
7	3.98	18.00	11.99	155.0	95.6	250.6
8	4.16	18.16	12.08	32.9	176.6	209.5
9	4.31	17.20	11.75	110.3	68.6	178.9
10	4.31	16.98	11.51	16.6	193.6	210.2
11	4.31	17.69	11.80	15.4	216.4	231.8
12	4.34	16.93	11.71	26.4	116.8	143.2
13	2.50	15.03	9.97	46.1	0	46.1
14	3.09	16.06	1.10	72.5	0	72.5
15	3.73	14.87	10.68	88.2	66.2	154.4
16	3.73	14.21	10.92	70.1	63.1	132.2

已知助剂与浆液浓度、粘度和PVA、变性淀粉用量之间的四元非线性回归方程，即

$$\hat{S}=b_0+b_1V^2+b_2t^2+b_3O^2+b_4M^2$$

求解方程并进行显著性检验（$\alpha=0.05$）。

解：若令 $\hat{y}=\hat{S}$，$x_1=V^2$，$x_2=t^2$，$x_3=O^2$，$x_4=M^2$。则上式可改写为

$$\hat{y}=b_0+b_1x_1+b_2x_2+b_3x_3+b_4x_4$$

根据表3-5的数据对 V、t、O、M 进行平方运算后，进行线性回归计算：

根据表3-5，输入矩阵 $\boldsymbol{Y}$ 和 $\boldsymbol{X}$

Y=

2.81
2.81
2.81
3.18
3.8
3.92
3.98
4.16
4.31
4.31
4.31
4.34
2.5
3.09
3.73
3.73

X=

1	237.16	146.41	3 918.8	0
1	234.09	154.5	1 681	0
1	221.41	160.53	4 032.3	0
1	228.01	143.28	11 236	670.81
1	316.13	136.42	20 880	0
1	327.61	144.48	26 896	4 515.8
1	324	143.76	24 025	9 139.4
1	329.79	145.93	1 082.4	31 188
1	295.84	138.06	12 166	4 706
1	288.32	132.48	275.56	37 481
1	312.94	139.24	237.16	46 829

1	286.62	137.12	696.96	13 642
1	225.9	99.401	2 125.2	0
1	257.92	1.21	5 256.3	0
1	221.12	114.06	7 779.2	4 382.4
1	201.92	119.25	4 914	3 981.6

根据系数计算公式

b=INV(X′ * X)(X′ * Y)

得到系数矩阵 $\boldsymbol{b}$ 为：

b=

2.235 5

0.003 369 6

0.000 182 13

2.234 6e−05

2.738e−05

因此可得回归方程为：

$$y = 2.235\,5 + 0.003\,369\,6x_1 - 0.000\,182\,13x_2 + 2.234\,6\times10^{-5}x_3 + 2.738\times10^{-5}x_4$$

同样计算回归平方和及剩余平方和，进行 F 检验

$$S_{回} = \sum_{\alpha}(\hat{y}_\alpha - \bar{y})^2 = 3.965\,8 \quad f_{回} = p = 4$$

$$S_{剩} = \sum_{\alpha}(y_\alpha - \hat{y}_\alpha)^2 = 2.244\,8 \quad f_{剩} = N - p - 1 = 16 - 4 - 1 = 11$$

$$F = \frac{S_{回}/p}{S_{剩}/(N-p-1)} = \frac{3.965\,8/4}{2.244\,8/11} = 4.858\,3 > F_\alpha(p,\ N-p-1) = F_{0.05}(4,\ 11) = 3.36$$

结果表明该方程显著，经转化后回归方程如下：

$$\hat{S} = 2.235\,5 + 0.003\,369\,6V^2 - 0.000\,182\,13t^2 + 2.234\,6\times10^{-5}O^2 + 2.738\times10^{-5}M^2$$

【例 3-5】 现研究棉纱强度与纤维细度、单纤维强力、纤维长度和马克隆值之间的关系，数据见表 3-6。

表 3-6 棉纱强度与纤维性能的关系

序号	强度 /(cN · tex^{-1})	纤维细度 /dtex	纤维强力 /cN	纤维长度 /mm	马克隆值
1	9.62	1.289	3.89	36.2	4
2	9.61	1.296	3.81	36.3	4.1
3	9.39	1.213	3.52	36	3.9
4	9.38	1.201	3.51	36	3.8
5	9.54	1.295	3.7	36.3	4
6	9.57	1.298	3.81	36.4	3.7

（续表）

序号	强度 /(cN·tex^{-1})	纤维细度 /dtex	纤维强力 /cN	纤维长度 /mm	马克隆值
7	9.67	1.313	3.8	36.5	4.4
8	9.66	1.305	3.79	36.5	4.3
9	9.89	1.398	4.15	36.9	4.2
10	10.05	1.411	4.28	37.5	4.3
11	9.69	1.395	3.9	36.6	4
12	9.87	1.387	4.12	36.8	4.3
13	9.74	1.345	3.91	36.7	4.3
14	9.41	1.221	3.5	36.1	3.9
15	9.43	1.248	3.61	36	3.8
16	9.45	1.254	3.61	36.2	3.7
17	9.56	1.296	3.81	36.2	3.9
18	9.66	1.312	3.9	36.4	4.1

假设纱线强度与其他变量的关系为多元线性关系，设为：$y=b_0+b_1x_1+b_2x_2+b_3x_3+b_4x_4$，求解系数，并进行 F 检验和系数检验，且去除不显著系数($\alpha=0.05$)。

解：

Y=

9.62
9.61
9.39
9.38
9.54
9.57
9.67
9.66
9.89
10.05
9.69
9.87
9.74
9.41
9.43
9.45
9.56
9.66

X=

1	1.289	3.89	36.2	4
1	1.296	3.81	36.3	4.1

1	1.213	3.52	36	3.9
1	1.201	3.51	36	3.8
1	1.295	3.7	36.3	4
1	1.298	3.81	36.4	3.7
1	1.313	3.8	36.5	4.4
1	1.305	3.79	36.5	4.3
1	1.398	4.15	36.9	4.2
1	1.411	4.28	37.5	4.3
1	1.395	3.9	36.6	4
1	1.387	4.12	36.8	4.3
1	1.345	3.91	36.7	4.3
1	1.221	3.5	36.1	3.9
1	1.248	3.61	36	3.8
1	1.254	3.61	36.2	3.7
1	1.296	3.81	36.2	3.9
1	1.312	3.9	36.4	4.1

同样根据 b=INV(X′ * X)(X′ * Y)

b=

1.4
0.033 163
0.472 84
0.161 33
0.123 81

$$y=1.4+0.033\ 163x_1+0.472\ 84x_2+0.161\ 33x_3+0.123\ 81x_4$$

$$S_{回}=\sum_{\alpha}(\hat{y}_{\alpha}-\bar{y})^2=0.576\ 98,\ f_{回}=p=4$$

$$S_{剩}=\sum_{\alpha}(y_{\alpha}-\hat{y}_{\alpha})^2=0.000\ 468\ 28,\ f_{剩}=N-p-1=18-4-1=13$$

$$F=\frac{S_{回}/p}{S_{剩}/(N-p-1)}=\frac{0.576\ 98/4}{0.000\ 468\ 28/13}=4\ 004.5$$
$$>F_{\alpha}(p,\ N-p-1)=F_{0.05}(4,\ 13)=3.18$$

∴ 可以认为在显著性水平 α 下,该线性回归方程是有显著意义的。

系数检验:

$$t=\frac{b_j}{\sqrt{c_{jj}S_{剩}/(N-p-1)}}\sim t(N-p-1)\quad t(N-p-1)=t_{0.2}(13)=1.350$$

$t_1=0.112\ 58<t_{0.05}(13)=2.160$

$t_2=6.774\ 9>t_{0.05}(13)=2.160$

$t_3 = 7.5525 > t_{0.05}(13) = 2.160$

$t_4 = 12.504 > t_{0.05}(13) = 2.160$

由上述统计量 t 值可知,b_1 在上述回归方程中作用并不显著,故将其剔除。

剔除 b_1 后重新进行线性回归

求得:

b=

1.370 1

0.479 67

0.162 58

0.124 11

$$y = 1.3701 + 0.47967x_2 + 0.16258x_3 + 0.12411x_4$$

比较两次得到的回归方程,发现系数并不相同,这也验证了变量之间存在相关性。

$$S_{回} = \sum_{\alpha}(\hat{y}_{\alpha} - \bar{y})^2 = 0.57697,\ f_{回} = 3$$

$$S_{剩} = \sum_{\alpha}(y_{\alpha} - \hat{y}_{\alpha})^2 = 0.00047634,\ f_{剩} = N - p - 1 = 18 - 3 - 1 = 14$$

$$F = \frac{S_{回}/p}{S_{剩}/(N-p-1)} = 5652.6 > F_{\alpha}(p,\ N-p-1) = F_{0.05}(4,\ 14) = 3.11$$

∴ 可以认为在显著性水平 α 下,该线性回归方程是有显著意义的。

再作系数检验:

$$t = \frac{b_j}{\sqrt{c_{jj}S_{剩}/(N-p-1)}} \sim t(N-p-1) \quad t(N-p-1) = t_{0.5}(14) = 2.145$$

$t_2 = 1.7153 > t_{0.2}(14) = 1.345$

$t_3 = 10.553 > t_{0.05}(14) = 2.145$

$t_4 = 13.39 > t_{0.05}(14) = 2.145$

由此可见,各回归系数都在不同程度上显著。

【例 3-6】 称量设计:用天平称量也带有随机误差,这是由于气温、湿度、卫生条件及人的视觉等因素引起的。用 ε 表示随机误差,它的方差为 σ^2,由概率论知道,若对同一物体连称 n 次,并取其平均值,则误差的方差即降为 σ^2/n,因此同时称若干个物体,只要称法设计得当,在不增加称量总次数的情况下,增加每个物体重复称的次数,就可以显著地提高称量效果。

例如有 A, B, C, D 等 4 件物体,其质量分别为 β_1, β_2, β_3, β_4,现用天平来称,每次 4 件物体都放上,然后选一砝码使天平平衡,具体称法设计如下:

(1) 把 4 件物体放在天平一侧,结果

$$y_1 = \beta_1 + \beta_2 + \beta_3 + \beta_4 + \varepsilon_1$$

(2) 把 A、B 放在一侧,C、D 放在另一侧,结果(注意正负号)

$$y_2 = \beta_1 + \beta_2 - \beta_3 - \beta_4 + \varepsilon_2$$

(3) 把 A、C 放在一侧,B、D 放在另一侧,结果

$$y_3=\beta_1-\beta_2+\beta_3-\beta_4+\varepsilon_3$$

(4) 把 A、D 放一侧,C、B 放另一侧,结果

$$y_4=\beta_1-\beta_2-\beta_3+\beta_4+\varepsilon_4$$

根据如上设计,很容易求得它的结构矩阵 $\boldsymbol{X}$,系数矩阵 $\mathbf{A}$ 和常数项矩阵 $\boldsymbol{B}$:

$$X=\begin{pmatrix}1&1&1&1\\1&1&-1&-1\\1&-1&1&-1\\1&-1&-1&1\end{pmatrix},\ A=\begin{pmatrix}4&0&0&0\\0&4&0&0\\0&0&4&0\\0&0&0&4\end{pmatrix},$$

$$C=\begin{pmatrix}\frac{1}{4}&0&0&0\\0&\frac{1}{4}&0&0\\0&0&\frac{1}{4}&0\\0&0&0&\frac{1}{4}\end{pmatrix},\ B=\begin{pmatrix}y_1+y_2+y_3+y_4\\y_1+y_2-y_3-y_4\\y_1-y_2+y_3-y_4\\y_1-y_2-y_3+y_4\end{pmatrix}。$$

根据公式 $b=cB$, 求得:

$$b_1=\frac{1}{4}(y_1+y_2+y_3+y_4),$$

$$b_2=\frac{1}{4}(y_1+y_2-y_3-y_4),$$

$$b_3=\frac{1}{4}(y_1-y_2+y_3-y_4),$$

$$b_4=\frac{1}{4}(y_1-y_2-y_3+y_4)。$$

由最小二乘估计的两个性质知道,这些估计分别是物体质量 β_1, β_2, β_3, β_4 的无偏估计,它们的方差是 $\sigma^2/4$。这就是说,这 4 次称量,不但估计了 4 个物体的质量,并且使每个估计的方差都降为 $\sigma^2/4$, 提高了称量的效果。

另外,此例的计算很简单,这是由于任意不同二列都相互正交(内积为零),故此设计被称为正交称量设计。由此可见,假如我们不是被动地处理数据,而是按一定的要求去设计试验方案,就能使获得的数据不仅含有最大量的信息,而且数学处理也较简单。

第三节　多项式回归

在一元的回归问题中,如果变量 y 与 x 的关系可以假定为 p 次多项式,而且,在 x_α 处对 y

观察的随机误差$\varepsilon_\alpha (\alpha =1, 2, \cdots, N)$服从正态分布$N(0, \sigma^2)$，那未就可以得到多项式回归模型：

$$y_\alpha = \beta_0 + \beta_1 x_\alpha + \beta_2 x_\alpha^2 + \cdots + \beta_p x_\alpha^p + \varepsilon_\alpha,\ \alpha =1, 2, \cdots, N \tag{3-46}$$

显然,这个多项式回归问题可以化为多元线性回归问题来解决。令

$$x_{\alpha 1} = x_\alpha,\ x_{\alpha 2} = x_\alpha^2,\ \cdots,\ x_{\alpha p} = x_\alpha^p,$$

并把在x_α处的观察值y_α看作是在$x_{\alpha 1}, x_{\alpha 2}, \cdots, x_{\alpha p}$处对$y$的观察值,于是式(3-46)就转化成一般多元线性回归模型：

$$y_\alpha = \beta_0 + \beta_1 x_{\alpha 1} + \beta_2 x_{\alpha 2} + \cdots + \beta_p x_{\alpha p} + \varepsilon_\alpha。\ \alpha =1, 2, \cdots, N$$

因此,第二节中解决式(3-17)的办法可全部用于解决多项式回归问题。要指出的是,在多项式回归中检验b_j是否显著,实质上就是判断x的j次项x^j对y是否有显著影响。

在多项式回归模型式(3-46)下,结构矩阵、系数矩阵、常数项矩阵如下：

$$X = \begin{pmatrix} 1 & x_1 & x_1^2 & \cdots & x_1^p \\ 1 & x_2 & x_2^2 & \cdots & x_2^p \\ \vdots & \vdots & \vdots & \cdots & \vdots \\ 1 & x_N & x_N^2 & \cdots & x_N^p \end{pmatrix} \tag{3-47}$$

$$A = \boldsymbol{X}'\boldsymbol{X} = \begin{pmatrix} N & \sum_\alpha x_\alpha & \sum_\alpha x_\alpha^2 & \cdots & \sum_\alpha x_\alpha^p \\ \sum_\alpha x_\alpha & \sum_\alpha x_\alpha^2 & \sum_\alpha x_\alpha^3 & \cdots & \sum_\alpha x_\alpha^p \\ \sum_\alpha x_\alpha^2 & \sum_\alpha x_\alpha^3 & \sum_\alpha x_\alpha^4 & \cdots & \sum_\alpha x_\alpha^{p+1} \\ \cdots & \cdots & \cdots & \cdots & \cdots \\ \sum_\alpha x_\alpha^p & \sum_\alpha x_\alpha^{p+1} & \sum_\alpha x_\alpha^{p+2} & \cdots & \sum_\alpha x_\alpha^{2p} \end{pmatrix} \tag{3-48}$$

$$B = \boldsymbol{X}'\boldsymbol{Y} = \begin{pmatrix} \sum_\alpha y_\alpha \\ \sum_\alpha x_\alpha y_\alpha \\ \sum_\alpha x_\alpha^2 y_\alpha \\ \vdots \\ \sum_\alpha x_\alpha^p y_\alpha \end{pmatrix} \tag{3-49}$$

参数的最小二乘估计是

$$B = A^{-1}B = (\boldsymbol{X}'\boldsymbol{X})^{-1}\boldsymbol{X}'\boldsymbol{Y}$$

类似地,多元多项式回归问题也可化为多元线性回归问题来解决。例如,对于包含多变量的任意多项式回归模型：

$$y_\alpha=\beta_0+\beta_1 z_{\alpha1}+\beta_2 z_{\alpha2}+\beta_3 z_{\alpha1}^2+\beta_4 z_{\alpha1}z_{\alpha2}+\beta_5 z_{\alpha2}^2+\cdots+\varepsilon_\alpha。$$

如果令 $x_{\alpha1}=z_{\alpha1}$，$x_{\alpha2}=z_{\alpha2}$，$x_{\alpha3}=z_{\alpha1}^2$，$x_{\alpha4}=z_{\alpha1}z_{\alpha2}$，$x_{\alpha5}=z_{\alpha2}^2$，就可使其化为多元线性回归问题来解决。

多项式回归可以处理相当一类非线性问题，它在回归分析中占有重要地位。根据微积分的知识可知，任一函数都可分段用多项式来逼近，因此在通常的实际问题中，不论变量 y 与其他变量的关系如何，总可以用多项式回归来进行分析和计算。

第四章　回归正交试验设计

由于正交试验法具备十分显著的优点(正交性),在试验方法的设计中,得到了广泛应用。这种方法,实际上要求把回归分析法与正交试验法两者有机地结合起来,要求建立试验次数较少,而精度较高的回归方程,这就要求摆脱古典回归分析,即实验者必须主动地把试验的安排、数据的处理和回归方程的精度统一成一个整体加以考虑和研究。这就是四十年来发展起来的数理统计的一个分支——"最优试验设计与应用"所要研究的问题。

例如,在生产过程的工艺最优化问题中,先要寻求工艺的最优化区域,然后在这个最优区域上建立数学模型,对还不完全了解物理、化学和生物原理的生产过程,应用最优试验设计的思想来解决生产过程的工艺最优化问题,是一个比较有效的方法。

第一节　一次回归正交设计

回归设计按多项式回归模型的次数可分为一次设计、二次设计等。本节从一次回归正交设计开始介绍"回归设计与应用"。

一次回归正交设计主要是运用二水平正交表[如 $L_4(2^3)$、$L_8(2^7)$、$L_{12}(2^{11})$、$L_{16}(2^{15})$、$L_{64}(2^{63})$]等进行。在有三个因素的情况下,就可选用正交表 $L_8(2^7)$,并把正交表中的"1"与"2"二个水平改为"－1"与"＋1"(或改为"＋1"与"－1"均可),然后把三个因素分别放在第1、2、4列上。这时正交表中的"－1"与"＋1"不仅表示因素的状态,而且还表示变量的取值;若三个因素之间还存在着交互效应(或称交互作用)。这些交互效应在回归中可用变量的非线性项等表示,这些交互效应仍占改造后的二水平正交表的一列,这一列可以从交互效应表上查得,也可直接从正交表上某二列上元素对应相乘得到[但 $L_{12}(2^{11})$ 等例外]。显然,交互效应列加入试验计划,并不影响正交性。在交互效应可以忽略的情况下,在正交表上可以多排一些因素,这样就有各种部分实施法,如1/2实施,1/4实施等。

假定目标函数 y_α 与 p 个变量 $x_1, x_2, \cdots, x_p$ 的内在联系可用一次关系描述,其一般的形式如下:

$$y_\alpha = \beta_0 + \beta_1 x_{\alpha 1} + \beta_2 x_{\alpha 2} + \cdots + \beta_p x_{\alpha p} + \varepsilon_\alpha (\alpha = 1, 2, \cdots, N) \tag{4-1}$$

其中 $\beta_0, \beta_1, \cdots, \beta_p$ 是待估计的常数,ε_α 是第 α 次试验误差。

假定通过 N 次试验所得数据计算出来的回归方程为:

$$\hat{y} = b_0 + b_1 x_1 + b_2 x_2 + \cdots + b_p x_p \tag{4-2}$$

其中 $b_0, b_1, \cdots, b_p$ 是 $\beta_0, \beta_1, \cdots, \beta_p$ 的最小二乘估计,其计算公式如下:

$$b = (\boldsymbol{X'X})^{-1}\boldsymbol{X'Y}$$

其中:b—— 回归系数矩阵;

$\boldsymbol{X'Y}$ —— 常数项矩阵;

$\boldsymbol{X}$—— 设计矩阵(或称结构矩阵、自变量系数矩阵);

$\boldsymbol{X}'\boldsymbol{X}$—— 信息矩阵；

$\boldsymbol{X}'$——X 的转置矩阵；

$(\boldsymbol{X}'\boldsymbol{X})^{-1}$ ——相关矩阵(信息矩阵 $\boldsymbol{X}'\boldsymbol{X}$ 的逆矩阵；一般均为非退化的，其逆矩阵存在)。

下面通过具体例子来说明应用回归设计的步骤。

【例 4-1】 比较由 A 和 B 两种不同材料组成的车削淬火钢车刀的耐用度。机器制造中车刀的耐用度 T(min) 与切削速度 V(m/min)、走刀量 S(mm/ 转)、切削深度 t(mm) 之间存在如下关系式：

$$T=\frac{C}{V^{m}S^{y_v}t^{x_v}}$$

其中：C、m、y_v 和 x_v 均为待估计系数。

对上式两边取对数，得如下形式：

$$y=b_0+b_1x_1+b_2x_2+b_3x_3$$

其中：$y=\ln T$；

$x_1,\ x_2,x_3$——$\ln V,\ \ln S,\ \ln t$；

$b_0,\ b_1,\ b_2,b_3$——$\ln C,\ -m,\ -y_v,\ -x_v$。

1. **编码及因素水平表**

使用回归设计，首先要将各因素按其水平(或取值范围)编码(或称规格化)，例如对某因素 z，根据实际情况的需要，选择了它的两个水平 z_1 和 z_2($z_1<z_2$)，分别称之为下、上水平(用“-1”与“$+1$”表示)，而(z_1+z_2)/2 称为基准水平(用“0”表示)。所谓编码(规格化)，就是对 z 作如下变换：

$$x=\frac{2z-(z_1+z_2)}{z_2-z_1}\quad 或\quad x=\frac{2(z-z_2)}{z_2-z_1}+1$$

显然：

$$z=z_1\Rightarrow x=-1;$$
$$z=z_2\Rightarrow x=+1;$$
$$z=(z_1+z_2)/2\Rightarrow x=0。$$

根据本例的特点(见表 4-1)，其编码公式如下：

$$\begin{aligned}x_1&=\frac{2(\ln V-\ln 120)}{\ln 120-\ln 80}+1,\\ x_2&=\frac{2(\ln S-\ln 0.06)}{\ln 0.06-\ln 0.02}+1,\\ x_3&=\frac{2(\ln t-\ln 0.3)}{\ln 0.3-\ln 0.1}+1。\end{aligned}\tag{4-3}$$

当 V 取 120 时，$x_1=+1$；V 取 80 时，$x_1=-1$；V 取 100 时，$x_1=0$。

此外，S、t 的取值，均有类似的结果，见表 4-1。

表 4-1　因素水平编码表

因素	$V/(\text{m}\cdot\text{min}^{-1})$	$S/(\text{mm}\cdot$转$^{-1})$	t/mm
编码记号	x_1	x_2	x_3
基准水平	100	0.04	0.2
变化区间	20	0.02	0.1
上水平(+1)	120	0.06	0.3
下水平(−1)	80	0.02	0.1

2. *制定试验方案及计算回归系数*

像正交试验法一样，本例根据表 4-1 选择附录中的正交表 $L_8(2^7)$，把 V、S 和 t 分别放在第 4、第 2 和第 1 列上，且不考虑它们之间的交互效应。另外，为估计常数项，在表的最前面添上 x_0 列，取值皆为 +1，试验方案制定后，应把每次试验测得的两种不同材料的耐用度 T_A 及 T_B 填入表 4-2。在表 4-2 上经过简单的表格计算，就可以得到回归系数，详见表 4-2。

表 4-2　试验方案及数据处理

试验号	设计矩阵				试验数据:耐用度				平方值	
	x_0	$x_1(V)$	$x_2(S)$	$x_3(t)$	T_A/min	$y_A=\ln T_A$	T_B/min	$y_B=\ln T_B$	y_A^2	y_B^2
1	+1	+1(120)	+1(0.06)	+1(0.3)	19.0	2.944 6	22.0	3.091 0	8.670 7	9.554 3
2	+1	−1(80)	+1(0.06)	+1(0.3)	32.5	3.481 3	42.25	3.743 6	12.119 6	14.014 5
3	+1	+1(120)	−1(0.02)	+1(0.3)	33.0	3.496 5	44.0	3.784 3	12.225 5	14.320 9
4	+1	−1(80)	−1(0.02)	+1(0.3)	52.0	3.951 3	85.0	4.442 6	15.612 8	19.736 7
5	+1	+1(120)	+1(0.06)	−1(0.1)	30.0	3.401 2	35.0	3.555 4	11.568 2	12.640 9
6	+1	−1(80)	+1(0.06)	−1(0.1)	60.0	4.094 5	90.0	4.499 7	16.764 9	20.247 3
7	+1	+1(120)	−1(0.02)	−1(0.1)	45.0	3.806 7	60.0	4.094 5	14.491 0	16.764 9
8	+1	−1(80)	−1(0.02)	−1(0.1)	120.0	4.787 6	180.0	5.193 0	22.921 1	26.967 2
B_j	29.963 7	−2.665 7	−2.120 5	−2.216 3						
	32.404 1	−3.353 7	−2.624 7	−2.281 1						
d_j	8	8	8	8						
	8	8	8	8						
b_j	3.745 5	−0.333 2	−0.265 1	−0.277 0						
	4.050 5	−0.419 5	−0.328 1	−0.285 1						
B_j^2		7.106 0	4.496 5	4.912 0						
		11.247 3	6.889 1	5.230 4						
Q_j		0.888 3	0.562 1	0.614 0						
		1.405 9	0.861 1	0.650 4						

表 4-2 中的每一行构成一个试验号，例如第六行(−1，+1，−1)即表示切削速度为 80(m/min)，走刀量为 0.06 mm/转，切削深度为 0.1 mm 的条件下，试验两种不同材料的车刀的耐用度分别为 60 min 和 90 min，其他各行以此类推。

由表 4-2 试验号共八行可知，回归方程的自变量的结构矩阵为：

$$
X=\begin{pmatrix} 1 & 1 & 1 & 1 \\ 1 & -1 & 1 & 1 \\ 1 & 1 & -1 & 1 \\ 1 & -1 & -1 & 1 \\ 1 & 1 & 1 & -1 \\ 1 & -1 & 1 & -1 \\ 1 & 1 & -1 & -1 \\ 1 & -1 & -1 & -1 \end{pmatrix},\quad (\text{列依次为 } x_0\ x_1\ x_2\ x_3)
$$

而它的信息矩阵 $\boldsymbol{X}'\boldsymbol{X}$,常数项矩阵 $\boldsymbol{X}'\boldsymbol{Y}$,相关矩阵$(\boldsymbol{X}'\boldsymbol{X})^{-1}$ 分别为:

$$
\boldsymbol{X}'\boldsymbol{X}=\begin{pmatrix} 1 & 1 & 1 & 1 & 1 & 1 & 1 & 1 \\ 1 & -1 & 1 & -1 & 1 & -1 & 1 & -1 \\ 1 & 1 & -1 & -1 & 1 & 1 & -1 & -1 \\ 1 & 1 & 1 & 1 & -1 & -1 & -1 & -1 \end{pmatrix}\begin{pmatrix} 1 & 1 & 1 & 1 \\ 1 & -1 & 1 & 1 \\ 1 & 1 & -1 & 1 \\ 1 & -1 & -1 & 1 \\ 1 & 1 & 1 & -1 \\ 1 & -1 & 1 & -1 \\ 1 & 1 & -1 & -1 \\ 1 & -1 & -1 & -1 \end{pmatrix}=\begin{pmatrix} 8 & 0 & 0 & 0 \\ 0 & 8 & 0 & 0 \\ 0 & 0 & 8 & 0 \\ 0 & 0 & 0 & 8 \end{pmatrix}
$$

$$
(\boldsymbol{X}'\boldsymbol{X})^{-1}=\begin{pmatrix} \frac{1}{8} & 0 & 0 & 0 \\ 0 & \frac{1}{8} & 0 & 0 \\ 0 & 0 & \frac{1}{8} & 0 \\ 0 & 0 & 0 & \frac{1}{8} \end{pmatrix},\quad XY=\begin{pmatrix} \sum_{i=1}^{8} x_{0i}y_i \\ \sum_{i=1}^{8} x_{1i}y_i \\ \sum_{i=1}^{8} x_{2i}y_i \\ \sum_{i=1}^{8} x_{3i}y_i \end{pmatrix}
$$

其中 $y_i(i=1, 2, \cdots, 8)$ 是试验结果,由此得到回归系数的公式如下:

$$
b_j=\frac{1}{8}\sum_{i=1}^{8} x_{ji}y_i \quad (j=0, 1, 2, 3) \tag{4-4}
$$

为了使计算表格化,在表 4-2 中,令

$$
B_j=\sum_{i=1}^{8} x_{ji}y_i \quad (j=0, 1, 2, 3),\quad d_j=\sum_{i=1}^{8} x_{ji}^2,
$$

则

$$
b_j=\frac{B_j}{d_j} \quad (j=0, 1, 2, 3)。 \tag{4-5}
$$

此外,为了对回归公式进行统计分析,设偏回归平方和为

$$Q_j = \frac{B_j^2}{d_j} \quad (j=1,\ 2,\ 3) \tag{4-6}$$

具体的计算结果详见表 4-2。现以数据 $y_A = \ln T_A$ 为例进行数值计算,表中 B_j 这一行的每个数是相应的列与 y_A 这一列的乘积之和,如:

$$B_0 = 1\times 2.944\ 6 + 1\times 3.481\ 3 + \cdots + 1\times 4.787\ 6 = 29.963\ 7,$$
$$B_1 = 1\times 2.944\ 6 + (-1)\times 3.481\ 3 + \cdots + (-1)\times 4.787\ 6 = -2.665\ 7,$$
$$\cdots\quad\cdots\quad\cdots\quad\cdots\quad\cdots\quad\cdots\quad\cdots\quad\cdots\quad\cdots\quad\cdots$$
$$B_3 = 1\times 2.944\ 6 + 1\times 3.481\ 3 + \cdots + (-1)\times 4.787\ 6 = -2.216\ 3。$$

d_j 是一对角阵,具体到表 4-2 上 d_j 这一行的每个数是相应的所在列上各个数平方的和,如:

$$d_0 = 1^2 + 1^2 + \cdots + 1^2 = 8$$
$$d_1 = 1^2 + (-1)^2 + \cdots + (-1)^2 = 8,$$
$$\cdots\quad\cdots\quad\cdots\quad\cdots\quad\cdots\quad\cdots\quad\cdots\quad\cdots\quad\cdots\quad\cdots$$
$$d_3 = 1^2 + 1^2 + \cdots + (-1)^2 = 8。$$

表中,B_j 和b_j 各有两行,其上行为对 $y_A = \ln T_A$ 的计算结果,下行为对 $y_B = \ln T_B$ 的计算结果。

从 B_j、d_j 立即可得到b_j、Q_j,得到如下回归方程:

$$y_A = 3.745\ 5 - 0.333\ 2x_1 - 0.265\ 1x_2 - 0.277\ 0x_3 \tag{4-7}$$

$$y_B = 4.050\ 5 - 0.419\ 2x_1 - 0.328\ 1x_2 - 0.285\ 1x_3 \tag{4-8}$$

3. *回归方程的方差分析*

在回归正交设计中,各回归系数间是不相关的,并且回归系数绝对值的大小反映了对应的自变量在过程中的作用大小。这是由于无量纲的编码变换表 4-1 可以使得所有变量在所研究的区域内是“均等”的,这样所求得的回归系数不受因素在变化区域内取值的大小和单位的影响,所以根据回归系数绝对值的大小就能判断这些变量在过程中的作用,它的符号表明了这种作用的性质。在要求不太高的情况下,一次回归正交设计的方差分析可以省略。但是,本例需要回归方程的精度高些,故作如下的方差分析(见表 4-3)。

表 4-3 中总平方和为(仍以数据 y_A 为例):

$$S_{总} = \sum_{i=1}^{8} y_{Ai}^2 - \frac{B_0^2}{N} = 114.373\ 6 - \frac{897.823\ 3}{8} = 114.373\ 6 - 112.227\ 9 = 2.145\ 7。$$

回归平方和等于各偏回归平方和之和,即

$$S_{回} = Q_1 + Q_2 + Q_3 = 0.888\ 3 + 0.562\ 1 + 0.614\ 0 = 2.064\ 4,$$

表 4-3　式(4-7)和式(4-8)的方差分析表

方差来源	平方和	自由度	均方和	F	显著性
回归	2.064 4 2.914 7	$P=3$	0.688 1 0.972 5	$F_A=\dfrac{S_{回}/P}{S_{剩}/(N-P-1)}=33.896$ $F_B=51.18$	$F_A>F_{\alpha=0.01(3,4)}=16.69$ $F_B>F_{\alpha=0.01(3,4)}$
剩余	0.081 3 0.076 1	$N-P-1=4$	0.020 3 0.019 0		
总计	2.145 7 2.993 5	$8-1=7$			

所以剩余平方和等于

$$S_{剩}=S_{总}-S_{回}=0.081\ 3。$$

在应用 F 检验之前，构建统计量(F 比)：

$$F_A=\frac{S_{回}/P}{S_{剩}/(N-P-1)}=\frac{0.688\ 1}{0.020\ 3}=33.896。$$

查 F 分布表(附表 1-10)，$F_{\alpha=0.01(3,4)}=16.7$，$F_A=33.896>F_{\alpha=0.01(3,4)}=16.7$，方差分析结果表明，回归方程在 $\alpha=0.01$ 水平上显著(对数据 y_B 也有同样结果，见表 4-3)。

最后，为了确定 C、m、y_v 和 x_v，必须把式(4-3)分别代入式(4-7)及式(4-8)，经过四则运算，得

$$y_A=8.773\ 1-1.643\ 4\ln V-0.482\ 6\ln S-0.504\ 3\ln t \tag{4-9}$$

$$y_B=10.611\ 2-2.067\ 6\ln V-0.597\ 3\ln S-0.519\ 0\ln t \tag{4-10}$$

再由式(4-9)及式(4-10)，可以得到：

$$T_A=\frac{6.5\times10^3}{V^{1.64}S^{0.48}t^{0.50}}\ 和\ T_B=\frac{4.1\times10^4}{V^{2.07}S^{0.60}t^{0.52}}。$$

比较上面两式可知，由 A 和 B 这两种不同材料构造的车刀，对试验中所用钢种的切削耐用度，前者比后者提高 20%～40%左右。

第二节　二次回归正交设计

在应用一次回归正交设计法描述某个过程时，如果经统计检验发现一次回归方程不合适，就需要用二次或高次回归方程描述。目前，在工程上用二次回归方程近似描述某个过程变量间的关系较多。

当有 p 个变量时，二次回归方程的一般形式为：

$$\hat{y}=b_0+\sum_{j=1}^{p}b_jx_j+\sum_{i<j}^{p}b_{ij}x_ix_j+\sum_{j=1}^{p}b_{jj}x_j^2 \tag{4-11}$$

式(4-11)共有 q 个回归系数，其中

$$q=1+p+C_p^2+p=1+2p+\frac{p(p-1)}{2}=C_{p+2}^2。$$

C_{p+2}^2 为排列组合的计算式,有:$C_N^k = \dfrac{N!}{K! \cdot (N-K)!}$

这就是说,要获得 p 个变量的二次回归方程,试验次数应不得小于 q。另一方面为了算出二次回归方程的系数,每个变量所取的水平应不小于 3,这就需要做更多的试验。目前,许多二次回归正交设计不通过全面试验来获得二次回归方程,这样可以减少试验次数。

下面通过两个不同的实例来说明,应用二次回归正交设计来获得二次回归方程的情况。

【例 4-2】 在苎麻脱胶中,往往在煮炼时加入一些助剂,以提高胶质去除率。下面是应用二次回归正交设计,获得助剂 Na_2SO_3 和 Na_3PO_4 的含量对脱胶后苎麻精干麻的细度(公支)的影响关系。

1. *编码及因素水平表*

现确定 Na_2SO_3 含量(%)在 1.2 到 1.6 之间变化,Na_3PO_4 的含量(%)在 2 到 6 之间变化。因此,其编码公式可写为:

$$\begin{aligned} x_1 &= \frac{2(S-1.4)}{1.6-1.2} \\ x_2 &= \frac{2(P-4)}{6-2} \end{aligned} \tag{4-12}$$

由式(4-12)可知,当 $S=1.6,\ 1.4,\ 1.2$ 时,$x_1=1,\ 0,\ -1$;

同理,当 $P=6,\ 4,\ 2$ 时,$x_2=+1,\ 0,\ -1$。见表 4-4。

表 4-4 因素水平编码表

因 素	Na_2SO_3 含量 S/%	Na_3PO_4 含量 P/%
编码记号	x_1	x_2
基准水平(0)	1.4	4
变化间距	0.2	2
上水平(+1)	1.6	6
下水平(−1)	1.2	2

2. *制定试验方案和计算回归系数*

根据专业知识,认为 Na_2SO_3 含量 S 与 Na_3PO_4 含量 P 之间可能存在交互作用,故将 x_1 和 x_2 分别放在 $L_9(3^4)$ 中的第1和第2列上(并把表中的1、2和3,改写为−1、0和+1)。为估计常数项,在第 1 列前面添加 x_0 列,取值皆为 +1,试验设计方案和计算结果见表 4-5。

表 4-5 试验方案及数据处理

试验号	设计矩阵		自变量系数矩阵						试验数据 y	平方值
	x_1	x_2	x_0	x_1	x_2	$x_3=3\left(x_1^2-\dfrac{2}{3}\right)$	$x_4=3\left(x_2^2-\dfrac{2}{3}\right)$	$x_5=x_1x_2$	精干麻细度(公支)	y^2
1	−1	−1	1	−1	−1	1	1	1	$y_1=1\ 425$	2 030 625
2	0	−1	1	0	−1	−2	1	0	$y_2=1\ 415$	2 002 225
3	1	−1	1	1	−1	1	1	−1	$y_3=1\ 405$	1 974 025
4	−1	0	1	−1	0	1	−2	0	$y_4=1\ 365$	1 863 225
5	0	0	1	0	0	−2	−2	0	$y_5=1\ 428$	2 039 184
6	1	0	1	1	0	1	−2	0	$y_6=1\ 435$	2 059 225

(续表)

试验号	设计矩阵 x_1	x_2	自变量系数矩阵 x_0	x_1	x_2	$x_3=3\left(x_1^2-\dfrac{2}{3}\right)$	$x_4=3\left(x_2^2-\dfrac{2}{3}\right)$	$x_5=x_1x_2$	试验数据 y 精干麻细度(公支)	平方值 y^2
7	−1	1	1	−1	1	1	1	−1	$y_7=1\ 538$	2 365 444
8	0	1	1	0	1	−2	1	0	$y_8=1\ 497$	2 241 009
9	1	1	1	1	1	1	1	1	$y_9=1\ 527$	2 331 729
	B_j		13 035	39	317	15	351	9		
	d_j		9	6	6	18	18	4	$\sum_{i=1}^{9}y_i^2=18\ 907\ 691$	
	b_j		1 448.3	6.5	52.8	0.8	19.5	2.3		
	B_j^2		169 911 225	1 521	100 489	225	123 201	81	$(j=0,1,2,3,4,5)$	
	Q_j		18 879 025	253.5	16 748.1	12.5	6 844.5	20.3		

在表 4-5 中为了消除 x_0 与 x_j^2(下标 $i=1,2,\cdots,9$ 已经省略)的相关性,可以使相关矩阵用"中心化方法"化为对角阵,即用 x_3 及 x_4 来代替 x_j^2,在本例中,为计算方便,将

$$x_3=x_1^2-\frac{1}{9}[(-1)^2+0^2+\cdots+1^2]=x_1^2-\frac{6}{9}=x_1^2-\frac{2}{3},$$

$$x_4=x_2^2-\frac{2}{3},$$

再分别扩大 3 倍,即 $x_3=3\left(x_1^2-\dfrac{2}{3}\right)$,$x_4=3\left(x_2^2-\dfrac{2}{3}\right)$。

下面用回归分析的矩阵表达式,说明表 4-5 中的回归系数计算方法的基本原理:

$$X'=\begin{pmatrix}1&1&1&1&1&1&1&1&1\\-1&0&1&-1&0&1&-1&0&1\\-1&-1&-1&0&0&0&1&1&1\\1&-2&1&1&-2&1&1&-2&1\\1&1&1&-2&-2&-2&1&1&1\\1&0&-1&0&0&0&-1&0&1\end{pmatrix},$$

$$Y=\begin{pmatrix}y_1\\y_2\\y_3\\y_4\\y_5\\y_6\\y_7\\y_8\\y_8\end{pmatrix}=\begin{pmatrix}\sum_{i=1}^{9}x_{0i}y_i\\\sum_{i=1}^{9}x_{1i}y_i\\\sum_{i=1}^{9}x_{2i}y_i\\\sum_{i=1}^{9}x_{3i}y_i\\\sum_{i=1}^{9}x_{4i}y_i\\\sum_{i=1}^{9}x_{5i}y_i\end{pmatrix},$$

$$又:\boldsymbol{X}'\boldsymbol{X}=\begin{pmatrix}1&1&1&1&1&1&1&1&1\\-1&0&1&-1&0&1&-1&0&1\\-1&-1&-1&0&0&0&1&1&1\\1&-2&1&1&-2&1&1&-2&1\\1&1&1&-2&-2&-2&1&1&1\\1&0&-1&0&0&0&-1&0&1\end{pmatrix}\begin{pmatrix}1&-1&-1&1&1&1\\1&0&-1&-2&1&0\\1&1&-1&1&1&-1\\1&-1&0&1&-2&0\\1&0&0&-2&-2&0\\1&1&0&1&-2&0\\1&-1&1&1&1&-1\\1&0&1&-2&1&0\\1&1&1&1&1&1\end{pmatrix}$$

$$=\begin{pmatrix}9&0&0&0&0&0\\0&6&0&0&0&0\\0&0&6&0&0&0\\0&0&0&18&0&0\\0&0&0&0&18&0\\0&0&0&0&0&4\end{pmatrix},$$

$$故\quad(\boldsymbol{X}'\boldsymbol{X})^{-1}=\begin{pmatrix}\frac{1}{9}&0&0&0&0&0\\0&\frac{1}{6}&0&0&0&0\\0&0&\frac{1}{6}&0&0&0\\0&0&0&\frac{1}{18}&0&0\\0&0&0&0&\frac{1}{18}&0\\0&0&0&0&0&\frac{1}{4}\end{pmatrix},$$

$$\therefore b=\begin{pmatrix}b_0\\b_1\\b_2\\b_3\\b_4\\b_5\end{pmatrix}=\begin{pmatrix}\frac{1}{9}\sum_{i=1}^{9}x_{0i}y_i\\\frac{1}{6}\sum_{i=1}^{9}x_{1i}y_i\\\frac{1}{6}\sum_{i=1}^{9}x_{2i}y_i\\\frac{1}{18}\sum_{i=1}^{9}x_{3i}y_i\\\frac{1}{18}\sum_{i=1}^{9}x_{4i}y_i\\\frac{1}{4}\sum_{i=1}^{9}x_{5i}y_i\end{pmatrix}。$$

其中 $y_i(i=1, 2, \cdots, 9)$ 是试验结果，为了使计算表格化，在表 4-5 中，令

$$B_j=\sum_{i=1}^{9} x_{ji} y_i,$$

$$d_j=\sum_{i=1}^{9} x_{ji}^2 \quad (j=0, 1, 2, 3, 4, 5)$$

由此，得回归系数的计算公式如下：

$$b_j=\frac{B_j}{d_j}。\quad (j=0, 1, 2, 3, 4, 5)$$

此外，为了对回归公式进行统计分析，设偏回归平方和为

$$Q_j=\frac{B_j^2}{d_j}, \quad (j=1, 2, 3, 4, 5)$$

具体的计算结果详见表 4-5。同例 4-1，表中 B_j 这一行的每个数是相应的列与 y_A 这一列的乘积之和，如：

$$B_0=1\times 1\,425+1\times 1\,415+\cdots+1\times 1\,527=13\,035,$$

$$B_1=(-1)\times 1\,425+0\times 1\,415+\cdots+1\times 1\,527=39,$$

$$\cdots \quad \cdots \quad \cdots \quad \cdots \quad \cdots \quad \cdots \quad \cdots \quad \cdots \quad \cdots \quad \cdots$$

$$B_5=1\times 1\,425+0\times 1\,415+\cdots+1\times 1\,527=9。$$

d_j 是一对角阵，具体到表 4-2 上 d_j 这一行的每个数是相应的所在列上各个数平方的和，如：

$$d_0=1^2+1^2+\cdots+1^2=9,$$

$$d_1=(-1)^2+0^2+\cdots+1^2=6,$$

$$\cdots \quad \cdots \quad \cdots \quad \cdots \quad \cdots \quad \cdots \quad \cdots \quad \cdots \quad \cdots \quad \cdots$$

$$d_5=1^2+0^2+\cdots+1^2=4。$$

通过 B_j 与 d_j，可以很方便地计算 b_j，详见表 4-5。由此可得回归方程如下：

$$\hat{y}=1\,448.3+6.5x_1+52.8x_2+0.8\left[3\left(x_1^2-\frac{2}{3}\right)\right]+19.5\left[3\left(x_2^2-\frac{2}{3}\right)\right]+2.3x_1x_2 \quad (4\text{-}13)$$

3. ***回归方程的方差分析***

对回归方程(4-13)式进行方差分析，见表 4-6。

表 4-6　式(4-13)的方差分析表

方差来源	平方和	自由度	均方和	F	显著性
回归	23 878.9	$f_{回}=5$	4 775.8	$F\approx 2.99$	
剩余	4 787.1	$f_{总}-f_{回}=3$	1 595.7		$F>F_{\alpha=0.25(5, 3)}=2.41$
总计	28 666.0	$f_{总}=N-1=8$			

表 4-6 中总的偏差平方和为：

$$S_{总}=\sum_{i=1}^{9}y_i^2-\frac{B_0^2}{N}=18\ 907\ 691-18\ 879\ 025=286\ 66.0，自由度\ f_{总}=N-1=8。$$

回归平方和等于各偏回归平方和之和，即

$$S_{回}=Q_1+Q_2+\cdots+Q_5=23\ 878.9，自由度\ f_{回}=C_{p+2}^2-1=5。$$

所以，剩余平方和为：$S_{剩}=S_{总}-S_{回}=4\ 787.1$，自由度为$f_{剩}=f_{总}-f_{回}=N-1-f_{回}=3$。

统计量 F 为：

$$F=\frac{S_{回}/f_{回}}{S_{剩}/f_{剩}}=\frac{4\ 775.8}{1\ 595.7}\approx 2.99,$$

查 F 分布表，$F_{\alpha=0.25(5,\ 3)}=2.41$，则 $F=2.99>F_{\alpha=0.25(5,\ 3)}=2.41$，说明回归方程在 $\alpha=0.25$ 水平上显著。

对式(4-13)经过简单的运算后，整理成如下形式：

$$\hat{y}=1\ 407.7+6.5x_1+52.8x_2+2.4x_1^2+58.5x_2^2+2.3x_1x_2。$$

对上式求极值：

$$令\quad \frac{\partial\hat{y}}{\partial x_1}=0\quad 和\quad \frac{\partial\hat{y}}{\partial x_2}=0。$$

得：

$$\begin{cases}4.8x_1+2.3x_2=-6.5\\2.3x_1+11.7x_2=-52.8\end{cases}$$

解上述二元一次代数方程，得解：

$$x_1=-1.15，和\ x_2=-0.43。$$

注意到式(4-12)的变换，把所求得的 x_1 和 x_2 分别代入，得本次试验的最佳工艺配方：

$$Na_2SO_3\ 含量：S=1.6+0.2(x_1-1)=1.6-0.43=1.17\%，$$
$$Na_3PO_4\ 含量：P=6+2(x_2-1)=6-2.86=3.14\%。$$

值得指出的是，实验结果只在实验范围中有效，但上述方法求出的 x_1 已超出了其实验取值范围$(-1,\ +1)$，这主要是在用解析法求极值的解时，未加入对 x_1 的约束，从而将影响结果的精度。这类问题的解决，将在后面的约束优化章节中加以叙述。

【例 4-3】 考察滚(蜗杆)铣刀的几何参数对耐角度的影响。当切削材料(钢种)、切削速度 (V) 和走刀量(S)等因素固定在某个水平的条件下，仅仅变化滚铣刀的前角β和后角α 的两个参数，考察滚铣刀在相同的耐用度(60 min)的情况下，磨损情况 y(mm^2)的变化规律。

考虑到本例两个因素比较简单，故用来说明二次回归正交设计中，组合设计的数学原理，然后推广到多因素情况的组合设计；以及在重复试验条件下，回归方程的统计分析。

1. 组合设计的构造方法及其分析

这种设计方法是在二水平正交表的基础上构造出来的，适合用来解决多个变量因素的回归问题。其试验次数较少，而且设计是正交的，回归方程精度的统计分析也较简单。

首先对 α 和 β 两个因素编码，α 和 β 两个因子的取值范围分别为 9 到 21 和 0 到 10，则其编码公式如下：

$$x_1=\frac{2(\alpha-21)}{21-9}+1$$

$$x_2=\frac{2(\beta-10)}{10-0}+1$$

对已经编码的因素 $(x_1,\ x_2)$ 与指标(磨损情况 y) 在所考察范围内可以近似地用二次多项式表示它们之间的相互关系：

$$\hat{y}=b_0+b_1x_1+b_2x_2+b_3x_1x_2+b_4x_1^2+b_5x_2^2。$$

对于这个问题，组合设计是用 $L_4(2^3)$ 再加一些试验点得到的，它包括三个部分：

① 对各因素的上、下两个水平，用 $L_4(2^3)$ 的两个基本列构成四个试验点：即将 $L_4(2^3)$ 中的“1”改为“-1”，“2”改为“1”。或把“1”改为“1”，“2”改为“-1”也行。然后再把 x_1 放在第一列，x_2 放在第二列。

② 在每个因素的坐标轴上，各取两个以原点为中心的对称点，它们到原点的距离为 γ，称之为轴上点(或星号点)，其中 γ 的数值待定，以保证设计是正交的。

③ 中心点(0，0)或称基准点，在中心点重复试验次数用 m_0 表示，这样总共有 $N=4+4+m_0=8+m_0$ 次试验；可以用表格表示这个试验方案和设计矩阵如下。

表 4-7　试验方案和设计矩阵

试验号	x_1	x_2	x_1x_2	x_1^2	x_2^2
1	-1	-1	1	1	1
2	-1	1	-1	1	1
3	1	-1	-1	1	1
4	1	1	1	1	1
5	$-\gamma$	0	0	γ^2	0
6	γ	0	0	γ^2	1
7	0	$-\gamma$	0	1	γ^2
8	0	γ	0	0	γ^2
9	0	0	0	0	
10	0	0	0	0	0
⋮	⋮	⋮	⋮	⋮	⋮
N $(8+m_0)$	0	0	0	0	0

由表 4-7 可得：

$$\sum_{i=1}^{N}x_{i1}=\sum_{i=1}^{N}x_{i2}=\sum_{i=1}^{N}x_{i1}x_{i2}=0,$$

$$\sum_{i=1}^{N}x_{i1}^2=\sum_{i=1}^{N}x_{i2}^2=4+2\gamma^2。$$

由于 $\sum_{i=1}^{N}x_{i1}^2=\sum_{i=1}^{N}x_{i4}\neq0$，$\sum_{i=1}^{N}x_{i2}^2=\sum_{i=1}^{N}x_{i5}\neq0$。所以，我们不可能直接得到二次回归正交设计。但经过一个简单的变换，就可以得到正交设计。

记：

$$X=(x_{ij}-\bar{x}_j)=\begin{pmatrix} x_{11}-\bar{x}_1 & x_{12}-\bar{x}_2 & \cdots & x_{15}-\bar{x}_5 \\ x_{21}-\bar{x}_1 & x_{22}-\bar{x}_2 & \cdots & x_{25}-\bar{x}_5 \\ \vdots & \vdots & \vdots & \vdots \\ x_{N1}-\bar{x}_1 & x_{N2}-\bar{x}_2 & \cdots & x_{N5}-\bar{x}_5 \end{pmatrix}。$$

其中，$\bar{x}_j=\frac{1}{N}\sum_{i=1}^{N}x_{ij}$，$(1\leqslant j\leqslant 5)$，

这实际是对每个 x 作减去其样本平均值的变换，对表 4-7 作如下计算：

$$X=\begin{pmatrix} -1 & -1 & 1 & 1-\frac{4+2\gamma^2}{N} & 1-\frac{4+2\gamma^2}{N} \\ -1 & 1 & -1 & 1-\frac{4+2\gamma^2}{N} & 1-\frac{4+2\gamma^2}{N} \\ 1 & -1 & -1 & 1-\frac{4+2\gamma^2}{N} & 1-\frac{4+2\gamma^2}{N} \\ 1 & 1 & 1 & 1-\frac{4+2\gamma^2}{N} & 1-\frac{4+2\gamma^2}{N} \\ -\gamma & 0 & 0 & \gamma^2-\frac{4+2\gamma^2}{N} & -\frac{4+2\gamma^2}{N} \\ \gamma & 0 & 0 & \gamma^2-\frac{4+2\gamma^2}{N} & -\frac{4+2\gamma^2}{N} \\ 0 & -\gamma & 0 & -\frac{4+2\gamma^2}{N} & \gamma^2-\frac{4+2\gamma^2}{N} \\ 0 & \gamma & 0 & -\frac{4+2\gamma^2}{N} & \gamma^2-\frac{4+2\gamma^2}{N} \\ \vdots & \vdots & \vdots & \vdots & \vdots \\ 0 & 0 & 0 & -\frac{4+2\gamma^2}{N} & -\frac{4+2\gamma^2}{N} \end{pmatrix} \tag{4-14}$$

根据(4-14)容易计算：

$$\boldsymbol{X}'\boldsymbol{X}=\begin{pmatrix} 4+2\gamma^2 & 0 & 0 & 0 & 0 \\ 0 & 4+2\gamma^2 & 0 & 0 & 0 \\ 0 & 0 & 4 & 0 & 0 \\ 0 & 0 & 0 & 4-\frac{(4+2\gamma^2)^2}{N}+2\gamma^4 & 4-\frac{(4+2\gamma^2)^2}{N} \\ 0 & 0 & 0 & 4-\frac{(4+2\gamma^2)^2}{N} & 4-\frac{(4+2\gamma^2)^2}{N}+2\gamma^4 \end{pmatrix}。$$

因此，要使设计是正交的，必须且只须取 γ 使

$$4-\frac{(4+2\gamma^2)^2}{N}=0 \tag{4-15}$$

例如，$N=9$，即中心点只做 $m_0=1$ 次试验，则：$\gamma^2=1$，

如在中心点作 2 次试验，即 $N=10$，则：$\gamma^2=\sqrt{10}-2=1.162$。

当满足式(4-15)的 γ 选定以后，$\boldsymbol{X}'\boldsymbol{X}$ 就成对角形的矩阵了：

$$\boldsymbol{X}'\boldsymbol{X}=\begin{pmatrix}4+2\gamma^2 & 0 & 0 & 0 & 0\\ 0 & 4+2\gamma^2 & 0 & 0 & 0\\ 0 & 0 & 4 & 0 & 0\\ 0 & 0 & 0 & 2\gamma^4 & 0\\ 0 & 0 & 0 & 0 & 2\gamma^4\end{pmatrix}。$$

对一般多因素情况下的组合设计与两个因素的组合设计类似，现仅将其设计的方法简述如下：

设有 p 个因素 $x_1, x_2, \cdots, x_p$（已编码），且指标 $\hat{y}$ 在一定范围内可以近似地用它们的二次函数来描述：

$$\hat{y}=b_0+\sum_{i=1}^{p}b_ix_i+\sum_{i<j}b_{ij}x_ix_j+\sum_{i=1}^{p}b_{ii}x_i^2,$$

组合设计的试验方案包括三个部分：

① 对所有各因素的上下两个水平，选用一个正交表 $L_n(2^{n-1})$，设计出能估计任何两个因素的交互作用的试验方案。其中要将 $L_n(2^{n-1})$ 中的"1"改为"−1"，"2"改为"1"。显然，这样的正交表不是唯一的。

② $2p$ 个轴上点，即每个因素的坐标轴上各两个以原点为中心的对称，它们到原点的距离（称星号臂）记为 γ。

③ 中心点(0, 0…, 0)。记在中心点的重复试验的次数为 m_0。

其中 γ 应满足方程：

$$(n+2\gamma^2)^2-Nn=0,$$

即：

$$\gamma^2=\frac{\sqrt{Nn}-n}{2}。$$

这三部分共有 $N=n+2p+m_0$ 次试验。若 $n=2^p$ 时，上式改为：

$$\gamma^4+2^p\gamma^2-2^{p-1}(p+0.5m_0)=0,$$

若 $n=2^{p-1}$（1/2 实施）时，有

$$\gamma^4+2^{p-1}\gamma^2-2^{p-2}(p+0.5m_0)=0。$$

当 $p=3$, $n=8$, $m_0=1$ 时，$\gamma^2=1.477$, $\gamma=1.215$。为了便于应用，下面对于 2～10 个因素的情况，给出第一部分的试验次数 n 最少的 $L_n(2^{n-1})$ 的一种表头设计及相应的 γ^2 值：

表 4-8　二次组合设计的表头设计表

因素数 (p)	正交表 $L_n(2^{n-1})$	因素所放的列号	γ^2 值					
			m_0	1	2	3	4	5
2	$L_4(2^3)$	1, 2		1.000	1.162	1.317	1.404	1.606
3	$L_8(2^7)$	1, 2, 4		1.477	1.657	1.813	2.000	2.164
4	$L_{16}(2^{15})$	1, 2, 4, 8		2.000	2.198	2.392	2.583	2.770
5	$L_{16}(2^{15})$	1, 2, 4, 8, 15		2.392	2.583	2.770	2.954	3.136
6	$L_{32}(2^{31})$	1, 2, 4, 8, 16, 31		2.868	2.974	3.079	3.183	3.287
7	$L_{64}(2^{63})$	1, 2, 4, 8, 16, 32, 63		3.553	3.777	4.000	4.222	4.442
8	$L_{64}(2^{63})$	1, 2, 4, 8, 15, 16, 32, 60		4.000	4.222	4.442	4.661	4.878
9	$L_{128}(2^{127})$	1, 2, 4, 8, 16, 31, 32, 64, 124		4.586	4.819	5.051	5.282	5.513
10	$L_{128}(2^{127})$	1, 2, 4, 8, 15, 16, 32, 60, 64, 127		5.051	5.282	5.513	5.742	5.971

2. 制定试验方案及计算回归系数

根据下面的因素水平编码表 4-9 制定试验方案(组合设计 $n=4$, $m_0=1$, $p=2$, $\gamma=1$),并将试验结果列入表 4-10。

表 4-9　因素水平编码表

因　素	滚刀后角 α (℃)	滚刀前角 β (℃)
编码记号	x_1	x_2
基准水平(0)	15	5
变化间距	6	5
上水平(+1)	21	10
下水平(−1)	9	0

表 4-10　试验方案及数据处理

试验号	自变量系数矩阵						试验数据:磨损(mm^2)				数据处理				
	x_0	x_1	x_2	$3\left(x_1^2-\frac{2}{3}\right)$	$3\left(x_2^2-\frac{2}{3}\right)$	x_1x_2	y_1	y_2	y_3	$\bar{y}_i$	合计(y_i)	合计平方(y_i^2)	试验数据的平方		
1	1	1	1	1	1	1	0.40	0.52	0.75	0.557	1.67	2.788 9	0.160	0.270	0.563
2	1	1	−1	1	1	−1	1.40	0.91	0.70	1.003	3.01	9.060 1	1.960	0.828	0.490
3	1	−1	1	1	1	−1	1.40	1.20	0.80	1.133	3.40	11.560 0	1.960	1.440	0.640
4	1	−1	−1	1	1	1	0.65	0.85	0.77	0.757	2.27	5.152 9	0.423	0.723	0.593
5	1	0	0	−2	−2	0	2.68	2.20	2.00	2.293	6.88	47.334 4	7.182	4.840	4.000
6	1	1	0	1	−2	0	0.90	0.75	0.75	0.800	2.40	5.760	0.810	0.563	0.563
7	1	−1	0	1	−2	0	0.28	0.25	0.30	0.277	0.83	0.688 9	0.078	0.063	0.090
8	1	0	1	−2	1	0	0.35	0.99	0.67	0.670	2.01	4.040 1	0.123	0.980	0.449
9	1	0	−1	−2	1	0	1.25	1.63	1.44	1.440	4.32	18.662 4	1.563	2.657	2.074
B_j	8.930	0.193	−0.840	−4.279	−1.180	−0.822					$\sum_{i=1}^{9}\sum_{k=1}^{3}y_{ik}=26.79$				
d_j	9	6	6	18	18	4									
b_j	0.992	0.032	−0.140	−0.238	−0.066	−0.206					$\sum_{i=1}^{9}y_i^2=105.048$				
B_j^2	79.75	0.037	0.706	18.310	1.392	0.676									
Q_i	8.861	0.006	0.118	1.016	0.077	0.169					$\sum_{i=1}^{9}\sum_{k=1}^{3}y_{ik}^2=36.085$				

根据表 4-10 上的计算可知回归方程为:

$$y=0.992+0.032x_1-0.14x_2-0.238\times\left[3\left(x_1^2-\frac{2}{3}\right)\right]-0.066\times\left[3\left(x_2^2-\frac{2}{3}\right)\right]-0.206x_1x_2。$$

上式经过整理,可改写为:

$$y=1.60+0.032x_1-0.140x_2-0.714x_1^2-0.198x_2^2-0.206x_1x_2。\tag{4-16}$$

3. ***回归方程的方差分析***

在重复试验的条件下,回归方程的统计分析仍与前面的方法相同,只要用 $S_{误}$ 来代替 $S_{剩}$ 即可。因为,在这种情况下,总的方差平方和

$$S_{总}=\sum_{i=1}^{9}\sum_{k=1}^{3}(y_{ik}-\bar{y})^2=\sum_{i=1}^{9}\sum_{k=1}^{3}y_{ik}^2-\frac{1}{9\times 3}\left(\sum_{i=1}^{9}\sum_{k=1}^{3}y_{ik}\right)^2$$

可分解为三项:

$$S_{总}=S_{回}+S_{Lf}+S_{误},\quad f_{总}=N\times m-1=26。$$

其中回归平方和

$$S_{回}=Q_1+Q_2+Q_3+Q_4+Q_5,\ f_{回}=C_{p+2}^2-1=5。$$

是由于诸变量 x_j 引起的,剩余平方和

$$S_{剩}=m\sum_{i=1}^{9}(\bar{y}_i-\hat{y}_i)^2,\quad f_{剩}=f_{总}-f_{回}=N-1-(C_{p+2}^2-1)=N-C_{p+2}^2=21。$$

是由于随机误差和模型的选择所引起的;误差平方和

$$S_{误}=\sum_{i=1}^{9}\sum_{k=1}^{3}(y_{ik}-\bar{y}_i)^2=\sum_{i=1}^{9}\sum_{k=1}^{3}y_{ik}^2-\frac{1}{3}\sum_{i=1}^{9}y_i^2,\quad f_{误}=N\times(m-1)=18。$$

完全是由于随机误差引起的。在相同条件下进行重复试验时,平均误差平方和

$$\hat{\sigma}_2^2=S_{误}/f_{误}。$$

给出了随机误差 ε 的方差的无偏估计。

$$S_{Lf}=S_{剩}-S_{误},f_{Lf}=f_{剩}-f_{误}=3$$

根据上面给出的公式,对回归方程式(4-16)进行方差分析如表 4-11。其中:

$$F_1=\frac{S_{Lf}/f_{Lf}}{S_{误}/f_{误}}=\frac{4.276\ 9/3}{1.066/18}=24.073,\ F_2=\frac{S_{回}/f_{回}}{S_{剩}/f_{剩}}=\frac{4.157/5}{5.343/21}=3.268。$$

表 4-11　式(4-16)的方差分析表

方差来源	平方和	自由度	均方和	F 比	显著性
回归	4.157	5	0.831	$F_2=3.268$	
剩余	5.343	21	0.254	$F_1=24.073$	$F_1>F_{\alpha=0.01(3,18)}=5.09$
误差	1.066	18	0.059		$F_2<F_{\alpha=0.01(5,21)}=4.04$
失拟	4.276 9	3			
总计	9.500	26			

通过表 4-11 的计算表明,回归方程(4-16)在 $\alpha=0.01$ 水平上不显著,即还有一些其他的

因素没有考虑,需要分析原因进一步,修改回归模型或者修改试验方案。

第三节　二次回归的正交组合设计

二次回归的正交设计要比一次回归的正交设计复杂一些。p 个变量的二次回归方程:

$$\hat{y}=b_0+\sum_{j=1}^{p}b_jx_j+\sum_{i<j}^{p}b_{ij}x_ix_j+\sum b_{jj}x_j^2 \tag{4-17}$$

共有回归系数 $q=1+C_p^1+C_p^2+C_p^1=C_{p+2}^2$ 个,为了得到二次回归方程,试验次数 N 当然仍不小于 q。

但事实上,为了计算二次回归方程的系数,每个变量所取的水平应大于等于 3,因而所要做的试验次数往往是比较多的。例如在三水平全因子试验中,p 个变量就要做 3^p 次试验。当 $p=4$ 时,三水平全因子试验次数是 81 次,它比 4 个变量的二次回归的回归系数 $C_{4+2}^2=15$ 要多 4 倍以上,以致使剩余自由度过大。当变量超过 4 个时,三水平全因子试验次数就会大量增加。因此以三水平的全因子试验作为二次回归设计的基础是不适宜的。

人们在研究了这个矛盾以后提出了一种“组合设计”的思想。所谓“组合设计”,就是在因子空间中选择几类具有不同特点的点,把它们适当组合起来而形成试验计划。下面以 $p=2$ 和 $p=3$ 的情况为例,来说明组合设计中试验点在因子空间中的分布。

在二个变量 x_1、x_2 场合下,组合设计由 $N=9$ 个点组成(如图 4-1),具体如下:

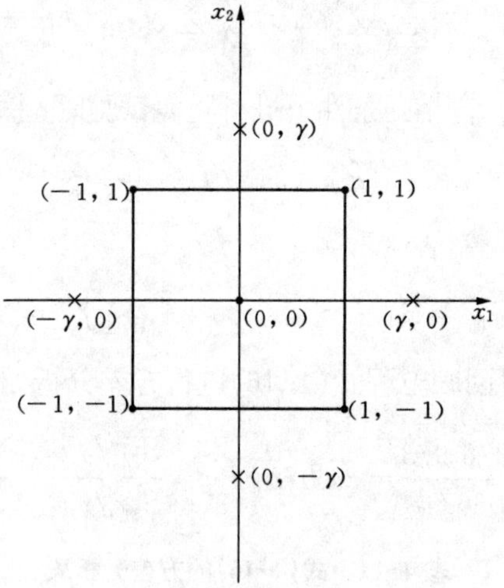

图 4-1　二因子的组合设计

$$\begin{array}{ccc} & x_1 & x_2 \\ 1 & (\ \ 1, & 1) \\ 2 & (\ \ 1, & -1) \\ 3 & (-1, & 1) \\ 4 & (-1, & -1) \end{array}\Bigg\}\text{这四个试验点组成二水平}(+1\text{ 和}-1)\text{的全因子试验 }2^2\text{。}$$

5 (γ, 0)
6 ($-\gamma$, 0)
7 (0, γ)
8 (0, $-\gamma$)

这四个试验点分布在 x_1 和 x_2 轴上的星号位置。

9 (0, 0) 由 x_1 和 x_2 的零水平组成的中心试验点。

在三个变量 x_1、x_2、x_3 场合下，组合设计由 $N=15$ 个点组成(如图 4-2)。具体设计如下：

	x_1,	x_2,	x_3	
1	(1,	1,	1)	这八个试验点组成二水平(+1 和−1)的全因子试验 2^3。
2	(1,	1,	−1)	
3	(1,	−1,	1)	
4	(1,	−1,	−1)	
5	(−1,	1,	1)	
6	(−1,	1,	−1)	
7	(−1,	−1,	1)	
8	(−1,	−1,	−1)	
9	(γ,	0,	0)	这六个试验点分布在 x_1，x_2，x_3 轴上的星号位置。
10	($-\gamma$,	0,	0)	
11	(0,	γ,	0)	
12	(0,	$-\gamma$,	0)	
13	(0,	0,	$-\gamma$)	
14	(0,	0,	$-\gamma$)	
15	(0,	0,	0)	由 x_1，x_2，x_3 的零水平组成的中心试验点。

从上述可以看出，一般 p 个变量的组合设计由下列 N 个点组成：

$$N=m_c+2p+m_0。$$

其中，m_c、$2p$、m_0 的具体意义如下：

m_c—— 二水平(+1 和 −1) 的全因子试验的试验点个数 2^p，或它部分实施时的试验点个数 2^{p-1}、2^{p-2} 等。

$2p$—— 分布在 p 个坐标轴上的星号点，它们与中心点的距离 γ 称为星号臂，γ 是待定参数。根据一定的要求(如正交性，旋转性) 调节 γ，就可以得到各种具有很好性质的设计(如正交设计，旋转设计)。

m_o—— 在各变量都取零水平的中心点的重复试验次数。它可以只做一次，也可以重复多次。

用组合设计安排的试验计划有一系列优点。首先它的试验点比三水平的全因子试验要少得多，但却仍保持足够的剩余自由度，这可从表 4-12 上看出。

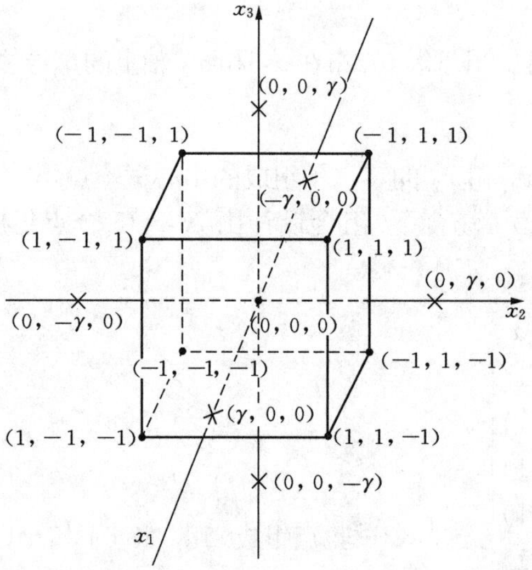

图 4-2　三因子的组合设计

表 4-12　试验因子与剩余自由度的关系

p	参数个数 q	3^p	剩余自由度	组合试验中 N	剩余自由度
2	6	9	3	9	3
3	10	27	17	15	5
4	15	81	66	25	10
5	21	243	222	43	22
5*	21	81	60	27	6

注：* 为 1/2 实施。

其次，它在一次回归的基础上获得，这对试验者是方便的。因为如果一次回归不显著，那么只要在一次回归试验的基础上，再在星号点和中心点补充做一些试验，就可求得二次回归方程。

要使组合设计成为正交设计，还要确定适当的星号臂 γ。下面，以 $p=3$ 的情况为例，来研究这个问题。

在三个变量 x_1、x_2、x_3 的场合，二次回归组合设计的结构矩阵如表 4-13。

表 4-13　试验的设计矩阵及结构矩阵

试验号	x_0	x_1	x_2	x_3	x_1x_2	x_1x_3	x_2x_3	x_1^2	x_2^2	x_3^2
1	1	1	1	1	1	1	1	1	1	1
2	1	1	1	−1	1	−1	−1	1	1	1
3	1	1	−1	1	−1	1	−1	1	1	1
4	1	1	−1	−1	−1	−1	1	1	1	1
5	1	−1	1	1	−1	−1	1	1	1	1
6	1	−1	1	−1	−1	1	−1	1	1	1
7	1	−1	−1	1	1	−1	−1	1	1	1
8	1	−1	−1	−1	1	1	1	1	1	1

（续表）

试验号	x_0	x_1	x_2	x_3	x_1x_2	x_1x_3	x_2x_3	x_1^2	x_2^2	x_3^2
9	1	γ	0	0	0	0	0	γ^2	0	0
10	1	$-\gamma$	0	0	0	0	0	γ^2	0	0
11	1	0	γ	0	0	0	0	0	γ^2	0
12	1	0	$-\gamma$	0	0	0	0	0	γ^2	0
13	1	0	0	γ	0	0	0	0	0	γ^2
14	1	0	0	$-\gamma$	0	0	0	0	0	γ^2
15	1	0	0	0	0	0	0	0	0	0

从表 4-13 可以看出，对一次计划加入星号点后，并不破坏一次变量和交互效应的正交性。表 4-13 的正交性只是被 x_0 和 x_j^2 破坏了，因为

$$\begin{cases}\sum_{\alpha=1}^{N} x_{\alpha j}^2 = m_c + 2\gamma^2 \neq 0 \\ \sum_{\alpha=1}^{N} x_{\alpha 0} x_{\alpha j}^2 = m_c + 2\gamma^2 \neq 0 \\ \sum_{\alpha=1}^{N} x_{\alpha 0}^2 x_{\alpha j}^2 = m_c \end{cases} \tag{4-18}$$

为了使组合设计具有正交性，必须在使得相关矩阵 $\boldsymbol{C}=(\boldsymbol{X}'\boldsymbol{X})^{-1}$ 为对角阵的条件下定出 γ 的值。为直观起见，把结构矩阵 $\boldsymbol{X}$ 中的列重新加以排列，把平方列放在 x_0 和 x_i 之间，且令

$$\begin{cases} e = m_c + 2\gamma^2 \\ f = m_c + 2\gamma^4 \end{cases} \tag{4-19}$$

于是有

$$\boldsymbol{X}'\boldsymbol{X} = \begin{pmatrix} N & e & e & e & & & & & & \\ e & f & m_c & m_c & & & & & & \\ e & m_c & f & m_c & & & & & & \\ e & m_c & m_c & f & & & & & & \\ & & & & e & & & & & \\ & & & & & e & & & & \\ & & & & & & e & & & \\ & & & & & & & m_c & & \\ & & & & & & & & m_c & \\ & & & & & & & & & m_c \end{pmatrix},$$

且令其中空白处皆为 0(以下类同)，这是 $p=3$ 的情况，对任意 p 个变量可类似地求得

$$X'X=\begin{pmatrix} \begin{matrix} N & e & e & \cdots & c \\ e & f & m_c & \cdots & m_c \\ e & m_c & f & \cdots & m_c \\ \vdots & \vdots & \vdots & \cdots & \vdots \\ e & m_c & m_c & \cdots & f \end{matrix} & & & & & & & & \\ & e & & & & & & & \\ & & e & & & & & & \\ & & & \ddots & & & & & \\ & & & & e & & & & \\ & & & & & m_c & & & \\ & & & & & & m_c & & \\ & & & & & & & \ddots & \\ & & & & & & & & m_c \end{pmatrix},$$

它的逆矩阵 $C=(X'X)^{-1}$ 亦具有同样形式,其元素用大写字母表示。

$$(X'X)^{-1}=\begin{pmatrix} \begin{matrix} K & E & E & \cdots & E \\ E & F & G & \cdots & G \\ E & G & F & \cdots & G \\ \vdots & \vdots & \vdots & \cdots & \vdots \\ E & G & G & \cdots & F \end{matrix} & & & & & & & & \\ & e^{-1} & & & & & & & \\ & & e^{-1} & & & & & & \\ & & & \ddots & & & & & \\ & & & & e^{-1} & & & & \\ & & & & & m_c^{-1} & & & \\ & & & & & & m_c^{-1} & & \\ & & & & & & & \ddots & \\ & & & & & & & & m_c^{-1} \end{pmatrix} \tag{4-20}$$

其中

$$\begin{cases} H=2\gamma^4[Nf+(p-1)Nm_c-pe^2] \\ K=2\gamma^4H^{-1}[f+(p-1)m_c] \\ F=H^{-1}[Nf+(p-2)Nm_c-(p-1)e^2] \\ E=-2H^{-1}e\gamma^4 \\ G=H^{-1}(e^2-Nm_c) \end{cases} \tag{4-21}$$

从矩阵(4-20)可以看出,要使组合设计是正交的,首先令 $G=0$, 即

$$e^2-N\times m_c=0。$$

将 e 和 N 代入，有

$$(m_c+2\gamma^2)^2-(m_c+2p+m_0)m_c=0,$$

则：

$$\gamma^4+m_c\gamma^2-\frac{m_c}{2}\left(p+\frac{m_0}{2}\right)=0 \tag{4-22}$$

当 $m_c=2^p$ 时(全因子试验情况)，有

$$\gamma^4+2^p\gamma^2-2^{p-1}(p+0.5m_0)=0 \tag{4-23}$$

当 $m_c=2^{p-1}$ 时(部分实施法情况)，有

$$\gamma^4+2^{p-1}\gamma^2-2^{p-2}(p+0.5m_0)=0 \tag{4-24}$$

对于给定的 p 和m_0，就可以根据方程(4-23)或(4-24)计算 γ^2 的值，一些常用的γ^2 值已计算在表 4-14 上，例如在 $p=3$, $m_c=2^p$, $m_0=1$ 的情况下，从表上可查得 $\gamma^2=1.476$，从而得 $\gamma=1.215$。

表 4-14 (正交二次回归组合设计)γ^2 值表

m_0	p			
	2	3	4	5(1/2 实施)
1	1.00	1.476	2.000	2.39
2	1.160	1.650	2.198	2.58
3	1.317	1.831	2.390	2.77
4	1.475	2.000	2.580	2.95
5	1.606	2.164	2.770	3.14
6	1.742	2.325	2.950	3.31
7	1.873	2.481	3.140	3.49
8	2.000	2.633	3.310	3.66
9	2.123	2.782	3.490	3.83
10	2.24	2.928	3.66	4.00

此外，为了使 $(\boldsymbol{X}'\boldsymbol{X})^{-1}$ 为对角阵，还要使$E=0$，但在式(4-20)的结构矩阵下，$E=-2H^{-1}e\gamma^4\neq 0$，所以必须对结构矩阵作些变动。事实上，只要对平方项 x_j^2 进行中心化，即令

$$x'_{aj}=x_{aj}^2-\frac{1}{N}\sum_a x_{aj}^2. \tag{4-25}$$

代替结构矩阵中变量平方的列，就可以使系数矩阵中的第一列和第一行除第一个元素外，其余皆为零，从而使得相关矩阵中的 $E=0$。

综上所述，在 $p=3$, $m_c=2^3$, $m_0=1$ 的情况下：

$$\gamma=1.215,\ x'_{aj}=x_{aj}^2-\frac{1}{15}\times(10.952)=x_{aj}^2-0.730。$$

则二次回归正交设计的结构矩阵如表 4-15。

表 4-15　三因子的二次回归正交设计的结构矩阵 $\boldsymbol{X}(m_0=1)$

No.	x_0	x_1	x_2	x_3	x_1x_2	x_1x_3	x_2x_3	x'_1	x'_2	x'_3
1	1	1	1	1	1	1	1	0.27	0.27	0.27
2	1	1	1	−1	1	−1	−1	0.27	0.27	0.27
3	1	1	−1	1	−1	1	−1	0.27	0.27	0.27
4	1	1	−1	−1	−1	−1	1	0.27	0.27	0.27
5	1	−1	1	1	−1	−1	1	0.27	0.27	0.27
6	1	−1	1	−1	−1	1	−1	0.27	0.27	0.27
7	1	−1	−1	1	1	−1	−1	0.27	0.27	0.27
8	1	−1	−1	−1	1	1	1	0.27	0.27	0.27
9	1	1.215	0	0	0	0	0	0.746	−0.73	−0.73
10	1	−1.215	0	0	0	0	0	0.746	−0.73	−0.73
11	1	0	1.215	0	0	0	0	−0.73	0.746	−0.73
12	1	0	−1.215	0	0	0	0	−0.73	0.746	−0.73
13	1	0	0	1.215	0	0	0	−0.73	−0.73	0.746
14	1	0	0	−1.215	0	0	0	−0.73	−0.73	0.746
15	1	0	0	0	0	0	0	−0.73	−0.73	−0.73

类似地可以作出四因子的结构矩阵 $\boldsymbol{X}$，见表 4-16。

表 4-16　四因子的二次回归正交设计的结构矩阵 $\boldsymbol{X}(m_0=1)$

试验号	x_0	x_1	x_2	x_3	x_4	x_1x_2	x_1x_3	x_1x_4	x_2x_3	x_2x_4	x_3x_4	$x'_1=x_1^2-0.8$	$x'_2=x_2^2-0.8$	$x'_3=x_3^2-0.8$	$x'_4=x_4^2-0.8$
1	1	1	1	1	1	1	1	1	1	1	1	0.2	0.2	0.2	0.2
2	1	1	1	1	−1	1	1	−1	1	−1	−1	0.2	0.2	0.2	0.2
3	1	1	1	−1	1	1	−1	−1	1	−1	−1	0.2	0.2	0.2	0.2
4	1	1	1	−1	−1	1	−1	−1	−1	−1	1	0.2	0.2	0.2	0.2
5	1	1	−1	1	1	−1	1	1	−1	−1	1	0.2	0.2	0.2	0.2
6	1	1	−1	1	−1	−1	1	−1	−1	1	−1	0.2	0.2	0.2	0.2
7	1	1	−1	−1	1	−1	−1	1	1	−1	−1	0.2	0.2	0.2	0.2
8	1	1	−1	−1	−1	−1	−1	−1	1	1	1	0.2	0.2	0.2	0.2
9	1	−1	1	1	1	−1	−1	−1	1	1	1	0.2	0.2	0.2	0.2
10	1	−1	1	1	−1	−1	−1	1	1	−1	−1	0.2	0.2	0.2	0.2
11	1	−1	1	−1	1	−1	1	−1	−1	1	−1	0.2	0.2	0.2	0.2
12	1	−1	1	−1	−1	−1	1	1	−1	−1	1	0.2	0.2	0.2	0.2
13	1	−1	−1	1	1	1	−1	−1	−1	−1	1	0.2	0.2	0.2	0.2
14	1	−1	−1	1	−1	1	−1	1	−1	1	−1	0.2	0.2	0.2	0.2
15	1	−1	−1	−1	1	1	1	−1	1	−1	−1	0.2	0.2	0.2	0.2
16	1	−1	−1	−1	−1	1	1	1	1	1	1	0.2	0.2	0.2	0.2
17	1	1.414	0	0	0	0	0	0	0	0	0	1.2	−0.8	−0.8	−0.8
18	1	−1.414	0	0	0	0	0	0	0	0	0	1.2	−0.8	−0.8	−0.8
19	1	0	1.414	0	0	0	0	0	0	0	0	−0.8	1.2	−0.8	−0.8
20	1	0	−1.414	0	0	0	0	0	0	0	0	−0.8	1.2	−0.8	−0.8
21	1	0	0	1.414	0	0	0	0	0	0	0	−0.8	−0.8	1.2	−0.8
22	1	0	0	−1.414	0	0	0	0	0	0	0	−0.8	−0.8	1.2	−0.8
23	1	0	0	0	1.414	0	0	0	0	0	0	−0.8	−0.8	−0.8	1.2
24	1	0	0	0	−1.414	0	0	0	0	0	0	−0.8	−0.8	−0.8	1.2
25	1	0	0	0	0	0	0	0	0	0	0	−0.8	−0.8	−0.8	−0.8

第四节　二次回归正交设计的统计分析

在明确了使组合设计成为正交设计的基本思想和方法之后，我们把运用组合设计进行二次回归正交设计的步骤和统计分析如下：

(1) 确定因子的变化范围。设在某个问题中，有 p 个因子 $z_1, z_2, \cdots, z_p$。其中第 j 个因子的上下界分别为 $z_{2j}, z_{1j} (j=1, 2, \cdots, p)$。根据二次回归正交设计的要求安排试验，规定各因子的零水平和变化区间如下：

$$z_{0j}=\frac{z_{1j}+z_{2j}}{2}, \Delta_j=\frac{z_{2j}-z_{0j}}{\gamma}=\frac{z_{0j}-z_{1j}}{\gamma},$$

其中 γ 根据二次正交设计来确定。

(2) 编制因子水平的编码表，与一次回归设计相类似，对因子的取值作线性变换，即，将有量纲的自然变量(如具体描述生产过程状态的工艺参数) z_j 转化为无量纲的规范变量 x_j：

$$x_j=\frac{z_j-z_{0j}}{\Delta_j},$$

则有因子水平编码表 4-17。

表 4-17　因子水平编码公式

x_j	因子			
	z_1	z_2	…	z_p
$+\gamma$	z_{21}	z_{22}	…	z_{2p}
$+1$	$z_{01}+\Delta_1$	$z_{02}+\Delta_2$	…	$z_{0p}+\Delta_p$
0	z_{01}	z_{02}	…	z_{0p}
-1	$z_{01}-\Delta_1$	$z_{02}-\Delta_2$	…	$z_{0p}-\Delta_p$
$-\gamma$	z_{11}	z_{12}	…	z_{1p}

反之，当欲将编码 x_j 转化为原始值(真实值) z_j 时，可参照下式：

$$z_j=z_{0j}+\Delta_j x_j。$$

(3) 选择相应的组合设计，并从表 4-14 查出使此设计具有正交性的星号臂 γ，进行 $N=m_c+2p+m_0$ 次试验。譬如，对于 $p=3, m_c=2^3, m_0=1$ 的情况，则试验计划由表 4-15 的 x_1, x_2, x_3 所占的列组成试验计划。对于 $p=4, m_c=2^4, m_0=1$，则试验计划由表 4-16 中的 x_1, x_2, x_3, x_4 所占的列组成等等。

(4) 回归系数的计算与检验。根据试验结果，利用结构矩阵 $\boldsymbol{X}$ 的正交性，容易得到信息矩阵 $\boldsymbol{A}$，常数项矩阵 $\boldsymbol{B}$ 和相关矩阵 $\boldsymbol{C}$。

$$
\boldsymbol{A}=\boldsymbol{X}'\boldsymbol{X}=\begin{pmatrix}
N \\
& S_1 \\
& & \ddots \\
& & & S_p \\
& & & & S_{12} \\
& & & & & \ddots \\
& & & & & & S_{p-1,p} \\
& & & & & & & S_{11} \\
& & & & & & & & \ddots \\
& & & & & & & & & S_{pp}
\end{pmatrix},
$$

其中

$$
S_j=\sum_\alpha x_{\alpha j}^2,
$$

$$
S_{ij}=\sum_\alpha (x_{\alpha i}x_{\alpha j})^2,\ i\neq j
$$

$$
S_{jj}=\sum_\alpha (x'_{\alpha j})^2。
$$

$$
B=\boldsymbol{X}'\boldsymbol{Y}=\begin{pmatrix}
B_0 \\ B_1 \\ B_p \\ B_{12} \\ \vdots \\ B_{p-1,\ p} \\ B_{11} \\ \vdots \\ B_{pp}
\end{pmatrix},
$$

其中

$$
B_0=\sum_\alpha y_\alpha,
$$

$$
B_j=\sum_\alpha x_{\alpha i}y_\alpha,
$$

$$
B_{ij}=\sum_\alpha x_{\alpha i}x_{\alpha j}y_\alpha,\ i\neq j,
$$

$$
B_{jj}=\sum_\alpha x'_{\alpha j}y_\alpha,
$$

$$
\boldsymbol{C}=\boldsymbol{A}^{-1}=\begin{pmatrix} N^{-1} & & & & & & & & & \\ & S_1^{-1} & & & & & & & & \\ & & \ddots & & & & & & & \\ & & & S_p^{-1} & & & & & & \\ & & & & S_{12}^{-1} & & & & & \\ & & & & & \ddots & & & & \\ & & & & & & S_{p-1,p}^{-1} & & & \\ & & & & & & & S_{11}^{-1} & & \\ & & & & & & & & \ddots & \\ & & & & & & & & & S_{pp}^{-1} \end{pmatrix},
$$

于是,二次回归系数 $b=\boldsymbol{A}^{-1}\boldsymbol{B}$,则

$$
b'_0=\frac{\sum_\alpha y_\alpha}{N}=\bar{y},
$$

$$
b_j=\frac{B_j}{S_j}=\frac{\sum_\alpha x_{\alpha j}y_\alpha}{\sum_\alpha (x_{\alpha j})^2},
$$

$$
b_j=\frac{B_{ij}}{S_{ij}}=\frac{\sum_\alpha x_{\alpha i}x_{\alpha j}y_\alpha}{\sum_\alpha (x_{\alpha j}x_{\alpha j})^2}(i\neq j),
$$

$$
b_{jj}=\frac{B_{jj}}{S_{jj}}=\frac{\sum_\alpha x'_{\alpha j}y_\alpha}{\sum_\alpha (x'_{\alpha j})^2},
$$

上述计算都可在类似于“一次回归正交设计”进行计算。这时回归方程为:

$$
\hat{y}=b'_0+\sum_{j=1}^{p}b_jx_j+\sum_{i<j}^{p}b_{ij}x_jx_i+\sum_{j=1}^{p}b_{ij}x'_j
$$

由式(4-17),可得回归方程的另一形式:

$$
\hat{y}=b_0+\sum_{j=1}^{p}b_{ij}x_i+\sum_{i<j}^{p}b_{ij}x_ix_j+\sum_{j=1}^{p}b_{ij}x_j^2,\text{其中}:b_0=\bar{y}-\frac{\sum_\alpha x_{\alpha j}^2}{N}\sum_{j=1}^{p}b_{jj}\text{。}
$$

回归系数的检验,与一次回归的正交设计完全类似,表 4-18 为它们的方差分析。

假如在中心点有 m_0 次重复试验,且试验结果分别为 y_{01}, y_{02}, …, y_{0m_0},则可先用由此产生的误差平方和 $S_{误}$ 对失拟平方和 S_{Lf} 进行检验(F_1),然后再按表 4-18 对回归方程和回归系数进行类似的检验。这里:

表 4-18　二次回归的方差分析表

来源	平方和	自由度	均方和	F 比
一次项	$Q_1 = B_1^2/S_1$	1	Q_1	$Q_1/V_{误}$
	$\vdots$	$\vdots$	$\vdots$	$\vdots$
	$Q_p = B_p^2/S_p$	1	Q_p	$Q_p/V_{误}$
交互项	$Q_{12} = B_{12}^2/S_{12}$	1	Q_{12}	$Q_{12}/V_{误}$
	$\vdots$	$\vdots$	$\vdots$	$\vdots$
	$Q_{p-1,\,p} = B_{p-1,\,p}^2/S_{p-1,\,p}$	1	$Q_{p-1},\ p$	$Q_{p-1,\,p}/V_{误}$
二次项	$Q_{11} = B_{11}^2/S_{11}$	1	Q_{11}	$Q_{11}/V_{误}$
	$\vdots$	$\vdots$	$\vdots$	$\vdots$
	$Q_{pp} = B_{pp}^2/S_{pp}$	1	Q_{pp}	$Q_{pp}/V_{误}$
回归	$S_{回} = Q_1 + Q_2 + \cdots + Q_p$	$f_{回} = C_{p+2}^2 - 1$	$V_{回} = S_{回}/f_{回}$	$F_2 = V_{回}/V_{剩}$
剩余	$S_{剩} = S_{总} - S_{回}$	$f_{剩} = N - C_{p+2}^2$	$V_{剩} = S_{剩}/f_{剩}$	
总计	$S_{总} = \sum_{\alpha} y_\alpha^2 - \frac{\left(\sum_{\alpha} y_\alpha\right)^2}{N}$	$f_{总} = N - 1$		

$$S_{误} = \sum_{i=1}^{m_0} (y_{0i} - \bar{y}_0)^2,\ f_{误} = m_0 - 1$$

$$S_{Lf} = S_{剩} - S_{误},\ f_{Lf} = f_{剩} - f_{误}$$

$$则:F_1 = \frac{S_{Lf}/f_{Lf}}{S_{误}/f_{误}}$$

二次回归的正交设计主要用于寻找最佳配方和建立生产过程的数学模型。

第五节　回归正交设计的应用

【例 4-4】 应用回归正交设计优化毛涤混纺时的有关针梳混条的工艺参数。

1. 目的、要求和数学模型

由于毛涤纱生产的各项质量指标受到多因素变化的影响，以及因素之间交互作用的制约，应用数学工具总结已有的经验，建立毛涤纱各项指标与诸因素之间的数量关系(称响应函数)。经验确定毛涤纱的性能与变量之间具有一定的数量关系：

$$\eta = f(x_1,\ x_2,\ \cdots,\ x_N)。\tag{4-26}$$

试验的另一目的是用少量的试验可以得到大量的信息，根据(4-26)使用二次数学模型，也就是用二次多项式近似，对于 N 个变量二次模型的构造为：

$$\eta = \beta_0 x_0 + \sum_{i=1}^{N} \beta_i x_i + \sum_{i<j} \beta_{ij} x_i x_j + \sum_{i=1}^{N} \beta_{ii} x_i^2 + \varepsilon,\tag{4-27}$$

式中 $x_0 = 1$, β_0, β_i, β_{ij}, 和 β_{ii} 分别是零次、一次、交互和二次项的系数，ε 是 误差项，式(4-27)的系数可通过试验，按照多元回归的方法进行估计，这样就可以得到某种性能的响应方程式，也叫回归方程式：即：

$$\hat{y}=b_0x_0+\sum_{i=1}^{N}b_ix_i+\sum_{i<j}^{2}b_{ij}x_ix_j+\sum_{i=1}^{N}b_ix_i^2, \tag{4-28}$$

式中，$\hat{y}$ 称为响应，表示毛涤纱的性能；x_1，x_2，…，x_N 为自变量，表示毛涤纱生产中的各项参数；b_0，b_i，b_{ij}，b_{ii} 为回归系数，它们是理论系数 β_0，β_i，β_{ij} 和 β_{ii} 的估计。式(4-28)与前面的式(4-17)其实是等同的。

有了方程式(4-28)就可以利用它来预测有关参数(变量)和成纱的某个性能或质量指标，或者建立等高线(又称等值线)图，用以直观描述性能和变量的关系。

2. 试验设计和数据

根据生产需要，考查毛涤纱的成纱强力指标 $Y\alpha$ (cN)。整个试验分两个阶段，第一阶段试验考查七个因素与强力的关系，即根据正交设计中正交性原理(整齐可比性和均衡分散性)，先大面积撒网，抓主要因素。因此，先用正交表 $L_{18}(2^1\times3^7)$ 安排一批试验(为节省篇幅本文从略)，应用直观分析和综合平衡方法，筛选因素，发现回潮率、总牵伸倍数、后区牵伸倍数、混纺比和给油率五个主要因素对强力的影响较大，在这五个因素的最佳点附近安排五因子的二次回归正交设计，确定出第二阶段试验的回归正交设计的因子水平表(见表 4-19)。

按照表 4-19 每个变量(因子)采取五个水平，如果每个组合要全部做的话，就要共做 5^5 = 3 125 个试验，从(4-28)式中可以看出对于五个变量来说共有 21 个系数，因此，采取正交组合试验设计，仅需要 27 个试验。变量的设计水平及试验数据列成表 4-20。

表 4-19 因数水平表

因子	回潮率/%	总牵伸倍数	后区牵伸倍数	混纺比/%	给油率/%
记号	H x_1	E x_2	E_0 x_3	F x_4	S x_5
基准水平(0)	8.0	8.0	1.1	30	4
变化间距	1.0	0.5	0.05	5	2.58
上水平(+1)	9.0	8.5	1.15	35	6.58
下水平(−1)	7.0	7.5	1.05	25	1.42
上星号臂(+1.547)	9.55	8.78	1.18	37.5	8
下星号臂(−1.547)	6.45	7.22	1.02	22.2	0

表 4-20 二次回归正交设计试验安排表及试验数据

	试验设计矩阵						考查指标
	x_0	x_1	x_2	x_3	x_4	x_5	成纱强力 Y_α /cN
1	+1	−1	−1	−1	−1	+1	20.0
2	+1	−1	−1	−1	+1	−1	22.0
3	+1	−1	−1	+1	−1	−1	31.5
4	+1	−1	−1	+1	+1	+1	22.5
5	+1	−1	+1	−1	−1	−1	21.0
6	+1	−1	+1	−1	+1	+1	17.0
7	+1	−1	+1	+1	−1	+1	13.5
8	+1	−1	+1	+1	+1	−1	18.5
9	+1	+1	−1	−1	−1	−1	22.5
10	+1	+1	−1	−1	+1	+1	17.5
11	+1	+1	−1	+1	−1	+1	22.0

(续表)

	试验设计矩阵						考查指标
	x_0	x_1	x_2	x_3	x_4	x_5	成纱强力 Y_a /cN
12	+1	+1	−1	+1	+1	−1	26.0
13	+1	+1	+1	−1	−1	+1	35.7
14	+1	+1	+1	−1	+1	−1	21.0
15	+1	+1	+1	+1	−1	−1	27.5
16	+1	+1	+1	+1	+1	+1	17.0
17	+1	−1.547	0	0	0	0	20.0
18	+1	+1.547	0	0	0	0	31.0
19	+1	0	−1.547	0	0	0	23.0
20	+1	0	+1.547	0	0	0	11.7
21	+1	0	0	−1.547	0	0	13.5
22	+1	0	0	+1.547	0	0	23.0
23	+1	0	0	0	−1.547	0	27.5
24	+1	0	0	0	+1.547	0	14.5
25	+1	0	0	0	0	−1.547	22.5
26	+1	0	0	0	0	+1.547	15.0
27	+1	0	0	0	0	0	19.0

上述 27 个试验是以 2^k 析因设计为基础,由表 4-20 可以看出十六个试验是 2^k 析因试验的 1/2 实施,其余的一个是在中心点,十个是沿 x 轴的±γ (称上、下星号臂)处,利用公式

$$\gamma^4 + 2^{p-1}\gamma^2 - 2^{p-2}\left(p + \frac{1}{2}m_0\right) = 0。 \tag{4-29}$$

可以调节待定参数 γ,满足正交性原理、简化计算。当 $p=5$(代表自变量的个数)、$m_0=1$(中心点的重复试验次数)时,有

$$\gamma^4 + 2^{5-1}\gamma^2 - 2^{5-2}\left(5 + \frac{1}{2}\right) = 0 \tag{4-30}$$

经过简单的运算,得

$$\gamma^2 = 2.39 \text{ 或 } \gamma = \pm 1.547。$$

故取:$\gamma = \pm 1.547$,表 4-20 成为正交设计。

3. 统计分析

为了简便,我们以试验指标成纱强力为例,说明二次回归正交设计的计算方法。现把成纱强力的试验结果与试验设计矩阵整理成表 4-21 的形式,使计算表格化。

表 4-21 中平方项 x_1^2, x_2^2, …, x_3^2 的各列是按照 $x_{ii} = x_i^2 - \dfrac{\sum x_i^2}{n}$ 变换而来,例如

$$x_6 = x_{11} = x_1^2 - [(-1)^2 + (+1)^2 + \cdots + (-1.547)^2 + (+1.547)^2]/27 = x_1^2 - 0.77$$

其他各平方列均类似,这样一来就使得任意两列的乘积为零。关于表 4-21 的计算方法应用矩阵原理,

设 $\boldsymbol{X}$—— 设计矩阵;

$\boldsymbol{X}'\boldsymbol{X}$—— 信息矩阵；

$\boldsymbol{X}'\boldsymbol{Y}$—— 常数项矩阵；

$(\boldsymbol{X}'\boldsymbol{X})^{-1}$ ——相关矩阵(一般均为非退化的,逆矩阵存在)。

则回归系数计算方法：

$$b=(\boldsymbol{X}'\boldsymbol{X})^{-1}\boldsymbol{XY},\text{此处 } b=\begin{pmatrix} b_0 \\ b_1 \\ \vdots \\ b_{20} \end{pmatrix},$$

经 *MATLAB* 计算得回归系数：

$b_0=21.331\ 0$

$b_1=1.934\ 8$

$b_2=-1.456\ 8$

$b_4=0.793\ 6$

$b_5=-2.516\ 6$

$b_6=-1.751\ 3$

$b_7=2.961\ 6$

$b_8=-0.448\ 4$

$b_9=-0.071\ 8$

$b_{10}=1.078\ 8$

$b_{11}=0.137\ 4$

$b_{12}=2.450\ 0$

$b_{13}=-0.637\ 5$

$b_{14}=-1.262\ 5$

$b_{15}=0.950\ 0$

$b_{16}=-2.387\ 5$

$b_{17}=-1.102\ 5$

$b_{18}=0.950\ 0$

$b_{19}=0.700\ 0$

$b_{20}=-2.012\ 5$

$b_{21}=-0.137\ 5$

此外,根据表 4-21,总平方和为

$$S_{\text{总}}=\sum_{i=1}^{27}y_i^2-\frac{1}{27}\left(\sum_{i=1}^{27}y_i\right)^2=13\ 167.13-12\ 283.73=883.40。$$

回归平方为

$$S_{\text{回}}=\sum_{i=1}^{27}(\hat{y}_i-\bar{y})^2=784.23$$

表 4-21　二次回归正交设计计算表

变量	试验设计矩阵						x_6	x_7	x_8	x_9	x_{10}	x_{11}	x_{12}	x_{13}	x_{14}	x_{15}	x_{16}	x_{17}	x_{18}	x_{19}	x_{20}	试验数据:强力	
试验号	x_0	x_1	x_2	x_3	x_4	x_5	$x_1^2-0.77$	$x_2^2-0.77$	$x_3^2-0.77$	$x_4^2-0.77$	$x_5^2-0.77$	x_1x_2	x_1x_3	x_1x_4	x_1x_5	x_2x_3	x_2x_4	x_2x_5	x_3x_4	x_3x_5	x_4x_5	Y_a	Y_a^2
1	+1	−1	−1	−1	−1	+1	+0.23	+0.23	+0.23	+0.23	+0.23	+1	+1	+1	−1	+1	+1	−1	+1	−1	−1	20.0	400.0
2	+1	−1	−1	−1	+1	−1	+0.23	+0.23	+0.23	+0.23	+0.23	+1	+1	−1	+1	+1	−1	+1	−1	+1	−1	22.0	484.0
3	+1	−1	−1	+1	−1	−1	+0.23	+0.23	+0.23	+0.23	+0.23	+1	−1	+1	+1	−1	+1	+1	−1	−1	+1	31.5	992.25
4	+1	−1	−1	+1	+1	+1	+0.23	+0.23	+0.23	+0.23	+0.23	+1	−1	−1	−1	−1	−1	−1	+1	+1	+1	22.5	506.25
5	+1	−1	+1	−1	−1	−1	+0.23	+0.23	+0.23	+0.23	+0.23	−1	+1	+1	+1	−1	−1	−1	+1	+1	+1	21.0	441.0
6	+1	−1	+1	−1	+1	+1	+0.23	+0.23	+0.23	+0.23	+0.23	−1	+1	−1	−1	−1	+1	+1	−1	−1	+1	17.0	289.0
7	+1	−1	+1	+1	−1	+1	+0.23	+0.23	+0.23	+0.23	+0.23	−1	−1	+1	−1	+1	−1	+1	−1	+1	−1	13.5	182.25
8	+1	−1	+1	+1	+1	−1	+0.23	+0.23	+0.23	+0.23	+0.23	−1	−1	−1	+1	+1	+1	−1	+1	−1	−1	18.5	342.25
9	+1	+1	−1	−1	−1	−1	+0.23	+0.23	+0.23	+0.23	+0.23	−1	−1	−1	−1	+1	+1	+1	+1	+1	+1	22.5	506.25
10	+1	+1	−1	−1	+1	+1	+0.23	+0.23	+0.23	+0.23	+0.23	−1	−1	+1	+1	+1	−1	−1	−1	−1	+1	17.5	306.25
11	+1	+1	−1	+1	−1	+1	+0.23	+0.23	+0.23	+0.23	+0.23	−1	+1	−1	+1	−1	+1	−1	−1	+1	−1	22.0	484.0
12	+1	+1	−1	+1	+1	−1	+0.23	+0.23	+0.23	+0.23	+0.23	−1	+1	+1	−1	−1	−1	+1	+1	−1	−1	26.0	675.0
13	+1	+1	+1	−1	−1	+1	+0.23	+0.23	+0.23	+0.23	+0.23	−1	−1	−1	+1	−1	−1	+1	+1	−1	−1	35.7	1 274.49
14	+1	+1	+1	−1	+1	−1	+0.23	+0.23	+0.23	+0.23	+0.23	+1	−1	+1	−1	−1	+1	−1	−1	+1	−1	21.0	441.0
15	+1	+1	+1	+1	−1	−1	+0.23	+0.23	+0.23	+0.23	+0.23	+1	+1	−1	−1	+1	−1	−1	−1	−1	+1	27.5	756.25
16	+1	+1	+1	+1	+1	+1	+0.23	+0.23	+0.23	+0.23	+0.23	+1	+1	+1	+1	+1	+1	+1	+1	+1	+1	17.0	289.0
17	+1	−1.547	0	0	0	0	+1.62	−0.77	−0.77	−0.77	−0.77	0	0	0	0	0	0	0	0	0	0	20.0	400.0
18	+1	+1.547	0	0	0	0	+1.62	−0.77	−0.77	−0.77	−0.77	0	0	0	0	0	0	0	0	0	0	31.0	961.0
19	+1	0	−1.547	0	0	0	−0.77	+1.62	−0.77	−0.77	−0.77	0	0	0	0	0	0	0	0	0	0	23.0	529.0
20	+1	0	+1.547	0	0	0	−0.77	+1.62	−0.77	−0.77	−0.77	0	0	0	0	0	0	0	0	0	0	11.7	136.89
21	+1	0	0	−1.547	0	0	−0.77	−0.77	+1.62	−0.77	−0.77	0	0	0	0	0	0	0	0	0	0	13.5	182.25
22	+1	0	0	+1.547	0	0	−0.77	−0.77	+1.62	−0.77	−0.77	0	0	0	0	0	0	0	0	0	0	23.0	529.0
23	+1	0	0	0	−1.547	0	−0.77	−0.77	−0.77	+1.62	−0.77	0	0	0	0	0	0	0	0	0	0	27.5	756.25
24	+1	0	0	0	+1.547	0	−0.77	−0.77	−0.77	+1.62	−0.77	0	0	0	0	0	0	0	0	0	0	14.5	210.25
25	+1	0	0	0	0	−1.547	−0.77	−0.77	−0.77	−0.77	+1.62	0	0	0	0	0	0	0	0	0	0	22.5	506.25
26	+1	0	0	0	0	+1.547	−0.77	−0.77	−0.77	−0.77	+1.62	0	0	0	0	0	0	0	0	0	0	15.0	225.0
27	+1	0	0	0	0	0	−0.77	−0.77	−0.77	−0.77	−0.77	0	0	0	0	0	0	0	0	0	0	19.0	361.0
B_j	575.9	40.22	−30.28	16.50	−52.31	−36.40	33.65	−5.31	−1.0	12.14	1.39	39.2	−10.2	−20.2	15.2	−38.2	−16.2	15.2	11.2	−32.2	−2.2		
B_j^2		1 617.65	916.6	2 726.3	2 736.3	1 325	1 132.3	28.20	1.0	147.4	1.93	1 537	104	408.0	231	1 459	262.4	231.0	125.4	1 036.8	4.84	$\sum_{i=1}^{27} y_i = 575.9$	
d_j	27	20.78	20.78	20.78	20.78	20.78	11.43	11.43	11.43	11.43	11.43	16	16	16	16	16	16	16	16	16	16	$\sum_{i=1}^{27} y_i^2 =$ 13 167.13	
b_j	21.33	1.94	−1.46	0.79	−2.52	−1.75	2.94	−0.46	−0.09	1.06	0.12	2.45	−0.64	−1.26	0.95	−2.39	−1.01	0.95	0.70	−2.01	−0.14		
Q_j		78.03	44.21	13.04	131.92	63.70	99.06	2.47	0.09	12.90	0.17	96.06	6.50	25.50	14.44	91.20	16.40	14.44	7.84	64.80	0.30		

所以,剩余平方和: $S_{剩}=S_{总}-S_{回}=883.40-784.23=99.17$

从而可得方差分析表如下。

表 4-22　毛涤纱强力的二次回归正交设计的方差分析

方差来源	平方和	自由度	均方和	F	显著性
回归	$S_{回}=784.23$	$C_{p+2}^2=20$	$S_{回}/20=39.21$	$F=\dfrac{S_{回}/20}{S_{剩}/6}=2.37$	$F>F_{\alpha=0.2(20.6)}=2.0$
剩余	$S_{剩}=99.17$	$N-C_{p+2}^2=6$	$S_{剩}/6=16.53$		
总计	$S_{总}=883.40$	$N-1=26$			

查 F 分布表 $F_{\alpha=0.2(20.6)}=2.0$,$F=2.37>F_{\alpha=0.2(20.6)}=2.0$,根据方差分析的结果可以认为,回归方程在 $\alpha=0.20$ 下显著,说明强力的试验数据与所采用的二次数学模型是基本符合的。

最后,可得毛涤纱的成纱强力与诸因子间的回归关系为:

$$\begin{aligned}\hat{y}=&21.33+1.93x_1-1.46x_2+0.79x_3-2.52x_4-1.75x_5+2.96(x_1^2-0.77)-0.45(x_2^2-0.77)\\&-0.07(x_3^2-0.77)+1.08(x_4^2-0.77)+0.14(x_5^2-0.77)+2.45x_1x_2-0.64x_1x_3-1.26x_1x_4\\&+0.95x_1x_5-2.39x_2x_3-1.01x_2x_4+0.95x_2x_5+0.7x_3x_4-2.01x_3x_5-0.14x_4x_5\end{aligned}\tag{4-31}$$

4. **分析结果及应用**

(1) 指标等高线图

通过描述指标与因子之间的回归方程,可以表明它们之间的内在变化规律。现从五个变量中任取两个(或三个),绘制其二维平面(或三维立体)等高(等值)线(或面)图,即可看出这两个(或三个)变量间的影响关系。

现以方程(4-31)为例,叙述其等高(或称等值)面图的绘制和分析。

由专业知识可以知道,分析毛条回潮率 x_1,涤纶混纺比 x_4 和加油率 x_5 三个因素对成纱强力的影响很有必要,故决定绘制三维等值面图。因只考虑 x_1、x_4 和 x_5 三者对成纱强力的影响,所以先把 x_2、x_3 规定在基准水平[0]上,即取 $x_2=0$ 和 $x_3=0$, 则(4-31)变为:

$$\begin{aligned}\hat{y}=&21.33+1.93x_1-2.52x_4-1.75x_5+2.96(x_1^2-0.77)+0.45\times0.77+0.07\times0.77+\\&1.08(x_4^2-0.77)+0.14(x_5^2-0.77)-1.26x_1x_4+0.95x_1x_5-0.14x_4x_5\end{aligned}$$

即:

$$\begin{aligned}\hat{y}=&18.51+1.93x_1-2.52x_4-1.75x_5+2.96x_1^2+1.08x_4^2+0.14x_5^2-\\&1.26x_1x_4+0.95x_1x_5-0.14x_4x_5\end{aligned}\tag{4-32}$$

假如用等值线图来更简化、直观地分析因子对指标的影响,如图 4-3 是固定 x_4 为零,得到成纱强力与 x_1 和 x_5 的关系。

图 4-4 则是令式(4-32)中的 x_5 为零,画出成纱强力与 x_1 和 x_4 的关系。

结合回归方程与图形可以进行分析,比如回潮率、涤纶混纺比和给油率对纱线强度的影响规律在其他因素确定的情况下可以清晰展示,但是需要说明的是,等高线图只能展示两个变量与指标的关系。

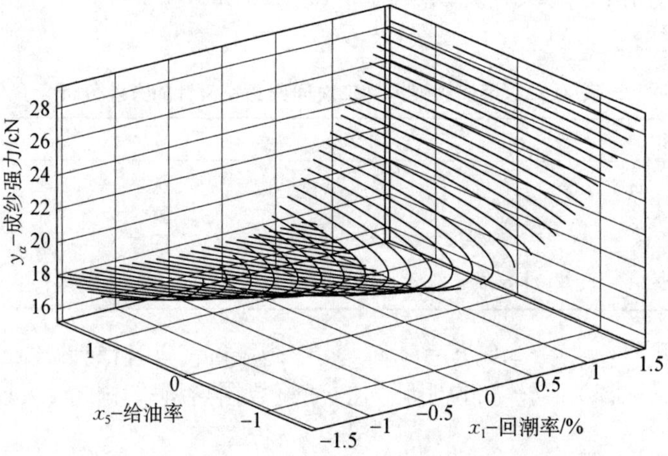

图 4-3　三维等高线图(x_1 和 x_5 对成纱强力的影响)

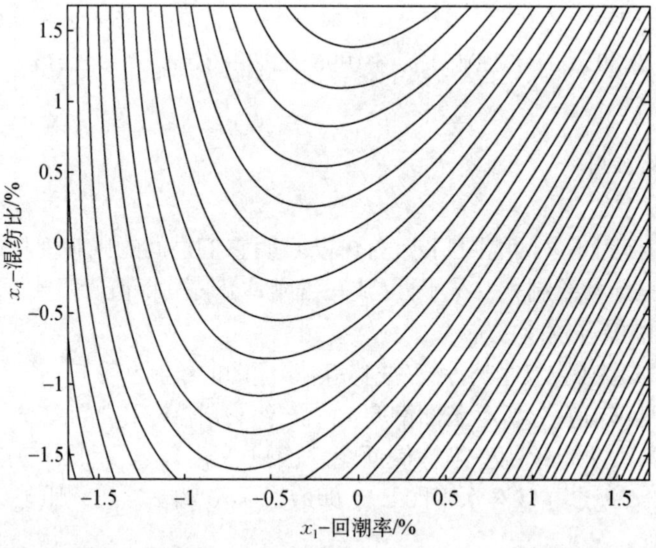

图 4-4　二维等高线图(x_1 和 x_4 对成纱强力的影响)

(2) 最优工艺参数的确定

根据上面所求出的有关成纱质量与工艺参数的回归分析,可以进一步求出在强力最优时对应的工艺参数,这个内容将在第八章和第十章中详细介绍。

第五章　回归旋转设计

第一节　回归设计的旋转性

评价一个回归方程

$$\hat{y} = b_0 + b_1x_1 + b_2x_2 + \cdots + b_px_p \tag{5-1}$$

的“精度”,可以用预测值的方差来衡量。从式(5-1)可知:

$$D = \{\hat{y}\} = D\{b_0 + b_1x_1 + b_2x_2 + \cdots + b_px_p\} = D\{b_0\} + \sum_{j=1}^{p} D\{b_j\}x_j^2 + \sum_{i<j} \mathrm{cov}\{b_i,\ b_j\}x_ix_j \tag{5-2}$$

由此可见,预测值 $\hat{y}$ 的方差不仅与试验点 $x' = (x_1,\ x_2,\ \cdots,\ x_p)$ 在空间的位置有关,而且与 $D\{b_j\}$ 和 $\mathrm{cov}\{b_i, b_j\}$ $(i,\ j = 0,\ 1,\ 2,\ \cdots,\ p,\ i \neq j)$ 在空间的位置有关,从而与设计矩阵 $\boldsymbol{X}$ 有关。

定义 1:在一个回归设计中,若与试验中心点距离相等的球面上各点回归方程预测值 $\hat{y}$ 的方差相等,这样的设计称旋转设计。

在旋转设计中,预测值 $\hat{y}$ 的方差仅与试验点到试验中心点的距离 ρ 有关,而与方向无关;ρ 愈大,方差愈大。这种旋转性条件,可以帮助试验者扫除一些寻找最优工艺过程中误差的干扰,因为试验者不能预先知道最优工艺是在因子空间的哪一个区域、哪一个方向出现。

由此可见,回归旋转设计一方面基本保留了回归正交设计的优点,即试验次数比较少、计算简便、部分地消除了回归系数间的相关性(牺牲部分的正交性而获得旋转性);另一方面,能使二次设计具有旋转性,有助于克服回归正交设计中二次回归的预测值 $\hat{y}$ 的方差依赖于试验点在因子空间中的位置这个缺点。

回归旋转设计也需要对因子进行如第四章中所述的“编码”(或称规格化),即,将有量纲的具体描述生产过程状态的工艺参数自然变量 z_j 转化为无量纲的规范变量 x_j。下面的讨论都是对规范变量 $x_1,\ x_2,\ \cdots,\ x_p$ 进行的。

要研究旋转设计,就要先弄清旋转性在回归设计中的具体要求是什么。可以证明(证明略),对于一次回归试验设计,满足旋转性的条件是信息矩阵 $\boldsymbol{A}$ 有如下形式:

$$\boldsymbol{A} = \boldsymbol{X}'\boldsymbol{X} = \lambda_2 N \boldsymbol{I}_{p+1}。$$

其中,$\boldsymbol{I}_{p+1}$ 是 $p+1$ 阶单位矩阵。即:$\sum_{\alpha} x_{\alpha j}^2 = \lambda_2 N,\ j = 1,\ 2,\ \cdots,\ p$。在第四章中讨论的一次回归正交设计就是 $\lambda_2 = 1$ 的一次旋转设计。

一次回归正交设计的信息矩阵是

$$\boldsymbol{X}'\boldsymbol{X} = \begin{pmatrix} N & 0 & \cdots & 0 \\ 0 & N & \cdots & 0 \\ \vdots & \vdots & \cdots & \vdots \\ 0 & 0 & \cdots & N \end{pmatrix}$$

它的逆矩阵是

$$(\boldsymbol{X}'\boldsymbol{X})^{-1}=\begin{pmatrix}N^{-1} & 0 & \cdots & 0\\ 0 & N^{-1} & \cdots & 0\\ \vdots & \vdots & \cdots & \vdots\\ 0 & 0 & \cdots & N^{-1}\end{pmatrix}.$$

从式(5-2)可知,一次回归正交设计所得回归系数的方差与协方差为

$$\begin{cases}D\{b_i\}=N^{-1}D\{y\}\\ \operatorname{cov}\{b_i,b_j\}=0\end{cases}\quad(i,\ j=0,\ 1,\ 2,\ \cdots,\ p\text{ 且 }i\neq j)$$

所得一次回归方程预测值 $\hat{y}$ 的方差为

$$\begin{aligned}D\{\hat{y}\}&=D\{b_0+b_1x_1+\cdots+b_px_p\}=D\{b_0\}+\sum_{j=1}^{p}D\{b_i\}x_j^2\\ &=\frac{D\{y\}(1+\sum_{i=1}^{p}x_j^2)}{N}=\frac{D\{y\}}{N}(1+\rho^2)\end{aligned}\tag{5-3}$$

其中 ρ 表示试验点 x 到试验中心的距离 $\rho=\sum_{j=1}^{p}x_j^2$。

从式(5-3)可知,一次回归正交设计所得回归方程的预测值 $\hat{y}$ 的方差 $D\{\hat{y}\}$ 仅与试验点 x 到试验中心距离 ρ 有关,而与试验点的方向无关,方差的大小与 ρ^2 成比例。

第二节　二次旋转设计

一、二次回归设计

在三个变量场合,二次回归数据结构的一般形式是:

$$\begin{aligned}y_\alpha=\beta_0+\beta_1x_{\alpha1}+\beta_2x_{\alpha2}+\beta_3x_{\alpha3}+\beta_{12}x_{\alpha1}x_{\alpha2}+\beta_{13}x_{\alpha1}x_{\alpha3}+\beta_{23}x_{\alpha2}x_{\alpha3}+\\ \beta_{11}x_{\alpha1}^2+\beta_{22}x_{\alpha2}^2+\beta_{33}x_{\alpha3}^2+\varepsilon_\alpha,\ \alpha=1,\ 2,\ \cdots,\ N\end{aligned}\tag{5-4}$$

除了随机误差项 ε_α 外,式(5-4)共有

$$C_{p+2}^2=C_5^2=10(\text{项})。$$

它的结构矩阵为

$$\boldsymbol{X}=\begin{pmatrix}1 & x_{11} & x_{12} & x_{13} & x_{11}x_{12} & x_{11}x_{13} & x_{12}x_{13} & x_{11}^2 & x_{12}^2 & x_{13}^2\\ 1 & x_{21} & x_{22} & x_{23} & x_{21}x_{22} & x_{21}x_{23} & x_{22}x_{23} & x_{21}^2 & x_{22}^2 & x_{23}^2\\ \vdots & \vdots & \vdots & \vdots & \vdots & \vdots & \vdots & \vdots & \vdots & \vdots\\ 1 & x_{N1} & x_{N2} & x_{N3} & x_{N1}x_{N2} & x_{N1}x_{N3} & x_{N2}x_{N3} & x_{N1}^2 & x_{N2}^2 & x_{N3}^2\end{pmatrix}$$

对应的信息矩阵 $\boldsymbol{A}$ 为 10 阶对称方阵(其中,$\sum$ 表示对 α 求和)。

$$A=\begin{bmatrix}
N & \sum x_{\alpha1} & \sum x_{\alpha2} & \sum x_{\alpha3} & \sum x_{\alpha1}x_{\alpha2} & \sum x_{\alpha1}x_{\alpha3} & \sum x_{\alpha2}x_{\alpha3} & \sum x_{\alpha1}^2 & \sum x_{\alpha2}^2 & \sum x_{\alpha3}^2 \\
 & \sum x_{\alpha1}^2 & \sum x_{\alpha1}x_{\alpha2} & \sum x_{\alpha1}x_{\alpha3} & \sum x_{\alpha1}^2x_{\alpha2} & \sum x_{\alpha1}^2x_{\alpha3} & \sum x_{\alpha1}x_{\alpha2}x_{\alpha3} & \sum x_{\alpha1}^3 & \sum x_{\alpha1}x_{\alpha2}^2 & \sum x_{\alpha1}x_{\alpha3}^2 \\
 & & \sum x_{\alpha2}^2 & \sum x_{\alpha2}x_{\alpha3} & \sum x_{\alpha1}x_{\alpha2}^2 & \sum x_{\alpha1}x_{\alpha2}x_{\alpha3} & \sum x_{\alpha2}^2x_{\alpha3} & \sum x_{\alpha1}^2x_{\alpha2} & \sum x_{\alpha2}^3 & \sum x_{\alpha2}x_{\alpha3}^2 \\
 & & & \sum x_{\alpha3}^2 & \sum x_{\alpha1}x_{\alpha2}x_{\alpha3} & \sum x_{\alpha1}x_{\alpha3}^2 & \sum x_{\alpha2}x_{\alpha3}^2 & \sum x_{\alpha1}^2x_{\alpha3} & \sum x_{\alpha2}^2x_{\alpha3} & \sum x_{\alpha3}^3 \\
 & & & & \sum x_{\alpha1}^2x_{\alpha2}^2 & \sum x_{\alpha1}^2x_{\alpha2}x_{\alpha3} & \sum x_{\alpha1}x_{\alpha2}^2x_{\alpha3} & \sum x_{\alpha1}^3x_{\alpha2} & \sum x_{\alpha1}x_{\alpha2}^3 & \sum x_{\alpha1}x_{\alpha2}x_{\alpha3}^2 \\
 & & & & & \sum x_{\alpha1}^2x_{\alpha3}^2 & \sum x_{\alpha1}x_{\alpha2}x_{\alpha3}^2 & \sum x_{\alpha1}^3x_{\alpha3} & \sum x_{\alpha1}x_{\alpha2}^2x_{\alpha3} & \sum x_{\alpha1}x_{\alpha3}^3 \\
 & \text{对称部分} & & & & & \sum x_{\alpha2}^2x_{\alpha3}^2 & \sum x_{\alpha1}^2x_{\alpha2}x_{\alpha3} & \sum x_{\alpha2}^2x_{\alpha3} & \sum x_{\alpha2}x_{\alpha3}^3 \\
 & & & & & & & \sum x_{\alpha1}^4 & \sum x_{\alpha1}^2x_{\alpha2}^2 & \sum x_{\alpha1}^2x_{\alpha3}^2 \\
 & & & & & & & & \sum x_{\alpha2}^4 & \sum x_{\alpha2}^2x_{\alpha3}^2 \\
 & & & & & & & & & \sum x_{\alpha3}^4
\end{bmatrix} \tag{5-5}$$

二次旋转设计的旋转性条件是,信息矩阵 **A** 中,满足

$$\begin{cases}\sum\limits_{\alpha} x_{\alpha j}^2=\lambda_2 N \\ \sum\limits_{\alpha} x_{\alpha j}^4=3\sum\limits_{\alpha} x_{\alpha j}^2 x_{\alpha i}^2=3\lambda_4 N\end{cases} \quad (i,\ j=1,\ 2,\ \cdots,\ p) \tag{5-6}$$

而 A 的其他元素皆为零。这时,二次旋转设计的信息矩阵 **A** 有如下形式(其中空白处为零):

$$\boldsymbol{N}^{-1}\boldsymbol{A}=\boldsymbol{N}^{-1}(\boldsymbol{X}'\boldsymbol{X})=
\begin{array}{c}
 \\ 0 \\ 1 \\ 2 \\ \vdots \\ p \\ 12 \\ 13 \\ \vdots \\ p-1,p \\ 11 \\ 22 \\ \vdots \\ pp
\end{array}
\begin{array}{c}
\begin{array}{ccccccccccccc} 0 & 1 & 2 & \cdots & p & 12 & 13 & \cdots & p-1,p & 11 & 22 & \cdots & pp \end{array} \\
\begin{pmatrix}
1 & & & & & & & & & \lambda_2 & \lambda_2 & \cdots & \lambda_2 \\
 & \lambda_2 & & & & & & & & & & & \\
 & & \lambda_2 & & & & & & & & & & \\
 & & & \ddots & & & & & & & & & \\
 & & & & \lambda_2 & & & & & & & & \\
 & & & & & \lambda_4 & & & & & & & \\
 & & & & & & \lambda_4 & & & & & & \\
 & & & & & & & \ddots & & & & & \\
 & & & & & & & & \lambda_4 & & & & \\
\lambda_2 & & & & & & & & & 3\lambda_4 & \lambda_4 & \cdots & \lambda_4 \\
\lambda_2 & & & & & & & & & \lambda_4 & 3\lambda_4 & \cdots & \lambda_4 \\
\vdots & & & & & & & & & \vdots & \vdots & \cdots & \vdots \\
\lambda_2 & & & & & & & & & \lambda_4 & \lambda_4 & \cdots & 3\lambda_4
\end{pmatrix}
\end{array} \tag{5-7}$$

同时,逆矩阵 $\boldsymbol{C}=\boldsymbol{A}^{-1}$ 存在,也即回归系数 b_j 唯一存在的条件,是矩阵 **A** 为非退化的,必须满足:

$$\frac{\lambda_4}{\lambda_2}\neq\frac{p}{p+2} \tag{5-8}$$

式(5-8)称为二次旋转设计的非退化条件。为了使旋转设计成为可能,还要使它的待定参数 λ_α 满足非退化条件。

二、二次旋转设计的设计方案

由式(5-6)可以推导出二次旋转设计的条件:

$$\frac{\lambda_4}{\lambda_2^2}=\frac{\sum\limits_\alpha \rho_\alpha^4}{\left(\sum\limits_\alpha \rho_\alpha^2\right)^2}\times\frac{Np}{p+2} \tag{5-9}$$

从式(5-9)可知,待定参数 λ_2, λ_4 的比值不仅与因子个数 p 和试验次数 N 有关,而且与 N 个试验点所在球面的半径 $\rho_\alpha(\alpha=1,\ 2,\ 3,\ \cdots,\ N)$ 有关。究竟 N 个试验点应该分布在几个球面上,在每个球面上又是如何分布,才能满足旋转性条件式(5-6)和非退化条件式(5-8)呢?

同样可以证明:

$$\frac{\lambda_4}{\lambda_2^2}\geqslant\frac{p}{p+2}。 \tag{5-10}$$

等式成立的唯一条件,是 N 个试验点位于同一个球面上。为了满足非退化条件式(5-8),只要使 N 个试验点不在同一个平面上即可,或者说使 N 个试验点至少位于两个半径不等的球面上,就有可能获得旋转设计方案。

在排除了退化的可能性之后,就要研究点在球面上如何分布,才能满足旋转性条件式(5-6)。先来讨论最简单的情况,即把 N 个试验点分布两个球面上,其中 m_1 个点集中在半径为 0 的球面上(即在中心点重复 m_0 次试验)。另外,$m_1=N-m_0$ 个点均匀分布在半径为 ρ $(\rho\neq0)$ 的球面上。在两个变量场合($p=2$),因子空间是一个平面,因而球就转化为平面上的一个圆。所谓 m_1 个试验点均匀分布在半径为 ρ 的圆周上,实际上就是指这 m_1 个试验点是半径为 ρ 的圆内接正多边形的顶点,如图 5-1 所示。

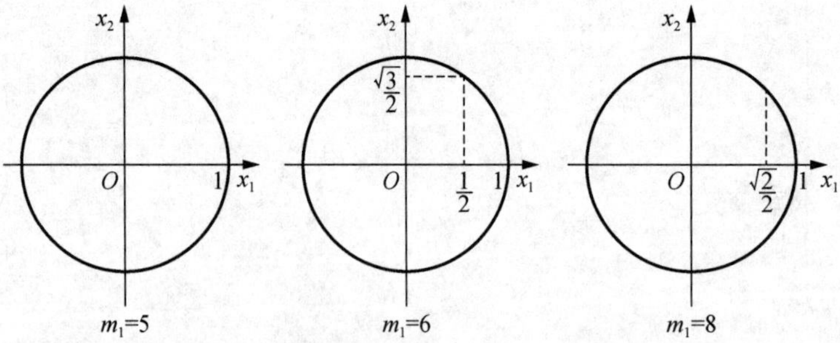

图 5-1　分布在半径为 ρ 圆周上的试验点

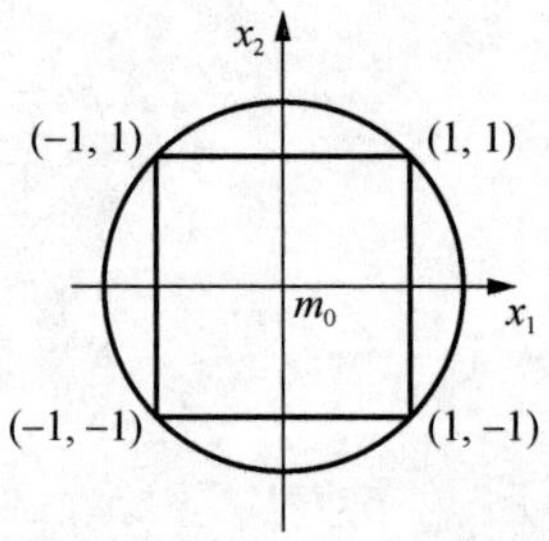

图 5-2　$m_1=4$ 的设计

在 $p=2$ 的情况下,满足式(5-6)的条件,有一个很简单的定理,即:

均匀分布正半径圆周上的 m_1 个点,满足旋转性条件式(5-6) 的充要条件是 $m_1>4$。

由此可知,只要在平面上选正五边形、正六边形、正八边形等的顶点作为试验点,同时在中心点再补充一些必要的试验,就可得到二个因子的二次旋转计划。表 5-1 列出了 $m_1=6$ 的二次旋转计划及其结构矩阵，可以验证它既满足旋转性条件式(5-6)，又是非退化的($\sum_{\alpha} x_{\alpha j}^4 = 3\sum_{\alpha} x_{\alpha i}^2 x_{\alpha j}^2 = 2.25$)。

表 5-1 二因子的旋转计划的结构矩阵($m_1 = 6$)

试验号		x_0	x_1	x_2	x_1x_2	x_1^2	x_2^2
m_1	1	1	1	0	0	1/4	0
	2	1	1/2	$\sqrt{3}/2$	$\sqrt{3}/4$	1/4	3/4
	3	1	$-1/2$	$\sqrt{3}/2$	$-\sqrt{3}/4$	1	3/4
	4	1	-1	0	0	1/4	0
	5	1	$-1/2$	$-\sqrt{3}/2$	$\sqrt{3}/4$	1/4	3/4
	6	1	1/2	$-\sqrt{3}/2$	$-\sqrt{3}/4$	1	3/4
m_0	7	1	0	0	0	0	0
	8	1	0	0	0	0	0
	⋮	⋮	⋮	⋮	⋮	⋮	⋮
	N	1	0	0	0	0	0

图 5-2 表示了 $m_1 = 4$ 的一个设计，表 5-2 列出了它的结构矩阵，容易验证，它是不满足旋转性条件式(5-6)的，因为($\sum_{\alpha} x_{\alpha j}^4 \neq 3\sum_{\alpha} x_{\alpha i}^2 x_{\alpha j}^2$)。

由此可以看出，假如试验点的分布不满足旋转性条件，那么试验点在两个半径不相等的平面上，也不能组成旋转计划。

表 5-2 二因子的结构矩阵

试验号		x_0	x_1	x_2	x_1x_2	x_1^2	x_2^2
m_1	1	1	1	1	1	1	1
	2	1	1	-1	-1	1	1
	3	1	-1	1	-1	1	1
	4	1	-1	-1	1	1	1
m_2	5	1	0	0	0	0	0
	⋮	⋮	⋮	⋮	⋮	⋮	⋮
	N	1	0	0	0	0	0

在三个变量场合($p = 3$)，三维空间里仅存在五种正多面体：正四边体、正六边体、正八边体、正十二边体、正二十边体，可以验证：前三种正多面体的顶点坐标不满足旋转性条件式(5-6)；后两种正多面体的顶点坐标虽满足旋转性条件式(5-6)，却不满足非退化条件式(5-8)。但是把这些正多面体的顶点进行适当的组合，或补充若干个中心试验点，那还是可以获得各种二次旋转设计的方案。

在三个或更多个试验的场合，实现旋转设计常借助于组合设计思想。因为组合设计(见第四章)中的 N 个试验点 $N = m_c + 2p + m_0$ 是分布在三个半径不相等的球面上，其中：

m_c 个点分布在半径为 $\rho_c = \sqrt{p}$ 的球面上；

$2p$ 个点分布在半径为 $\rho_\gamma = \gamma$ 的球面上；

m_0 个点分布在半径为 $\rho_0 = 0$ 的球面上。

按组合设计选取的试验点是不会使系数矩阵 $\boldsymbol{A}$ 退化的。旋转性条件式(5-7)也是容易满足的,因为在它的信息矩阵 **A** 的元素中 $\sum_{\alpha} x_{\alpha j} = \sum_{\alpha} x_{\alpha i} x_{\alpha j} = \sum_{\alpha} x_{\alpha i}^2 x_{\alpha j} = 0$,
而它的偶次方元素

$$\sum_{\alpha} x_{\alpha i}^2 = m_c + 2\gamma^2$$

$$\sum_{\alpha} x_{\alpha i}^4 = m_c + 2\gamma^4$$

$$\sum_{\alpha} x_{\alpha i}^2 x_{\alpha j}^2 = m_c$$

都不为零,为满足旋转条件式(5-6),只要使 $\sum_{\alpha} x_{\alpha j}^4 = 3\sum_{\alpha} x_{\alpha i}^2 x_{\alpha j}^2$ 就行了。在 $m_c = 2^p$ 的情况下,求解方程:$2^p + 2\gamma^4 = 3 \times 2^p$,可得

$$\gamma = 2^{\frac{p}{4}} \tag{5-11}$$

这样就根据旋转性的要求,确定了组合设计的一个参数—星号臂值 γ。
类似地,由 $m_c = 2^{p-1}$ 和 $m_c = 2^{p-2}$ 分别可得:

$$\gamma = 2^{\frac{p-1}{4}} \text{ 和 } \gamma = 2^{\frac{p-2}{4}}$$

例如:

在 $p = 3$ 时,组合设计中星号点坐标为:(±1.68, 0, 0), (0, ±1.68, 0), (0, 0, ±1.68);

在 $p = 5$ 时,可用 1/2 实施 2^{5-1} 来代替全因子试验 2^5,此时其星号点的坐标如下:

(±2, 0, 0, 0, 0), (0, ±2, 0, 0, 0), (0, 0, ±2, 0, 0), (0, 0, 0, ±2, 0), (0, 0, 0, 0, ±2)。

在 $p \geqslant 8$ 时,可用 2^{8-1} 或 2^{8-2} 等部分实施来代替 2^8 型全因子试验,以减少总试验次数。

在二次旋转组合设计中常用到的 γ 和 γ^2 值由表 5-3 给出。在表 5-3 中,在某些情况下(特别在 $p < 5$ 时)$\rho_c = \rho_\gamma$ 或 $\rho_c \approx \rho_\gamma$,即 m_c 个全因子试验点与 m_γ 个星号点分布(或近似地分布)在同一个球面上,这时必须增加中心点试验,才可得到非退化的旋转设计。在其他情况下,即使在中心点不做试验,也不会引起信息矩阵 **A** 的退化。

表 5-3　二次旋转组合设计中常用的 γ^2 值表

p	$\rho_c = p^{1/2}$	$\rho_\gamma = \gamma = 2^{(p-1)/2}$	γ^2	m_c	m_γ
2	1.414	1.414	2	4	4
3	1.732	1.682	2.828	8	6
4	2.000	2.000	4.000	16	8
5	2.236	2.378	5.655	32	10
5(1/2 实施)	2.236	2.000	4.000	16	10
6	2.450	2.828	8.000	64	12
6(1/2 实施)	2.450	2.378	5.655	32	12
7	2.646	3.364	11.316	128	14
7(1/2 实施)	2.646	2.828	8.000	64	14
8(1/2 实施)	2.828	3.364	11.316	128	16
8(1/4 实施)	2.828	2.828	8.000	64	16

第三节　二次旋转中的 m_0 的选择

由上节可知,二次旋转组合设计对 m_0 的选择相当自由,在一般情况下(即 $\rho_c \neq \rho_\gamma$),即使在中心点一次试验也不做,也不会影响计划的旋转性。但是,假如仅仅这样来使用旋转组合设计,那就还没有充分运用组合设计的特点。从试验角度来看,中心试验点是必要的,因为它给出了回归方程在中心点的拟合情况,而中心点附近往往是试验者很关心的区域。此外,如果适当选取 m_0,还可使得二次旋转设计具有正交性或通用性,这就是本节所要讨论的问题。

首先讨论二次旋转设计具有正交性的可能性。先来研究二次旋转设计中的信息矩阵(5-5)。信息矩阵(5-5)的逆矩阵(相关矩阵)是式(5-12)。

$$NA^{-1}=\begin{array}{c|cccccccccccccc}
 & 0 & 1 & 2 & \cdots & p & 12 & 13 & \cdots & p-1,p & 11 & 22 & \cdots & pp \\ \hline
0 & 2\lambda_4^2(p+2)t & & & & & & & & & -2\lambda_2\lambda_4 t & -2\lambda_2\lambda_4 t & \cdots & -2\lambda_2\lambda_4 t \\
1 & & \lambda_2^{-1} & & & & & & & & & & & \\
2 & & & \lambda_2^{-1} & & & & & & & & & & \\
\vdots & & & & \ddots & & & & & & & & & \\
p & & & & & \lambda_2^{-1} & & & & & & & & \\
12 & & & & & & \lambda_4^{-1} & & & & & & & \\
13 & & & & & & & \lambda_4^{-1} & & & & & & \\
\vdots & & & & & & & & \ddots & & & & & \\
p-1,p & & & & & & & & & \lambda_4^{-1} & & & & \\
11 & -2\lambda_2\lambda_4 t & & & & & & & & & [(p+1)\lambda_4-(p-1)\lambda_2^2]t & (\lambda_2^2-\lambda_4)t & \cdots & (\lambda_2^2-\lambda_4)t \\
22 & -2\lambda_2\lambda_4 t & & & & & & & & & (\lambda_2^2-\lambda_4)t & [(p+1)\lambda_4-(p-1)\lambda_2^2]t & \cdots & (\lambda_2^2-\lambda_4)t \\
\vdots & \vdots & & & & & & & & & \vdots & \vdots & \vdots & \vdots \\
pp & -2\lambda_2\lambda_4 t & & & & & & & & & (\lambda_2^2-\lambda_4)t & (\lambda_2^2-\lambda_4)t & \cdots & [(p+1)\lambda_4-(p-1)\lambda_2^2]t
\end{array} \tag{5-12}$$

其中:$t=\dfrac{1}{2\lambda_4[(p+2)\lambda_4-p\lambda_2^2]}$

从矩阵(5-12)可以看出,在二次旋转设计下,一次项和交叉项的回归系数 b_j 和 b_{ij} 仍保持正交性,相关只存在于 b_0 和 b_{ij} 之间并且它们的相关矩阵分别是

$$\operatorname{cov}(b_0,\ b_{jj})=-2\lambda_2\lambda_4 t\sigma^2/N,$$
$$\operatorname{cov}(b_{ii},\ b_{jj})=(\lambda_2^2-\lambda_4)t\sigma^2/N。 \tag{5-13}$$

其中 σ^2 为随机误差项 ε_α 的方差。因此要使二次旋转组合设计具有正交性,就要消除上述这些回归系数之间的相关性,清除常数项 b_0 与平方项系数 b_{jj} 间的相关性还是容易办到的,这只要对平方项施行中心化的变换即可,这个办法在第四章中已经用过。至于消除平方项之间的相关性,只要在式(5-12) 中令 $\lambda_4=\lambda_2^2$ 或 $\lambda_4/\lambda_2^2=1$,就有 $\operatorname{cov}(b_{ii},\ b_{jj})=0$。

下面来说明当条件 $\lambda_4/\lambda_2^2=1$ 对设计提出的要求。我们知道在组合设计中,所有试验点分布在三个球面上,在半径为 $\rho_c=\sqrt{p}$ 的球面上有 m_c 个点;在半径为 $\rho_\gamma=\gamma$ 的球面上有 $m_\gamma=2p$ 个点;在半径为 $\rho_0=0$ 的球面上有 m_0 个点。于是上节的(5-9)式,可得:

$$\frac{\lambda_4}{\lambda_2^2}=\frac{m_c\rho_c^4+m_\gamma\rho_\gamma^4+m_0\rho_0^4}{(m_c\rho_c^2+m_\gamma\rho_\gamma^2+m_0\rho_0^2)^2}\cdot\frac{Np}{p+2}$$

或者

$$\frac{\lambda_4}{\lambda_2^2}=\frac{m_cp^2+2p\gamma^4}{(m_cp+2p\gamma^2)^2}\cdot\frac{Np}{p+2}=\frac{m_cp+2\lambda^4}{(m_c+2\gamma^2)^2}\cdot\frac{N}{p+2} \tag{5-14}$$

在式(5-14)中,对 p 个因子的旋转组合设计来说,m_c 和 γ 都是固定的,因此要使 $\lambda_4/\lambda_2^2=1$,只有调整总的试验次数 N,而 N 中的 2^p 型全因子试验(或部分实施法)的试验次数 m_c 和星号点的试验次数 m_γ 也都确定,这样就只能用调整中心点的试验次数 m_0 来使 $\lambda_4/\lambda_2^2=1$。由此可见,适当地选取 m_0,就可使二次旋转组合设计具有一定的正交性,为此式可把式(5-14)改写为

$$\frac{N}{\lambda_4/\lambda_2^2}=\frac{(m_c+2\gamma^2)^2(p+2)}{m_cp+2\gamma^4} \tag{5-15}$$

对于给定的旋转组合设计,$N/(\lambda_4/\lambda_2^2)$ 的计算结果和 N、m_0 的取值记载在表 5-4 上。从表上可以看出,$N/(\lambda_4/\lambda_2^2)$ 不一定是整数。当 $N/(\lambda_4/\lambda_2^2)$ 是整数时,如方案 1, 3, 5, 7, 8, 9 等,立即可得二次正交旋转组合设计,这时 $N/(\lambda_4/\lambda_2^2)=1$。当 $N/(\lambda_4/\lambda_2^2)$ 不是整数时,N 只能选取靠近 $N/(\lambda_4/\lambda_2^2)$ 的整数值,这时 λ_4/λ_2^2 不为1,但与 1 相差甚微,这样的旋转组合设计是近似正交的。从上面可以看到,用正交旋转组合设计的好处是,简化了计算回归系数的公式,但增加了在中心点的试验次数。

表 5-4　二次正交旋转组合设计的参数表

方案号	二次旋转设计参数			$N/(\lambda_4/\lambda_2^2)$	N	λ_4/λ_2^2	m_0
	p	m_c	γ				
1	2	4	1.414 213 6	16	16	1	8
2	3	8	1.681 792 8	23.313 708	23	0.986 544 1	9
3	4	16	2.000 000 0	36	36	1	12
4	5	32	2.378 414 2	58.627 417	59	1.006 355	17
5	5(1/2 实施)	16	2.000 000 0	36	36	1	10
6	6(1/2 实施)	32	2.378 414 2	58.627 417	59	1.006 355	15
7	7(1/2 实施)	64	2.828 427 1	100	100	1	22
8	8(1/2 实施)	128	3.363 585 7	177.254 83	177	1	33
9	8(1/4 实施)	64	2.828 427 1	100	100	1	20

表 5-4 提供了编制二次正交旋转组合计划的各种参数,如对 $p=3$ 的情况,可选 $m_0=9$ 来编制二次正交旋转组合计划。在尚未消去常数项 b_0、与平方项回归系数 b_{jj} 之间的相关性时,它的旋转组合计划(几乎正交的)如表 5-5 所示。

假如对平方项施行中心化变换,即令

$$x'_{\alpha j}=x_{\alpha j}^2-\frac{1}{N}\sum_\alpha x_{\alpha j}^2=x_{\alpha j}^2-\frac{1}{23}\times 13.656=x_{\alpha j}^2-0.594,$$

则此时的二次正交旋转组合设计如表 5-6 所示。

现在来讨论使二次正交旋转组合设计具有通用性的问题，先从计算二次正交旋转组合设计的预测值 $\hat{y}$ 的方差 $D(\hat{y})$ 开始。计算预测值 $\hat{y}$ 的方差 $D(\hat{y})$，对古典回归分析来说是相当困难的，这是由于相关矩阵比较复杂，以及预测值的方差在因子空间中分布不均匀的缘故。然而在旋转设计中这个问题就比较容易解决。

在二次正交旋转组合设计中，由于常数项 b_0 和二次项系数 b_{jj} 之间，以及二次项系数本身之间还存在着相关，所以预测值 $\hat{y}$ 的方差

$$D(\hat{y})=D(b_0)+D(b_j)\sum_{j=1}^{p}x_j^2+D(b_{ij})\sum_{i<j}x_i^2x_j^2+D(b_{jj})\sum_{j=1}^{p}x_j^4$$
$$+2\mathrm{cov}(b_0,\ b_{jj})\sum_{j=1}^{p}x_j^2+2\mathrm{cov}(b_{ii},b_{jj})\sum_{i<j}x_i^2x_j^2。$$

根据旋转性，在因子空间中，同一球面上（球心在中心点）所有点的预测值的方差相等，因此可取这样一个特殊点来计算 $D(\hat{y})$，这一点在因子空间的坐标轴上，譬如在因子 x_j 轴上，因此它的坐标是 $(0,\ \cdots,\ 0,\ \rho,\ 0,\ \cdots,\ 0)$，其中 ρ 是这一点所在球面的半径。

于是：$\sum_{j=1}^{p}x_j^2=\rho^2,\sum_{j=1}^{p}x_j^4=\rho^4,\sum_{i<j}x_i^2x_j^2=0$。

表 5-5 三个因子的二次（几乎正交）旋转组合计划

试验号	x_0	x_1	x_2	x_3	x_1x_2	x_1x_3	x_2x_3	x_1^2	x_2^2	x_3^2
1	1	1	1	1	1	1	1	1	1	1
2	1	1	1	−1	1	−1	−1	1	1	1
3	1	1	−1	1	−1	1	−1	1	1	1
4	1	1	−1	−1	−1	−1	1	1	1	1
5	1	−1	1	1	−1	−1	−1	1	1	1
6	1	−1	1	−1	−1	1	−1	1	1	1
7	1	−1	−1	1	1	−1	1	1	1	1
8	1	−1	−1	−1	1	1	1	1	1	1
9	1	1.682	0	0	0	0	0	2.828	0	0
10	1	−1.682	0	0	0	0	0	2.828	0	0
11	1	0	1.682	0	0	0	0	0	2.828	0
12	1	0	−1.682	0	0	0	0	0	2.828	0
13	1	0	0	1.682	0	0	0	0	0	2.828
14	1	0	0	−1.682	0	0	0	0	0	2.828
15	1	0	0	0	0	0	0	0	0	0
16	1	0	0	0	0	0	0	0	0	0
17	1	0	0	0	0	0	0	0	0	0
18	1	0	0	0	0	0	0	0	0	0
19	1	0	0	0	0	0	0	0	0	0
20	1	0	0	0	0	0	0	0	0	0
21	1	0	0	0	0	0	0	0	0	0
22	1	0	0	0	0	0	0	0	0	0
23	1	0	0	0	0	0	0	0	0	0

表 5-6　三个因子的正交旋转组合计划

试验号	x_0	x_1	x_2	x_3	x_1x_2	x_1x_3	x_2x_3	x_1'	x_2'	x_3'
1	1	1	1	1	1	1	1	0.406	0.406	0.406
2	1	1	1	−1	1	−1	−1	0.406	0.406	0.406
3	1	1	−1	1	−1	1	−1	0.406	0.406	0.406
4	1	1	−1	−1	−1	−1	1	0.406	0.406	0.406
5	1	−1	1	1	−1	−1	1	0.406	0.406	0.406
6	1	−1	1	−1	−1	1	−1	0.406	0.406	0.406
7	1	−1	−1	1	1	−1	−1	0.406	0.406	0.406
8	1	−1	−1	−1	1	1	1	0.406	0.406	0.406
9	1	1.682	0	0	0	0	0	2.234	−0.594	−0.594
10	1	−1.682	0	0	0	0	0	2.234	−0.594	−0.594
11	1	0	1.682	0	0	0	0	−0.594	2.234	−0.594
12	1	0	−1.682	0	0	0	0	−0.594	2.234	−0.594
13	11	0	0	1.682	0	0	0	−0.594	−0.594	2.234
14	1	0	0	−1.682	0	0	0	−0.594	−0.594	2.234
15	1	0	0	0	0	0	0	−0.594	−0.594	−0.594
16	1	0	0	0	0	0	0	−0.594	−0.594	−0.594
17	1	0	0	0	0	0	0	−0.594	−0.594	−0.594
18	1	0	0	0	0	0	0	−0.594	−0.594	−0.594
19	1	0	0	0	0	0	0	−0.594	−0.594	−0.594
20	1	0	0	0	0	0	0	−0.594	−0.594	−0.594
21	1	0	0	0	0	0	0	−0.594	−0.594	−0.594
22	1	0	0	0	0	0	0	−0.594	−0.594	−0.594
23	1	0	0	0	0	0	0	−0.594	−0.594	−0.594

所以：

$$\begin{aligned} D(\hat{y}) &= D(b_0) + D(b_j)\rho^2 + D(b_{jj})\rho^4 + 2\mathrm{cov}(b_0,\ b_j)\rho^2 \\ &= D(b_0) + [D(b_j) + 2\mathrm{cov}(b_0,\ b_j)]\rho^2 + D(b_{jj})\rho^4 \end{aligned} \tag{5-16}$$

其中等式右边的各个方差和相关矩阵不难从相关矩阵(5-12)中找到：

$$\begin{cases} D(b_0) = 2\lambda_4^2(p+2)t\sigma^2/N, \\ D(b_j) = \sigma^2/\lambda_2 N, \\ D(b_{jj}) = [(p+1)\lambda_4 - (p-1)\lambda_2^2]t\sigma^2/N, \\ \mathrm{cov}(b_0,\ b_j) = -2\lambda_2\lambda_4 t\sigma^2/N, \\ t = \dfrac{1}{2\lambda_4[(p+2)\lambda_4 - p\lambda_2^2]}。 \end{cases} \tag{5-17}$$

为了今后讨论简单起见，暂时约定 $\lambda_2 = 1$。这个约定显然不是本质的，因为在等式 $\sum\limits_{\alpha} x_{\alpha j}^2 = \lambda_2 N$ 中，当 $\lambda \neq 1$ 时，可以改编码值 $x_{\alpha j}$ 为 $x_{\alpha j}/\sqrt{\lambda_2}$，这时就有 $\sum\limits_{\alpha}(x_{\alpha j}/\sqrt{\lambda_2})^2 = N$。这种编码值的改变并不会影响具体的实验计划，只是把编码值的影响集中到参数 λ_4 上去了。在这个约定下($\lambda_2 = 1$)，下面来讨论预测值 $\hat{y}$ 的方差 $D(\hat{y})$ 的性质。由式(5-17)可以写成 $\left(\text{注意到}, t = \dfrac{1}{2\lambda_4[(p+2)\lambda_4 - p\lambda_2^2]}\right)$：

$$
\begin{cases}
D(b_0)=\dfrac{(p+2)\sigma^2}{[(p+2)\lambda_4-p](N/\lambda_4)},\\
D(b_j)=\dfrac{\sigma^2}{\lambda_4(N/\lambda_4)},\\
D(b_{jj})=\dfrac{[(p+1)\lambda_4-(p-1)]\sigma^2}{2\lambda_4^2[(p+2)\lambda_4-p](N/\lambda_4)},\\
\operatorname{cov}(b_0,\ b_{jj})=\dfrac{-\sigma^2}{\lambda_4^2[(p+2)\lambda_4-p](N/\lambda_4)}。
\end{cases}
\tag{5-18}
$$

将式(5-18)代入式(5-16),即得:

$$
\frac{D(\hat{y})}{\sigma^2}=\frac{p+2}{[(p+2)\lambda_4-p]\left(\dfrac{N}{\lambda_4}\right)}\times[1+\frac{\lambda_4-1}{\lambda_4}\rho^2+\frac{(p+1)\lambda_4-(p-1)}{2\lambda_4^2(p+2)}\rho_4] \tag{5-19}
$$

因为在任一个旋转组合设计方案中,因子个数 p 与比值 N/λ_4 是确定的,见式(5-15),于是 $D(\hat{y})/\sigma^2$ 仅是 λ_4 和 ρ 的函数。譬如在 $p=2$ 和 $p=3$ 的情况下,$D(\hat{y})/\sigma^2$ 的表达式分别是式(5-20)和式(5-21)

$$
\frac{D(\hat{y})}{\sigma^2}=\frac{1}{8(2\lambda_4-1)}\left[1+\frac{\lambda_4-1}{\lambda_4}\rho^4+\frac{3\lambda_4-1}{8\lambda_4^2}\rho^4\right], \tag{5-20}
$$

$$
\frac{D(\hat{y})}{\sigma^2}=\frac{5}{23.311(5\lambda_4-3)}\left[1+\frac{\lambda_4-1}{\iota_4}\rho^2+\frac{\lambda_4-1}{\lambda_4^2}\rho^4\right]。 \tag{5-21}
$$

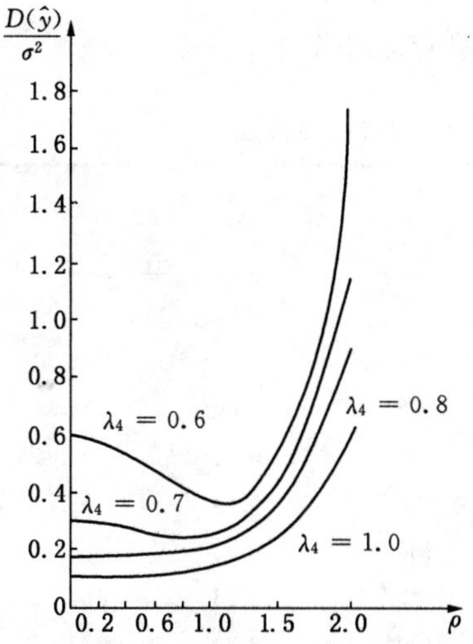

图 5-3 式(5-20)的曲线图形

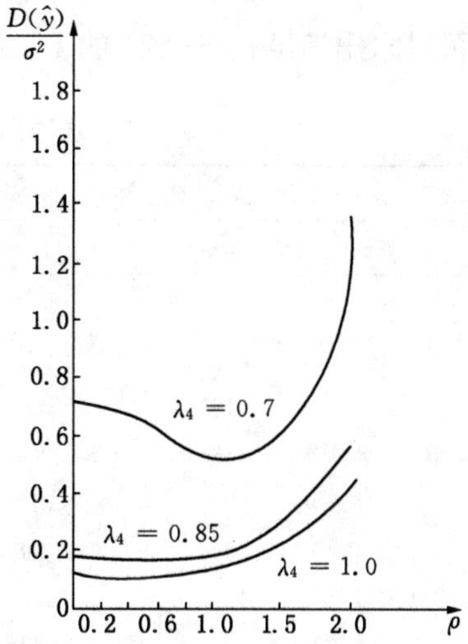

图 5-4 式(5-21)的曲线图形

为了进一步认识预测值 $\hat{y}$ 的方差 $D(\hat{y})$ 与 λ_4 和 ρ 的关系,可以对不同的 λ_4 画出 $D(\hat{y})/\sigma^2$ 对 ρ 的曲线。图 5-3 和图 5-4 分别是式(5-20)和(5-21)的曲线图形。

在 $p=2$ 的情况下，从图 5-3 可以看出，随着 ρ 的增加，$D(\hat{y})$ 最后总是上升的，但是在区间 $0<\rho<1$ 内，$D(\hat{y})$ 的变化却比较复杂，有的是先下降后上升(如 $\lambda_4=0.6$)；有的基本不变(如 $\lambda_4=0.8$)；有的一直上升(如 $\lambda_4=1$)。对实用较有意义的 $D(\hat{y})$ 在区间 $0<\rho<1$ 内基本保持不变的情况，因为这对今后进行预测是方便的。

假如一个回归设计可使它的预测值方差 $D(\hat{y})$，在区间 $0<\rho<1$ 内基本上保持某一个常数，那么就称这种设计具有通用性或称通用设计。通用性是指在不同球面上的点方差也相等，它比旋转性仅在同一球面上的点的方差相等更进了一步。由上可知，要使旋转组合设计具有通用性，关键在于如何确定 λ_4。为此，在区间 $0<\rho<1$ 内插入如下分点：

$$0<\rho_1<\rho_2<\cdots<\rho_n<1,$$

然后如此来确定 λ_4。使得式(5-19)在诸 ρ_i 处的值与 $\rho=0$ 处的值的差的平方和最小，即，

使得：

$$Q(\lambda_4)=f_0^2(\lambda_4)\sum_{i=1}^{n}\left[f_1(\lambda_4)\rho_i^2+f_2(\lambda_4)\rho_i^4\right]^2=\text{最小}, \tag{5-22}$$

其中

$$f_0(\lambda_4)=\frac{p+2}{[(p+2)\lambda_4-p](N/\lambda_4)},$$

$$f_1(\lambda_4)=\frac{\lambda_4-1}{\lambda_4},$$

$$f_2(\lambda_4)\frac{(p+1)\lambda_4-(p-1)}{2\lambda_4^2(p=2)}。$$

对不同的 p，可以求出满足式(5-22)的 λ_4，结果列在表 5-7 上。

表 5-7　二次通用旋转组合设计的参数表

方案号	二次旋转设计参数			N/λ_4	λ_4	N	m_0
	p	m_c	γ				
1	2	4	1.414	16	0.81	12.96	5
2	3	8	1.682	23.314	0.86	19.90	6
3	4	16	2.000	36	0.86	30.96	7
4	5(1/2 实施)	16	2.000	36	0.89	32.04	6
5	6(1/2 实施)	32	2.378	58.727	0.90	52.76	9
6	7(1/2 实施)	64	2.828	100	0.92	92	14
7	8(1/2 实施)	128	3.364	177.256	0.93	164.85	21
8	8(1/4 实施)	164	2.828	100	0.93	93	13

在确定了 λ_4 以后，可以从比值 N/λ_4 再定出 N，当算得的结果不是整数时，N 可取其最靠近的整数，最后再定出 m_0，上述计算结果列在表 5-7 最后两列上，即可使二次旋转组合计划具有通用性，表 5-8 是三个因子的二次通用旋转组合设计。

表 5-8　三个因子的二次通用旋转组合设计

	实验号	x_0	x_1	x_2	x_3	x_1x_2	x_1x_3	x_2x_3	x_1^2	x_2^2	x_3^2
m_c	1	1	1	1	1	1	1	1	1	1	1
	2	1	1	1	−1	1	−1	−1	1	1	1
	3	1	1	−1	1	−1	1	−1	1	1	1
	4	1	1	−1	−1	−1	−1	1	1	1	1
	5	1	−1	1	1	−1	−1	1	1	1	1
	6	1	−1	1	−1	−1	1	−1	1	1	1
	7	1	−1	−1	1	1	−1	−1	1	1	1
	8	1	−1	−1	−1	1	1	1	1	1	1
m_γ	9	1	1.682	0	0	0	0	0	2.828	0	0
	10	1	−1.682	0	0	0	0	0	2.828	0	0
	11	1	0	1.682	0	0	0	0	0	2.828	0
	12	1	0	−1.682	0	0	0	0	0	2.828	0
	13	1	0	0	1.682	0	0	0	0	0	2.828
	14	1	0	0	−1.682	0	0	0	0	0	2.828
m_0	15	1	0	0	0	0	0	0	0	0	0
	16	1	0	0	0	0	0	0	0	0	0
	17	1	0	0	0	0	0	0	0	0	0
	18	1	0	0	0	0	0	0	0	0	0
	19	1	0	0	0	0	0	0	0	0	0
	20	1	0	0	0	0	0	0	0	0	0

第四节　回归旋转设计的应用

二次旋转设计中最常用、最典型的是二次旋转组合设计。二次旋转组合设计的统计分析可分下列几步进行，其他二次旋转设计与此类似。

1. 二次旋转计划的安排

设在某个问题中有 p 个因子 $z_1, z_2, \cdots, z_p$，其中第 j 个因子的上下限分别为 z_{2j}, z_{1j} $(j=1, 2, \cdots, p)$，

先计算零水平和变化区间

$$z_{0j}=\frac{z_{1j}+z_{2j}}{2},$$

$$\Delta_j=\frac{z_{2j}-z_{0j}}{\gamma}。$$

其中 γ 根据二次旋转设计确定。然后编制因子水平的编码表 5-9。

表 5-9　旋转设计的因子编码表

编码	因子			
x_{aj}	z_1	z_2	…	z_p
$+\gamma$	z_{21}	z_{22}	…	z_{2p}
$+1$	$z_{01}+\Delta_1$	$z_{01}+\Delta_2$	⋮	$z_{0p}+\Delta_p$
0	z_{01}	z_{02}	⋮	z_{0p}
-1	$z_{01}-\Delta_1$	$z_{01}-\Delta_2$	⋮	$z_{0p}-\Delta_p$
$-\gamma$	z_{11}	z_{12}	…	z_{1p}

2. 试验

根据试验计划进行

$$N = m_c + 2p + m_0$$

次试验，其中 m_c 是 2^p 型全因子试验或部分实施法的试验次数，m_0 是中心点的试验次数(为了获得方差估计，一般都在中心点安排几次重复试验)，试验结果为 y_α。在采用通用旋转设计时或正交旋转设计时，m_0 应按上节中的设计要求确定。

3. 回归系数的计算

回归系数为：

$$b = (\boldsymbol{X'X})^{-1}(\boldsymbol{X'Y}),$$

其中 $(\boldsymbol{X'X})^{-1}$ 为设计的相关矩阵，$(\boldsymbol{X'Y})$ 为常数项矩阵 $\boldsymbol{B}$。在旋转设计下，假如相关矩阵 $(\boldsymbol{X'X})^{-1}$ 取回归正交的组合设计(见第四章)的形式，则：

$$\begin{bmatrix} b_0 \\ b_{11} \\ b_{22} \\ \vdots \\ b_{pp} \\ b_1 \\ b_2 \\ \vdots \\ b_p \\ b_{12} \\ b_{13} \\ \vdots \\ b_{p-1,p} \end{bmatrix} = \begin{bmatrix} \begin{matrix} K & E & E & \cdots & E \\ E & F & G & \cdots & G \\ E & G & F & \cdots & G \\ \vdots & \vdots & \vdots & & \vdots \\ E & G & G & \cdots & F \end{matrix} & & & & & & & \\ & e^{-1} & & & & & & \\ & & e^{-1} & & & & & \\ & & & \ddots & & & & \\ & & & & e^{-1} & & & \\ & & & & & m_c^{-1} & & \\ & & & & & & m_c^{-1} & \\ & & & & & & & \ddots \\ & & & & & & & & m_c^{-1} \end{bmatrix} \begin{bmatrix} \sum_a y_a \\ \sum_a x_{a1}^2 y_a \\ \sum_a x_{a2}^2 y_a \\ \vdots \\ \sum_a x_{ap}^2 y_a \\ \sum_a x_{a1} y_a \\ \sum_a x_{a2} y_a \\ \vdots \\ \sum_a x_{ap} y_a \\ \sum_a x_{a1} x_{a2} y_a \\ \sum_a x_{a1} x_{a3} y_a \\ \vdots \\ \sum_a x_{a,p-1} x_{ap} y_a \end{bmatrix}$$

所以：

$$\begin{cases} b_0 = K\sum_a y_a + E\sum_{j=1}^{p}\left(\sum_a x_{aj}^2 y_a\right), \\ b_j = e^{-1}\sum_a x_{aj} y_a, \\ b_{ij} = m_c^{-1}\sum x_{ai} x_{aj} y_a, \\ b_{jj} = (F-G)\sum_a x_{aj}^2 y_a + G\sum_{j=1}^{p}\left(\sum_a x_{aj}^2 y_a\right) + E\sum_a y_a。 \end{cases} \tag{5-23}$$

其中 K, E, F, G, e 为参数。表 5-10 给出了在二次通用旋转设计和正交旋转设计试验中所对应的 K, E, F, G, e^{-1}, m_c^{-1} 的值(对于表中的双行数字,上行数字为二次通用旋转设计的参数值,下行为正交旋转设计的参数值)。

若相关矩阵 $(\boldsymbol{X}'\boldsymbol{X})^{-1}$ 取矩阵(5-12) 的形式,则二次回归方的回归系数可直接用 λ_2 和 λ_4 表示如下:

$$\begin{cases} b_0 = \dfrac{t}{N}\left[2\lambda_4^2(p+2)\sum_\alpha y_\alpha - 2\lambda_2\lambda_4\sum_{j=1}^{p}\left(\sum_\alpha x_{\alpha j}^2 y_\alpha\right)\right], \\ b_j = \dfrac{1}{N\lambda_2}\sum_\alpha x_{\alpha j}y_\alpha, \\ b_{ij} = \dfrac{1}{N\lambda_4}\sum_\alpha x_{\alpha i}x_{\alpha j}y_\alpha, \\ b_{jj} = \dfrac{t}{N}\left\{[(p+2)\lambda_4 - p\lambda_2^2]\sum_\alpha x_{\alpha j}^2 y_\alpha + (\lambda_2^2-\lambda_4)\sum_{j=1}^{p}\sum_\alpha x_{\alpha j}^2 y_\alpha - 2\lambda_2\lambda_4\sum_\alpha y_\alpha\right\}。 \end{cases} \tag{5-24}$$

其中:$t = \dfrac{1}{2\lambda_4[(p+2)\lambda_4 - p\lambda_2^2]}$。

表 5-10 计算回归系数的有关参数表格

p	γ	m_0	N	$\lambda_4^* = \dfrac{\lambda_4}{\lambda_2^2}$	(K)	(E)	(e^{-1})	(m_c^{-1})	$(F-G)$	(G)	(F)
2	1.414 21	5	13	0.812 50	0.200 00	−0.100 0	0.125 00	0.250 00	0.125 00	0.018 75	0.143 75
		8	16	1.000 00	0.125 00	−0.062 5				0.000 00	0.125 00
3	1.681 79	6	20	0.857 86	0.166 34	−0.056 79	0.073 22	0.125 00	0.062 50	0.006 89	0.069 39
		9	23	0.986 54	0.110 97	−0.037 89				0.000 44	0.062 94
4	2.000 00	7	31	0.861 11	0.142 86	−0.035 71	0.041 67	0.062 50	0.031 25	0.003 72	0.034 97
		12	36	1.000 00	0.083 33	−0.020 83				0.000 00	0.031 25
5(1/2实施)	2.000 00	6	32	0.888 89	0.159 09	−0.034 09	0.041 67	0.062 50	0.031 25	0.002 84	0.034 09
		10	36	1.000 00	0.097 72	−0.020 88				0.000 00	0.031 25
6(1/2实施)	2.378 41	9	53	0.904 01	0.110 75	−0.018 74	0.023 09	0.031 25	0.015 63	0.001 22	0.016 84
		15	59	1.006 36	0.066 54	−0.011 26				−0.000 5	0.015 58
7(1/2实施)	2.828 43	14	92	0.920 00	0.070 31	−0.009 77	0.012 50	0.015 63	0.007 81	0.000 49	0.008 30
		22	100	1.000 00	0.045 00	−0.006 25				0.000 00	0.007 81
8(1/4实施)	2.828 43	13	93	0.930 00	0.076 92	−0.009 62	0.012 50	0.015 63	0.007 81	0.000 42	0.008 23
		20	100	1.000 00	0.050 00	−0.006 25				0.000 00	0.007 81

在旋转组合设计几乎正交的情况下(如表 5-5 的设计),回归系数仍可用式(5-24)计算,不过这时 $\lambda_4 = \lambda_2^2$,所以平方项的回归系数公式为

$$b_{jj} = \frac{t}{N}\left[2\lambda_4\sum_\alpha x_{\alpha j}^2 y_\alpha - 2\lambda_2\lambda_4\sum_\alpha y_\alpha\right]。 \tag{5-25}$$

在旋转组合设计是正交的情况下(如表 5-6 的设计),它的回归系数的计算以及以后的显著性检验,完全类似于第四章二次回归正交组合设计的统计分析,这里就不再重复了。不过,此处有三种类型的旋转组合设计:

① 二次通用旋转组合设计，

② 二次几乎正交旋转组合设计，

③ 二次正交旋转组合设计。

它们三者虽然不相同，但是，在某些特殊条件下，它们之间有联系。例如，在二次通用旋转组合设计的参数表 5-7 中的方案 3，$p=4$，$m_c=16$，$\gamma=2.000$，$N/\lambda_4=36$，$\lambda_4=0.86$，$N=31$，$m_0=7$。可以把方案 3 改变为 $\lambda_4=1$，$N=36$，$m_0=12$。这样一来，表 5-7 中的“方案 3”与二次正交旋转组合设计的参数表 5-4 中的“方案 3”相同。因此。对表 5-7 中的“方案 3”既可以用公式(5-23)或(5-24)计算回归系数以及统计分析，当然亦可以对这个“方案 3”中结构矩阵的平方项施行“中心化”变换，经过这样变换的“方案 3”，它的回归系数的计算以及以后的显著性检验，完全归结为二次正交组合设计的统计分析，表 5-7 中其他的方案都有类似的规律，在表 5-10 中已反映了这一特点。

4. 回归方程的显著性检验

设 y_1，y_2，…，y_N 是二次旋转组合设计的 N 个试验结果，那么它的总的偏差平方和

$$S_{总}=\sum_{\alpha} y_{\alpha}^2-\frac{1}{N}\left(\sum_{\alpha} y_{\alpha}\right)^2,\quad f_{总}=N-1。$$

它的剩余平方和

$$S_{剩}=\sum_{a} y_a^2-b_0B_0-\sum_{j=1}^{p} b_jB_j-\sum_{i<j} b_{ij}B_{ij}-\sum_{j=1}^{p} b_{jj}B_{jj},\qquad(5\text{-}26)$$

$$f_{剩}=N-C_{p+2}^2,$$

其中 B_0，B_j，B_{ij}，B_{jj} 等皆为常数项矩阵 $\boldsymbol{B}$ 中的元素，于是回归平方和

$$S_{回}=S_{总}-S_{剩},\ f_{回}=C_{p+2}^2-1。\qquad(5\text{-}27)$$

回归方程的显著性检验可用下列统计量 F_2 进行

$$F_2=\frac{S_{回}/f_{回}}{S_{剩}/f_{剩}}\sim F(f_{回},f_{剩})。\qquad(5\text{-}28)$$

在旋转组合设计中，中心点上往往要做一些实验，若记这些实验结果为 y_{01}，y_{02}，…，y_{0m_0}，那么它们的算术平均数为

$$\bar{y}_0=\frac{1}{m_0}\sum_{i=1}^{m_0} y_{0i}$$

于是它们的偏差平方和

$$S_{误}=\sum_{i=1}^{m_0}(y_{0i}-\bar{y}_0)^2,\ f_{误}=m_0-1\qquad(5\text{-}29)$$

$S_{误}$完全是由试验误差引起的，可用它们来作为各项因子的显著性检验。如第三章所述，还可用统计量

$$F_1=\frac{S_{Lf}/f_{Lf}}{S_{误}/f_{误}}\sim F(f_{Lf},f_{误})\qquad(5\text{-}30)$$

来检验失拟平方和 S_{Lf} 中,是否含有其他不可忽略的因子对试验结果的影响,其中

$$S_{Lf}=S_{剩}-S_{误},\ f_{Lf}=N-C_{p+2}^{2}-m_{0}+1。\tag{5-31}$$

假如用统计量 F_1 进行检验的结果是显著的,那就需要进一步考察原因,改变二次回归模型;假如检验结果是不显著的,那就进一步用统计量 F_2 对二次回归方程进行检验。

5. 回归系数的显著性检验

回归系数的显著性亦即回归方程中每一个变量的作用程度可以用 F 检验来评价,但对于旋转试验设计和通用试验设计,用 t 检验更方便。为此,在相关矩阵如式(4-20)的形式下,各回归系数的方差和相应的 t 统计量可按下式计算:

$$\begin{cases} D(b_0)=K\sigma^2=KS_{误}/f_{误};\ t_0=|b_0|/\sqrt{KS_{误}/f_{误}}\sim t_\alpha(f_{误}); \\ D(b_j)=e^{-1}\sigma^2=e^{-1}S_{误}/f_{误};\ t_j=|b_j|/\sqrt{e^{-1}S_{误}/f_{误}}\sim t_\alpha(f_{误}); \\ D(b_{ij})=m_e^{-1}\sigma^2=m_e^{-1}S_{误}/f_{误};\ t_{ij}=|b_{ij}|/\sqrt{m_c^{-1}S_{误}/f_{误}}\sim t_\alpha(f_{误}); \\ D(b_{jj})=F\sigma^2=FS_{误}/f_{误};\ t_{jj}=|b_{jj}|/\sqrt{FS_{误}/f_{误}}\sim t_\alpha(f_{误}); \\ \mathrm{cov}(b_0,\ b_{jj})=E\sigma^2=ES_{误}/f_{误}; \\ \mathrm{cov}(b_{ii},\ b_{jj})=G\sigma^2=GS_{误}/f_{误}。 \end{cases}\tag{5-32}$$

当用 F_1 检验的结果不显著时,可用$S_{剩}/f_{剩}$ 来代替(5-32)中的$S_{误}/f_{误}$,对回归系数进行 t 检验。

【例 5-1】 为了考察转杯纱棉结 y 与转杯速度 x_1(r/m),分梳辊速度 x_2(r/m),捻系数 $x_3(\alpha_T)$ 的关系,对各因子选择了如表 5-11 所示的零水平和变化区间,采用二次回归的通用旋转组合设计,进行试验。

表 5-11 因子水平和变化区间

名称 \ 因子	$x_1/(r\cdot m^{-1})$	$x_2/(r\cdot m^{-1})$	$x_3(\alpha_T)$
z_{0j}	72 500	6 950	425
Δ_j	4 459	802	45

因子的编码值如表 5-12 所示,试验计划与试验结果如表 5-13 所示。

表 5-12 因子编码表(γ=1.682)

水平 \ 因子	$x_1/(r\cdot m^{-1})$	$x_2/(r\cdot m^{-1})$	$x_3(\alpha_T)$
$+\gamma$	80 000	8 300	500
+1	76 959	7 752	470
0	72 500	6 950	425
−1	68 041	6 148	380
$-\gamma$	65 000	5 500	350

表 5-13 因子试验计划与结果

试验号	x_0	x_1	x_2	x_3	x_1x_2	x_1x_3	x_2x_3	x_1^2	x_2^2	x_3^2	y
1	1	1	1	1	1	1	1	1	1	1	190.88
2	1	1	1	−1	1	−1	−1	1	1	1	213.40
3	1	1	−1	1	−1	1	−1	1	1	1	192.88
4	1	1	−1	−1	−1	−1	1	1	1	1	233.63
5	1	−1	1	1	−1	−1	1	1	1	1	208.97
6	1	−1	1	−1	−1	1	−1	1	1	1	225.42
7	1	−1	−1	1	1	−1	−1	1	1	1	199.12
8	1	−1	−1	−1	1	1	1	1	1	1	198.29
9	1	−1.682	0	0	0	0	0	2.828	0	0	167.11
10	1	+1.682	0	0	0	0	0	2.828	0	0	168.77
11	1	0	−1.682	0	0	0	0	0	2.828	0	255.72
12	1	0	+1.682	0	0	0	0	0	2.828	0	284.91
13	1	0	0	−1.682	0	0	0	0	0	2.828	182.10
14	1	0	0	+1.682	0	0	0	0	0	2.828	148.73
15	1	0	0	0	0	0	0	0	0	0	194.00
16	1	0	0	0	0	0	0	0	0	0	184.20
17	1	0	0	0	0	0	0	0	0	0	180.74
18	1	0	0	0	0	0	0	0	0	0	176.68
19	1	0	0	0	0	0	0	0	0	0	186.63
20	1	0	0	0	0	0	0	0	0	0	178.05

由最小二乘法可以计算得回归系数：

$b_0 = 183.204\ 8$，

$b_1 = 0.130\ 5$，

$b_2 = 4.674\ 7$，

$b_3 = -9.885\ 5$，

$b_{12} = -7.401\ 3$，

$b_{13} = -5.956\ 3$，

$b_{23} = 0.118\ 8$，

$b_{11} = -4.296\ 7$，

$b_{22} = 31.903\ 8$，

$b_{33} = -5.189\ 6$。

则求得的回归方程是：

$$\hat{y} = 183.204\ 8 + 0.130\ 5x_1 + 4.674\ 7x_2 - 9.885\ 5x_3 - 7.401\ 3x_1x_2 - 5.956\ 3x_1x_3 + 0.1188\ x_2x_3 - 4.296\ 7x_1^2 + 31.903\ 8x_2^2 - 5.189\ 6x_3^2。$$

为了检验上述回归方程的显著性，要计算各类偏差平方和：

$$S_{总} = \sum_{\alpha=1}^{N} y_\alpha^2 - \frac{1}{N}\left(\sum_{\alpha=1}^{N} y_\alpha\right)^2 = 19\ 312，f_{总} = 19；$$

$$s_{剩} = \sum_{\alpha} (y_\alpha - \hat{y}_\alpha)^2 = 615.1，f_{剩} = 10；$$

$$S_{回}=S_{总}-S_{剩}=18\ 696.9,\ f_{回}=9;$$

$$S_{误}=\sum_{i=1}^{6}(y_{0i}-\bar{y}_0)^2=204.3,\ f_{误}=5;$$

$$S_{Lf}=S_{剩}-S_{误}=410.8,\ f_{Lf}=5。$$

然后进行 F 检验

$$F_1=\frac{S_{Lf}/f_{Lf}}{S_{误}/f_{误}}=2.010\ 9<F_{0.05}(5,\ 5)=5.05,\ F_2=\frac{S_{回}/f_{回}}{S_{剩}/f_{剩}}=33.774\ 7>F_{0.05}(9,\ 10)=2.98。$$

检验结果表明,二次回归方程与实际情况拟合得很好,可以用来预报。F_1 检验不显著,说明失拟项与误差项相比可以忽略,因此,可与误差项合并归到剩余项。则试验误差的方差 σ^2 可取估计值:$\hat{\sigma}^2=\frac{S_{剩}}{f_{剩}}=61.51$。

最后,检验各回归系数:

$$t_0=\frac{|b_0|}{\sqrt{KS_{剩}/f_{剩}}}=57.275\ 9>t_{0.001}(10)=4.587;$$

$$t_1=\frac{|b_1|}{\sqrt{e^{-1}S_{剩}/f_{剩}}}=0.061\ 5<t_{0.4}(10)=0.879;$$

$$t_2=\frac{|b_2|}{\sqrt{e^{-1}S_{剩}/f_{剩}}}=2.202\ 8>t_{0.1}(10)=1.812;$$

$$t_3=\frac{|b_3|}{\sqrt{e^{-1}S_{剩}/f_{剩}}}=4.658\ 2>t_{0.001}(10)=4.587;$$

$$t_{12}=\frac{|b_{12}|}{\sqrt{m_c^{-1}S_{剩}/f_{剩}}}=2.669\ 2>t_{0.05}(10)=2.228;$$

$$t_{13}=\frac{|b_{13}|}{\sqrt{m_c^{-1}S_{剩}/f_{剩}}}=2.148\ 1>t_{0.1}(10)=1.812;$$

$$t_{23}=\frac{|b_{23}|}{\sqrt{m_c^{-1}S_{剩}/f_{剩}}}=0.042\ 8<t_{0.4}(10)=0.879;$$

$$t_{11}=\frac{|b_{11}|}{\sqrt{FS_{剩}/f_{剩}}}=2.079\ 8>t_{0.1}(10)=1.812;$$

$$t_{22}=\frac{|b_{22}|}{\sqrt{FS_{剩}/f_{剩}}}=15.442\ 8>t_{0.001}(10)=4.587;$$

$$t_{33}=\frac{|b_{33}|}{\sqrt{FS_{剩}/f_{剩}}}=2.512\ 0>t_{0.05}(10)=2.228。$$

由此可见,除了 b_1 和 b_{23} 外,其他回归系数都在不同程度上显著。

预报方差为:

$$\frac{D(\hat{y})}{\sigma^2}=K+(e^{-1}+2E)\rho^2+F\rho^4=0.166\ 3-0.040\ 4\rho^2+0.069\ 4\rho^4。$$

表 5-14 列出了在各种 ρ 下 $\frac{D(\hat{y})}{\sigma^2}$ 的计算值。

表 5-14　各种 ρ 下的预报方差

ρ	$\frac{D(\hat{y})}{\sigma^2}$	ρ	$\frac{D(\hat{y})}{\sigma^2}$	ρ	$\frac{D(\hat{y})}{\sigma^2}$
0	0.166 3	0.6	0.160 8	1.2	0.252 0
0.1	0.165 9	0.7	0.163 2	1.3	0.296 2
0.2	0.164 8	0.8	0.168 9	1.4	0.353 7
0.3	0.163 2	0.9	0.179 1	1.5	0.426 7
0.4	0.161 6	1.0	0.195 3	2.0	1.115 1
0.5	0.160 5	1.1	0.219 0	3.0	5.424 1

从上表中可见，当 ρ 在 $0\sim1$ 之间时，各 $\frac{D(\hat{y})}{\sigma^2}$ 值最多相差 3%，通用性还是较好的，而当 $\rho>1$ 时，$\frac{D(\hat{y})}{\sigma^2}$ 值的增加就很快了，因此，在 ρ 在 0~1 之间时。可直接根据预测值的大小来判断试验点好坏。

第六章　最优化设计的基础知识

最优化设计(Optimal Design)是从20世纪60年代初期开始,最优化技术和计算技术在设计领域中应用而发展起来的。20世纪50年代以前,用于解决最优化问题的数学方法仅限于古典的微分法和变分法。50年代末数学规划方法被首次用于结构最优化,并成为优化设计中求优方法的理论基础。数学规划方法是在第二次世界大战期间发展起来的一个崭新的数学分支,线性规划与非线性规划是其主要内容。此外,还有动态规划、几何规划和随机规划等。在数学规划方法的基础上发展起来的最优化设计,是60年代初电子计算机引入结构设计领域后逐步形成的一种有效的设计方法。利用这种方法,不仅使设计周期大大缩短,计算精度显著提高,而且可以解决传统设计方法所不能解决的比较复杂的最优化设计问题。大型电子计算机的出现,使最优化方法及其理论蓬勃发展,成为应用数学中的一个重要分支,并在许多科学技术领域中得到应用。近十几年来,最优化设计方法已陆续用到机械、建筑结构、化工、冶金、铁路、航天航空、造船、机床汽车、自动控制系统、电力系统以及电机、电器等工程设计领域,并取得了显著效果。其中在纺织工业中的应用也取得了较好的成果。随着技术的不断发展,现代又出现了模拟退火算法、遗传算法、神经网络、粒子群算法等现代的优化技术。

优化设计为工程设计提供了一种重要的科学设计方法,使得在解决复杂设计问题时,能从众多的设计方案中寻到尽可能完善的或最适宜的设计方案,大大提高了设计效率和设计质量。

在设计过程中,常常需要根据产品设计的要求,合理确定各种参数,例如:重量、成本、性能、承载能力等等,以期达到最佳的设计目标。这就是说,一项工程设计总是要求在一定的技术和物质条件下,取得一个技术经济指标为最佳的设计方案。优化设计就是在这样一种思想下产生和发展起来的。

目前优化设计方法在结构设计、机械设计、化工系统设计、电气传动设计、制造工艺设计等方面中都有广泛的应用,而且积累了不少成果。在纺织加工设计中(如原料的选配、加工工艺参数确定、产品的性能优化等方面)采用优化设计方法,不仅可以降低材料消耗和制造成本,而且可以改善提高加工性能与产品质量。因而它愈来愈受到有关科学工作者和工程技术人员的重视。

优化方法包括解析方法和数值计算方法两种。利用微分学和变分学的解析方法,已经有了几百年的历史。这种经典的优化方法,只能解决小型和简单的问题,对于大多数工程实际问题是无能为力的。例如,对于利用第五章中所述的回归方法求出式(5-4)的一个不算太复杂的回归方程

$$Y=b_0+b_1x_1+b_2x_2+b_3x_3+b_{11}x_1^2+b_{22}x_2^2+b_{33}x_3^2+b_{12}x_1x_2+ b_{13}x_1x_3+b_{23}x_2x_3+b_{123}x_1x_2x_3$$

欲求出 y 取得极值(最优值)时所对应的 $x_1,\ x_2,\ x_3$ 值,应分别求出其偏导数

$$\frac{\partial y}{\partial x_1}=0,\quad 即:b_1+2b_{11}x_1+b_{12}x_2+b_{13}x_3+b_{123}x_2x_3=0$$

$$\frac{\partial y}{\partial x_2}=0,\quad 即:b_2+2b_{22}x_2+b_{12}x_1+b_{23}x_3+b_{123}x_1x_3=0$$

$$\frac{\partial y}{\partial x_3}=0,\quad 即:b_3+2b_{33}x_3+b_{13}x_1+b_{23}x_2+b_{123}x_1x_2=0$$

从上述方程组可以看出,用解析法直接求出 x_1, x_2, x_3 是困难的,有时甚至是不可能的。况且,在绝大部分实际应用场合下,除了回归或经验公式之外,还有许多的约束条件,所以,必须采用数值计算的方法才能较好地寻找出所需的最优(最大或最小) 参数。本篇所述的最优化方法,就是利用数值计算的方法,通过迭代计算来求出 y 取得极值时所对应的 x_1, x_2, x_3 的数值解。

概括起来,最优化设计工作包括以下两部分内容:

(1) 将设计问题的物理模型转变为数学模型。建立数学模型时要选取设计变量,列出目标数,给出约束条件。目标函数是设计问题中所要求的最优指标与设计变量之间的函数关系式。

(2) 采用适当的最优化方法求解数学模型。这可归结为在给定的条件(例如约束条件)下求目标函数的条件极值或最优值问题纺织的最优化设计,就是在一定的加工条件下,在对加工工艺、加工设备以及产品的性态或其他因素的限制(约束)范围内,选取某些设计变量,设计实验方案,建立目标函数并使其获得最优值的一种新的设计方法。设计变量、目标函数和约束条件这三者在设计空间(以设计变量为坐标轴组成的实空间)的几何表示中构成设计问题。

当然,要建立能反映客观工程实际的、完善的数学模型并不是一件容易的事。另外,如果所建立的数学模型的数学表达式过于复杂,涉及的因素很多,在计算上也会出现困难。要抓住主要矛盾,尽量使问题合理简化,这样不仅可节省时间,有时也会改善优化结果。

本章将对优化设计中将要用到的一些概念和术语,如前所述的设计变量、目标函数、约束条件等作一一介绍。

第一节　设 计 变 量

在设计过程中进行选择并最终必须确定的各项独立参数,称为设计变量。最优化设计是研究怎样合理地优选这些设计变量值的一种方法。在纺织加工中,常用的独立参数有工艺参数、设备与零部件的规格、原材料的力学和物理特性、产品的规格性能等等。在这些参数中、凡是可以根据设计要求事先给定的,则不是设计变量,而称为设计常量。只有那些需要在设计过程中优选的参数,才可看成是最优化设计中的设计变量。

设计变量的数目称为最优化设计的维数,如有 n 个设计变量,则称为 n 维设计问题,只有两个设计变量的二维设计问题可用图 6-1(a)所示的平面直角坐标表示;有三个设计变量的三维设计问题可用图 6-1(b)所表示的空间直角坐标表示。

在图 6-1(a)中,当设计变量 x_1, x_2 分别取不同值时,则可得到在坐标平面上不同的相应点,每一个点表示一种设计方案。如果用向量表示这个点,即为二维向量

$$x=\begin{bmatrix}x_1\\x_2\end{bmatrix}=[x_1\ x_2]^{\mathrm{T}}$$

上式中“T”为转置符,即把列向量用行向量的转置向量来表示。

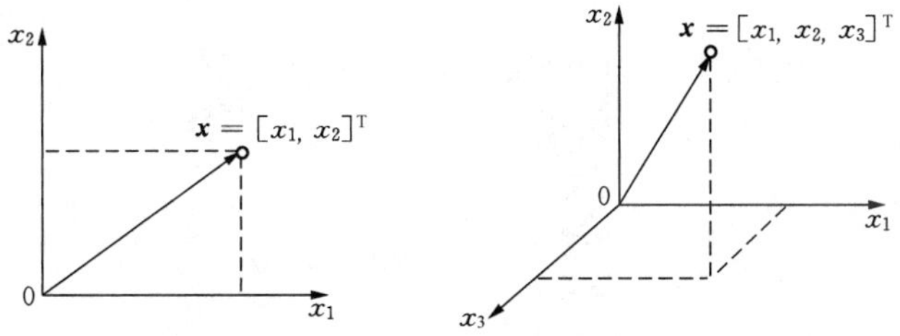

(a) 二维设计问题　　(b) 三维设计问题

图 6-1　设计变量所组成的设计坐标

同样,在图 6-1(b)中,每一个设计方案表示为三维空间的一个点,并可用三维向量来表示该点

$$x=\begin{bmatrix}x_1\\x_2\\x_3\end{bmatrix}=[x_1\ x_2\ x_3]^{\mathrm{T}}$$

在一般情况下,若有 n 个设计变量,把第 i 个设计变量记为 x_i,则其全部设计变量可用 n 维向量的形式表示成

$$x=\begin{bmatrix}x_1\\x_2\\\vdots\\x_i\\\vdots\\x_n\end{bmatrix}=[x_1\ x_2\ \cdots\ x_i\ \cdots\ x_n]^{\mathrm{T}} \tag{6-1}$$

这种以 n 个独立变量为坐标轴组成的n 维向量空间是一个n 维实空间,用R^n 表示,如果其中任意两向量又有内积运算,则称n 维欧氏空间。当向量中的各分量 x_i($i=1,\ 2,\ \cdots,\ n$)都是实变量时则称x 决定了n 维欧氏空间R^n 中的一个x 点,并用符号 $x\in R^n$(x 属于R^n)表示。在最优化设计中由各设计变量的坐标轴所描述的这种空间就是所谓的“设计空间”,它是一个重要概念。图 6-1(b) 给出了一个具有三个设计变量的设计空间。决定这个空间的三个坐标轴分别描述三个设计变量 x_1, x_2, x_3。通常,设计变量的个数 n 要比 3 多得多,并且很难用图像表示,这时的 n 维空间又称为超越空间。设计空间中的一个点就是一种设计方案。如图 6-2 所示。

设计空间中的某点 k 是由各设计变量所组成的向量 $x^{(k)}$ 决定的,点 k 决定了一种设计方案,另一种设计方案点($k+1$) 则由另一种设计变量所组成的向量 $x^{(k+1)}$ 确定。最优化设计中常采用的直接探索法(或称直接搜索法),就是在相邻的设计点间作一系列定向的设计改变(移动)。由点 k 到点($k+1$) 间的典型移动情况可由下式给出

$$x^{(k+1)}=x^{(k)}+\alpha^{(k)}s^{(k)} \tag{6-2}$$

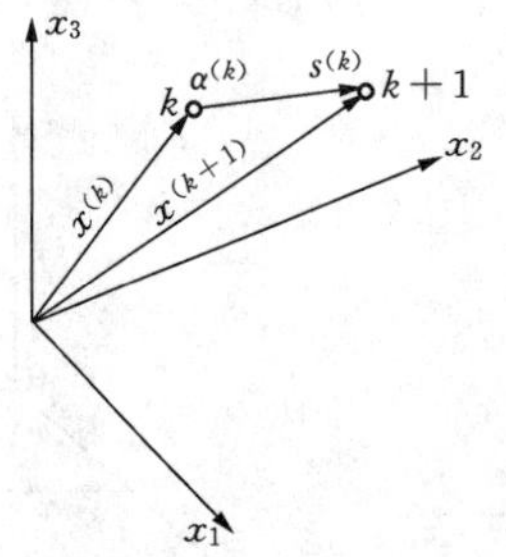

图 6-2　在三变量(三维)设计空间中设计方案的探索

向量 $s^{(k)}$ 决定移动的方向,标量 $\alpha^{(k)}$ 决定移动的步长。

设计空间的维数表征了设计的自由度,设计变量愈多,则设计的自由度愈大、可供选择的方案愈多、设计愈灵活,但难度愈大、求解亦愈复杂。一般,含有 2～10 个设计变量的为小型设计问题;10～50 个为中大型设计问题;50 个以上的为大型设计问题。目前已能解决 200 个设计变量的大型最优化设计问题。在纺织中的工艺优化设计问题,基本上都是小型设计问题。

第二节　目 标 函 数

在最优化设计中,可将所追求的设计目标(最优指标)用设计变量的函数形式表达出来,这一过程称为建立目标函数。目标函数即是设计中预期要达到的目标,它表达为各设计变量的函数表达式

$$f(x)=f(x_1, x_2, \cdots, x_n) \tag{6-3}$$

它代表设计的某项特征,例如上面所提到的产品质量、原料成本等。

目标函数是设计变量的函数。最优化设计的过程就是优化各设计变量使目标函数达到最优值,或找到目标函数的最小值(或最大值)的过程。

在最优化设计问题中,可以只有一个目标函数,称为单目标函数,如式(6-3)所示。当在同一设计中要提出多个目标函数时,这种问题称为多目标函数的最优化问题。在一般的纺织最优化设计中,多目标函数的情况较多。目标函数愈多,设计的综合效果愈好,但问题的求解亦愈复杂。

对于多目标函数,可以将它们分别独立地列出来

$$\left.\begin{array}{l} f_1(x)=f_1(x_1, x_2, \cdots, x_n) \\ f_2(x)=f_2(x_1, x_2, \cdots, x_n) \\ \cdots \qquad \cdots \qquad \cdots \\ f_q(x)=f_q(x_1, x_2, \cdots, x_n) \end{array}\right\} \tag{6-4}$$

也可以把几个设计目标综合到一起,建立一个综合的目标函数表达式,即

$$f(x)=f(f_1, f_2, \cdots, f_q) \tag{6-5}$$

q 为最优化设计所追求目标的数目。

一、目标函数的等值面(线)

在优化设计中,目标函数一般表示为 n 个设计变量的函数

$$f(x)=f(x_1, x_2, \cdots, x_n) \tag{6-6}$$

当给定一个设计方案,即给定一组设计变量 $x_1, x_2, \cdots, x_n$ 值时(实值),其目标函数 $f(x)$ 必有一确定的数值,即一个确定的设计点,反之,在函数为某一定值时,例如目标函数 $f(x)=c_i$,则可以由无限多组设计变量 $x_1, x_2, \cdots, x_n$ 值与之相对应,即由无限多个设计点对应相同的函数值,因此,这些点在设计空间中将组合成一个点集,我们称此点集为等值曲面(线)或等值超曲面。也就是说,目标函数与设计变量之间的关系,可用曲线或曲面表示。一个设计变量与一个目标函数之间的函数关系,是二维平面上的一条曲线,如图 6-3(a)所示。在两个设计变量的情况下,目标函数与它们的关系是三维空间的一个曲面,如图 6-3(b)所示。如有 n 个设计变量时,则目标函数与 n 个设计变量间呈 $(n+1)$ 维空间的超越曲面关系。相应于给定的一系列目标函数值 $c_1, c_2, \cdots$,时,可在设计空间内得到一组等值超曲面簇。在这种等曲面上,各个设计方案的目标函数值都是相等的。

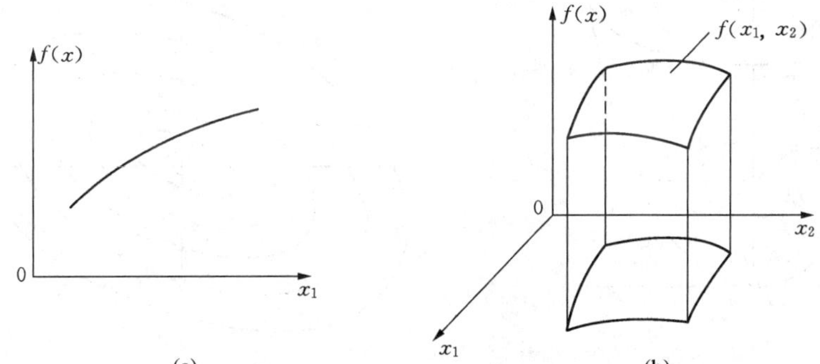

(a)　　　　　　　　(b)

图 6-3　目标函数与设计变量之间的函数关系

图 6-4 表示目标函数 $f(x)$ 与两个设计变量 x_1, x_2 所构成的关系曲面上的等值线(亦称等高线),它是由许多具有相等目标函数值的设计点所构成的平面曲线。当给目标函数以不同值时,可得到一系列的等值线,它们构成目标函数的等值线簇。在极值处目标函数的等值线聚成一点,并位于等值线簇的中心。当该中心为极小值时,表示离它愈远则目标函数值愈大;当该中心为极大值时,表示离它愈远则目标函数值愈小。当目标函数值的变量范围一定时,等值线愈稀疏说明目标函数值的变化愈平缓。利用等值线的概念可用几何图像形象地表现出目标函数的变化规律。另外,在许多优化问题中,最优点周围往往是一簇近似的共心椭圆簇,而每一个近似椭圆就是一条目标函数的等值线。这时,求最优点即是求

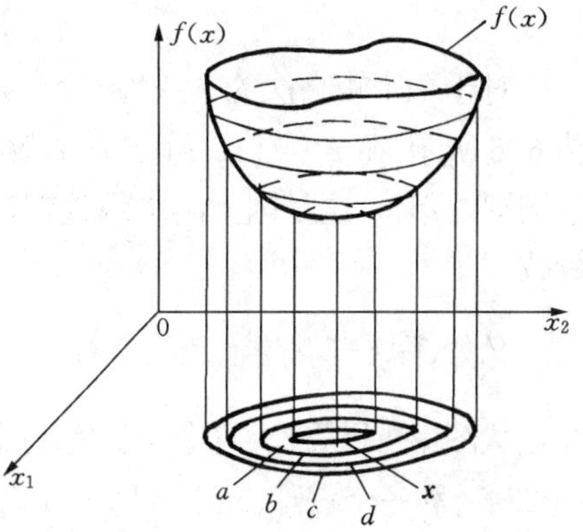

图 6-4　等值线

目标函数的极值问题,可归结为求其等值线同心椭圆簇的中心。

以上讨论的是二维设计问题,等值线为平面曲线。对于三维设计问题,其等值函数是一个面,叫做等值面;对于 n 维设计问题则为等值超越曲面。

不同函数的等值面(线)形状是不同的,并对极值(最优值)的求解有直接的影响。

例如:函数 $f(x)=ax_1^2+cx_2^2+2bx_1x_2=[x_1 \quad x_2]\begin{bmatrix}a & b\\ b & c\end{bmatrix}\begin{bmatrix}x_1\\ x_2\end{bmatrix}$,在 $a>0$, $c>0$ 和 $ac-b^2>0$ 时为一椭圆抛物面,亦即是一个正定二次函数,如图 6-5(a)所示。当目标函数 $f(x)$ 的值依次等于某一组正实数 c_1, c_2, … 时,在图示坐标系中得到一组相应高度的水平面,它与椭圆抛物面的交线均为椭圆,在 x_1ox_2 设计平面上的投影就是一簇椭圆曲线。当 $f(x)=0$ 时,即 $x_1=0$, $x_2=0$, 这个椭圆簇是以原点为中心的,而且它就是这个函数的极小点,如图 6-5(b)所示。

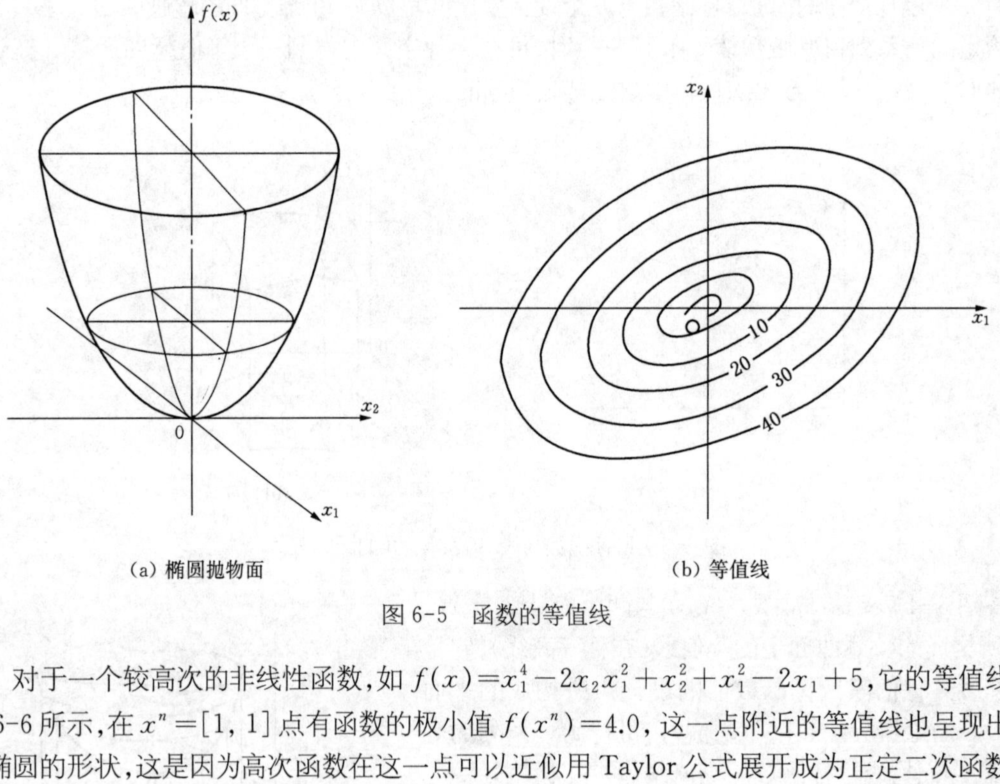

(a) 椭圆抛物面　　(b) 等值线

图 6-5　函数的等值线

对于一个较高次的非线性函数,如 $f(x)=x_1^4-2x_2x_1^2+x_2^2+x_1^2-2x_1+5$,它的等值线如图 6-6 所示,在 $x^*=[1, 1]$ 点有函数的极小值 $f(x^*)=4.0$, 这一点附近的等值线也呈现出近似椭圆的形状,这是因为高次函数在这一点可以近似用 Taylor 公式展开成为正定二次函数的缘故。

又如,图 6-7 所示函数 $f(x)=4+\dfrac{9}{2}x_1-4x_2+x_1^2+2x_2^2-2x_1x_2+x_1^4-2x_1^2x_2$ 的等值线。从图中可以看出,这个函数有两个相对极小点:$x_1^*=[1.941,\ 3.854]^{\mathrm{T}}$, $x_2{}^*=[-1.053,\ 1.028]^{\mathrm{T}}$,和一个鞍点:$x_3{}^*=[0.611\,73,\ 1.492\,90]^{\mathrm{T}}$。

当然,在实际工作中所遇到的函数是多种多样的。但从二维二阶函数的等值线形状来说,对于函数 $f(x)=ax_1^2+2bx_1x_2+cx_2^2+dx_1+ex_2+f$,若 $ac-b^2>0$,其等值线为椭圆簇;若 $ac-b^2<0$,其等值线为双曲线簇;若 $ac-b^2=0$,则其等值线为抛物线簇;当目标函数为线性

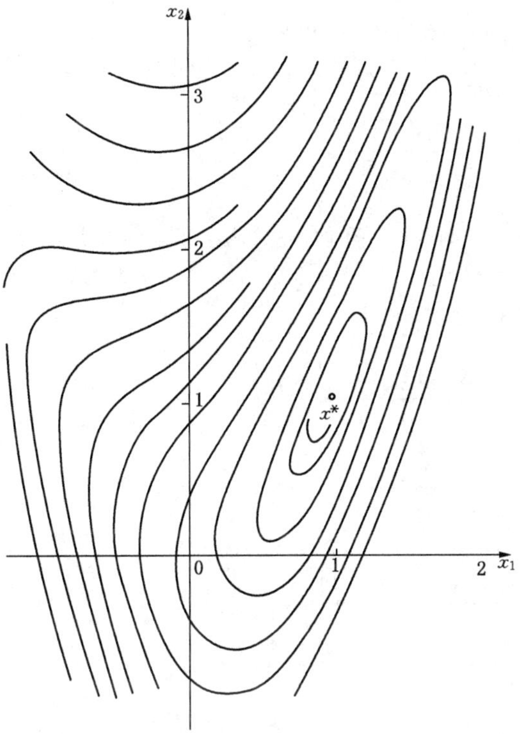

图 6-6　函数等值线

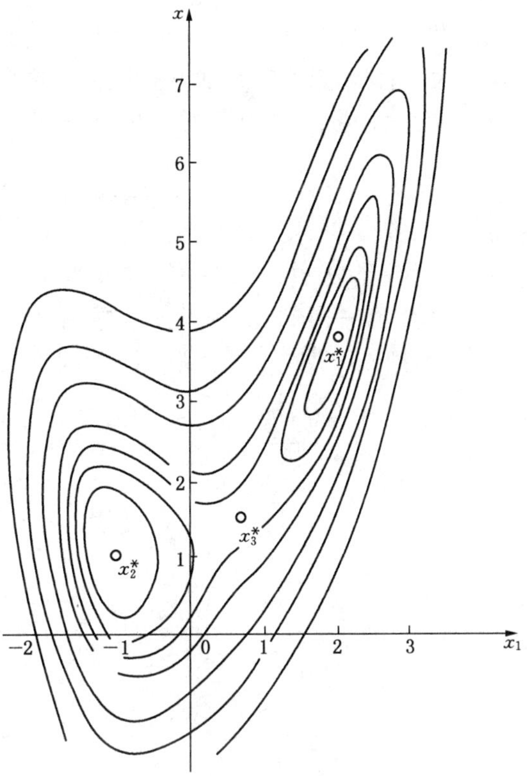

图 6-7　有鞍点的函数等值线

函数时,其等值线为平行线簇等。这些概念,完全可以推广到多维$x=[x_1, x_2, \cdots, x_n]^T$的设计问题的分析中去。不过对于三维问题,其在设计空间中将是等值面,而高于三维的问题,在设计空间中将是超等值面,这当然是一个抽象思维的概念,无法用三维坐标的图形表示出来。

从以上的讨论中可知,等值线(面)的分布规律,反映出目标函数的变化规律,而且从等值线的分布情况,可以清楚地看到:等值线愈内层,其函数值愈小(对于目标函数极小化来说);在等值线较密的部位,其函数值变化率较大;而且对于有心的等值线来说,其等值线簇的中心就是一个相对极小点;而对于无心的等值线来说,其相对极小点无疑就是在无穷远了。除此之外,如果函数的非线性程度越严重,则其等值线形状也就越复杂,而且可能存在多个相对极小点(即局部极小点)。一旦出现这种情况,就会给优化设计寻找全局的极小点带来不少的困难。因为多数实际可行的优化设计方法都只能找到相对极小点,也就是说,所得到的答案实际上可能只是所有相对极小点中的一个,也许还存在更好的设计方案未被找到。另外,如果一个严重非线性函数的等值线簇是严重偏心和扭曲的,而且其分布也是疏密不一的,情况严重时,就成为所谓"病态函数"。对于这种函数,当设计变量发生微小变化时,甚至是电子计算机由于字长位数有限而造成的舍入误差,也会引起函数值的巨大变化,从而使优化的计算过程失去稳定性,甚至求不到稳定的极小点,给优化设计带来了极大的困难。

二、函数的方向导数和梯度(最速下降方向)

函数的等值线(或面)仅从几何图形方面定性地表示了函数值的变化规律,虽然比较直观但不能定量表示，且多数只限于二维函数。在一般情况下，对于任意维函数要画出它的超等值面是不可能的。前面介绍的等值线(或面)只是为了加深对设计空间内函数值分布情况的印象。为了能够定量地表明函数在某一点的变化，下面介绍函数的梯度概念。

从多元函数的微分学得知，对于一个连续可微函数 $f(x)$ 在某一点 $x^{(k)}$ 的一阶偏导数为

$$\frac{\partial f(x^{(k)})}{\partial x_1},\ \frac{\partial f(x^{(k)})}{\partial x_2},\ \dots,\ \frac{\partial f(x^{(k)})}{\partial x_n} \tag{6-7}$$

它表示函数 $f(x)$ 值在 $x^{(k)}$ 点沿各坐标轴方向的变化率。现在有一个二维函数，如图 6-8 所示，假定有一方向 $\boldsymbol{s}$，它与各坐标轴之间的夹角为 α_1、α_2，其模为 $\|\boldsymbol{s}\| = \rho = (\Delta x_1^2 + \Delta x_2^2)^{1/2}$，则该函数在 $x^{(0)}$ 点沿 $\boldsymbol{s}$ 方向的方向导数为

$$\begin{aligned}\frac{\partial f(x^{(0)})}{\partial \boldsymbol{s}} &= \lim_{\rho\to 0}\frac{f(x_1^{(0)}+\Delta x_1,\ x_2^{(0)}+\Delta x_2)-f(x_1^{(0)},\ x_2^{(0)})}{\rho} \\ &= \lim_{\substack{\Delta x_1\to 0\\ \Delta x_2\to 0}}\left[\frac{f(x_1^{(0)}+\Delta x_1,\ x_2^{(0)})-f(x_1^{(0)},\ x_2^{(0)})}{\Delta x_1}\right]\frac{\Delta x_1}{\rho}+ \\ &\quad \left[\frac{f(x_1^{(0)},\ x_2^{(0)}+\Delta x_2)-f(x_1^{(0)},\ x_2^{(0)})}{\Delta x_2}\right]\frac{\Delta x_2}{\rho} \\ &= \frac{\partial f(x^{(0)})}{\partial x_1}\cos\alpha_1+\frac{\partial f(x^{(0)})}{\partial x_2}\cos\alpha_2\end{aligned} \tag{6-8}$$

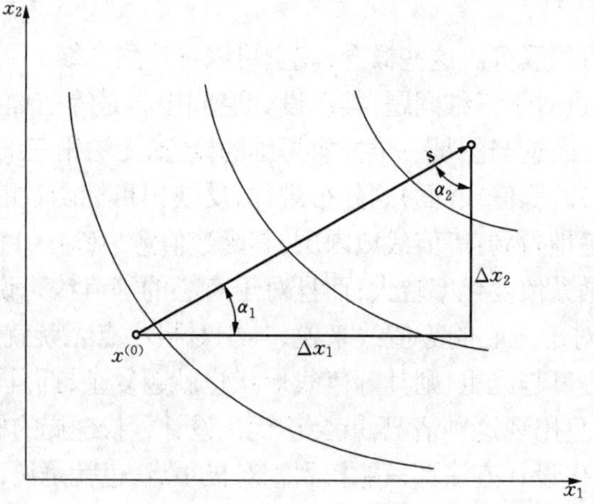

图 6-8　函数的方向导数

对于 n 维导数，可以仿此推导得函数 $f(x)$ 在 $x^{(0)}$ 点沿 $\boldsymbol{s}$ 方向的方向导数为

$$\frac{\partial f(x^{(0)})}{\partial \boldsymbol{s}} = \sum_{i=1}^{n}\frac{\partial f(x^{(0)})}{\partial x_i}\cos\alpha_i \tag{6-9}$$

式中 $\frac{\partial f(x^{(0)})}{\partial x_i}$ 为函数对坐标轴心的偏导数；$\cos\alpha_i = \frac{\Delta x_i}{\rho}$ 为 $\boldsymbol{s}$ 方向的方向余弦。上述方向导数

表明了 $f(x)$ 函数在 $x^{(0)}$ 点沿 $\boldsymbol{s}$ 方向的变化率。函数的方向导数越大，说明函数在该方向增加得越快。

定义下列向量

$$\nabla f(x^{(0)})=\left[\frac{\partial f(x^{(0)})}{\partial x_1},\ \frac{\partial f(x^{(0)})}{\partial x_2},\ \cdots,\ \frac{\partial f(x^{(0)})}{\partial x_n}\right]^{\mathrm{T}} \tag{6-10}$$

为函数 $f(x)$ 在 $x^{(0)}$ 点的梯度，简记为∇f，有时也记作 grad $f(x^{(0)})$。

设 $\boldsymbol{s}$ 用单位向量表示为 $\boldsymbol{s}=[\cos\alpha_1,\ \cos\alpha_2,\ \cos\alpha_3,\ \cdots,\ \cos\alpha_n]$，这样可将函数沿 $\boldsymbol{s}$ 方向的方向道数表示为

$$\frac{\partial f}{\partial \boldsymbol{s}}=\nabla f^{\mathrm{T}}\boldsymbol{s}=\|\nabla f\|\ \|\boldsymbol{s}\|\cos(\nabla f,\boldsymbol{s}) \tag{6-11}$$

式中：$\|\nabla f\|$ 和 $\|\boldsymbol{s}\|$ 分别表示梯度向量和 $\boldsymbol{s}$ 向量的模，其值分别为

$$\|\nabla f\|=\left[\sum_{i=1}^{n}\left(\frac{\partial f(x)}{\partial x_i}\right)^2\right]^{\frac{1}{2}} \tag{6-12}$$

$$\|\boldsymbol{s}\|=[\sum_{i=1}^{n}\cos^2\alpha_i]^{\frac{1}{2}}=1 \tag{6-13}$$

$(\nabla f,\boldsymbol{s})$ 表示向量∇f 和 $\boldsymbol{s}$ 之间的夹角。

由式(6-11)可以看出，由于 $-1\leqslant\cos(\nabla f,\boldsymbol{s})\leqslant 1$，所以当 $\boldsymbol{s}$ 方向与梯度向量方向一致时，其方向导数$\dfrac{\partial f(x)}{\partial \boldsymbol{s}}$为最大值，也就是说，函数的梯度是指函数值增长最快的方向，而且函数值最大的增长率就等于 $\|\nabla f\|$。显然，负梯度方向就是函数减小得最快的方向，所以梯度方向通常又称为最速下降方向。

函数的梯度 ∇f 在优化中具有重要的作用。

梯度向量 $\nabla f(x^{(k)})$ 与过点 $x^{(k)}$ 的等值线（或等值面）的切线是正交的，如图 6-9 所示。设 $\boldsymbol{s}$ 方向是 $x^{(k)}$ 点等值线的切线 t-t，由于函数沿等值线切线方向（在 $x^{(k)}$ 邻近）的变化率为零，即由式(6-11)可知

$$[\nabla f(x^{(k)})]^{\mathrm{T}}\boldsymbol{s}=\|\nabla f(x^{(k)})\|\ \|\boldsymbol{s}\|\cos(\nabla f,\ \boldsymbol{s})=0$$

此时必有 $\cos(\nabla f,\ \boldsymbol{s})=0$，即$\nabla f\perp\boldsymbol{s}$。因此 $x^{(k)}$ 点的梯度向量与等值线上过该点的切线方向垂直（即正交）。

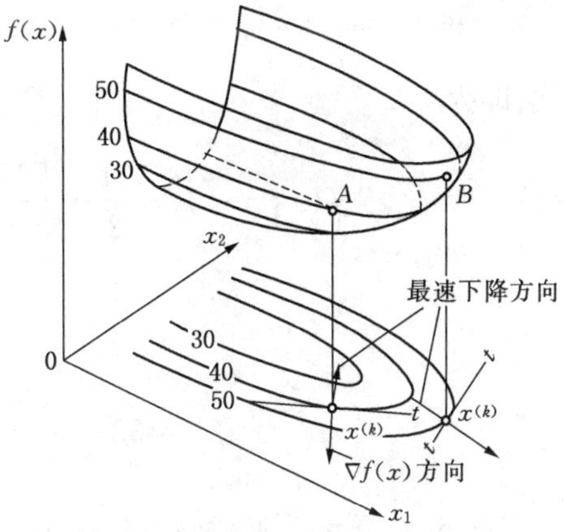

图 6-9　梯度方向的几何意义

在工程优化设计中，当函数不能用解析法求导时，可以采用数值差分法计算，即其梯度的各分量可按下式计算

$$\frac{\partial f}{\partial x_i}=\frac{f(x+d\,\hat{e}_i)-f(x)}{d}\quad i=1,\ 2,\ \cdots,\ n \tag{6-14}$$

式中：$d=\begin{cases}10^{-7}\mid x_i\mid, & 当\mid x_i\mid>1时\\10^{-7}, & 当\mid x_i\mid\leqslant 1时\end{cases}$

$\hat{e}=[0,\cdots,1,0,\cdots,0]^{\mathrm{T}}$ 为单位向量，即第 i 个分量取为 $e_i=1$，其余为0。在多数情况下，采用这种前差分所构成梯度的信息是可靠的。

三、函数的近似表示式

在保证精度的前提下，往往将目标函数在所讨论点的附近展开成 Taylor(泰勒)多项式，用其来近似表示原函数。

一元函数的泰勒公式为：若 $f(x)$ 在含有 x_0 点的某个区间内具有指导 $n+1$ 阶的导数，则当 $x\in(a,b)$ 时，$f(x)$ 可表示为一个 $(x-x_0)$ 的 n 次多项式和一个余项 R_n 的和，即

$$f(x)=f(x_0)+f'(x_0)(x-x_0)+\frac{f''(x_0)}{2}(x-x_0)^2+\cdots+\frac{f^{(n)}(x_0)}{n!}(x-x_0)^n+R_n$$

在满足精度的要求下，可忽略二阶以上的高阶项，则上式可写为：

$$f(x)\approx f(x_0)+f'(x)(x-x_0)+\frac{f''(x)}{2}(x-x_0)^2 \tag{6-15}$$

类似地，设 n 维(多元)函数 $f(x_1,x_2,\cdots,x_n)$ 在 $x^{(0)}$ 点至少有二阶连续的偏导数，则函数在这一点的 Taylor 二次近似展开式为

$$f(x)\approx f(x^{(0)})+\sum_{i=1}^{n}\frac{\partial f(x^{(0)})}{\partial x_i}(x_i-x^{(0)})+\frac{1}{2}\sum_{i,j=1}^{n}\frac{\partial^2 f(x^{(0)})}{\partial x_i\partial x_j}(x_i-x_i^{(0)})(x_j-x_j^{(0)}) \tag{6-16}$$

这表明，函数 $f(x)$ 在点 $x^{(0)}$ 附近可用一个二次函数来逼近。例如，将函数 $f(x)=4+\frac{9}{2}x_1-4x_2+x_1^2+2x_2^2-2x_1x_2+x_1^4-2x_1^2x_2$ 在点 $x^{(k)}=[2,2.5]^{\mathrm{T}}$ 点展开成 Taylor 二次近似式，即为

$$\begin{aligned}f(x_1,x_2)\approx&\frac{11}{2}+\begin{bmatrix}\frac{31}{2} & -6\end{bmatrix}\begin{bmatrix}x_1 & -2\\x_2 & -2.5\end{bmatrix}+\\&\frac{1}{2}[x_1-2\ x_2-2.5]\begin{bmatrix}40 & -10\\-10 & 4\end{bmatrix}\begin{bmatrix}x_1 & -2\\x_2 & -2.5\end{bmatrix}\\=&32-\frac{79}{2}x_1+4x_2+20x_1^2+2x_2^2-10x_1x_2\end{aligned}$$

图6-10表示了原函数及其在 $x^{(k)}=[2,2.5]^{\mathrm{T}}$ 处二次近似函数的等值线图形。

式(6-10)表示了多元函数在 x_0 点的一阶导数(梯度)，则多元函数在 x_0 处的二阶导数为：

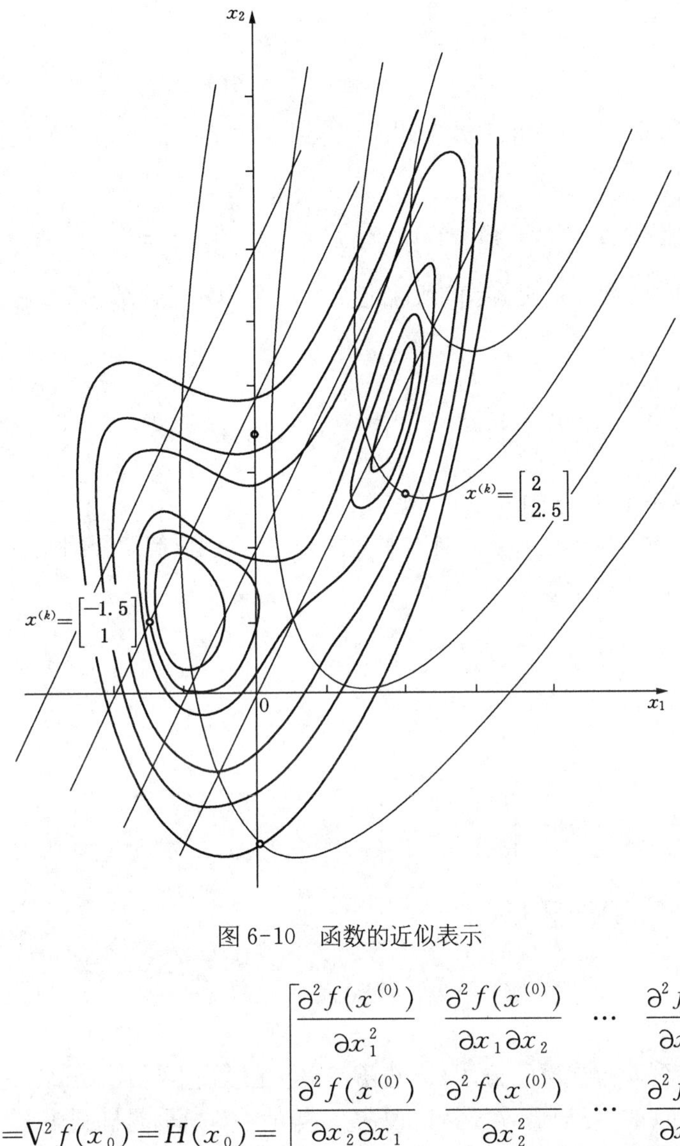

图 6-10　函数的近似表示

$$f''(x_0)=\nabla^2 f(x_0)=H(x_0)=\begin{bmatrix}\dfrac{\partial^2 f(x^{(0)})}{\partial x_1^2} & \dfrac{\partial^2 f(x^{(0)})}{\partial x_1\partial x_2} & \cdots & \dfrac{\partial^2 f(x^{(0)})}{\partial x_1\partial x_n}\\ \dfrac{\partial^2 f(x^{(0)})}{\partial x_2\partial x_1} & \dfrac{\partial^2 f(x^{(0)})}{\partial x_2^2} & \cdots & \dfrac{\partial^2 f(x^{(0)})}{\partial x_2\partial x_n}\\ \vdots & \vdots & \vdots & \vdots\\ \dfrac{\partial^2 f(x^{(0)})}{\partial x_n\partial x_1} & \dfrac{\partial^2 f(x^{(0)})}{\partial x_n\partial x_2} & \cdots & \dfrac{\partial^2 f(x^{(0)})}{\partial x_n{}^2}\end{bmatrix} \tag{6-17}$$

我们常称上面的 $n\times n$ 阶实矩阵为函数 $f(x)$ 在点 $x^{(0)}$ 处的 Hesse(海塞)矩阵。由于函数的二阶偏导数与对于变量偏导的次序无关,即 $\dfrac{\partial^2 f(x^{(0)})}{\partial x_i\partial x_j}=\dfrac{\partial^2 f(x^{(0)})}{\partial x_j\partial x_i}$,所以 $H(x^{(0)})$ 是一个实对称矩阵。

根据式(6-17),目标函数 $f(x)$ 在 $x^{(k)}$ 点的 Taylor 二次近似展开式也可写为向量矩阵形式:

$$f(x) \approx f(x^{(k)}) + [\nabla f(x^{(k)})]^{\mathrm{T}}[x - x^{(k)}] + \frac{1}{2}[x - x^{(k)}]^{\mathrm{T}} H(x^{(k)})[x - x^{(k)}] \tag{6-18}$$

如果只取到 Taylor 展开式的一次项,则可得到函数 $f(x)$ 在点 $x^{(k)}$ 的一次 Taylor 近似式为

$$f(x) \approx f(x^{(k)}) + [\nabla f(x^{(k)})]^{\mathrm{T}}[x - x^{(k)}] \tag{6-19}$$

此式也可成为线性展开式或函数的线性化。例如,仍以上述函数为例,在 $x^{(k)} = [-1.5,1]^{\mathrm{T}}$ 点线性展开,即

$$f(x_1, x_2) \approx 1.0625 + [3 \quad -1.5]\begin{bmatrix} x_1 + 1.5 \\ x_2 - 1 \end{bmatrix} = 7.0625 + 3x_1 - 1.5x_2$$

其等值线如图 6-10 所示的直线部分。

由于二次函数在讨论优化方法时具有重要的地位,其性质简要介绍如下。

对于一个二维的二次函数

$$f(x_1, x_2) = c + b_1 x_1 + b_2 x_2 + \frac{1}{2}(a_{11}x_1^2 + a_{12}x_1 x_2 + a_{21}x_2 x_1 + a_{22}x_2^2)$$

若令

$$B = \begin{bmatrix} b_1 \\ b_2 \end{bmatrix},\ x = \begin{bmatrix} x_1 \\ x_2 \end{bmatrix}, A = \begin{bmatrix} a_{11} & a_{12} \\ a_{21} & a_{22} \end{bmatrix}$$

则函数 $f(x_1, x_2)$ 的向量矩阵形式为

$$f(x) = c + B^{\mathrm{T}}x + \frac{1}{2}x^{\mathrm{T}}Ax \tag{6-20}$$

此式可以推广到 n 维二次函数,即 $x \in R^n$。它在形式上与式(6-20) 一致,$\mathbf{A}$ 是常数矩阵。因此,对于二维(或 n 维) 二次函数来说,它的等值线(或面)是椭圆簇。

另外,式(6-20)所表示的函数,一般总可以通过线性变化转化为二次型

$$f(x) = x^{\mathrm{T}} \cdot A \cdot x$$

式(6-20)二次函数的梯度和 Hesse 矩阵分别为

$$\nabla f(x) = B + Ax \text{ 和 } H(x) = A$$

如以二维函数来计算,则有

$$\nabla f(x) = \begin{bmatrix} \dfrac{\partial f(x)}{\partial x_1} \\ \dfrac{\partial f(x)}{\partial x_2} \end{bmatrix} = \begin{bmatrix} b_1 + a_{11}x_1 + a_{12}x_2 \\ b_2 + a_{21}x_1 + a_{22}x_2 \end{bmatrix} = \begin{bmatrix} b_1 \\ b_2 \end{bmatrix} + \begin{bmatrix} a_{11} & a_{12} \\ a_{21} & a_{22} \end{bmatrix}\begin{bmatrix} x_1 \\ x_2 \end{bmatrix} = B + Ax$$

$$H(x)=\begin{bmatrix}\dfrac{\partial^2 f(x^{(k)})}{\partial x_1^2} & \dfrac{\partial^2 f(x^{(k)})}{\partial x_1 \partial x_2} \\ \dfrac{\partial^2 f(x^{(k)})}{\partial x_2 \partial x_1} & \dfrac{\partial^2 f(x^{(k)})}{\partial x_2^2}\end{bmatrix}=\begin{bmatrix}a_{11} & a_{12} \\ a_{21} & a_{22}\end{bmatrix}=\boldsymbol{A}$$

若该函数中的矩阵 $\boldsymbol{A}$ 是正定,则相应地二次函数称为正定二次函数。优化设计中,常常要涉及到这种正定二次函数。

在式(6-20)中,对于任意的非零向量 $\boldsymbol{x}$:

(1) $f(x)=x^{\mathrm{T}}\boldsymbol{A}x>0$,则该二次型是正定的,矩阵 $\boldsymbol{A}$ 也是正定的,记为 $\boldsymbol{A}>0$;

(2) $f(x)=x^{\mathrm{T}}\boldsymbol{A}x\geqslant 0$,则该二次型是半正定的,矩阵 $\boldsymbol{A}$ 也是半正定的,记为 $\boldsymbol{A}\geqslant 0$;

(3) $f(x)=x^{\mathrm{T}}\boldsymbol{A}x<0$,则该二次型是负定的,矩阵 $\boldsymbol{A}$ 也是负定的,记为 $\boldsymbol{A}<0$;

(4) $f(x)=x^{\mathrm{T}}\boldsymbol{A}x\leqslant 0$,则该二次型是半负定的,矩阵 $\boldsymbol{A}$ 也是半负定的,记为 $\boldsymbol{A}\leqslant 0$;

(5) 如不满足上述 4 种情况,则该二次型是不定的,$\boldsymbol{A}$ 也是不定的。

当 $\boldsymbol{A}$ 正定时,$-\boldsymbol{A}$ 必为负定的;当 $\boldsymbol{A}$ 半正定时,$-\boldsymbol{A}$ 必为半负定的。

对于多元函数 $f(x)$,若在 x^* 处,Hesse 矩阵正定(或半正定)时,x^* 是函数的严格局部极小点(或局部极小点);Hesse 矩阵负定(或半负定)时,x^* 是函数的严格局部极大点(或局部极大点);Hesse 矩阵不定时,函数 $f(x)$ 无极值点。

图 6-11 表示了一维函数中局部极小点 x_1、严格局部极小点 x_2 和整体极小点 x^* 的几何解释。

判断矩阵的正定、负定和不定,可通过考察矩阵行列式的各阶主子式的值来进行。若矩阵 $\boldsymbol{A}$ 为正定,其必要和充分条件是矩阵行列式的各阶主子式均大于零。

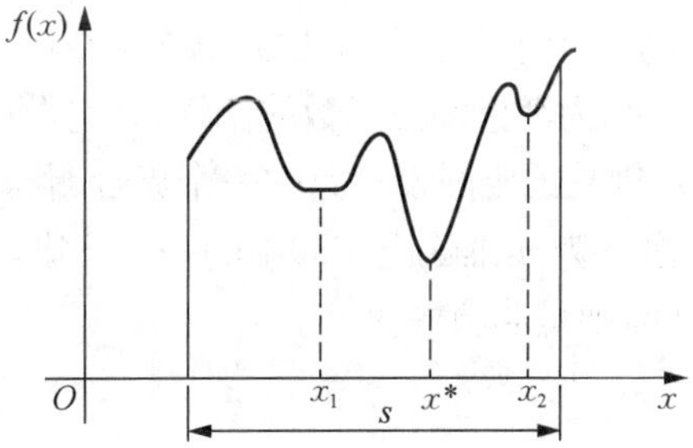

图 6-11　一元函数的几种极小点

例如:矩阵

$$\boldsymbol{A}=\begin{vmatrix}a_{11} & a_{12} & \cdots & a_{1n} \\ a_{21} & a_{22} & \cdots & a_{2n} \\ \vdots & \vdots & \cdots & \vdots \\ a_{n1} & a_{n2} & \cdots & a_{nn}\end{vmatrix}$$

为正定的充要条件是

$$a_{11}>0$$

$$\begin{vmatrix}a_{11} & a_{12} \\ a_{21} & a_{22}\end{vmatrix}>0$$

$$\begin{vmatrix}a_{11} & a_{12} & a_{13} \\ a_{21} & a_{22} & a_{23} \\ a_{31} & a_{32} & a_{33}\end{vmatrix}>0$$

$$\cdots\cdots\cdots$$

$$\begin{vmatrix}a_{11} & a_{12} & \cdots & a_{1n} \\ a_{21} & a_{22} & \cdots & a_{2n} \\ \vdots & \vdots & \cdots & \vdots \\ a_{n1} & a_{n2} & \cdots & a_{nn}\end{vmatrix}>0$$

若上述矩阵为负定,则其充要条件是矩阵行列式的各阶主子式的值为负、正相间。即

$$a_{11}<0$$

$$\begin{vmatrix} a_{11} & a_{12} \\ a_{21} & a_{22} \end{vmatrix}>0$$

$$\begin{vmatrix} a_{11} & a_{12} & a_{13} \\ a_{21} & a_{22} & a_{23} \\ a_{31} & a_{32} & a_{33} \end{vmatrix}<0$$

………

$$\begin{vmatrix} a_{11} & a_{12} & \cdots & a_{1n} \\ a_{21} & a_{22} & \cdots & a_{2n} \\ \vdots & \vdots & \cdots & \vdots \\ a_{n1} & a_{n2} & \cdots & a_{nn} \end{vmatrix}>0$$

四、函数的凸性

优化设计一般总期望能获得函数的全域最优解,为此需要弄清楚在什么情况下所获得的最优解就是全域最优解是很有必要的。这个问题与函数的凸性有密切关系。众所周知,对于一维函数来说,若 $f(x)$ 在 $a\leqslant x\leqslant b$ 区间内是下凸的,则它在 $[a, b]$ 区间内必有唯一的极小点。因而,称这种函数为单峰函数或具有凸性的函数。

为考虑多元函数的凸性,并对凸函数进行定义,首先应该建立凸集的概念。设可行域 $\mathscr{D}$ 为 n 维欧氏空间设计点的一个集合,若其中任意两点 $x^{(1)}$ 和 $x^{(2)}$ 的连线上的点都属于集合 $\mathscr{D}$,则称 $\mathscr{D}$ 为 n 维欧氏空间中的一个凸集。二维函数的情况如图 6-12 所示,其中图(a)为凸集,图(b)则是非凸集。

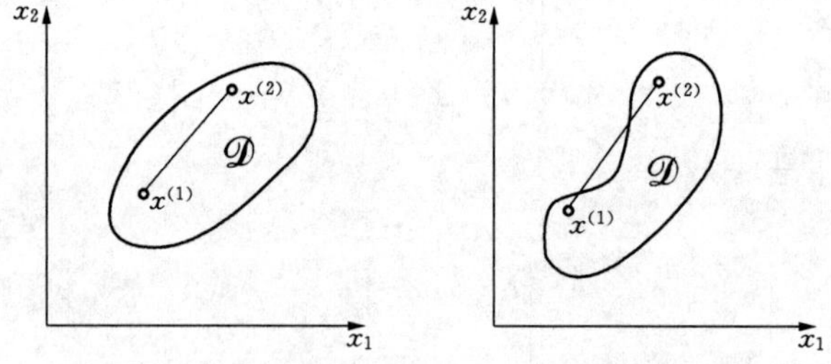

(a) 凸集　　(b) 非凸集

图 6-12　凸集的概念

凸函数的定义如下:设 $f(x)$ 为定义在 n 维欧氏空间凸集 $\mathscr{D}$ 上的函数,若对任何实数 $\xi(0\leqslant\xi\leqslant 1)$ 及可行域 $\mathscr{D}$ 中任意两点 $x^{(1)}$ 和 $x^{(2)}$ 存在如下不等式

$$f[\xi x^{(1)}+(1-\xi)x^{(2)}]\leqslant \xi f(x^{(1)})+(1-\xi)f(x^{(2)}) \tag{6-21}$$

则称函数 $f(x)$ 是定义在凸集 $\mathscr{D}$ 上的一个凸函数。这一函数可以用图 6-13 所示的单变量来说明。在凸集(x 轴) 上取 $x^{(1)}$ 和 $x^{(2)}$ 两点,连接该函数曲线上的两相应点成直线,若在 $x^{(1)}$ 和

$x^{(2)}$ 之间的 $f(x)$ 为凸函数,则其连线上任一点 $x^{(k)}$ 的值 $\xi f(x^{(1)})+(1-\xi)f(x^{(2)})$ 恒大于该点的函数值 $f[\xi x^{(1)}+(1-\xi)x^{(2)}]$。

若将式(6-21)中的符号"≤"改为"<",此时的 $f(x)$ 称为严格凸函数。

为了判断一个函数是否为凸函数,可以用如下两个函数的凸性条件来判别(证明从略):

(1) 设 $f(x)$ 为定义在凸集 $\mathscr{D}$ 上具有连续一阶导数的函数,则 $f(x)$ 在 $\mathscr{D}$ 上为凸函数的充要条件为:对任意的 $x^{(1)}$、$x^{(2)}\in\mathscr{D}$ 都有 $f(x^{(2)})\geqslant f(x^{(1)})+[\nabla f(x^{(1)})]^{\mathrm{T}}[x^{(2)}-x^{(1)}]$ 成立。

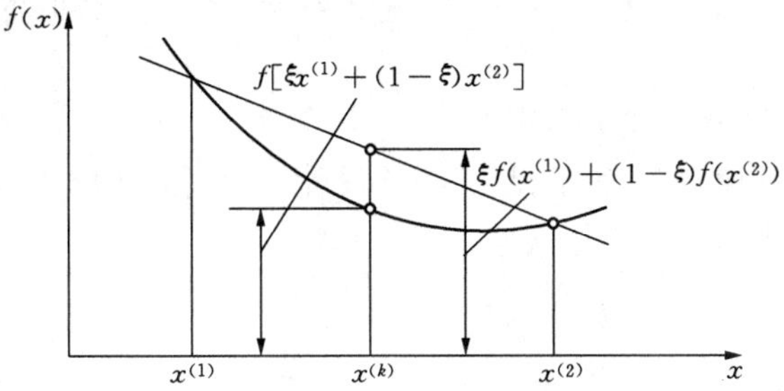

图 6-13　一元凸函数的定义

(2) 设 $f(x)$ 为定义在凸集 $\mathscr{D}$ 上,且存在连续二阶导数,则 $f(x)$ 在 $\mathscr{D}$ 上为凸函数的充要条件:$f(x)$ 的 Hesse 矩阵 $\boldsymbol{H}(x)$ 处处是半定的。

若 Hesse 矩阵对一切 $\mathscr{D}$ 都是正定的,则 $f(x)$ 是 $\mathscr{D}$ 上的严格凸函数,反之则不然。

例如,要判断函数

$$f(x)=60-10x_1-4x_2+x_1^2+x_2^2-x_1x_2$$

在 $\mathscr{D}=\{x\mid-\infty<x_i<\infty,\ i=1,\ 2\}$ 上为一凸函数,就只要证明其 Hesse 矩阵 $\boldsymbol{H}(x)$ 是正定的即可。

因为

$$\frac{\partial^2 f(x)}{\partial x_1^2}=2,\ \frac{\partial^2 f(x)}{\partial x_1\partial x_2}=\frac{\partial^2 f(x)}{\partial x_2\partial x_1}=-1,\ \frac{\partial^2 f(x)}{\partial x_2^2}=2$$

所以 $H(x)=\begin{bmatrix}2 & -1\\ -1 & 2\end{bmatrix}$ 是正定的,而且其二次项式可以表示为

$$\frac{1}{2}x^{\mathrm{T}}H(x)x=\frac{1}{2}[x_1\quad x_2]\begin{bmatrix}2 & -1\\ -1 & 2\end{bmatrix}\begin{bmatrix}x_1\\ x_2\end{bmatrix}=x_1^2-x_1x_2+x_2^2=\left(x_1-\frac{x_2}{2}\right)^2+\frac{3}{4}x_2^2>0$$

由于不论 $x^{(1)}$ 和 $x^{(2)}$ 取何值,上式均成立,所以 $f(x)$ 为一凸函数,又由于 $\boldsymbol{H}(x)$ 是正定的,所以 $f(x)$ 在 $\mathscr{D}$ 上是个严格凸函数。

凸函数的基本性质如下:

(1) 若 $f(x)$ 为凸集 $\mathscr{D}$ 上的凸函数,则 $f(x)$ 在 $\mathscr{D}$ 上的一个极小点也就是 $f(x)$ 在 $\mathscr{D}$ 上的全域最小点;

(2) 若 $x^{(1)}$ 和 $x^{(2)}$ 为凸函数 $f(x)$ 中的两个最小点,则其连线上的一切点也都是最小点;

(3) 若函数 $f_1(x)$ 和 $f_2(x)$ 为凸集 $\mathscr{D}$ 上的两个凸函数,则对任意正实数 a 和 b,函数

$$f(x)=af_1(x)+bf_2(x) \tag{6-22}$$

仍为 $\mathscr{D}$ 集上的凸函数。

第三节　约 束 条 件

如前所述,目标函数取决于设计变量,而在很多实际问题中,设计变量的取值范围是有限制的或必须满足一些条件。在最优化设计中,这种对设计变量取值时的限制条件,称为约束条件或设计约束,简称约束。

约束条件可以用数学等式或不等式来表示。

等式约束对设计变量的约束严格,起着降低设计自由度的作用。等式约束可能是显约束,也可能是隐约束,其形式为

$$h_v(x)=0 \quad (v=1,\ 2,\ \cdots,\ p) \tag{6-23}$$

在实际的最优化设计中,不等式约束更为普遍,不等式约束的形式为

$$g_u(x)\leqslant 0 \quad (u=1,\ 2,\ \cdots,\ m) \tag{6-24}$$

或

$$g_u(x)>0 \quad (u=1,\ 2,\ \cdots,\ m) \tag{6-25}$$

式中: x—— 设计变量,见式(6-1);

p—— 等式约束的数目;

m ——不等式约束的数目。

在上述式中 $h_v(x)=0$, $g_u(x)\leqslant 0$(或 $g_u(x)>0$) 为设计变量的约束方程,即设计变量的允许变化范围。最优化设计过程,就是要在设计变量允许的范围(空间) 内,找出一组最优(设计) 参数 $x^*=[x_1^*\ x_2^*\ \cdots\ x_n^*]^{\mathrm{T}}$,使目标函数 $f(x)$ 达到最优值 $f(x^*)$。

从理论上说,有一个等式约束就有从最优化过程中消去一个设计变量的机会,或降低一个设计自由度(或问题维数)的机会。但消去过程在代数上有时会很复杂或难于实现,故并不能经常采用这种方法。不等式约束的概念对最优化设计特别重要。例如,在优化过程中,希望某一性能达到最优的同时,要求其他性能也保持或达到一定水平,即应有不等式约束。

在设计空间中每一个约束条件都是以几何曲面(如图 6-14(b),(c),在二变量设计空间中则为线,如图 6-14(a)所示)的形式出现,并称为约束面(或约束线)。该面(或线)是等式约束方程或是不等式约束的极限情况(即等式部分 $g_u(x)=0$ 的几何图像)。当设计变量是连续的,则约束面(或线)通常也是连续的。图 6-14(c)表示三变量设计空间中由许多约束方程构成的组合约束面。

对于等式约束来说,设计变量 x 所代表的设计点在式(6-23)所表示的面(或线)上,这种约束又称为起作用约束或紧约束。对于不等式约束来说,其极限情况 $g_u(x)=0$ 所表示的几何面(线)将设计空间分为两部分:一部分中的所有点均满足约束条件式(6-24)或式(6-25),这一部分的空间称为设计点的可行域,并以 $\mathscr{D}$ 表示,可行域中的点是设计变量可以选取的,称为可行设计点或简称可行点,如果最优点在可行域之内,则所有的约束条件都不是起作用约束。另一部分中的可行点均不满足约束条件式(6-24)或式(6-25),在这个区域如果选取设计

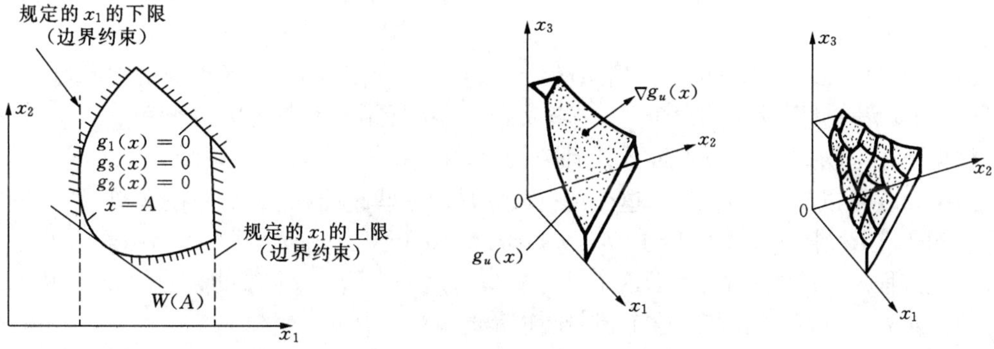

(a) 二变量设计空间中的约束线　　(b) 三变量设计空间中的约束面　　(c) 组合约束面

图 6-14　设计空间中的约束面(或约束线)

点则违背了约束条件,它是设计的非可行域,该域中的点称为非可行点。如果设计点落到某个约束边界面(或边界线)上,则称边界点,边界点是允许的极限设计方案。例如,图 6-15 上画出了满足两项约束条件 $g_1(x)=x_1^2+x_2^2-16=0$ 和 $g_2(x)=2-x_2\leqslant 0$ 二维设计问题的可行域 $\mathscr{D}$,它位于 $x_2=2$ 的上面和圆 $x_1^2+x_2^2=16$ 的圆弧 $\widehat{ABC}$ 并包括线段 $\overline{AB}$ 和圆弧 $\widehat{ABC}$ 在内。

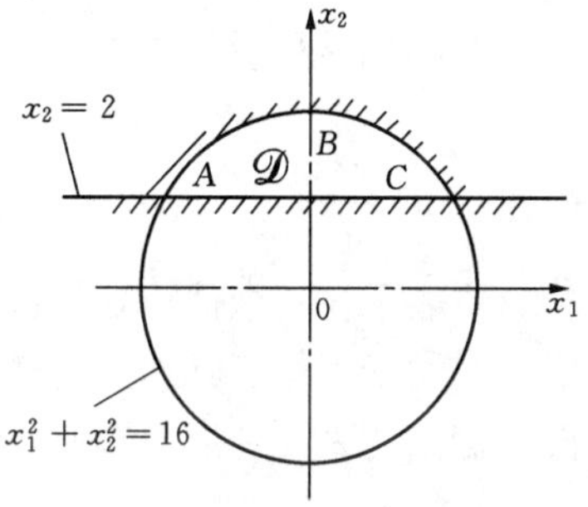

图 6-15　约束条件规定的可行域

在二变量设计空间中,不等式约束的可行域为各约束线所围的平面,如是三维以上的设计问题,则可行域为各约束面所包围的空间。最优化设计过程,即寻找可行域内的最优点和最优设计方案。

要注意的是,可行域还有凸集和非凸集之分。例如,对于一个二维问题,当其约束条件为

$$g_1(x)=-x_1\leqslant 0$$
$$g_2(x)=-x_2\leqslant 0$$
$$g_3(x)=-x_1^2+x_2^2-1\leqslant 0$$

时,由图 6-16(a)可见,它是一个在第一象限内的凸集 $\mathscr{D}$。

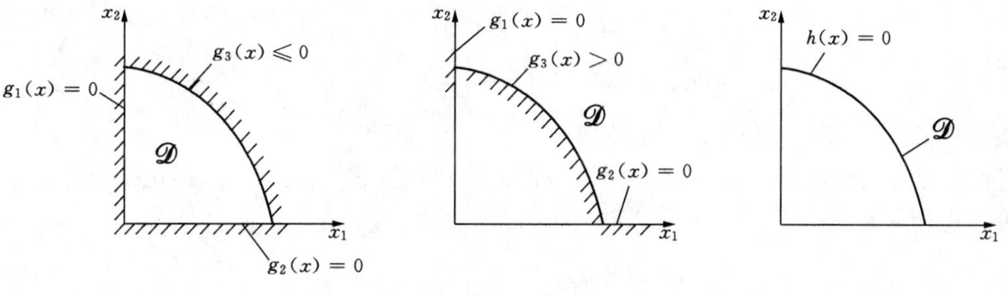

(a) 凸集　　(b) 非凸集　　(c) 非凸集

图 6-16　约束函数的集合

当约束条件 $g_3(x)$ 改为 $g_3(x)=x_1^2+x_2^2-1\geqslant 0$ 时，由图 6-16(b)可见，是一个在第一象限内的非凸集 $\mathscr{D}$。

当约束条件 $g_3(x)$ 取为等式约束 $h_1(x)=g_3(x)=x_1^2+x_2^2-1=0$ 时，由图 6-16(c)可见，也是一个非凸集，此时这个集合是在 $x_1\geqslant 0$ 和 $x_2\geqslant 0$(第一象限内)$h(x)=0$ 的一段曲线。

根据上述可以推知，在 n 维欧氏设计空间 R^n 中，由一组不等式约束函数 $g_u(x)\leqslant 0(u=1, 2, \cdots, m)$ 可以组成可行域 $\mathscr{D}$，这个可行域就是由一些超曲线、超平面在 R^n 中所包围成的子集。对于在 R^n 中由一组等式约束 $h_1(x)=0,\ h_2(x)=0,\ \cdots,\ h_p(x)=0$ 所组成的可行域 $\mathscr{D}$，如果这组方程是彼此独立的，那么这个可行域 $\mathscr{D}$ 就是一个 $(n-p)$ 维的超曲面，即子集。而且根据前面对 $h(x)$ 函数的假定，这个超曲面也是光滑的。

对于非线性约束函数所定义的可行域，确定它是凸集还是非凸集，一般说来是比较困难的，而且对于一个非凸的集合，往往是造成一个优化设计问题有多个约束极值的重要原因。当不等式约束都是线性函数时，其约束集合 $\mathscr{D}$ 必为一个凸集。

与式(6-10)对目标函数梯度的定义相类似，约束梯度 $\nabla g_u(x)$ 是约束方程 $g_u(x)$ 对各设计变量的偏导数所组成的列向量即

$$\nabla g(x)=\left[\frac{\partial g_u(x)}{\partial x_1},\ \cdots,\ \frac{\partial g_u(x)}{\partial x_n}\right]^{\mathrm{T}} \tag{6-26}$$

它表示在其取值点处与该约束面相垂直的向量，如图 6-14(b)所示。

在纺织工程实际遇到的最优化设计问题中，约束面常常是由于设计变量的非线性而呈曲面，因此，约束面梯度与取值点的位置有关，只有在约束面为平面的情况下其梯度才是常数。

第四节　最优化设计的数学模型

选取设计变量，列出其目标函数、给定约束条件后便可构造最优化设计的数学(优化)模型。如前所述，任何一个最优化问题均可归结为如下的描述，即：在满足给定的约束条件(决定 n 维空间中的可行域 $\mathscr{D}$)下，选取适当的设计变量 x 使其目标函数 $f(x)$ 达到最优值。其数学表达式(数学模型或优化模型)为

求设计变量

$$x=[x_1\ x_2\ \cdots\ x_n]^{\mathrm{T}},\ x\in\mathscr{D}\subset R^n$$

在满足约束条件(也可写成 Subject to，简写为 s.t.)

$$h_v(x)=0\quad (v=1,\ 2,\ \cdots,\ p)$$
$$g_u(x)\leqslant 0\quad (u=1,\ 2,\ \cdots,\ m)$$

的条件下，使目标函数 $f(x)$ 达到最优值。

目标函数的最优值一般可用最小值(或最大值)的形式来表现，因此，最优化设计的数学模型可简化表示为

$$\begin{aligned}&\min f(x)\ x\in\mathscr{D}\subset R^n\\&\text{s.t.}\begin{cases}h_v(x)=0,\ v=1,\ 2,\ \cdots,\ p\\g_u(x)\leqslant 0,\ u=1,\ 2,\ \cdots,\ m\end{cases}\end{aligned} \tag{6-27}$$

通常，优化设计的过程就是求解目标函数的最小值，如上式所示。若目标函数的最优点为可行域中的最大值时，则可看成是求 $[-f(x)]$ 的最小值，因为 $\min[-f(x)]$ 与 $\max f(x)$ 是等价的。当然，也可看成是求 $1/f(x)$ 的极小值。

在最优化设计的数学模型中，若 $f(x)$，$h_v(x)$ 和 $g_u(x)$ 都是设计变量 x 的线性函数，则这种最优化问题属于数学规划方法中的线性规划问题；若它们不全是线性函数，则属于数学规划方法中的非线性规划问题。如果要求设计变量只能取整数，称为整数规划；当式(6-27)中的 $p=0$ 和 $m=0$ 时，即没有约束条件时，称为无约束最优化问题。纺织工程中的最优化问题多属于约束非线性规划，即约束非线性最优化问题。

建立数学模型是最优化过程中非常重要的一步，数学模型直接影响设计效果。对于复杂的问题，建立数学模型往往会遇到很多困难，有时甚至比求解更为复杂。这时要抓住关键因素，适当忽略一些不重要成分，使问题合理简化，以易于建立数学模型。有时，在建立一个数学模型后由于不能求得最优解而必须简化数学模型。数学模型的建立，既可以用理论推导的方法，也可以用实验的方法，例如在纺织应用中，由于影响因素太多且关系不明晰，许多模型就是靠第一篇中所述的回归分析方法而建立的。

现举例说明建立数学模型的过程。

【例 6-1】 要用薄钢板制造一体积为 5 m^3 的汽车货箱，由于运输的货物要求其长度不小于 4 m。为了使耗费的钢板最少并减少质量，问应如何选取货箱的长 x_1、宽 x_2 和高 x_3？

【解】 显然，钢板的耗费量与货箱的表面积成正比，本题就是求解如何使货箱的表面积达到最小。如果货箱不带上盖，则目标函数(货箱的表面积)为

$$f(x)=f(x_1,\ x_2,\ x_3)=x_1x_2+2(x_2x_3+x_1x_3)$$

约束条件为

$$h(x)=x_1x_2x_3=5.0$$
$$g_1(x)=4.0-x_1\leqslant 0$$
$$g_2(x)=-x_2\leqslant 0$$
$$g_3(x)=-x_3\leqslant 0$$

所以其数学模型为

$$\min f(x)=\min[x_1x_2+2(x_2x_3+x_1x_3)]$$
$$\text{s.t.}\ \begin{cases} h(x)=x_1x_2x_3=5.0 \\ g_1(x)=4.0-x_1\leqslant 0 \\ g_2(x)=-x_2\leqslant 0 \\ g_3(x)=-x_3\leqslant 0 \end{cases}$$

前已述及，如有一个等式约束，则原则上可以消去一个设计变量。当然，这时被消去的那个设计变量必须以显示的形式表达出来。在上述问题中，由等式约束条件得 $x_3=\dfrac{5.0}{x_1x_2}$，代入目标函数后原问题的数学模型可简化为

$$\min f(x)=\min[x_1x_2+10(1/x_1+1/x_2)]$$
$$\text{s.t.}\ \begin{cases} g_1(x)=4.0-x_1\leqslant 0 \\ g_2(x)=-x_2\leqslant 0 \end{cases}$$

即设计变量由三个减为两个，事实上，当 x_1 和 x_2 确定后，根据等式条件，x_3 即可确定。

【例 6-2】 转杯纺纺制细旦涤纶时，欲求分梳辊速度、转杯速度和假捻盘分别在什么条件（工艺参数）下，纱的综合指标将达到最优值，请建立相应的数学模型。

【解】 参照纱线质量考核的标准，选取成纱条干 $CV\%$、棉结（+200%）、粗节（+50%）、细节（−50%）、断裂强度、断裂强度不匀 $CV\%$、断裂功和断裂伸长等八项考察指标来综合评定成纱质量。通过通用旋转试验设计求得的变量因子与考察指标之间的高精度回归方程，并选取条干 $CV\%$值（y_1）、棉结（y_2）和断裂强度（y_3）为目标函数，粗节、细节、断裂强度不匀、断裂功、断裂伸长作为约束条件，建立如下的优化数学模型。

$$y_1=16.535\,4-0.024\,4x_1+1.119\,6x_2+0.036\,4x_3-0.068\,7x_1x_2+0.051\,2x_1x_3+0.206\,2x_2x_3-0.038\,8x_1^2+0.691\,4x_2^2-0.127\,2x_3^2$$

$$y_2=145.088\,9+6.441\,5x_1+4.613\,6x_2-22.360\,6x_3-9.357\,5x_1x_2-5.957\,5x_1x_3-0.832\,5x_2x_3-5.463\,5x_1^2+30.542\,5x_2^2-5.914\,4x_3^2$$

$$y_3=16.360\,7+0.125\,8x_1-1.127\,0x_2+0.077\,4x_3+0.235\,0x_1x_3+0.197\,5x_2x_3-0.221\,6x_1^2-0.439\,1x_3^2$$

约束条件

$$g_1=1.682+x_1\geqslant 0 \quad g_2=1.682-x_1\geqslant 0$$

$$g_3=1.682+x_2\geqslant 0 \quad g_4=1.682-x_2\geqslant 0$$

$$g_5=1.682+x_3\geqslant 0 \quad g_6=1.682-x_3\geqslant 0$$

$$g_{7\text{粗节}}=187-(37.986\,1-1.081\,7x_1+33.650\,4x_2-3.425x_1x_2+5.715x_2x_3-3.616\,3x_1^2+26.069x_2^2-2.443\,5x_3^2)\geqslant 0$$

$$g_{8\text{细节}}=58-(19.489\,7-2.598\,5x_1+11.240\,5x_2-2.381x_3-1.365x_1x_2+1.222\,5x_1x_3-1.922x_1^2+5.159x_2^2-2.443\,5x_3^2)\geqslant 0$$

$$g_{9\text{断裂强度}CV\%}=13-(12.504\,7-0.377\,6x_1+0.973x_2+0.176\,1x_3+0.117\,5x_1x_3-0.317\,5x_2x_3-0.402\,3x_1^2-0.649\,8x_3^2)\geqslant 0$$

$$g_{10\text{断裂功}}=(518.313-16.384\,6x_1-49.117\,4x_2+7.871\,5x_3+8.107\,5x_1^2+18.008\,5x_2^2+11.876\,9x_3^2)-477.59\geqslant 0$$

$$g_{11\text{断裂伸长}}=(9.357\,7-0.218\,6x_1-0.140\,7x_2+0.082x_3-0.26x_1x_2+0.287\,5x_1x_3+0.235\,0x_2x_3+0.065\,6x_1^2-0.132\,4x_3^2)-8.2\geqslant 0$$

建立最优化设计的数学模型以后，即可选择合适的最优化方法解题，求出目标函数的最优解。

第五节　优化设计的一般过程及其几何解释

优化设计的全过程一般可概括为：①建立优化设计的数学模型；②选择合适的优化方法；③确定必要的数据和设计初始点；④编写计算程序；⑤计算求解并输出结果；⑥对结果进行必要的分析和验证。

在这一过程中，数学模型的正确建立无疑是最关键的一步，是取得合理的优化结果的前提,因此必须使它能全面正确的反映实际问题,同时还要有利于最优化方法的实施。

为了有助于确定优化设计的解,可以想象在 n 维设计空间的可行域内,找出一个与 $n+1$ 维目标函数超曲面的最小值对应的设计点 x^*。由于 n 维问题难以用平面图形表示,因而下面用一个二维问题来说明。例如,求 $x \in R^2$

$$\min f(x)=x_1^2+x_2^2-4x_1+4$$

$$\text{s.t.}\quad \begin{cases} g_1(x)=x_1-x_2+2 \geqslant 0 \\ g_2(x)=x_2-x_1^2-1 \geqslant 0 \\ g_3(x)=x_1 \geqslant 0 \\ g_4(x)=x_2 \geqslant 0 \end{cases}$$

的最优点 $x^*=[x_1^*,\ x_2^*]^{\mathrm{T}}$,使 $f(x^*)=\min f(x)$。这是一个有约束的二维($n=2$)非线性化设计问题,如图6-17所示,(a)为 $n+1$ 维(三维)立体图,显示了目标函数与优化条件以及它们在设计空间内目标函数等值线和约束边界线之间的对应关系;(b)为二维平面图形,其中用虚线画的一簇同心圆是目标函数的等值线,画阴影线的部分是由所有约束边界围成的可行域,欲寻求的最优化设计点应该是在可行域内目标函数值最小的点,由图中显而易见,该点就是约束边界与目标函数等值线的切点,即图中的 x^* 点。此点的值为:$x^*=[0.58,\ 1.34]^{\mathrm{T}}$,$f(x^*)=3.80$。这就是约束最优解。其无约束最优解为 $x_1^*=2,\ x_2^*=0$,其最优值 $f(x_1^*,\ x_2^*)=0$,实际上就是目标函数等值线的中心。

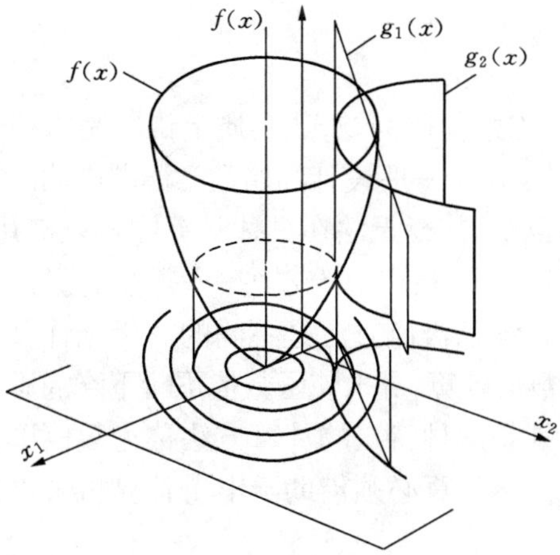

(a) 优化问题的立体图

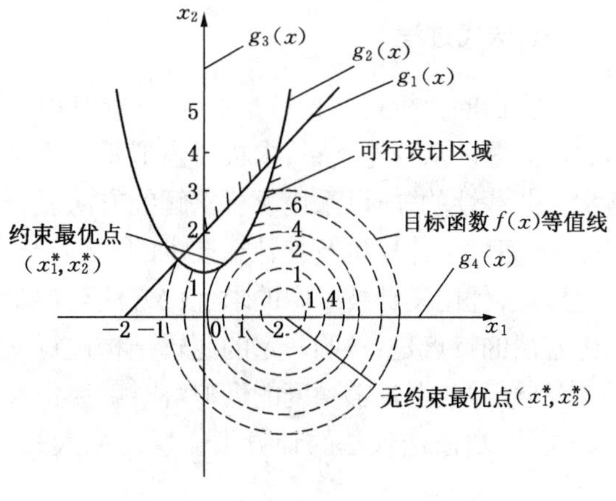

(b) 设计空间的关系图

图 6-17　二维非线性优化问题的几何概念

有了这个概念之后,对于一个 n 维的约束优化设计问题,就可以这样来理解:在 n 个设计变量所构成的设计空间中,由 m 个不等式约束的超曲面划分出一个可行设计区域 $\mathscr{D}$,当目标函数取一整数时,就在可行设计区域内构成一系列表示目标函数变化的等值超曲面。最优解就是在 $\mathscr{D}$ 域中找到一个设计点 x^*,其目标为最小值。实际对于多数问题来说,这一点多半是目标函数等值超曲面与约束超曲面的一个切点,对于无约束最优化问题来说,这一点就是目标函数的极值点。在本例中,约束最优点,$x^*=[0.58,\ 1.34]^{\mathrm{T}}$,显然是具有较小函数值 $f(x)=3.8$

的等值线与约束曲线沿 $g_2(x)$ 的切点。有时约束最优点的位置也可能在目标函数值较小的约束曲线交点上，如图 6-18 所示。

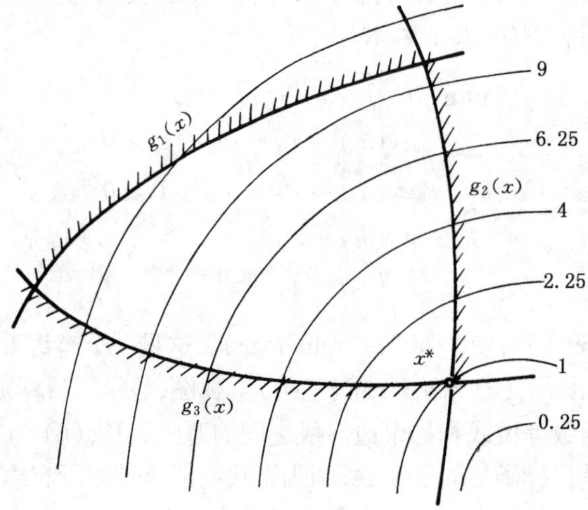

图 6-18　约束最优点的位置

第六节　优化计算的迭代方法

一、迭代过程

由上面的分析可知无论是无约束优化问题还是有约束优化问题，从实质上讲都是求极值的数学问题。从理论上讲，求极小点似乎并不困难，但是由于一般设计问题数学模型中的函数常常是非线性的，所以采用解析求解的方法显得非常复杂，甚至无法在具体计算中得以应用。因此，随着电子计算机及其计算技术的发展，产生了另一种求最优解的方法——数值计算迭代法。显然，优化设计技术中的求优化方法与数学中微分学求极值方法是不同的。优化计算求优化方法的特点是：按照一定的逻辑结构进行反复的数值计算，寻求使函数值不断下降的设计点，直到最后获得足够精度的近似解时就终止计算。具有这种特点的计算方法称为数值迭代法。显然，数值迭代法的计算工作量是很大的，所以优化计算必须借助于电子计算机来进行运算。

现在结合二维问题的图形来说明优化计算的迭代过程，参看图 6-19。

从一个选定的初始点 $x^{(0)}$ 出发，沿某种优化方法所规定的方向 $s^{(0)}$，确定适当的步长 $\alpha^{(0)}$，按下式产生一个新的设计点：$x^{(1)}=x^{(0)}+\alpha^{(0)}s^{(0)}$。使其满足 $f(x^{(0)})>f(x^{(1)})$。则 $x^{(1)}$ 就是一个优于 $x^{(0)}$ 的设计点。然后，再以 $x^{(1)}$ 为新起点按类似的公式产生下一个新的设计点。

$$x^{(2)}=x^{(1)}+\alpha^{(1)}s^{(1)}$$

$$\cdots\cdots$$

这样，依次可得设计点 $x^{(1)}, x^{(2)}, \cdots, x^{(k)}, x^{(k+1)}\cdots$，这些点通常被称为迭代点，第 $k+1$ 次的迭代点按下式产生

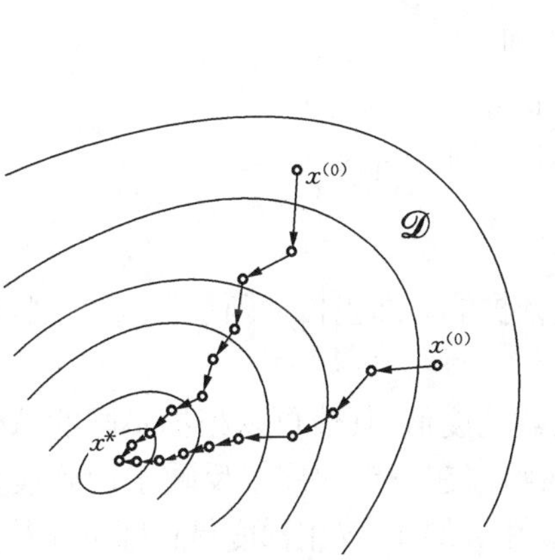

(a) 无约束最优解

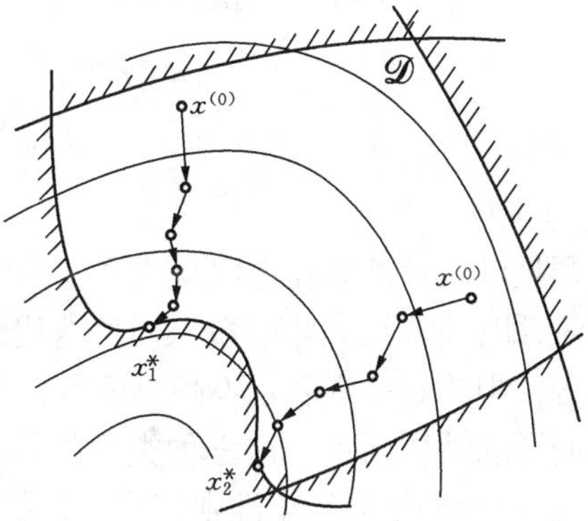

(b) 约束最优解

图 6-19 优化设计迭代解法的示意图

$$x^{(k+1)}=x^{(k)}+\alpha^{(k)}s^{(k)} \quad k=0,1,2,\cdots\cdots \tag{6-28}$$

上式就是优化计算所采用的基本迭代公式。使用这一公式,点 $x^{(1)}$, $x^{(2)}$, …, 都可通过同样的运算步骤做重复运算而获得,因而在计算机上很容易实现。而且由于每次迭代取得的新迭代点都使目标函数值有所下降,于是迭代点不断向最优点靠拢,最后达到十分逼近理论最优点的近似最优点 x^*。

由以上的基本迭代公式可以看出,优化方法的主要问题是解决迭代方向和迭代步长的问题。目前已有的各种方法尽管在选取的方向 $s^{(k)}$ 或步长 $a^{(k)}$ 上各有千秋,但有一点是共同的,它们必须易于通过数值计算获得,且使目标函数稳定地下降。

二、迭代计算的终止准则

优化计算的上述迭代过程总不能无限制地进行下去,那么什么时候终止这种迭代呢?就有一个迭代终止的准则问题。

从理论上说,当然希望最终迭代点到达理论极小值,或者是最终迭代点与理论极小值之间的距离足够小时才终止迭代。但是这实际上是办不到的,因为,对于一个待求的优化问题,其理论极小值在哪里并不知道。所知道的只是通过迭代计算获得的迭代点序列 $x^{(1)}$, $x^{(2)}$, …, $x^{(k)}$, $x^{(k+1)}$…, 因此,实际上只能从点序列所提供的信息来判断是否应该终止迭代。

对于无约束优化问题通常采用的迭代终止准则有以下几种。

1) 点距准则

该准则是以设计变量的变化为判断依据的,当相邻两迭代点 $x^{(k-1)}$, $x^{(k)}$ 之间的距离已达到充分小,即 $\| x^{(k)}-x^{(k-1)} \| \leqslant \varepsilon$ 或 $\sqrt{\sum_{i=1}^{n}[x_i^{(k)}-x_i^{(k-1)}]} \leqslant \varepsilon$ 时,迭代终止。

2) 函数下降量准则

该准则是以目标函数的变化为判断依据的,即当相邻两迭代点的函数下降量已达到充分小时,迭代终止。

在 $|f(x^{(k)})|<1$ 时,可用函数绝对下降量准则

$$|f(x^{(k)})-f(x^{(k-1)})| \leqslant \varepsilon$$

在 $|f(x^{(k)})|>1$ 时,可用函数相对下降量准则

$$\left|\frac{f(x^{(k)})-f(x^{(k-1)})}{f(x^{(k)})}\right|\leqslant\varepsilon$$

3) 梯度准则

该准则是以目标函数在迭代点的梯度为判断依据的。即当目标函数在迭代点的梯度已达到充分小时,即: $\|\nabla f(x^{(k)})\|\leqslant\varepsilon$ 时,迭代终止。

以上各式中的 ε 分别表示不同物理意义的收敛精度值,其值可以根据不同的迭代计算方法和工程问题的性质而定。这三种类型的终止准则都在一定程序上反映了达到最优点的程度。但是,这三种类型的终止准则都有一定的局限性。例如,仅用梯度信息则可能结束在鞍点上。若迭代计算的终止只依据 x 的变量变化来决定,则遇到一陡坡可能造成迭代过早结束,如图 6-20(a)所示。若依据目标函数的变化来决定终止时,则遇上目标函数等值线的平坦部分也会过早结束,如图 6-20(b)所示。而且当 $f(x)\to 0$ 时,结束准则就不能用 $f(x)$ 的相对变化,以避免用非常小的数作除数致使机器溢出而发生故障停机。

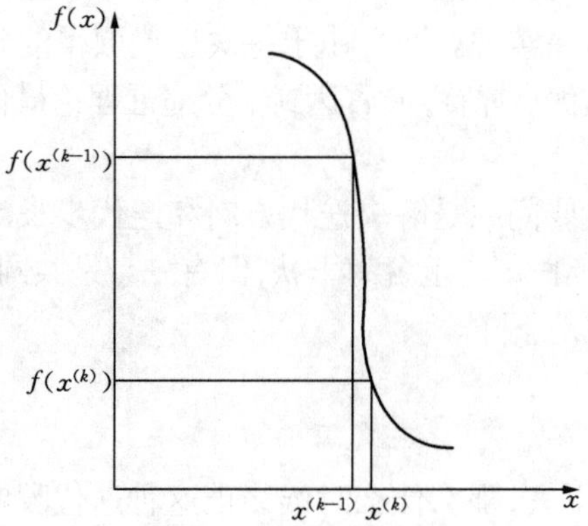

(a) 以设计变量的变化为依据

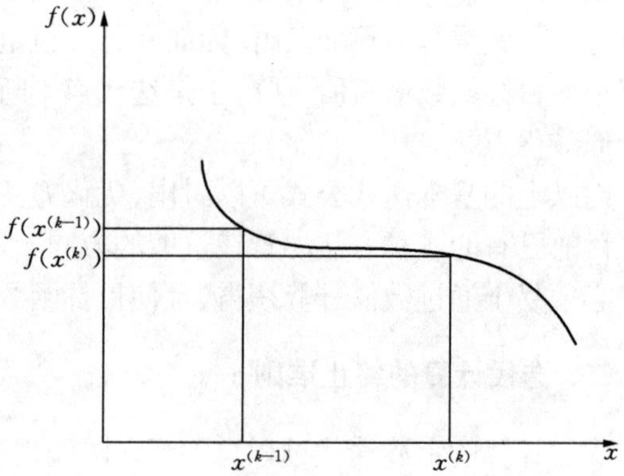

(b) 以目标函数的变化为依据

图 6-20　收敛准则

因此,在实际优化设计工作中,最好同时用目标函数和设计变量的终止准则较为恰当。因为优解的精度依赖于估计计算终止的准则。如果当迭代次数很多而仍达不到预定的终止精度时,则可以从工程实际观点考虑是否已得到较好的设计方案,可以用在 $f(x)$ 和 x 中达到某种精度的目标函数值计算次数或迭代次数来作为终止的准则。当然这种准则只有通过对该问题的试算后才能确定出合理的计算次数。

对于约束优化问题,由于其最优解的条件不同于无约束优化问题,因而,不同的约束优化方法有各自的终止准则。

第七章　无约束问题的最优化方法

在求解目标函数的极小值过程中，如果设计变量的取值范围没有任何限制，则此类问题称为无约束最优化问题。无约束优化问题的一般形式为

$$\min f(x) \quad x \in R^n \tag{7-1}$$

求其极小点(最优点) x^* 和函数 $f(x)$ 最小值的方法，称为无约束最优化方法。

在工程实际中，尽管所有设计问题几乎都是有约束的，但在下一章中我们将会看到，约束优化设计问题可以转化为无约束问题来解决。此外，有些约束优化设计方法，也可以借助于无约束优化方法的策略思想来构造。本章将介绍几种常用的无约束最优化方法。

第一节　一维搜索的最优化方法

由上一章的式(6-28)可知，对于任一次迭代计算，总是希望从已知的点 $x^{(k)}$ 出发，沿给定的方向 $s^{(k)}$ 搜索到目标函数值更小的点 $x^{(k+1)}$，即求参数 α 的一个最优步长因子 $\alpha^{(k)}$，使

$$f(x^{(k+1)}) = \min f(x^{(k)} + \alpha s^{(k)}) \tag{7-2}$$

如图 7-1 所示，在确定方向 $s^{(k)}$ 后，无论 α 取什么值，新点 $x^{(k+1)}$ 总是位于 $x^{(k)}$ 点的 $s^{(k)}$ 方向上。这种优化步长因子 $\alpha^{(k)}$ 使 $f(x^{(k)} + \alpha s^{(k)})$ 沿给定方向逐步达到极小值的过程，叫做一维最优化搜索，而 $\alpha^{(k)}$ 则称为一维搜索的最优化步长因子，求 $\alpha^{(k)}$ 值的方法称为一维搜索最优化方法。

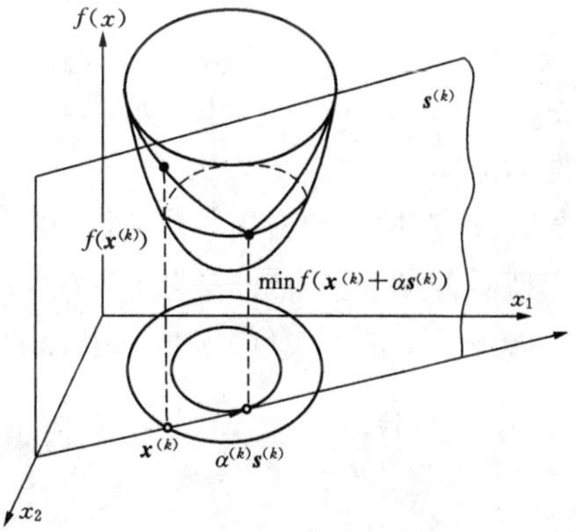

图 7-1　一维搜索示意图

当目标函数可以精确求导时，其最优化步长因子 $\alpha^{(k)}$ 可以用解析法求得。为此，若把函数 $f(x^{(k)} + \alpha s^{(k)})$ 沿 $s^{(k)}$ 方向近似展开成 Taylor 展开式，并且取到二次项，则有

$$f(x^{(k)} + \alpha s^{(k)}) \approx f(x^{(k)}) + [\nabla f(x^{(k)})]^{\mathrm{T}} \alpha s^{(k)} + \frac{1}{2}\alpha^2 [s^{(k)}]^{\mathrm{T}} H(x^{(k)}) s^{(k)}$$

对 α 求导数并令其等于零，得

$$\frac{\mathrm{d}}{\mathrm{d}\alpha} f(x^{(k)} + \alpha s^{(k)}) = [\nabla f(x^{(k)})]^{\mathrm{T}} s^{(k)} + \alpha [s^{(k)}]^{\mathrm{T}} H(x^{(k)}) s^{(k)} = 0$$

所以

$$\alpha^{(k)} = -\frac{[\nabla f(x^{(k)})]^{\mathrm{T}} s^{(k)}}{[s^{(k)}]^{\mathrm{T}} H(x^{(k)}) s^{(k)}} \tag{7-3}$$

在实际的工程优化问题中，这种求最优步长的方法并不适用，因为它要用到函数精确的一阶和二阶导数，况且，实际上也不必要求出精确的导数值。所以一般采用数值迭代的方法来逼近求出步长的近似解 $\alpha^{(k)}$。

一维搜索或一维最优化是多维最优化的基础，在大多数最优化方法中，常常要进行一维搜索来寻求最优步长或最优方向等，因此，一维搜索在最优化方法中占有很重要的地位，一维搜索进行的好坏，往往直接影响最优问题的求解速度。显然，一维搜索法不仅可以用在求步长因子上，而且也可以用于求单峰函数的极值。

一维搜索的方法很多，如分数法(Fibonacci 法)、黄金分割法(即 0.618 法)、牛顿法、二次插值法和三次插值法等。这些方法各有其特点。本章将介绍在优化设计中应用较普遍的黄金分割法和二次插值法。

一维搜索最优化方法，一般分两步进行。第一步是确定函数值最小点的所在区间 $[a, b]$；第二步是通过迭代逐步缩小区间，对于事先给定的精度 ε，直到 $b_k - a_k < \varepsilon$，从而近似求出区间内的最优步长因子值或极小点 $x^* = \dfrac{a_k + b_k}{2}$。

一、搜索区间的确定

根据区间中函数的变化情况，可分为单峰区间和多峰区间。所谓单峰区间，就是在该区间内函数有唯一峰值。多峰区间则可以把区间划分成若干个小区间，使每个区间上的目标函数都是单峰函数。区间上的下单峰函数就是在该区间只有一个极小点。单峰函数有如下性质：若在区间 $[x_1, x_3]$ 中另取一点 x_2，则对于 $x_1 < x_2 < x_3$，或 $x_1 > x_2 > x_3$，必有 $f(x_1) > f(x_2)$，$f(x_2) < f(x_3)$，即，如果 $f(x)$ 的一个区间使函数两头高、中间低，则其必为函数的一个搜索区间。

因此，在搜索包含极小点的区间时，主要思路就是从某一点出发，按一定的方向和步长，搜寻出使函数呈“高—低—高”的 3 个点，其两端即为所需区间。

如图 7-2 所示，$f(x)$ 是下单峰函数，具体搜索步骤如下：

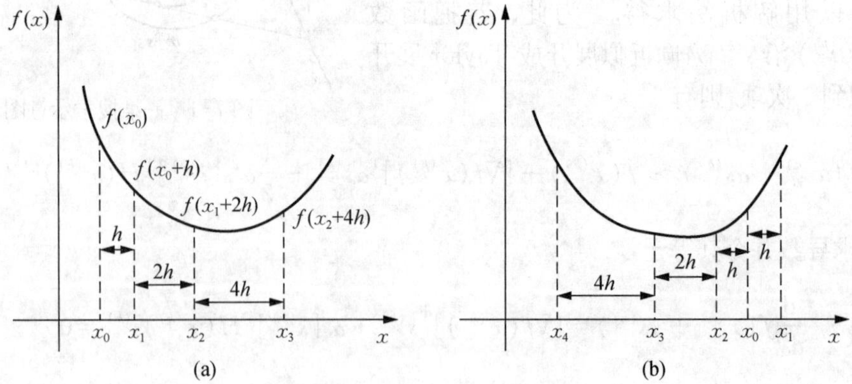

图 7-2 下单峰函数的搜索区间确定示意图

先取初始迭代点 x_0 和初始步长 $h > 0$，则 $x_1 = x_0 + h$，比较 $f(x_0)$ 与 $f(x_0 + h)$ 的大小：

(1) 若 $f(x_0) > f(x_1 = x_0 + h)$，说明 $f(x)$ 的极小点在 x_0 的右侧，则再从新的初始点

x_0+h 出发,步长加倍($2h$),得 $x_2=x_1+2h=x_0+3h$,如果 $f(x_1)\leqslant f(x_2)$,说明函数的极小点在 x_2 的左侧,则 $a=x_0$, $b=x_2=x_0+3h$;若 $f(x_1)>f(x_2)$,则从 x_2 出发,步长再加倍($4h$),得 $x_3=x_2+4h=x_0+7h$,如果 $f(x_2)\leqslant f(x_3)$,说明函数的极小点在 x_3 的左侧,则 $a=x_1$, $b=x_3=x_0+7h$;若 $f(x_1)>f(x_3)$,则再从 x_3 出发,步长继续加倍向右搜索,重复以上运算。如图 7-2(a)所示。

(2) 若 $f(x_0)<f(x_1=x_0+h)$,说明 $f(x)$ 的极小点在 x_0 的左侧,则从 x_0 出发,向相反方向搜索,得新的点 $x_2=x_0-h$,如果 $f(x_0)\leqslant f(x_2)$,说明函数的极小点在 x_0-h 的右侧,则 $a=x_0-h$,$b=x_0+h$;若 $f(x_0)>f(x_2)$,说明函数的极小点在 x_2 的左侧,则从 x_2 出发,步长加倍($-2h$),得 $x_3=x_2-2h=x_0-3h$,继续向左搜索,方法与向右搜索相同。如图 7-2(b)所示。

搜索区间的程序框图如图 7-3。

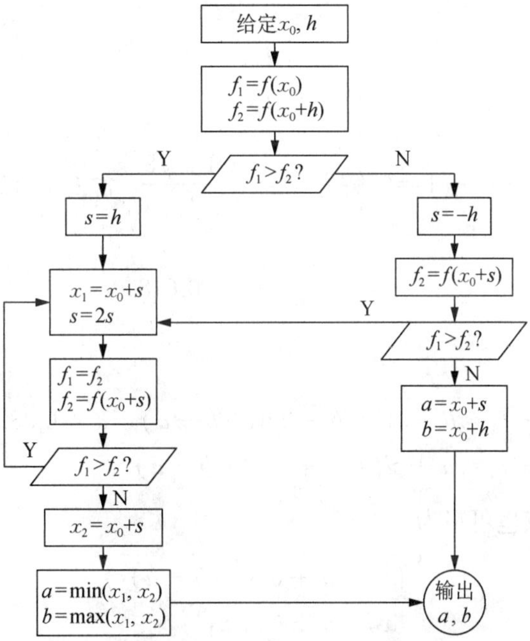

图 7-3　确定搜索区间的程序框图

二、黄金分割法

在下单峰函数 $f(x)$ 的搜索区间 $[a, b]$ 已经确定的情况下,可用黄金分割法求该区间上的极小点 x^*。黄金分割法又称 0.618 法,它是一种等比例缩短区间的直接搜索方法,通过不断迭代,直到区间收缩为一点或小于某给定的精度为止。

为求目标函数 $f(x)$ 在区间 $[a, b]$ 上的极小点 x^*,可在区间中对称选取两点 x_1, x_2,设:$a<x_1<x_2<b$,通过比较这两点的函数值,就可以将搜索区间缩小。比如,当 $f(x_1)<f(x_2)$,则新的区间 $[a_1, b_1]$ 为 $[a, x_2]$;如果 $f(x_1)>f(x_2)$,则选区新的区间 $[a_1, b_1]$ 为 $[x_1, b]$;如果 $f(x_1)=f(x_2)$,则选区新的区间 $[a_1, b_1]$ 为 $[x_1, x_2]$;从而得到了更小的区间 $[a_1, b_1]$,依次继续迭代,可逐步缩小区间。对于事先给定的精度 ε,直到 $b_k-a_k<\varepsilon$,从而近

似求出区间内的最优步长因子值或极小点。

由于事先并不知道要删去的区间是 $[a, x_1]$ 还是 $[x_2, b]$，所以，要使两个区间的长度相同，故 x_1，x_2 的是在区间 $[a, b]$ 上对称选取的，即有 $x_1 - a = b - x_2$。通过比较函数 $f(x_1)$ 和 $f(x_2)$ 的大小后，可以删去区间 $[a, x_1]$ 或 $[x_2, b]$，并进入下一次迭代。但此时，又要计算新区间中的两个点。显然，在上一次计算中，如果删去的区间是 $[a, x_1]$，则 x_2 应该保留在余下的区间里；如果删去的区间是 $[x_2, b]$，则 x_1 应该保留在余下的区间里。如果要让这个保留下的点直接作为下次迭代的一个分点使用，减少一次计算，就必须在每次迭代时，使被删除的区间与原来的区间的比值为定值，即遵循等比收缩原则。

设初始区间为 $[a, b]$，如图 7-4 所示，其区间长度为 $l_0 = b - a$，初始分点为 x_1，x_2。不失一般性，假定每次删去的区间均为右侧那一部分。注意到 x_1，x_2 在区间 $[a, b]$ 上的位置是对称的，以及 x_1，x_2 中剩下的那个点在下一次分割仍为一个分点，则有：

$$\begin{aligned} &l_0 = l_1 + l_2 \\ &\frac{l_2}{l_1} = \frac{l_1}{l_0} = c \end{aligned} \tag{7-4}$$

由以上两式可知，$c^2 + c - 1 = 0$，解之，$c = \dfrac{-1 \pm \sqrt{5}}{2}$，舍去不合题意的负根，得：

$$c = \frac{-1 + \sqrt{5}}{2} \approx 0.618 \tag{7-5}$$

即，两个分点应为：

$$\begin{cases} x_1 = b - l_1 = b - cl_0 = b - 0.618(b - a) = a + 0.382(b - a) \\ x_2 = a + l_1 = a + cl_0 = a + 0.618(b - a) \end{cases} \tag{7-6}$$

由于对称性，这两点也可写为：

$$\begin{cases} x_1 = a + 0.382(b - a) \\ x_2 = a + b - x_1 \end{cases} \tag{7-7}$$

理论上，黄金分割法是收缩速度最快的区间收缩方法之一。由于 0.618 只是黄金分割比 $\dfrac{-1 + \sqrt{5}}{2}$ 的一个近似值，为避免累计误差，一般，其迭代次数不宜超过 9 次。

黄金分割法的计算程序框图如图 7-5 所示。

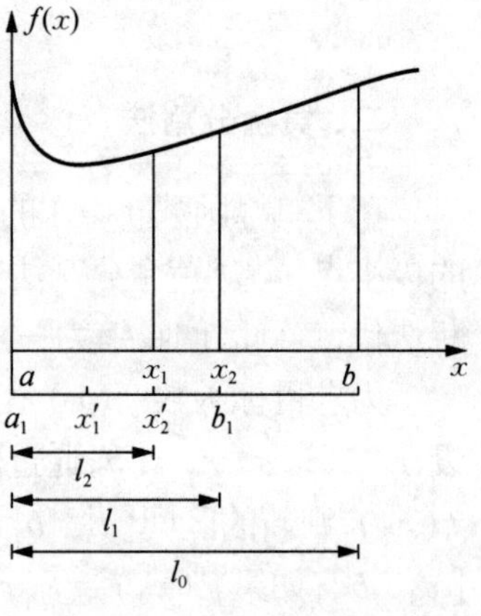

图 7-4　黄金分割法

三、二次插值法

二次插值法又称近似抛物线法。它的基本思想是利用 3 个点的函数值来构造一个二次插值多项式 $p(x)$，以近似地表达原目标函数 $f(x)$。因为作为一个低次函数，$p(x)$ 的极小点是容易求出的，所求得的 $p(x)$ 的极小点可近似地作为原函数的极小

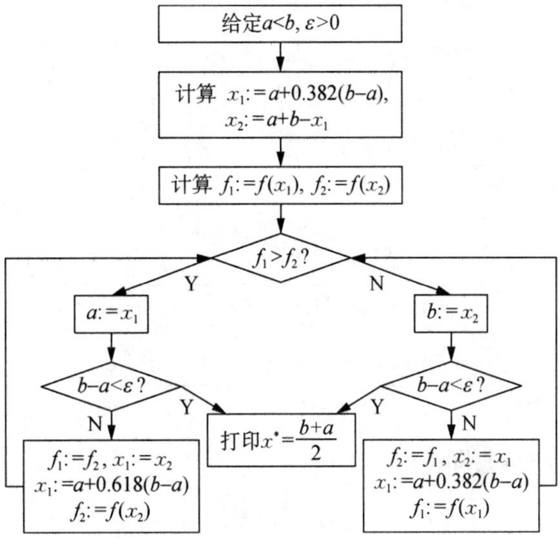

图 7-5　黄金分割法程序框图

点。如要更精确的结果,可将该极小点作为原目标函数从 $x^{(k)}$ 点出发,向 $s^{(k)}$ 方向进行搜索,如此重复,随着区间的缩短,最终可以逼近极小点 x^* 和目标函数的极小值 $f(x^*)$。

设目标函数 $f(x^{(k+1)})=f(x^{(k)}+\alpha s^{(k)})$,其搜索区间$[a, b]$已确定,如图 7-6 所示。

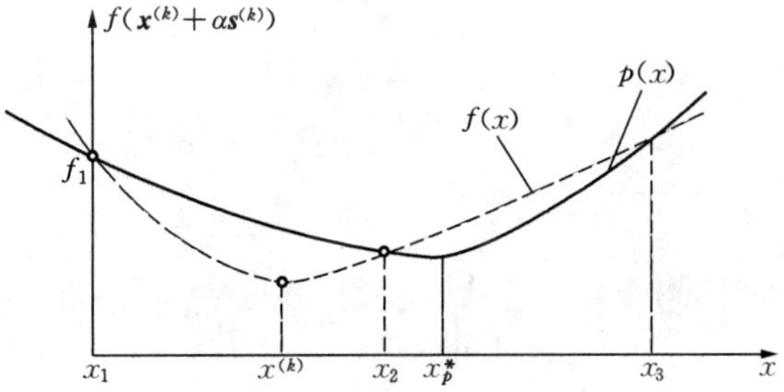

图 7-6　二次插值法的原理

在该区间取三个插值点 $a=x_1<x_2<x_3=b$,用一个二次多项式

$$P(x)=a+bx+cx^2 \tag{7-8}$$

来逼近目标函数 $f(x)$。对于逼近函数式(7-10)可以很容易地求得它的极小点,由

$$\frac{\mathrm{d}p(x)}{\mathrm{d}x}=b+2cx=0$$

解得其最小极值点

$$x_p^*=-\frac{b}{2c} \tag{7-9}$$

此时求得的 x_p^* 是函数 $p(x)$ 的极小值点,该点只能是 $f(x)$ 的近似极小值点。因此,为了求得 $f(x)$ 的极小值点 x^*,还必须进行反复插值求解,以达到精度要求。

根据插值理论,逼近函数与原函数值在插值点应相等,即得

$$\left.\begin{aligned} p(x_1)=a+bx_1+cx_1^2=f_1\\ p(x_2)=a+bx_2+cx_2^2=f_2\\ p(x_3)=a+bx_3+cx_3^2=f_3 \end{aligned}\right\} \tag{7-10}$$

解得

$$b=\frac{(x_2^2-x_3^2)f_1+(x_3^2-x_1^2)f_2+(x_1^2-x_2^2)f_3}{(x_1-x_2)(x_2-x_3)(x_3-x_1)} \tag{7-11}$$

$$c=-\frac{(x_2-x_3)f_1+(x_3-x_1)f_2+(x_1-x_2)f_3}{(x_1-x_2)(x_2-x_3)(x_3-x_1)} \tag{7-12}$$

将 b、c 值代入式(7-11),即得

$$x_p^*=-\frac{b}{2c}=\frac{1}{2}\frac{(x_2^2-x_3^2)f_1+(x_3^2-x_1^2)f_2+(x_1^2-x_2^2)f_3}{(x_2-x_3)f_1+(x_3-x_1)f_2+(x_1-x_2)f_3} \tag{7-13}$$

为了简化计算,可令

$$c_1=\frac{f_3-f_1}{x_3-x_1} \tag{7-14}$$

$$c_2=\frac{\dfrac{f_2-f_1}{x_2-x_1}-c_1}{x_2-x_3} \tag{7-15}$$

于是将式(7-13)改写为

$$x_p^*=0.5\left(x_1+x_3-\frac{c_1}{c_2}\right) \tag{7-16}$$

由上述可知,在已知搜索区间的 x_1、x_2、x_3 三点的值后,便可以通过二次插值方法求得极小值点 x_p^*。由于在求 x_p^* 时是采用抛物线的近似函数,所以求得的 x_p^* 并不一定与原函数 $f(x)$ 的极值点 x^* 相重合,如图 7-7 所示。为了求得满足一定精度要求的 $f(x)$ 的极小点值,可进一步采用缩小区间的办法。取 $x_4=x_p^*$,如 $f(x_4)>f(x_2)$ 则可以舍去$[x_4,x_3]$,将 x_4 定为 x_3,再对新的$[x_1,\ x_3]$的区间进行迭代,求出新的 x_p^*;若 $f(x_4)<f(x_2)$,则舍去左边部分,将 x_4 定为 x_1,再对新的$[x_1,\ x_3]$的区间进行迭代,求出新的 x_p^*;如此反复,直至达到给定的精度为止,即

$$\left|\frac{f_2-f_4}{f_2}\right|\leqslant\varepsilon \tag{7-17}$$

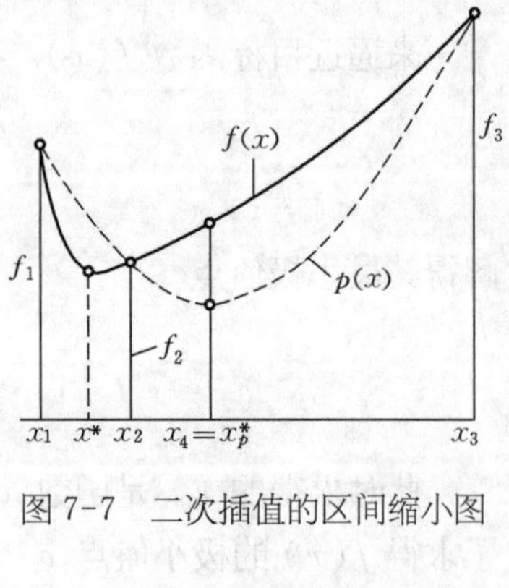

图 7-7 二次插值的区间缩小图

二次插值法求极小点的程序框图,如图 7-8 所示。

给定 $x_1, x_2, x_3, \varepsilon > 0$

计算 $f_i = f(x_i)$, $i = 1, 2, 3$

计算 $c_1 = \dfrac{f_3 - f_1}{x_3 - x_1}$, $c_2 = \dfrac{\frac{f_2 - f_1}{x_2 - x_1} - c_1}{x_2 - x_3}$

$x_p^* = 0.5\left(x_1 + x_3 - \dfrac{c_1}{c_2}\right)$

$\left|\dfrac{f_2 - f_4}{f_2}\right| \leqslant \varepsilon$ —— Yes —— 停止，输出 x_p^*

No

$x_p^* < x_2$

Yes — $f(x_p^*) < f(x_2)$ — Yes — $\begin{array}{l} x_3 = x_2 \\ x_2 = x_p^* \end{array}$; $x_1 = x_p^*$

No — $f(x_p^*) < f(x_2)$ — Yes — $\begin{array}{l} x_1 = x_2 \\ x_2 = x_p^* \end{array}$; $x_3 = x_p^*$

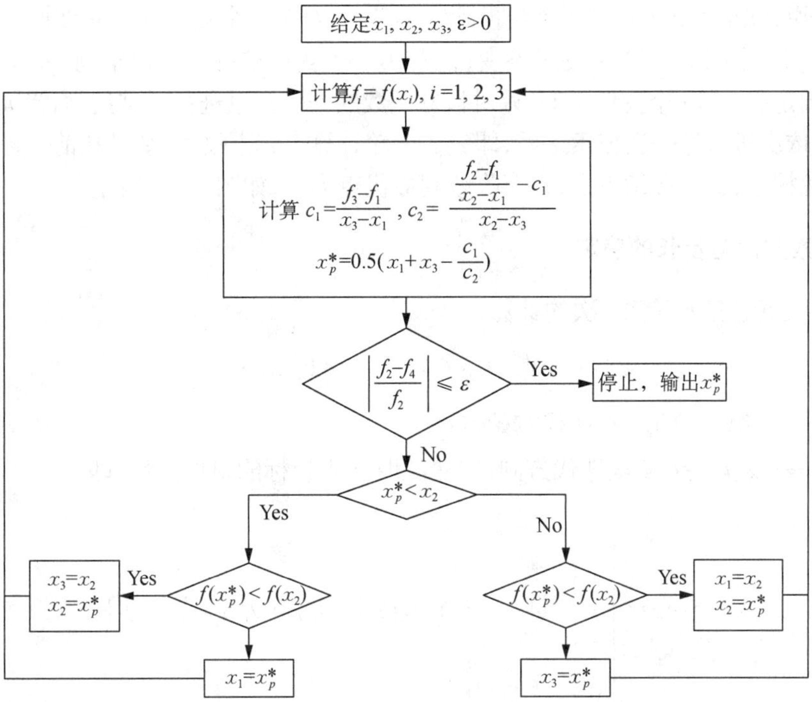

图 7-8　二次插值程序框图

第二节　坐标轮换法

把一个多维问题转化为一系列维数较少的问题称为降维。降维的方法有多种,坐标轮换法(又称变量轮换法、降维法等)是用得最多的一种,它是一种不用求导数而直接搜索目标函数最优解的方法。

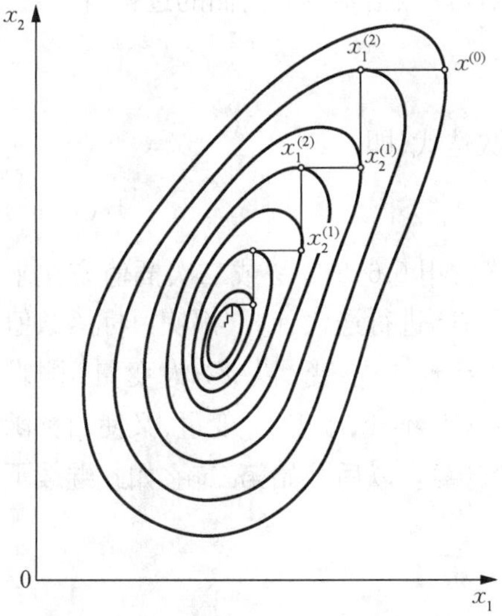

一、坐标轮换法的基本原理

为简明起见,先以二元函数来说明。图 7-9 所示为目标函数 $f(x_1, x_2)$ 的等值线。若从初始点 $x^{(0)} = (x_1^{(0)}, x_2^{(0)})^{\mathrm{T}}$ 点出发,先固定 $x_2 = x_2^{(0)}$ 不变,改变 x_1 使其目标函数下降到最小值,即求出 $\min f(x_1, x_2^{(0)})$,得新点 $x^{(1)} = (x_1^{(1)}, x_2^{(0)})^{\mathrm{T}}$;然后固定 $x_1 = x_1^{(1)}$ 不变,再改变 x_2 又使其目标函数下降到最小值,即求 $\min f(x_1^{(1)}, x_2)$,得新点 $x^{(2)} = (x_1^{(1)}, x_2^{(1)})^{\mathrm{T}}$;至此完成了一轮计算。然后再开始第二轮,重复前面过程求得 $(x_1^{(2)}, x_2^{(2)})^{\mathrm{T}}$ 点。如此继续下去,直至找到 $x^* = (x_1^*, x_2^*)^{\mathrm{T}}$ 点为止。

所以,坐标轮换法的基本原理是将一个多维的无约束最优化问题转化为一系列低维的最优化问题来求

图 7-9　坐标轮换法搜索过程

解。简单地说,就是先将 $(n-1)$ 个变量固定不动,只对第一个变量进行一维搜索得到最优点 $x_1^{(1)}$。然后,又固定$(n-1)$ 个变量不变,再对第二个变量进行一维搜索到 $x_2^{(1)}$ 点等等。总之,每次都固定$(n-1)$ 个变量不变,只对目标函数的一个变量进行一维搜索,当 n 个变量 x_1, x_2, …, x_n 依次进行过一次搜索之后,即完成一轮计算。若未收敛,则又从前一轮的最末点开始,作下一轮搜索,如此继续下去,直至收敛到最优点为止,如图 7-10 所示。

二、搜索方向与步长的确定

对于 n 维问题第 k 轮第 i 次的计算

$$x_i^{(k)}=x_{i-1}^{(k)}+\alpha_i^{(k)}s_i^{(k)} \quad i=1,\ 2,\ \cdots,\ n \tag{7-18}$$

式中 $x_{i-1}^{(k)}$—— 第 k 轮第 i 次迭代初始点;

$s_i^{(k)}$—— 第 k 轮第 i 次迭代方向,它轮流取 n 维坐标的单位向量,即

$$s_i^{(k)}=e_i=\begin{bmatrix}0\\ \vdots\\ 1\\ \vdots\\ 0\end{bmatrix}$$ 其中第 i 个单位坐标方向为 1,其余为零。

$\alpha_i^{(k)}$—— 第 k 轮第 i 次迭代步长因子。

关于 $\alpha_i^{(k)}$ 值通常有以下几种取法。

1. 加速步长法

这个方法是先取初始步长 h_i,以便用它探测目标函数的下降方向。然后取初始步长的若干倍作为搜索步长,即 $\alpha_i=\beta h_i$。从 $x_i^{(k)}$ 点出发,以计算 x_i 坐标上的新点 $x_i^{(k)}=x_{i-1}^{(k)}+\alpha_i e_i$,若 $f(x_i^{(k)})<f(x_{i-1}^{(k)})$,则取 $\alpha=2\alpha$ 继续搜索,直到当 $x_i^{(k)}$ 点的目标函数增大了,取前一点为本次的新点,然后改换坐标轴进行搜索,依次循环继续前进,直满足收敛精度为止。当还达不到计算精度时,还可将 α_i 缩小,例如取 $\alpha_i=(0.1-0.5)h_i$;再从停留点出发重复前面的过程,直至达到收敛精度为止。

2. 最优步长法

最优步长法就是利用一维最优搜索方法来完成每一次迭代,即

$$\min f(x_{i-1}^{(k)}+\alpha S_i^{(k)})=f(x_{i-1}^{(k)}+\alpha_i^{(k)}S_i^{(k)}) \tag{7-19}$$

此时可以根据函数的变化情况确定一维搜索区间,然后用 0.618 方法或二次插值方法求出 $\alpha_i^{(k)}$ 值。如图 7-11 所示,在这种情况下,每一次沿坐标方向进行迭代计算,都使目标函数值降至最小。例如,$x^{(0)}=[x_1^{(0)},\ x_2^{(0)}]^{\mathrm{T}}$ 开始,先固定 $x_1=x_1^{(0)}$ 不变,以 x_2 为变量,即求 $\min f(x_1^{(0)},x_2)$,得 $x_1=[x_1^{(0)},\ x_2^{(1)}]^{\mathrm{T}}$ 点,然后固定 $x_2=x_2^{(1)}$ 不变,改变 x_1 变量,又使目标函数值减到最小,即得 $x_2=[x_1^{(1)},\ x_2^{(1)}]^{\mathrm{T}}$ 点,至此完成一轮计算。以后开始第二轮,如此继续下去,直至计算到预定的收敛精度 $\|\alpha s_i^{(k)}\|\leqslant\varepsilon$ 为止。

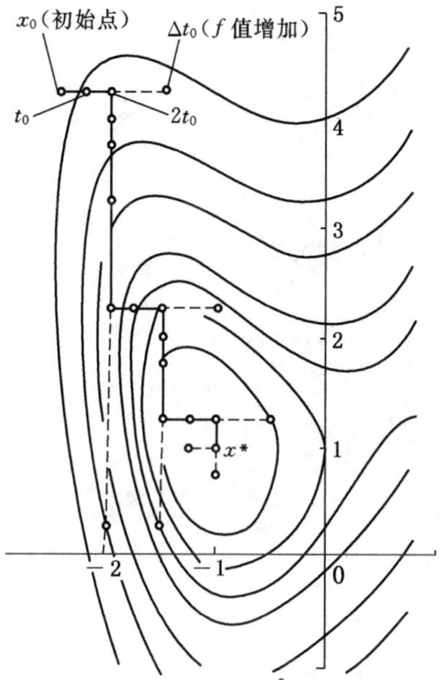

图 7-10　加速步长的搜索路线

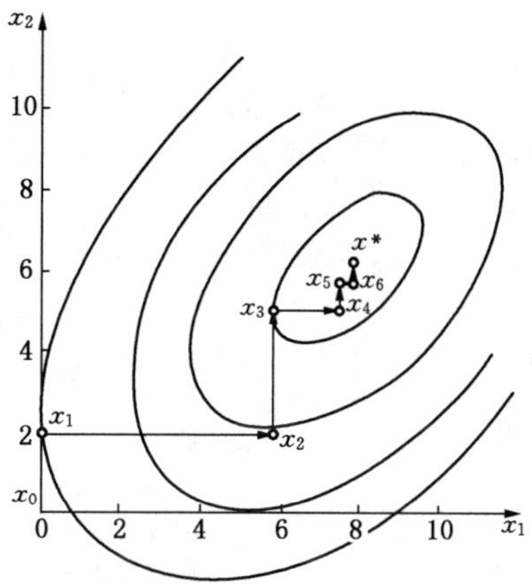

图 7-11　最优步长法

【例 7-1】 设目标函数

$$f(x)=4+\frac{9}{2}x_1-4x_2+x_1^2+2x_2^2-2x_1x_2+x_1^4-2x_1^2x_2$$

求其无约束的最优点 $(x_1^*,\ x_2^*)$。

【解】 用加速步长法来求。目标函数的等值线及加速步长的搜索路线如图 7-10 所示。

(1) 取初始点 $x_0=[-2.5,\ 4.2]^{\mathrm{T}}$，$f(x_0)=25.042$，试验步长取 $h=0.062\ 5$。

(2) 先判断沿 x_1 轴的移动方向：

$$x_1=x_0+\alpha s_1=\begin{bmatrix}-2.5\\4.2\end{bmatrix}+0.062\ 5\begin{bmatrix}1\\0\end{bmatrix}=\begin{bmatrix}-2.438\\4.2\end{bmatrix}$$

代入函数，得 $f(x_1)=20.76<f(x_0)$，即新点函数值小于初始点的，还可进一步搜索；

加大步长，取 $\alpha=\beta h=4\times 0.062\ 5=0.25$

$$x_1^{(1)}=x_0+\alpha s_1=\begin{bmatrix}-2.5\\4.2\end{bmatrix}+0.25\begin{bmatrix}1\\0\end{bmatrix}=\begin{bmatrix}-2.25\\4.2\end{bmatrix}$$

代入，得：$f(x_1)=19.412\ 5<20.76$，可见，新点函数值仍小于前一点的值，还可继续搜索；

再加大步长取 $\alpha=2\alpha=2\times 0.25=0.5$，

$$(x_1^{(1)})=\begin{bmatrix}-2.5\\4.2\end{bmatrix}+2\times 0.25\begin{bmatrix}1\\0\end{bmatrix}=\begin{bmatrix}-2\\4.2\end{bmatrix}$$

代入，得：$f(x_1)=16.68<19.412\ 5$，新点函数值仍小于前一点的值，还可继续搜索；

再加大步长取 $\alpha=4\alpha=4\times 0.25$，

$$x_1^{(1)}=\begin{bmatrix}-2.5\\4.2\end{bmatrix}+4\times0.25\begin{bmatrix}1\\0\end{bmatrix}=\begin{bmatrix}-1.5\\4.2\end{bmatrix}$$

$$f([x_1^{(1)}])=16.74>f(x_1^{(1)})$$

故沿 x_1 方 向得到的好点为

$$x_1^{(1)}=\begin{bmatrix}-2\\4.2\end{bmatrix},\ f(x_1^{(1)})=16.68$$

(3) 沿 x_2 方向搜索

$$x_2^{(1)}=x_1-\alpha s_2=\begin{bmatrix}-2\\4.2\end{bmatrix}-0.25\begin{bmatrix}0\\1\end{bmatrix}=\begin{bmatrix}-2\\3.95\end{bmatrix}$$

代入,得: $f(x_1)=7.2<16.68$, 可见,新点的函数小于前一点的,可继续搜索;

加大步长,取 $\alpha=8\alpha$,

$$x_2^{(1)}=\begin{bmatrix}-2\\4.2\end{bmatrix}-8\times0.25\begin{bmatrix}0\\1\end{bmatrix}=\begin{bmatrix}-2\\2.2\end{bmatrix}$$

代入,得: $f(x_1)=7.08<7.2$, 可见,新点函数仍小于前一点的,可继续搜索;

依次继续下去,最后可求得最优化点为 $x^*=[-1.053,\ 1.025]^T$,最优化值为 $f(x^*)=-0.513\,4$。

三、坐标轮换法的效能问题

坐标轮换法的效能在很大程度上取决于目标函数的性态。若目标函数的等值线为圆形,或长短轴都平行于坐标的椭圆形,则这种搜索方法很有效,两次就可以达到极值点,如图 7-12(a)所示。当目标函数的等值线近似于椭圆,但长短轴倾斜时,用这种搜索方法,必须多次迭代才能曲折地达到最优点,如图 7-12(b)所示。当目标函数的等值线出现山脊时,这种搜索方法完全无效。因为,每次的搜索方向总是平行于某一坐标轴,不会向前进,所以一旦遇到了等值线的脊线,就不能找到更好的点了,如图 7-12(c)所示,这样的函数对坐标轮换法来说是"病态"函数,这时,应改用其他的方法。

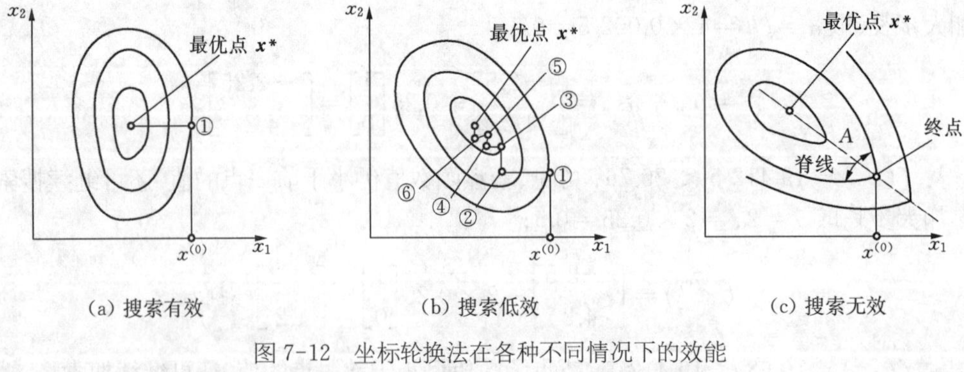

(a) 搜索有效　　(b) 搜索低效　　(c) 搜索无效

图 7-12　坐标轮换法在各种不同情况下的效能

由以上所述可以看出,坐标轮换法具有程序简单,易于掌握等优点,但采用坐标轮换法,只

能轮流沿 n 个坐标方向前进，尽管它具有步长下降的特点，但往往路程迂回曲折，要变换方向多次，才有可能求得无约束极值点。尤其在极值点附近，每次搜索的步长更小，因此，收敛很慢。在高维优化问题中，其计算效率低的缺点更为突出。

第三节　梯度法和共轭梯度法

一、梯度法

1. 梯度法的基本迭代形式及算法

梯度法是求解无约束优化问题的解析方法之一。在理论上，这个方法极为重要，因为它不仅提供了一个简单的、在一定场合下令人满意的优化算法，而且许多更有效和实用的算法也常常是在这个基本算法的基础上建立、发展起来的。梯度方向是函数变化率最大的方向，在求目标函数极小值中，函数的负梯度方向是函数值下降最快的方向，因此，梯度法又被称为最速下降法。

梯度法的迭代式同式(7-18)。

设在第 $k-1$ 次迭代中，已取得 $x^{(k)}$ 点，目标函数在这一点的梯度为

$$g^{(k)}=\nabla f(x^{(k)})=\left[\frac{\partial f(x^{(k)})}{\partial x_1},\frac{\partial f(x^{(k)})}{\partial x_2},\cdots,\frac{\partial f(x^{(k)})}{\partial x_n}\right]^{\mathrm{T}}$$

因此，第 k 次迭代的搜索方向 $s^{(k)}$ 取负梯度的单位向量，即

$$s^{(k)}=\frac{-\nabla f(x^{(k)})}{\|\nabla f(x^{(k)})\|}=\frac{-g^{(k)}}{\|g^{(k)}\|} \tag{7-20}$$

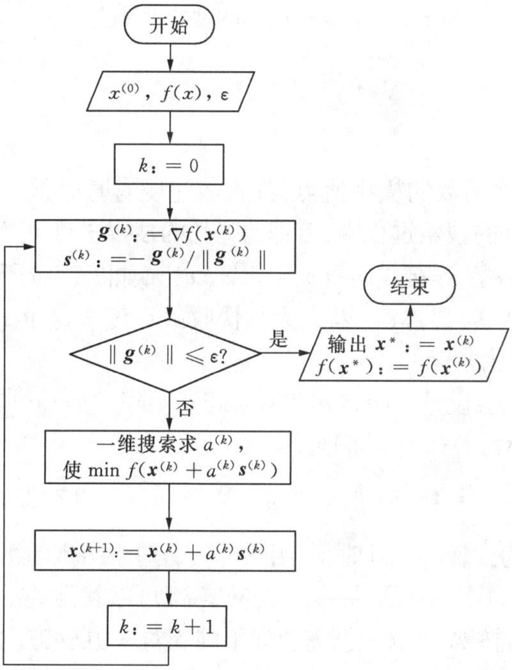

图 7-13　梯度法的计算框图

式中：$\|g^{(k)}\|$ ——梯度向量的模。

这样，第 k 次迭代的新点 $x^{(k+1)}$ 为

$$x^{(k+1)}=x^{(k)}+\alpha^{(k)}s^{(k)}$$

式中，$\alpha^{(k)}$ 是迭代的最优步长。

如此继续迭代，直至若 $\|g^{(k)}\|\leqslant\varepsilon$，则取得 $f(x)$ 的最优点 $x^*=x^{(k)}$。

梯度法的计算框图如图 7-13 所示。

2. 梯度法的特点

梯度法是一种较为古典的优化方法，它的一个重要特点是相邻两次搜索方向是相互正交的。这是因为在梯度法中，当已知 $x^{(k)}$ 点求新点 $x^{(k+1)}$ 时，其搜索方向是取 $s^{(k)}=-\nabla f(x^{(k)})$，且按迭代公式为

$$x^{(k+1)}=x^{(k)}-\alpha\nabla f(x^{(k)})$$

当式中的步长因子 α 是一维搜索的最优步长 $\alpha^{(k)}$ 时，即是求 α 值，使

$$\min \varphi(\alpha)=\min f(x^{(k)}-\alpha \nabla f(x^{(k)}))=f(x^{(k)}-\alpha^{(k)} \nabla f(x^{(k)}))$$

根据 $\dfrac{\mathrm{d}\varphi(\alpha^{(k)})}{\mathrm{d}\alpha}=0$ 的条件,利用复合函数求导的运算,即由

$$\frac{\mathrm{d}\varphi(\alpha^{(k)})}{\mathrm{d}\alpha}=-[\nabla f(x^{(k)}-\alpha \nabla f(x^{(k)}))]^{\mathrm{T}} \nabla f(x^{(k)})=0$$

这一条件可得 $\alpha=\alpha^{(k)}$。考虑到 $x^{(k+1)}=x^{(k)}-\alpha^{(k)} \nabla f(x^{(k)})$,于是最后可得

$$[\nabla f(x^{(k+1)})]^{\mathrm{T}} \nabla f(x^{(k)})=0$$

这就是说,在相邻两个迭代点上的两个搜索方向 $s^{(k)}=-\nabla f(x^{(k)})$ 和 $s^{(k+1)}=-\nabla f(x^{(k+1)})$ 是相互正交的。

由于梯度法每次迭代的搜索方向是取函数的最速下降方向,容易使人认为,这种方法是一个使函数值下降最快的方法,但实际上并不是这样,计算表明,此法往往收敛得相当慢。这是由于梯度法的相邻两次搜索方向是相互正交的,所以,当二元二次函数的等直线是比较扁的椭圆时,其梯度法逼近函数极小值的过程成直角锯齿状,如图 7-14 所示。

梯度法的优点是迭代过程简单,要求的存储量也少,而且在远离极小点时,函数下降还是比较快的。因此,常将它与其他方法结合,在计算的前期使用最速下降方向,当接近极小点时,再改用其他方向,以加快收敛速度。

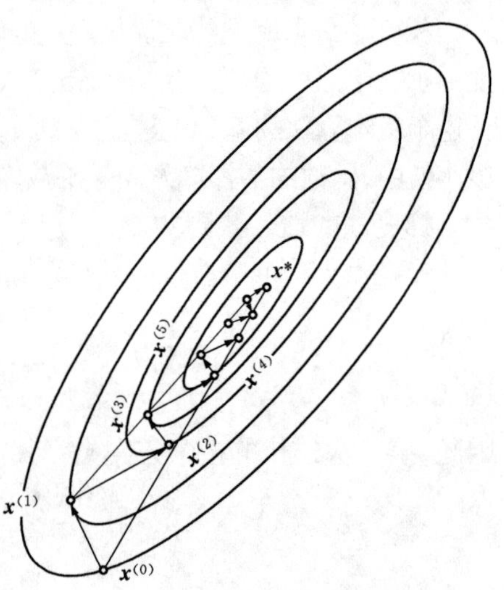

图 7-14　梯度法的收敛过程

二、共轭梯度法

1. 共轭方向

在前面的坐标轮换法中,对于搜索一个非线性函数的极小值点,其收敛速度有时是很慢的。但是,在图 7-9 的搜索过程中,若把前一轮的搜索末点 $x_2^{(1)}$ 和这一轮搜索末点 $x_2^{(2)}$ 连接成向量 $\boldsymbol{s}=x_2^{(2)}-x_2^{(1)}$,如图 7-15 所示,沿此方向进行搜索,显然,可以大大加快收敛速度。这个 $\boldsymbol{s}$ 方向和 $\boldsymbol{s}_1$ 方向是互为共轭的。

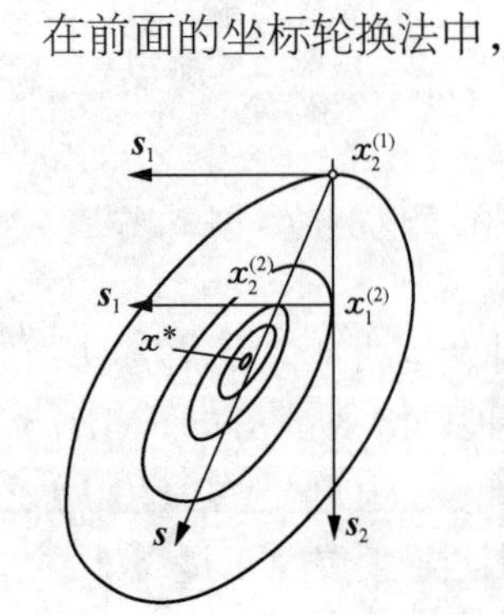

图 7-15　共轭方向形成原理

所谓共轭方向是:设 A 为 $n \times n$ 实对称正定矩阵,有一组非零的 n 维向量 $\boldsymbol{s}_1, \boldsymbol{s}_2, \cdots, \boldsymbol{s}_q$ 若满足

$$\boldsymbol{s}_i \boldsymbol{A} \boldsymbol{s}_j=0 \quad i \neq j \tag{7-21}$$

则称 s_i 和 s_j 是互为共轭的。同时,一组共轭矢量对于给定的正定矩阵并不是唯一的,因为任取另一个矢量 $\boldsymbol{s}_i$ 都可以找到关于 $\boldsymbol{A}$ 共轭的相应矢量 $\boldsymbol{s}_j$,从而对于同一实对称正定矩阵 $\boldsymbol{A}$ 可以根据需要取不同的对 $\boldsymbol{A}$ 共轭方向组。如果矩阵 $\boldsymbol{A}$ 为单位矩阵 $\boldsymbol{I}$,则

$$\boldsymbol{s}_i^{\mathrm{T}}\boldsymbol{s}_j=0,(i\neq j) \tag{7-22}$$

此时,两向量为正交(垂直)。可见,矢量的正交是矢量共轭的一种特例。因此,从几何意义上来理解,即向量 $\boldsymbol{s}_i$(或 $\boldsymbol{s}_j$) 通过矩阵 $\boldsymbol{A}$ 进行线形变换后,可以使向量 $\boldsymbol{s}_i$ 与 $\boldsymbol{s}_j$ 得到正交向量。

下面来证明,按图 7-15 中所产生的 $\boldsymbol{s}=x_2^{(2)}-x_2^{(1)}$ 与 $\boldsymbol{s}_1$ 是共轭向量。

设有二次型正定的函数

$$f(x)=C+B^{\mathrm{T}}x+\frac{1}{2}x^{\mathrm{T}}\boldsymbol{A}x \tag{7-23}$$

式中 $\boldsymbol{A}$ 为 $n\times n$ 对称正定矩阵(在这种情况下,它等于 Hesse 矩阵)。在极小点 $x_2^{(1)}$ 和 $x_2^{(2)}$ 处函数 $f(x)$ 的梯度为

$$\nabla f(x_2^{(1)})=B+\boldsymbol{A}x_2^{(1)}$$
$$\nabla f(x_2^{(2)})=B+\boldsymbol{A}x_2^{(2)}$$

由于

$$[\nabla f(x_2^{(1)})]^{\mathrm{T}}\boldsymbol{s}_1=[B+\boldsymbol{A}x_2^{(1)}]^{\mathrm{T}}\boldsymbol{s}_1=0$$
$$[\nabla f(x_1^{(1)})]^{\mathrm{T}}\boldsymbol{s}_1=[B+\boldsymbol{A}x_2^{(2)}]^{\mathrm{T}}\boldsymbol{s}_1=0$$

将上面两式相减得

$$[x_2^{(2)}-x_2^{(1)}]^{\mathrm{T}}\boldsymbol{A}\boldsymbol{s}_1=0$$

令 $\boldsymbol{s}=x_2^{(2)}-x_2^{(1)}$,所以得

$$\boldsymbol{s}^{\mathrm{T}}\boldsymbol{A}\boldsymbol{s}_1=0 \tag{7-24}$$

这说明构造的 $\boldsymbol{s}$ 与两平行向量 $\boldsymbol{s}_1$ 是对 A 共轭的。这样对于一个正定二次型得到二元函数,从理论上说,只要沿两个相互共轭的 s 和 s_1 进行一维搜索就可以找到极小点 x^*。

由上述结论可以推广为:在 n 维空间中可以找出 n 个互相共轭的方向,对于对称正定的二次 n 元函数,从任意初始点出发顺次沿着这 n 个互相共轭的方向进行一维最优化搜索,就可以求得目标函数的极小点。

2. **共轭梯度法的基本思想**

鉴于梯度法在远离极值点时很有效,而经过几步搜索后,尤其是在极值点附近,其收敛速度迅速减慢,而共轭方向具有二次收敛的优点,于是便形成了先沿最速下降方向搜索第一步,然后沿与该方向相共轭的方向进行搜索,这就是具有二次搜索、能迅速达到最优点的共轭梯度法。如图 7-16 所示,共轭梯度法是以梯度法相邻两次迭代的负梯度方向 $-\nabla f(x^{(k)})$、$-\nabla f(x^{(k+1)})$ 呈线性无关且互为正交这一点为基础而构造出的一种具有较高收敛速度的算法。这种算法的基本思想,是要在这两个向量为基底的子空间中找到一个向量 $\boldsymbol{s}^{(k+1)}$,使其与原方向 $\boldsymbol{s}^{(k)}$ 共轭。为此若将 $\boldsymbol{s}^{(k+1)}$ 向量表示成 $\boldsymbol{s}^{(k)}$ 与 $-\nabla f(x^{(k+1)})$ 向量的线性组合

$$\boldsymbol{s}^{(k+1)}=-\nabla f(x^{(k+1)})+\beta_k\boldsymbol{s}^{(k)} \tag{7-25}$$

则要求向量 $\boldsymbol{s}^{(k+1)}$ 与 $\boldsymbol{s}^{(k)}$ 满足共轭性条件,即

$$[\boldsymbol{s}^{(k+1)}]^{\mathrm{T}}\boldsymbol{A}\boldsymbol{s}^{(k)}=0 \tag{7-26}$$

这样，对于一个二维的正定二次型函数来说，只要沿此两个共轭方向 $\boldsymbol{s}^{(k)}$ 和 $\boldsymbol{s}^{(k+1)}$ 进行一次搜索，就可以求得目标函数的极小点。

3. 关于 β_k 的确定

设函数为二次型

$$f(x)=c+B^{\mathrm{T}}x+\frac{1}{2}x^{\mathrm{T}}\boldsymbol{A}x$$

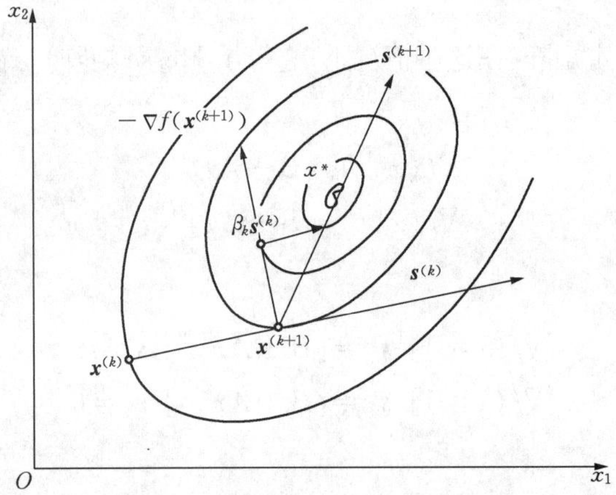

图 7-16 共轭梯度方向

对于 $x^{(k)}$ 和 $x^{(k+1)}$ 点，若令 $g_k=\nabla f(x^{(k)})$ 和 $g_{k+1}=\nabla f(x^{(k+1)})$，则有：

$$g_k=\nabla f(x^{(k)})=B+\boldsymbol{A}x^{(k)}$$

$$g_{k+1}=\nabla f(x^{(k+1)})=B+\boldsymbol{A}x^{(k+1)}$$

将上两式相减，并考虑到 $x^{(k+1)}=x^{(k)}+\alpha^{(k)}s^{(k)}$ 可得

$$g_{k+1}=g_k+\alpha^{(k)}\boldsymbol{A}s^{(k)} \tag{7-27}$$

若用 $[s^{(k)}]^{\mathrm{T}}\boldsymbol{A}$ 左乘式(7-25)，则得

$$[s^{(k)}]^{\mathrm{T}}\boldsymbol{A}s^{(k+1)}=-[s^{(k)}]^{\mathrm{T}}\boldsymbol{A}g_{k+1}+\beta_k[s^{(k)}]^{\mathrm{T}}\boldsymbol{A}s^{(k)}$$

考虑到式(7-26)共轭性条件，上式的左边项为零，即有

$$\beta_k=\frac{[s^{(k)}]^{\mathrm{T}}\boldsymbol{A}g_{k+1}}{[s^{(k)}]\boldsymbol{A}s^{(k)}} \tag{7-28}$$

为了使上式便于应用，必须消去式中的矩阵。

先看分母项 $[s^{(k)}]^{\mathrm{T}}\boldsymbol{A}s^{(k)}$。若用 $[s^{(k)}]^{\mathrm{T}}$ 左乘式(7-27)，且考虑到 $[s^{(k)}]^{\mathrm{T}}g_{k+1}=0$，由此可得

$$[s^{(k)}]^{\mathrm{T}}\boldsymbol{A}s^{(k)}=-\frac{1}{\alpha^{(k)}}[s^{(k)}]^{\mathrm{T}}g_k$$

若用 g_{k+1}^{T} 左乘式(7-25)，并考虑到 $g_{k+1}^{\mathrm{T}}s^{(k)}=0$，可得

$$g_k^{\mathrm{T}} s^{(k)} = [s^{(k)}]^{\mathrm{T}} g_k = -g_k^{\mathrm{T}} g_k$$

由此可得

$$[s^{(k)}]^{\mathrm{T}} \boldsymbol{A} s^{(k)} = \frac{1}{\alpha^{(k)}} g_k^{\mathrm{T}} g_k \tag{7-29}$$

对于式(7-28)的分子项 $[s^{(k)}]^{\mathrm{T}} \boldsymbol{A} g_{k+1}$ 可作如下运算。先用 g_{k+1} 左乘式(7-27),作移项整理并考虑到 $\boldsymbol{A}$ 为对称矩阵,$g_{k+1}^{\mathrm{T}} \boldsymbol{A} s^{(k)} = [s^{(k)}]^{\mathrm{T}} \boldsymbol{A} g_{k+1}$,可得

$$[s^{(k)}]^{\mathrm{T}} \boldsymbol{A} g_{k+1} = \frac{1}{\alpha^{(k)}} [g_{k+1}^{\mathrm{T}} g_{k+1} - g_{k+1}^{\mathrm{T}} g_k] \tag{7-30}$$

若用 $[s^{(k-1)}]^{\mathrm{T}}$ 左乘式(7-27)

$$[s^{(k-1)}]^{\mathrm{T}} g_{k+1} = [s^{(k-1)}]^{\mathrm{T}} g_k + \alpha^{(k)} [s^{(k-1)}]^{\mathrm{T}} \boldsymbol{A} s^{(k)}$$

根据共轭性条件式(7-26)和 $[s^{(k-1)}]^{\mathrm{T}} g_k = 0$,则可得

$$[s^{(k-1)}]^{\mathrm{T}} g_{k+1} = 0 \tag{7-31}$$

再由式(7-25),当作第次迭代时所产生的搜索方向 $s^{(k)}$ 可得

$$s^{(k-1)} = \frac{1}{\beta_{k-1}} [s^{(k)} + g_k]$$

用 g_{k+1}^{T} 左乘上式可得

$$g_{k+1}^{\mathrm{T}} s^{(k-1)} = \frac{1}{\beta_{k-1}} [g_{k+1}^{\mathrm{T}} s^{(k)} + g_{k+1}^{\mathrm{T}} g_k]$$

由式(7-31)可知,上式左边项等于零,上式右边项也等于零,于是得

$$g_{k+1}^{\mathrm{T}} g_k = 0 \tag{7-32}$$

可见,在用共轭方向搜索时,相邻两迭代点的梯度向量是正交的。这样,根据式(7-32),式(7-30)最后可写成

$$[s^{(k)}]^{\mathrm{T}} \boldsymbol{A} g_{k+1} = \frac{1}{\alpha^{(k)}} g_{k+1}^{\mathrm{T}} g_{k+1} \tag{7-33}$$

再由式(7-28),在考虑到式(7-29)和式(7-23)关系后,最后计算 β_k 的公式

$$\beta_k = \frac{[s^{(k)}]^{\mathrm{T}} \boldsymbol{A} g_{k+1}}{[s^{(k)}]^{\mathrm{T}} \boldsymbol{A} s^{(k)}} = \frac{g_{k+1}^{\mathrm{T}} g_{k+1}}{g_k^{\mathrm{T}} g_k} = \frac{\| \nabla f(x^{(k+1)}) \|^2}{\| \nabla f(x^{(k)}) \|^2} \tag{7-34}$$

4. 共轭梯度法的算法步骤与计算框图

共轭梯度法的算法如下:

(1) 选取初始点 $x^{(0)}$ 和计算收敛精度 ε。

(2) 令 $k=0$,计算 $s^{(0)} = -\nabla f(x^{(0)})$。

(3) 沿 $s^{(k)}$ 方向进行一维搜索,求 $\alpha^{(k)}$ 使

$$\min f(x^{(k)}+\alpha s^{(k)})=f(x^{(k)}+\alpha^{(k)}s^{(k)})$$

得：$x^{(k+1)}=x^{(k)}+\alpha^{(k)}s^{(k)}$

(4) 计算 $\nabla f(x^{(k+1)})$

若 $\| \nabla f(x^{(k+1)}) \| \leqslant \varepsilon$，则终止迭代，取 $x^{*}=x^{(k+1)}$；否若，则进行下一步。

(5) 检查搜索次数

若 $k=n$，则令 $x^{(0)}=x^{(k+1)}$，转向(2)；否则，进行(6)步。

(6) 构造新的共轭方向

$$s^{(k+1)}=-\nabla f(x^{(k+1)})+\beta^{(k)}s^{(k)}$$

$$\beta^{(k)}=\frac{\| \nabla f(x^{(k+1)}) \|^2}{\| \nabla f(x^{(k)}) \|^2}$$

令 $k=k+1$，转向(3)步。

共轭梯度法的计算程序框图见图 7-17。

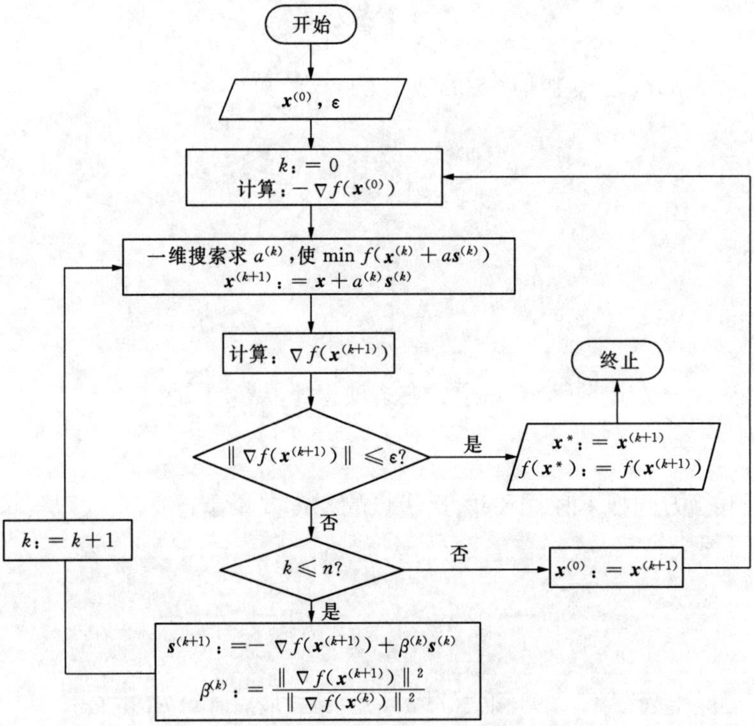

图 7-17　共轭梯度法的计算程序框图

【例 7-2】 设目标函数为 $f(x)=60-10x_1-4x_2+x_1^2+x_2^2-x_1x_2$，起始点为 $x^{(0)}=[0,\ 0]^{\mathrm{T}}$，使用共轭梯度法求其极小值。

【解】 第一次迭代的方向为

$$s^{(0)}=-\nabla f(x^{(0)})=-\begin{bmatrix}2x_1-x_2-10\\2x_2-x_1-4\end{bmatrix}_{(0,\ 0)}=\begin{bmatrix}10\\4\end{bmatrix}$$

$$x^{(1)}=x^{(0)}+\alpha^{(0)}\begin{bmatrix}10\\4\end{bmatrix}=\begin{bmatrix}10\alpha^{(0)}\\4\alpha^{(0)}\end{bmatrix}=\begin{bmatrix}x_1^{(1)}\\x_2^{(1)}\end{bmatrix}$$

$[x_1^{(x)},\ x_2^{(1)}]^{\mathrm{T}}$ 代入 $f(x)$ 得

$$f(x)=60-116\alpha^{(0)}+76(\alpha^{(0)})^2=f(\alpha^{(0)})$$

$\dfrac{\mathrm{d}f(\alpha^{(0)})}{\mathrm{d}\alpha^{(0)}}=0$,得 $\alpha^*=\alpha^{(0)}=0.763\ 1$

所以

$$x^{(1)}=\begin{bmatrix}10\alpha^{(0)}\\4\alpha^{(0)}\end{bmatrix}=\begin{bmatrix}7.631\\3.053\end{bmatrix}$$

第二次迭代方向为

$$s^{(1)}=-\nabla f(x^{(1)})+\beta^{(0)}\nabla f(x^{(0)})$$

$$-\nabla f(x^{(1)})=-\begin{bmatrix}2x_1^{(1)}-x_2^{(1)}-10\\2x_2^{(1)}-x_1^{(1)}-4\end{bmatrix}=\begin{bmatrix}2.210\\-5.526\end{bmatrix}$$

$$\beta^{(0)}=\frac{\|\nabla f(x^{(1)})\|^2}{\|\nabla f(x^{(0)})\|^2}=\frac{\left(\sqrt{2.210^2+(-5.526)^2}\right)^2}{\left(\sqrt{10^2+4^2}\right)^2}=0.305\ 4$$

所以

$$s^{(1)}=-\begin{bmatrix}2.210\\-5.526\end{bmatrix}+0.305\ 4\begin{bmatrix}10\\4\end{bmatrix}=\begin{bmatrix}0.843\ 4\\6.747\ 9\end{bmatrix}$$

一维搜索用解析法式(7-3)求 $\alpha^{(1)}$

$$\alpha^{(1)}=\alpha^*=\frac{-[\nabla f(x^{(k)})]^{\mathrm{T}}s^{(k)}}{[s^{(k)}]^{\mathrm{T}}Hs^{(k)}}$$

$$=\frac{-[2.210,\ -5.521]^{\mathrm{T}}\begin{bmatrix}0.843\ 4\\6.747\ 9\end{bmatrix}}{[0.843\ 4,\ 6.747\ 9]^{\mathrm{T}}\begin{bmatrix}2&-1\\-1&2\end{bmatrix}\begin{bmatrix}0.843\ 4\\6.747\ 9\end{bmatrix}}=0.436\ 7$$

所以

$$x^{(2)}=x^{(1)}+\alpha^{(1)}s^{(1)}=\begin{bmatrix}7.631\\3.052\end{bmatrix}+0.436\ 7\begin{bmatrix}0.843\ 4\\6.747\ 9\end{bmatrix}=\begin{bmatrix}7.999\ 99\\5.999\ 99\end{bmatrix}$$

故经两次搜索即达极值点 $x^*=[8,\ 6]^{\mathrm{T}}$

5. ***共轭梯度法的特点***

共轭梯度法是使用一阶导数的算法,所以公式结构简单,并且所需的存储量少,它的收敛速度较梯度法快,具有超线性收敛速度。

共轭梯度法是以正定二次函数的共轭方向理论为基础的,因此,在理论上对于二次型函数

而言，至多经过 n 步迭代必能达到极小点，但在实际计算时，由于舍入误差的影响，以及函数的非二次型，也不一定 n 次迭代就能达到极值点。因此，在 n 次迭代后如未达到收敛精度，则通常以重置负梯度方向开始，直到满足精度为止。

第四节　牛顿法和变尺度法

一、牛顿法

1. 牛顿法的迭代特点

牛顿法的基本思想是在求目标函数 $f(x)$ 的极小值时，先将它在 $x^{(k)}$ 点附近展成 Taylor 二次函数式，然后求出这个二次函数的极小点，并以此点作为原目标函数的极小点 x^* 的一次近似值，通过若干次的迭代搜索，使迭代点逐步逼近原目标函数 $f(x)$ 的极小点 x^*。

设：目标函数 $f(x)$ 为连续二阶可微，在给定点 $x^{(k)}$ 展开成 Taylor 二次多项式以作为 $f(x)$ 的近似式，即

$$f(x) \approx \varphi(x^{(k)}) = f(x^{(k)}) + [\nabla f(x^{(k)})]^{\mathrm{T}}(x - x^{(k)}) + \frac{1}{2}(x - x^{(k)})^{\mathrm{T}} H(x^{(k)})(x - x^{(k)}) \tag{7-35}$$

对于二次函数 $\varphi(x)$，当$\nabla\phi(x)=0$ 时，求得 x 的极为极小点$x_{\min}$。

由式(7-35)可得

$$\nabla\phi(x) = \nabla f(x^{(k)}) + H(x^{(k)})(x - x^{(k)}) = 0$$

由此得

$$x_{\min} = x^{(k)} - [H(x^{(k)})]^{-1} \nabla f(x^{(k)}) \tag{7-36}$$

式中：$[H(x^{(k)})]^{-1}$ 为 Hesse 矩阵的逆矩阵。

当目标函数 $f(x)$ 是二次函数时，牛顿法变得极为简单、有效，这时，$\boldsymbol{H}(x)$ 是一个常数矩阵，式(7-35) 变成了精确表达式，而利用式(7-36) 作一次迭代计算所得到的 $x_{\min}$ 就是最优点 x^*。实际上，$f(x)$ 往往并非是二次函数，因而 $x_{\min}$ 也不可能是 $f(x)$ 的极值点。但是由于在 $x^{(k)}$ 点附近，函数 $\phi(x)$ 和 $f(x)$ 是近似的，所以可以用 $x_{\min}$ 点作为下一次迭代 $x^{(k+1)}$，即得

$$x^{(k+1)} = x^{(k)} - [H(x^{(k)})]^{-1} \nabla f(x^{(k)}) \tag{7-37}$$

式中，$-[H(x^{(k)})]^{-1} \nabla f(x^{(k)})$ 称为牛顿方向，因此，通过这种迭代，可逐次向极小点 x^* 逼近。

【例 7-3】 设目标函数为 $f(x)=60-10x_1-4x_2+x_1^2+x_2^2-x_1x_2$，使用牛顿法求其极小值。初始点取 $x^{(0)}=[0,0]^{\mathrm{T}}$。

【解】 先计算

$$\nabla f(x^{(0)}) = \begin{bmatrix} -10+2x_1^{(0)}-x_2^{(0)} \\ -4+2x_2^{(0)}-x_1^{(0)} \end{bmatrix} = \begin{bmatrix} -10 \\ -4 \end{bmatrix}$$

$$H(x^{(0)})=\begin{bmatrix}2 & -1\\-1 & 2\end{bmatrix}$$

$$[H(x^{(0)})]^{-1}=\frac{1}{\begin{bmatrix}2 & -1\\-1 & 2\end{bmatrix}}\begin{bmatrix}2 & 1\\1 & 2\end{bmatrix}=\frac{1}{3}\begin{bmatrix}2 & 1\\1 & 2\end{bmatrix}$$

代入(7-37)式,得

$$x^{(1)}=x^{(0)}-[H(x^{(0)})]^{-1}\nabla f(x^{(0)})=\begin{bmatrix}0\\0\end{bmatrix}-\frac{1}{3}\begin{bmatrix}2 & 1\\1 & 2\end{bmatrix}\begin{bmatrix}-10\\-4\end{bmatrix}=\begin{bmatrix}8\\6\end{bmatrix}$$

由此可见,对于任何正定二次函数,只需迭代一次,即求出其极小点。可以证明,当目标函数满足一定条件,且初始点选得较好时,牛顿法的收敛速度是非常快的。

2. 修正牛顿法

当目标函数为非二次函数时,式(7-45)仅是目标函数在 $x^{(k)}$ 点附近的一种近似表达式,求得的极小点,当然也是近似的,需要继续迭代。但是当目标函数严重非线性时,用式(7-47)进行迭代则不能保证一定收敛,即在迭代中可能出现 $f(x^{(k+1)})>f(x^{(k)})$,所得到的新点还不如原来的点好。这和初始点的选择是否恰当有很大的关系。为了克服这一缺点,可以采取由 $x^{(k)}$ 出发沿方向 $s^{(k)}=-[H(x^{(k)})]^{-1}\nabla f(x^{(k)})$ 对原目标函数 $f(x)$ 进行一维搜索,即

$$x^{(k+1)}=x^{(k)}-\alpha^{(k)}[H(x^{(k)})]^{-1}\nabla f(x^{(k)}) \tag{7-38}$$

式中:$\alpha^{(k)}$ 为一维搜索所得的最优步长因子(又称阻尼因子)。

经过这种修改的算法称为修正牛顿法,也称牛顿方向法或阻尼牛顿法。它是牛顿法的一种改进算法,它保持了牛顿法收敛的特性,而又放宽了对初始点选择的要求,并能保证每次迭代都使目标函数值下降。在实际应用中由于要求矩阵 $\boldsymbol{H}(x^{(k)})$ 是非奇异的,另外求逆阵的计算工作量大,尤其是维数 n 较高时,计算量与存储量都随 n 呈平方地增加。因此,牛顿法和修正牛顿法在工程实际中应用都受到了一定的限制。

二、变尺度法

变尺度法又称拟牛顿法,它是指基于牛顿法的思想而又作了重要改进的一类方法。变尺度法的内容十分丰富,本节主要介绍由 Davidon、Fletcher 和 Powell 发展完善的一种变尺度法,即 DFP 变尺度法。

1. 变尺度法的基本思想

变尺度法的基本思想与梯度法和牛顿法有着密切的关系。前面讨论的梯度法和牛顿法,它们的迭代公式都可以看作下述公式的特例:

$$x^{(k+1)}=x^{(k)}-\alpha^{(k)}[H(x^{(k)})]\nabla f(x^{(k)})$$

式中 $[H^{(k)}]$ 为一个 $n\times n$ 矩阵,若$[H^{(k)}]=I$,则得梯度法;若$[H^{(k)}]$ 为目标函数二阶导数矩阵的逆矩阵$[H(x^{(k)})]^{-1}$,则为修正牛顿法。梯度法的搜索方向为负梯度方向,构造简单,只需计算函数的一阶偏导数,计算工作量小,当迭代点远离最优点时对突破函数的非二次性极为有利,但当迭代点接近最优点时,收敛速度极慢。修正牛顿法的搜索方向为

$-[H(x^{(k)})]^{-1}\nabla f(x^{(k)})$，其牛顿方向需要计算梯度、二阶导数矩阵及其逆矩阵等，计算工作量大，但它具有二次收敛性，当迭代点接近最优点时收敛速度极快。为此，综合上述两种方法的优点，出现了另一种改进的算法——变尺度法。

变尺度法是对牛顿法的修正，它不用计算二阶导数的矩阵和它的逆矩阵，而是设法构造一个对称正定矩阵 $[H^{(k)}]$ 来代替 Hesse 矩阵的逆矩阵 $[H(x^{(k)})]^{-1}$，并在迭代过程中，使其逐渐逼近$[H(x^{(k)})]^{-1}$。因此，一旦达到极值点附近，就可望达到牛顿法的收敛速度，同时又避免了矩阵的求逆运算。由于对称矩阵$[\boldsymbol{H}^{(k)}]$ 在迭代过程中是不断修正改变的，而且从式(7-38) 可以看出，它对一般尺度的梯度$\nabla f(x^{(k)})$ 起到改变尺度的作用，因此称 $H^{(k)}$ 为变尺度矩阵。

2. 变尺度法的基本关系式

根据变尺度法的基本思想，需要构造一个矩阵 $\boldsymbol{H}^{(k)}$，使其得到的搜索方向

$$s^{(k)}=-H^{(k)}\nabla f(x^{(k)}) \tag{7-39}$$

必须具备下降性、收敛性和计算的简便性。为了保证所构造的近似矩阵 $\boldsymbol{H}^{(k)}$ 具有这些特点，必须：

(1) 构造的矩阵 $\boldsymbol{H}^{(k)}$ 须使 $s^{(k)}$ 为函数值的下降方向；为此要求 $s^{(k)}$ 与$-\nabla f(x^{(k)})$之间的夹角小于 90°，即

$$-[s^{(k)}]^{\mathrm{T}}\nabla f(x^{(k)})>0$$

由于 $s^{(k)}=-H^{(k)}\nabla f(x^{(k)})$

代入上式得

$$-[s^{(k)}]^{\mathrm{T}}\nabla f(x^{(k)})=[\nabla f(x^{(k)})]^{\mathrm{T}}H^{(k)}\nabla f(x^{(k)})>0 \quad (k=0,\ 1,\ 2,\ \cdots)$$

所以只要构造的矩阵 $\boldsymbol{H}^{(k)}$ 为对称正定矩阵，$s^{(k)}$ 就是下降方向。

(2) 构造矩阵 $\boldsymbol{H}^{(k)}$ 除必须为正定矩阵外，为了使它逐渐逼近矩阵$[\boldsymbol{H}(x^{(k)})]^{-1}$
所以还要满足拟牛顿条件。设将目标函数展为 Taylor 的二次近似式

$$f(x)\approx f(x^{(k)})+[\nabla f(x^{(k)})]^{\mathrm{T}}(x-x^{(k)})+\frac{1}{2}[x-x^{(k)}]^{\mathrm{T}}H(x^{(k)})[x-x^{(k)}]$$

并取其梯度，令

$$g=\nabla f(x)=\nabla f(x^{(k)})+H(x^{(k)})[x-x^{(k)}]$$

设 $g^{(k)}=\nabla f(x^{(k)})$，若 $x^{(k+1)}$ 为极值点附近的第 $k+1$ 次的迭代点，则

$$g^{(k+1)}=\nabla f(x^{(k+1)})=g^{(k)}+H(x^{(k)})[x^{(k+1)}-x^{(k)}]$$

所以

$$g^{(k+1)}-g^{(k)}=H(x^{(k)})[x^{(k+1)}-x^{(k)}]$$

或

$$x^{(k+1)}-x^{(k)}=[H(x^{(k)})]^{-1}(g^{(k+1)}-g^{(k)})$$

若用一矩阵来逼近就必须满足

$$H^{(k+1)}(g^{(k+1)}-g^{(k)})=x^{(k+1)}-x^{(k)}$$

令

$$\Delta x^{(k)}=x^{(k+1)}-x^{(k)},\ \Delta g^{(k)}=g^{(k+1)}-g^{(k)}$$

则得

$$H^{(k+1)}\Delta g^{(k)}=\Delta x^{(k)} \tag{7-40}$$

这就是近似矩阵 $\boldsymbol{H}^{(k+1)}$ 应满足的基本关系式。称为 DFP 条件,或拟牛顿条件。在这个关系式中,只含有梯度和向量的信息,也就是说,应通过 $\Delta g^{(k)}$ 和 $\Delta x^{(k)}$ 信息来构造矩阵 $[\boldsymbol{H}^{(k+1)}]$。

3. **近似矩阵的构造方法**

为适应迭代计算的需要,希望变尺度矩阵有如下递推形式:

$$H^{(k+1)}=H^{(k)}+E^{(k)},\quad k=0,\ 1,\ 2,\ \cdots \tag{7-41}$$

式中 $E^{(k)}$ 称为第 k 次的修正矩阵,要求它只依赖于当前的已知量 $x^{(k+1)}$、$x^{(k)}$ 及其梯度 $g^{(k+1)}$、$g^{(k)}$。当 $k=0$ 时,取 $H^{(0)}=I$。

为了使 $H^{(k+1)}$ 满足 DFP 条件,必须有

$$(H^{(k)}+E^{(k)})\Delta g^{(k)}=\Delta x^{(k)}$$

展开为: $E^{(k)}\Delta g^{(k)}+H^{(k)}\Delta g^{(k)}=\Delta x^{(k)}$

即:

$$E^{(k)}\Delta g^{(k)}=\Delta x^{(k)}-H^{(k)}\Delta g^{(k)} \tag{7-42}$$

根据上式的关系,可以取 $E^{(k)}$ 为最简单的形式

$$E^{(k)}=\Delta x^{(k)}q_k^{\mathrm{T}}-H^{(k)}\Delta g^{(k)}W_k^{\mathrm{T}} \tag{7-43}$$

式中 q_k 和 W_k 是待定的两个向量。

将式(7-43)乘以 $\Delta g^{(k)}$, 则

$$E^{(k)}\Delta g^{(k)}=\Delta x^{(k)}q_k^{\mathrm{T}}\Delta g^{(k)}-H^{(k)}\Delta g^{(k)}W_k^{\mathrm{T}}\Delta g^{(k)}$$

由于向量的内积是一个数,所以上式又可以写成

$$E^{(k)}\Delta g^{(k)}=(q_k^{\mathrm{T}}\Delta g^{(k)})\Delta x^{(k)}-(W_k^{\mathrm{T}}\Delta g^{(k)})H^{(k)}\Delta g^{(k)} \tag{7-44}$$

如果选取向量 q_k 和 W_k 使内积

$$q_k^{\mathrm{T}}\Delta g^{(k)}=W_k^{\mathrm{T}}\Delta g^{(k)}=1 \tag{7-45}$$

那么式(7-44)就与式(7-42)完全相同。现在令

$$q_k^{\mathrm{T}}=\lambda_k\Delta x^{(k)},W_k=\mu_k H^{(k)}\Delta g^{(k)} \tag{7-46}$$

式中 λ_k 和 μ_k 为两个待定的系数。

将式(7-44)代入式(7-42)得

$$\lambda_k [\Delta x^{(k)}]^{\mathrm{T}} \Delta g^{(k)} = \mu_k [H^{(k)} \Delta g^{(k)}]^{\mathrm{T}} \Delta g^{(k)} = 1 \tag{7-47}$$

所以得

$$\lambda_k = \frac{1}{[\Delta x^{(k)}]^{\mathrm{T}} \Delta g^{(k)}} \text{ 和 } \mu_k = \frac{1}{[H^{(k)} \Delta g^{(k)}]^{\mathrm{T}} \Delta g^{(k)}} \tag{7-48}$$

于是可求得待定向量

$$q_k = \frac{\Delta x^{(k)}}{[\Delta x^{(k)}]^{\mathrm{T}} \Delta g^{(k)}},\ W_k = \frac{H^{(k)} \Delta g^{(k)}}{[H^{(k)} \Delta g^{(k)}]^{\mathrm{T}} \Delta g^{(k)}} \tag{7-49}$$

代入式(7-43),即得矫正矩阵的计算公式为

$$E^{(k)} = \frac{\Delta x^{(k)} [\Delta x^{(k)}]^{\mathrm{T}}}{[\Delta g^{(k)}]^{\mathrm{T}} \Delta x^{(k)}} - \frac{H^{(k)} \Delta g^{(k)} [\Delta g^{(k)}]^{\mathrm{T}} H^{(k)}}{[\Delta g^{(k)}]^{\mathrm{T}} H^{(k)} \Delta g^{(k)}} \tag{7-50}$$

从而得

$$H^{(k+1)} = H^{(k)} + \frac{\Delta x^{(k)} [\Delta x^{(k)}]^{\mathrm{T}}}{[\Delta g^{(k)}]^{\mathrm{T}} \Delta x^{(k)}} - \frac{H^{(k)} \Delta g^{(k)} [\Delta g^{(k)}]^{\mathrm{T}} H^{(k)}}{[\Delta g^{(k)}]^{\mathrm{T}} H^{(k)} \Delta g^{(k)}} \tag{7-51}$$

上式即称为 DFP 公式。按这一公式来构造矩阵 $\boldsymbol{H}^{(k+1)}$，再产生 DFP 搜索方向进行逐次迭代。而最初的矩阵 $\boldsymbol{H}^{(0)}$ 可以取单位矩阵 $\boldsymbol{I}$,即第一次的搜索方向就是最速下降方向。

4. 算法与计算框图

变尺度法的算法如下:

(1) 选取初始点 $x^{(0)}$,确定计算精度要求 ε;

(2) 令 $k=0$, $H^{(0)}=I$,计算$\nabla f(x^{(0)})$ 和拟牛顿方向

$$s^{(k)} = -H^{(0)} \nabla f(x^{(0)})$$

(3) 进行一维搜索求使 $\min f(x^{(k)} + as^{(k)})$ 得

$$x^{(k+1)} = x^{(k)} + a^{(k)} s^{(k)}$$

(4) 检验精度,计算 $\nabla f(x^{(k+1)}$,若 $\| \nabla f(x^{(k+1)} \| \leqslant \varepsilon$,则停止,其最小点为 $x^* \approx x^{(k+1)}$。若否,则进行下一步;

(5) 检查迭代次数,若 $k=n$,则重置,从负梯度方向开始,并取 $x^{(0)} = x^{(k+1)}$。否则进行下一步;

(6) 构造新的拟牛顿方向

$$s^{(k+1)} = -H^{(k+1)} \nabla f(x^{(k+1)})$$

而

$$H^{(k+1)} = H^{(k)} + E^{(k)}$$

$$E^{(k)} = \frac{\nabla x^{(k)} [\nabla x^{(k)}]^{\mathrm{T}}}{[\nabla g^{(k)}]^{\mathrm{T}} \nabla x^{(k)}} - \frac{H^{(k)} \nabla g^{(k)} [\nabla g^{(k)}]^{\mathrm{T}} H^{(k)}}{[\nabla g^{(k)}]^{\mathrm{T}} H^{(k)} \nabla g^{(k)}}$$

令 $k=k+1$, 转向(3)步。

计算框图如图 7-18 所示。

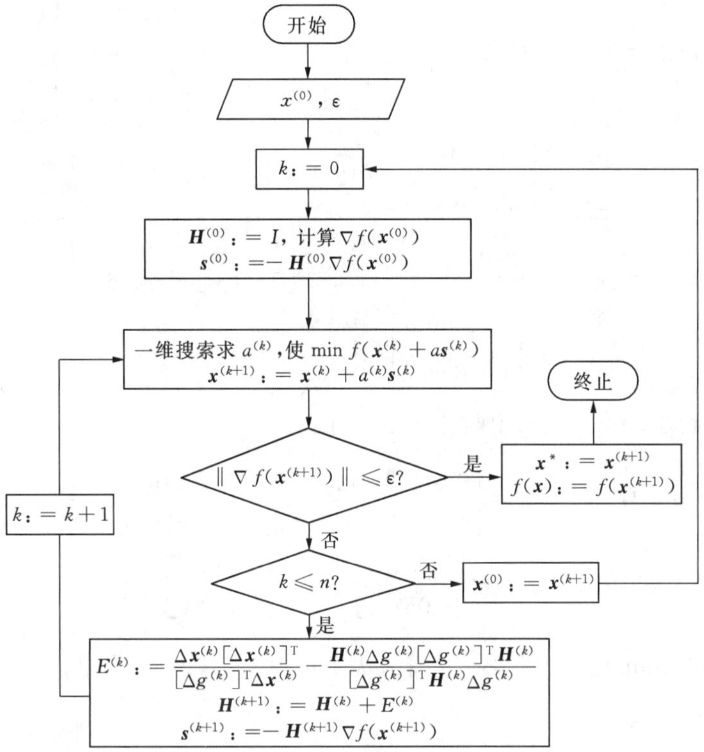

图 7-18　变尺度法计算框图

【例 7-4】　目标函数 $f(x)=60-10x_1-4x_2+x_1^2+x_2^2-x_1x_2$,使用变尺度法求其极小点。初始点为 $x^{(0)}=[0,\ 0]^T$。

【解】　计算初始点的梯度

$$g^{(0)}=\nabla f(x^{(0)})=\begin{bmatrix}-10+2x_1^{(0)}-x_2^{(0)}\\-4+2x_2^{(0)}-x_1^{(0)}\end{bmatrix}=\begin{bmatrix}-10\\-4\end{bmatrix}$$

$$H^{(0)}=I=\begin{bmatrix}1&0\\0&1\end{bmatrix}$$

$$s^{(0)}=-H^{(0)}g^{(0)}=\begin{bmatrix}10\\4\end{bmatrix}$$

一维搜索,使 $\min f(x^{(0)}+\alpha s^{(0)})$ 求得优化步长因子 $\alpha^{(0)}=0.763\ 15$

$$x^{(1)}=x^{(0)}+\alpha^{(0)}s^{(0)}=\begin{bmatrix}0\\0\end{bmatrix}+0.763\ 15\begin{bmatrix}10\\4\end{bmatrix}=\begin{bmatrix}7.631\ 5\\3.052\ 6\end{bmatrix}$$

计算 $x^{(1)}$ 点的梯度

$$g^{(1)}=\nabla f(x^{(1)})=\begin{bmatrix}2.210\ 4\\-5.526\ 3\end{bmatrix},\ \Delta x^{(0)}=x^{(1)}-x^{(0)}=\begin{bmatrix}7.631\ 5\\3.052\ 6\end{bmatrix}$$

$$\Delta g^{(0)}=g^{(1)}-g^{(0)}=\begin{bmatrix}2.210\ 4\\-5.526\ 3\end{bmatrix}-\begin{bmatrix}-10\\-4\end{bmatrix}=\begin{bmatrix}12.210\ 4\\-1.526\ 3\end{bmatrix}$$

$$H^{(1)}=H^{(0)}+E^{(0)}=\begin{bmatrix}1 & 0\\ 0 & 1\end{bmatrix}+\frac{\begin{bmatrix}7.631\,5\\ 3.052\,6\end{bmatrix}[7.631\,5,\ 3.052\,6]}{[12.210\,4,\ -1.526\,3]\begin{bmatrix}7.631\,5\\ 3.052\,6\end{bmatrix}}$$

$$-\frac{\begin{bmatrix}1 & 0\\ 0 & 1\end{bmatrix}\begin{bmatrix}12.210\,4\\ -1.526\,3\end{bmatrix}[12.210\,4,\ -1.526\,3]\begin{bmatrix}1 & 0\\ 0 & 1\end{bmatrix}}{[12.210\,4,\ -1.526\,3]\begin{bmatrix}1 & 0\\ 0 & 1\end{bmatrix}\begin{bmatrix}12.210\,4\\ -1.526\,3\end{bmatrix}}$$

$$=\begin{bmatrix}0.673\,3 & 0.386\,3\\ 0.386\,3 & 1.089\,9\end{bmatrix}$$

从计算可以看出，$H^{(1)}$ 是一个对称正定矩阵。

$$s^{(1)}=-H^{(1)}g^{(1)}=-\begin{bmatrix}0.673\,3 & 0.386\,3\\ 0.386\,3 & 1.089\,9\end{bmatrix}\begin{bmatrix}2.210\,4\\ -5.526\,3\end{bmatrix}=\begin{bmatrix}0.646\,2\\ 5.169\,2\end{bmatrix}$$

$$x^{(2)}=x^{(1)}+\alpha^{(1)}s^{(1)}=\begin{bmatrix}7.631\,5\\ 3.052\,6\end{bmatrix}+\alpha^{(1)}\begin{bmatrix}0.646\,2\\ 5.169\,2\end{bmatrix}$$

用一维搜索求 $\min f(x^{(1)}+\alpha s^{(1)})$ 得最优步长因子 $\alpha^{(1)}=0.570\,1$，
所以得

$$x^{(2)}=\begin{bmatrix}7.999\,9\\ 5.999\,9\end{bmatrix}。$$

已满足计算精度要求，故可中断计算。

5. *DFP* 法的特点

(1) *DFP* 变尺度法不需要求 *Hesse* 矩阵及其逆阵，但需利用一阶导数信息。由于 *DFP* 法开始时是梯度法，所以从任意初始点通过梯度方向找到一个比较好的迭代点，这为以后的逐次迭代创造了有利的条件。

(2) *DFP* 法的收敛速度介于梯度法和牛顿法之间。大量计算实践证明，*DFP* 法是目前无约束优化方法中一种比较有效的算法。

(3) 虽然构造矩阵正定性的证明已从理论上肯定了 *DFP* 法的稳定性，但实际上，由于每次迭代的一维搜索只能获得一定的精确度。尽管一维搜索的精度对收敛速度影响不大，但如果精度太低，再加上机器运算时的舍入误差，都有可能会使计算失效，所以，构造矩阵的稳定性仍然有可能遭到破坏。因此对一维搜索的精度要求一般不低于终止计算的精度。另一方面，在发生破坏正定性时将构造矩阵重置为单位矩阵 $\boldsymbol{I}$ 重新开始，通常采用的简单方法是在 n 次迭代后重置单位矩阵。

6. *BFGS* 变尺度方法

上节的讨论已经指出，尽管从理论上证明了 *DFP* 变尺度法具有许多良好的性质，例如目标函数稳定的下降性和搜索方向的共轭性等，但是由于舍入误差和一维搜索的不精确等多方面的原因，在大量的计算中仍然发现它在数值稳定性方面存在一些问题。有时可能因为这种计算误差的存在使某个构造矩阵 $\boldsymbol{H}^{(k)}$ 不能保持正定或变为奇异而使计算归于失败。

DFP 变尺度法虽收敛速度较快,但是它也存在数值计算稳定性较差的问题,于是在 20 世纪 70 年代初,*Broyden*、*Fletcher*、*Goldstein* 和 *Shanno* 等人导出了一种更为稳定的构造矩阵迭代公式,亦提出了另一种变尺度法—— *BFGS* 变尺度法,这种方法与 *DFP* 变尺度算法具有完全相同的性质,其基本思想和迭代步骤也相同。它们的差别仅在于计算构造矩阵的递推公式不同而已。*BFGS* 变尺度法的公式为

$$H^{(k+1)}=H^{(k)}+\frac{\mu_k\Delta x^{(k)}[\Delta x^{(k)}]^{\mathrm{T}}-H^{(k)}\Delta g^{(k)}[\Delta x^{(k)}]^{\mathrm{T}}-[\Delta x^{(k)}]^{\mathrm{T}}[\Delta g^{(k)}]H^{(k)}}{[\Delta x^{(k)}]^{\mathrm{T}}\Delta g^{(k)}} \tag{7-52}$$

式中

$$\mu_k=1+\frac{[\Delta g^{(k)}]^{\mathrm{T}}H^{(k)}\Delta g^{(k)}}{[\Delta x^{(k)}]^{\mathrm{T}}\Delta g^{(k)}} \tag{7-53}$$

显然,*BFGS* 法构造矩阵的计算要更复杂一些,但由于 *BFGS* 变尺度法对一维最优化搜索精度要求较低,因而,在迭代中 $H^{(k)}$ 不易退化为病态矩阵,从而保证了数值计算的稳定性。实践证明由于这种补充和修正使 *BFGS* 算法具有更好的数值稳定性,尤其适用于维数较高的无约束优化问题的求解。到目前为止,这种算法被公认为是一种最好的变尺度法。

第五节　多变量无约束最优化方法小结

本章选择介绍了几种在概念和理论上具有重要意义且在应用上较为有效的无约束优化方法:坐标轮换法,梯度法,牛顿法和变尺度法等。事实上,无约束优化的方法还有很多,例如 *Powell* 法、模式搜索法、随机搜索法、单纯形法等等。这些算法各有其特点,适用的条件和场合也不尽相同,为了比较它们的特性,首先必须建立合理的评价准则。

无约束优化方法的评价准则主要有以下几个方面:

1. 可靠性

所谓可靠性是指算法在合理的精度要求下,在一定允许时间内能解出各种不同类型问题的成功率。能解出的问题越多,则算法的可靠性越好。所以有的文献也称它为通用性。

2. 有效性

这是指算法的解题效率而言的。有效性常用两种衡量标准。其一是用同一题目,在相同的精度要求和初始条件下,比较占用机时数的多少。其二是在相同的精度要求下,计算同一题目获得优化解时所需要的函数计算次数。这里所指的函数计算次数除了计算目标函数值以外,还应包括计算导数值的次数。

3. 简便性

简便性包括两方面的含意。一方面是指实现这种算法人们所需要的准备工作量的大小,例如,编制程序的复杂程度,程序调试出错率的高低,算法中所需用调整参数的多少等等。另一方面是指算法所占用存储单元的数量。如果某些算法占用单元数很大,这就会对计算机提出特殊需要,显然对使用者是不方便的。

以上的准则基本上也适用于对优化方法的评价。

由上面的评价准则可以看出，要断然地肯定某算法最好或某算法最差是不可能的。因为各种算法就上面三个准则作评价时一般是各有长短，而且由于目标函数的多样性，各种算法对于不同目标函数所体现出来的准则衡量结果也有差异。因此算法的评价实际上是一个比较复杂的问题。

上面所介绍的几种常用的多变量无约束优化方法，可以分为两大类型，一类是在迭代过程仅用到函数值信息，不必对目标函数求导，因此又称它为直接搜索法，如坐标轮换法；另一类需要用到函数的一阶或二阶导数信息，即需要对函数进行分析，因而又称为分析方法，如梯度法，共轭梯度法，牛顿法和变尺度法。

直接搜索法的共同特点是：它们只计算目标函数值，不需要计算函数的导数。这给解决实际问题带来很多方便，特别适合用于某些不易求导的问题，由于它计算稳定，可靠性好，因而应用范围广泛。另外，直接搜索法比较简单，编制程序容易，所需的存储单元也较少。它们的主要缺点是，收敛速度较慢。

分析方法的共同特点是：它们需计算目标函数的一阶和二阶导数。由于利用了多元函数的极值理论，寻求更合理的搜索方向，使迭代次数减少。计算程序需提供计算导数信息的子程序。当无解析导数或解析求导很复杂时，虽可用差分法求近似的导数值，但由于不可避免地存在误差干扰，因而影响算法的可靠性和稳定性。

下面就本章所述的几种无约束优化方法作一概略的评论，指出其适用范围，供读者选择优化方法时参考。

就可靠性而言，牛顿法较差。这是因为它对目标函数提出了比较严格的要求，如果函数的 *Hesse* 矩阵不处处正定或者不处处非奇异，则算法的成败与初始点的选择有极大的关系，解题的成功率较低。从有效性方面来说，坐标轮换法和梯度法的计算效率较低，因为它们从理论上来说就没有二次收敛性，特别是对高维的优化问题和精度要求较高时尤为显著。从简便性观点来看，牛顿法和 *DFP* 变尺度法的程序编制比较复杂，牛顿法还占用较多的贮存单元。

在选择无约束优化方法时，一方面要考虑这些方法的特点，另一方面要考虑优化问题中目标函数的具体情况。一般说来，对于维数较低或者很难求出导数的目标函数，使用坐标轮换法比较适宜；对于二次性较强的目标函数，使用牛顿法也有较好的效果；对于一阶偏导数易求的目标函数，则使用梯度法可使程序编制简单，但精度不宜过高。从综合的效果来看，*DFP* 法具有较好的性能，故其在目前应用最为广泛。

第八章　约束问题的最优化方法

在上一章中讨论的都是无约束条件下非线性函数的优化方法,但在实际工程中大部分问题的变量取值都有一定限制,也就是属于有约束条件的优化问题。本章将介绍一些有约束问题的最优化方法,即设计变量的取值范围受到某种限制时的最优化方法。

约束最优化问题的数学模型

$$\min f(x) \quad x \in R^n$$
$$\text{s.t.(subject to)}\begin{cases} h_v(x)=0, & v=1, 2, \cdots, p \\ g_u(x)\leqslant 0, & u=1, 2, \cdots, m \end{cases} \tag{8-1}$$

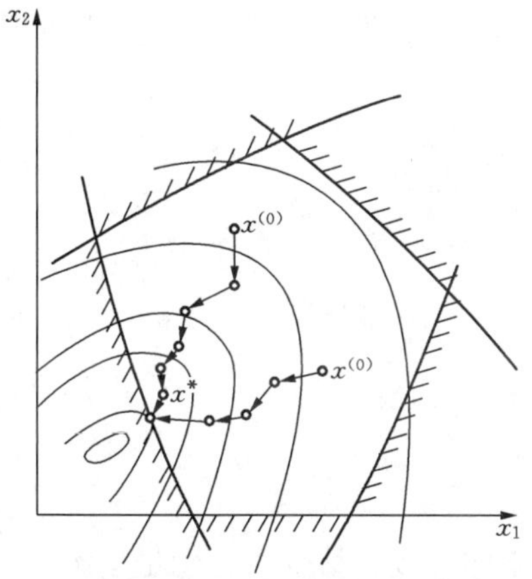

(a) 可行域 $\mathscr{D}$ 为凸集

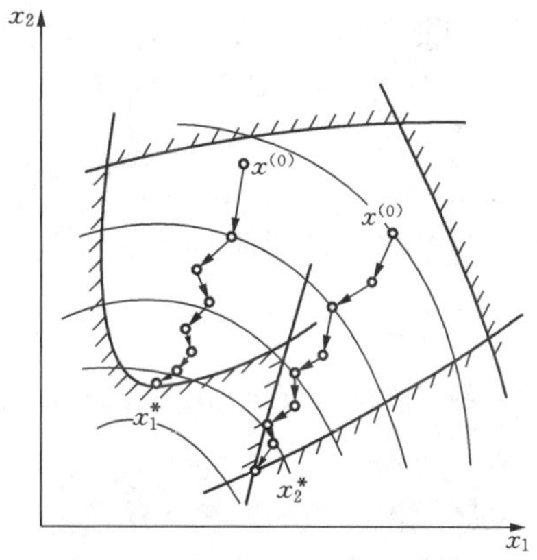

(b) 可行域 $\mathscr{D}$ 为非凸集

图 8-1　约束最优解的解域对最优解的影响

如图 8-1(a)所示,与无约束问题不同,约束问题目标函数的最小值是满足约束条件下的最小值,即是由约束条件所限定的可行域 $\mathscr{D}$ 内的最小值,而不一定是目标函数的自然最小值。另外,只要由约束条件所决定的可行域 $\mathscr{D}$ 是一个凸集,目标函数是凸函数,其约束最优解就是全域最优解。否则,将由于所选择初始点的不同,而探索到不同的局部最优解上,如图 8-1(b)所示。所以在这种情况下,探索结果经常与初始点的选择有关。为了能得到全域最优解,在探索过程中,一般应多选几个初始点,确保探索结果正确性。

约束最优化问题有解的条件为:

(1) 目标函数和约束函数是连续、可微函数,而且存在一个有界的可行域 $\mathscr{D}$;

(2) 可行域 $\mathscr{D}$ 应是一个非空集,即存在满足约束条件的点列 $\{x^{(k)}(k=1, 2, \cdots)\}$, 约束问题最优解求解过程可归结为:

寻求一组变量 $x^* = [x_1^*, x_2^*, \cdots, x_n^*]^{\mathrm{T}}, x \in D \subset E^n$

在满足约束方程(受约束于,subject to)

$$\text{s.t.}\begin{cases}h_v(X)=0,(v=1,\ 2,\ \cdots,\ p)\\ g_u(X)\leqslant 0,(u=1,\ 2,\ \cdots,\ m)\end{cases}$$

的条件下,使目标函数值最小,即:$f(x)\rightarrow \min f(x)=f(x^*)$。

这样所求得的最优点 x^* 称为约束最优点。

由式(8-1)可见,约束条件可分为两类:等式约束和不等式约束。处理等式约束和不等式约束的方法有所不同,使约束问题的最优化方案也大致分为两大类:

(1) 约束最优化问题的直接解法

这种方法主要用于求解仅含不等式约束条件的最优化问题。当有等式约束条件时,仅当等式约束条件不是复杂的隐含函数,且消元过程容易实现时,才可使用这种方法。其基本思想是在可行域内按照一定原则直接探索出它的最优点。如图 8-1(b)所示,当可行域为非凸集或目标函数是非凸函数时,从一个初始点出发探索所得的最优解不一定就是全域最优解。因此,为了能得到全域最优解,往往要更换几次初始点,进行多线路的探索。另外,设计一个直接解法的迭代程序,除应具有下降性、收敛性外,还必须具有可行性,即每次迭代所得到的新点 $x^{(1)},x^{(2)},\ \cdots,\ x^{(k)}$ 都应在可行域内,即

$$\{x^{(k)}(k=0,\ 1,\ 2,\ \cdots)\}\in\mathscr{D}$$

或每次迭代的新点满足不等式约束条件

$$g_u(x^{(k)})\leqslant 0\quad(u=1,\ 2,\ \cdots,\ m)$$

属于直接解法的约束最优化方法有随机方向搜索法、复合型法、可行方向法、可变容差法、简约梯度法等。

(2) 约束最优化问题的间接解法

这种方法对于不等式约束问题和等式约束问题均有效。其基本思想是按照一定的原则构造一个包含原目标函数和约束条件的新目标函数。即使约束最优化问题的求解转化成无约束最优化问题求解。显然,约束问题通过这种方法处理,就可以采用上一章中所介绍的若干有效的无约束最优化方法来求解。属于间接法的约束问题的最优化方法有消元法、拉格朗日乘子法、增广拉格朗日乘子法和惩罚函数法。

下面依次介绍常用的几种约束问题的最优化方法。

第一节　约束随机方向搜索法

约束随机方向搜索法是在可行域内利用随机产生的可行方向进行搜索的一种直接解法。

一、基本原理

随机方向搜索法或约束随机方向搜索法一般包括随机选取初始点,随机选择搜索方向和搜索步长等几个步骤。在这种算法中,搜索方向和步长因子都要根据目标函数的下降性和约束条件的可行性进行随机调整,换句话说,即每一次计算出来的新点,其目标函数值必须是减小的,而且必须是可行的。这样才能随着迭代过程的进行,保证迭代点逐步向约束的最小点逼近,最终收敛于约束最优解上。

如图 8-2 所示,在约束可行域内选取一个初始点 $x^{(0)}$。为了确定本次迭代的搜索方向,以若干个不同方向的向量 Δx 进行试验性的探索,若 $f(x^{(0)}+\Delta x)<f(x^{(0)})$,则以 Δx 为搜索方向,取适当步长因子,在不破坏约束条件的情况下,前进一步,取得新点 x,若有 $f(x)<f(x^{(0)})$,则将起始点移至 x 点,重复前面的过程。否则需将步长因子缩短,直至取得一个好的可行点。如此周而复始,直至迭代步长已经很小时(即相邻二次迭代点已相距很近),就结束计算过程,取得约束最优解。

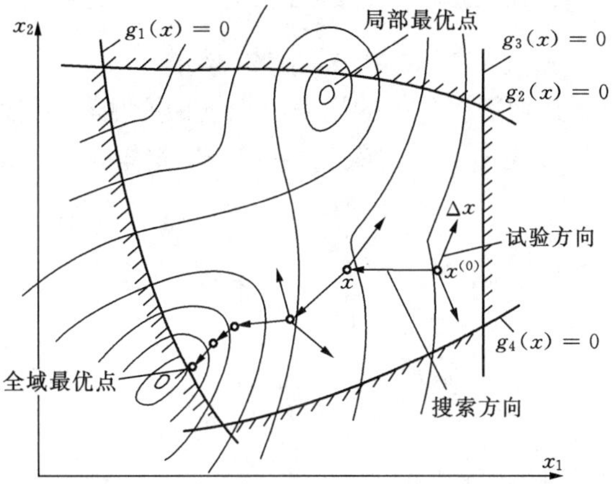

图 8-2　约束随机方向搜索法基本原理

对于求解

$$\min f(x) \quad x \in R^n$$
$$\text{s.t. } g_u(x) \leqslant 0 \quad 1,\ 2,\ \cdots,\ m$$

的约束非线性规划问题,采用约束随机方向搜索法的迭代格式为

$$x^{(k+1)}=x^{(k)}+\alpha s^{(k)} \quad k=0,\ 1,\ \cdots \tag{8-2}$$

式中:$s^{(k)}$—— 第 k 次迭代的随机搜索方向;

α ——所用的步长因子。

在约束随机方向搜索法中,关键是如何确定初始点,搜索方向和搜索步长,这些都涉及到随机数问题。因此下面先介绍利用计算机产生随机数的方法。

1. 随机数的产生

约束随机方向搜索法需要用到大量的[0, 1]区间内均匀分布的随机数。这些随机数系从概率密度为均匀分布的随机变量中抽样所得的随机数 $\{t_0,\ t_1,\ t_2,\ \cdots\}$ 来产生,要求它具有较好的概率统计特性,包括抽样的随机性,分布的均匀性(即实际频率与理论频率无显著差异),试验的独立性和前后的一致性等。产生随机数的方法很多,用数学模型产生的随机数称为伪随机数,它的特点是产生速度快,内存占用少,并且有较好的概率统计特性。目前常用的是乘同余法(它是由 Lehmer 提出的一种产生伪随机数的方法,其迭代公式为 $I_{n+1}=(aI_n+c)\bmod M$,其中 I_0 为初始值,a 为乘法器,c 为增值,M 为模数,mod 取模运算,为(aI_n+c)除以 M 后的余数,a, c, M 皆为整数),它以产生周期长,统计性质优而获得广泛应用,在一般计算机上都备有过程或子程序,调用它即可得[0, 1] 区间内均匀分布的伪随机数列。下面介绍一些乘同余法常用公式及使用方法。

先给出一个随机数

$$t_0 = 2Z - 1 \tag{8-3}$$

式中,Z ——任一整数。

然后按下述产生随机数列

$$\{t_0, t_1, t_2, \cdots\}(\bmod M) \quad i = 1, 2, \cdots \tag{8-4}$$

此式表示数列 t_i 是取 λt_i 被 M 整除后的余数,例如 $\lambda = 2$, $t_i = 3$, $M = 4$,则 $t_i = 2 \times 3(\bmod 4) = 2$。式中 λ 和 M 是使随机数列的周期最长且相关性最小的两个常数,在尾部字长为 L 位的二进制数字计算机上,取 $M = 2^L$,乘子 $\lambda = 8a \pm 3$,这里 a 为任意选定的正整数,符号取"+"或"−"都可以。将随机数列 $\{t_i\}$ 除以 M,即换算到 $[0, 1]$ 区间内的伪随机数列

$$\{r_i\} = \frac{\{t_i\}}{M} \quad i = 1, 2, \cdots \tag{8-5}$$

若已产生了 $[0, 1]$ 区间上的伪随机数 r,则通过变换可以求得任意区间 $[a, b]$ 内的伪随机数 R

$$R = a + r(b - a) \tag{8-6}$$

2. *初始点的选择*

约束随机方向搜索法的初始点 $x^{(0)}$ 必须是一个可行点,即满足全部约束条件

$$g_u(x^{(0)}) \leqslant 0 \quad u = 1, 2, \cdots, m$$

通常可以有两种确定方法:

(1) 人为决定的方法:凭经验或有关信息在可行域内人为地确定一个可行的初始点。当约束条件比较简单时,这种方法是可用的。但当约束条件比较复杂时,人为选择一个可行点就比较困难,因此,大都采用随机选择的方法。

(2) 随机选择的方法:即利用计算机产生的伪随机数来选择一个可行的初始点;此时,需要输入对设计变量估计的上限值和下限值,即

$$a_i \leqslant x_i \leqslant b_i \quad i = 1, 2, \cdots, n \tag{8-7}$$

这样,所产生的随机点的各分量为

$$x_i^{(0)} = a_i + r_i(b_i - a_i) \quad i = 1, 2, \cdots, n \tag{8-8}$$

式中,r_i——$[0, 1]$ 区间内服从均匀分布的伪随机数。

这样产生的随机点不一定满足所有的约束条件,因此还必须经过可行性条件的检验。若是可行点,即可作为初始点采用这种方法来产生可行的初始点 $x^{(0)}$,适用性较强。

3. *随机搜索方向的产生*

利用伪随机数可以用不同的方法产生随机搜索方向 s。

以二维问题为例,若 R 为以弧度计的 $[0, 2\pi]$ 区间内均匀分布的伪随机数,则可用下式产生 N 个随机单位向量

$$e^{(j)}=[\cos r^{(j)},\ \sin r^{(j)}]\quad j=1,\ 2,\ \cdots,\ N \tag{8-9}$$

若以直角坐标计，$r_1{}^{(j)}$，$r_2{}^{(j)}$ 为[−1, 1]区间内均匀分布的伪随机数，则可用下式产生 N 个随机单位向量

$$e^{(j)}=\frac{1}{\sqrt{(r_1^{(j)})^2+(r_2^{(j)})^2}}\begin{bmatrix}r_1^{(j)}\\ r_2^{(j)}\end{bmatrix}\quad j=1,\ 2,\ \cdots,\ N \tag{8-10}$$

取得 N 个随机单位向量后，可按下式产生 N 个随机试验点

$$x^{(j)}=x^{(0)}+H_0e^{(j)}\quad j=1,\ 2,\ \cdots,\ N \tag{8-11}$$

式中，H_0——试验步长因子，一般可取为 0.1 或 0.01，或者更小一点。

然后检查试验点是否为可行点，计算可行试验点的目标函数值，比较它们的大小，选出其中目标函数值最小的点 $x^{(l)}$，即

$$f(x^{(l)})=\min\{f(x^{(j)}),\ j=1,\ 2,\ \cdots,\ N;\text{非可行点除外}\} \tag{8-12}$$

若 $f(x^{(l)})<f(x^{(0)})$，则取 $x^{(0)}$ 和 $x^{(l)}$ 的连线方向作为搜索方向，即

$$s=x^{(l)}-x^{(0)} \tag{8-13}$$

如图 8-3 所示，对于二维问题，其单位向量 $e^{(j)}$ 的端点分布于单位圆的圆周上。为了尽可能获得较优的搜索方向，应选取适当大步长因子 H_0 将单位圆缩小或放大，使试验点落在以 $H_0\,e^{(j)}$ 为半径的圆周上。H_0 太小，搜索方向的选择将受目标函数局部性质的影响，若 H_0 太大，同样数量的试验点分布在很大的圆周上，降低了密度，取得较优的搜索方向的机会也就减少了，有可能造成搜索的徒劳往返，影响了收敛速度。

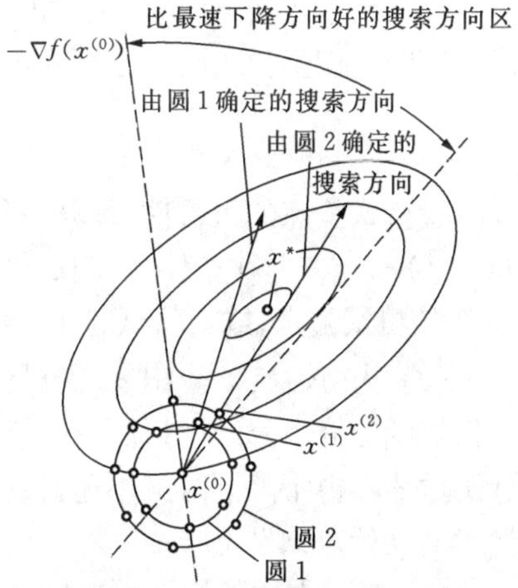

图 8-3　随机搜索方向的产生

对于三维问题，其单位随机向量 $\boldsymbol{e}$ 的端点位于以单位长为半径的球面上。对于 n 维问题，则位于超球面上。在这种情况下，其单位随机向量 $\boldsymbol{e}$ 的分量 e_i 按下式计算：

$$e_i=\frac{r_i}{\sqrt{(r_1^2+r_2^2+\cdots+r_n^2)}}\quad i=1,\ 2,\ \cdots,\ n \tag{8-14}$$

式中，$r_1, r_2,\ \cdots,\ r_n$——[−1, +1] 区间内的 n 个伪随机数。

综上所述，在约束随机方向搜索法中，产生随机搜索方向 s 时应满足的条件是

$$f(x^{(l)})=\min f(x^{(j)})\quad j=1,\ 2,\ \cdots,\ N$$
$$\text{s.t.}\begin{cases}g_u(x^{(l)})\leqslant 0 & u=1,\ 2,\ \cdots,\ m\\ f(x^{(l)})<f(x^{(0)})\end{cases} \tag{8-15}$$

4. 搜索步长的确定

沿已确定的搜索方向 s 进行搜索,从而取得一个目标函数值有所下降且满足约束条件的新的迭代点。其计算公式为

$$x^{(k+1)}=x^{(k)}+\alpha s^{(k)} \quad k=0,\ 1,\ 2,\ \cdots \tag{8-16}$$

式中: $x^{(k)}$—— 已确定的第 k 次迭代点;

$s^{(k)}$—— 第 k 次迭代的随机搜索方向;

α ——待定的步长因子。

通常,步长因子 α 的确定有两种方法:一种是定步长法,即步长按规定长度等差递增,只要所得新点的目标函数值是下降的且满足约束条件,就在原基础上增加一个规定的步长向前移动,直至违背了约束条件或目标函数的下降性条件时为止,于是迭代点由起始点移到新点。另一种是变步长法,即步长按一定的倍增系数等比递增或递减。例如以 1.3 倍递增,那么每次向前的移动步长为前一次的 1.3 倍。这样做可以减少计算工作量,提高计算效率。

二、计算步骤

(1) 选择初始点 $x^{(0)}$, 检验其是否满足可行性条件。若满足则进行下一步;否则,重新选择初始点。

(2) 产生 N 个随机单位向量 $e^{(j)}$ $(j=1,\ 2,\ \cdots\cdots,\ N)$,然后在设计空间中以 $x^{(0)}$ 为中心, H_0 为半径的超球面上产生 N 个随机试验点 $x^{(j)}$, 即

$$x^{(j)}=x^{(0)}+H_0 e^{(j)} \quad j=1,\ 2,\ \cdots\cdots,\ N$$

检查试验点的可行性,计算可行试验点的目标函数值并选出其中最小值点 $x^{(l)}$,若满足 $f(x^{(l)})<f(x^{(0)})$ 条件,则确定可行搜索方向 $s=x^{(l)}-x^{(0)}$,否则,重复上述过程,重新产生 N 个随机试验点,或者将试验步长缩小到 $0.7H_0$,再确定可行搜索方向 s。

(3) 从初始点 $x^{(0)}$ 出发,沿可行搜索方向 s 先以 $\alpha=1.3H_0$ 的步长移动,若新点是可行点,且目标函数值下降,则继续以 $\alpha=1.3\alpha$ 加大步长前进。否则,以 $\alpha=0.7\alpha$ 的步长移动。直到目标函数值不再下降同时又不违背约束条件时为止,即完成了一次迭代,将搜索终点 x 作为下次搜索的初始点 $x^{(0)}$。

(4) 当一次迭代的初始点与终点的函数值达到

$$\left|\frac{f(x)-f(x^{(0)})}{f(x^{(0)})}\right| \leqslant \varepsilon_1 \tag{8-17}$$

和其步长达到

$$\| x-x^{(0)} \| \leqslant \varepsilon_2 \tag{8-18}$$

时,即结束搜索过程。其最优解为 $x^*=x,\ f(x^*)=f(x)$。否则转向第 2 步。

图 8-4 表示了约束随机方向搜索法的搜索轨迹。

图 8-5 为约束随机方向搜索法的程序框图。图中, M 表示确定随机搜索方向试算失败的总次数,一般 $M=1\sim 20$ 次,若超过这个次数,且 H_0 已经取得很小值时,则可停止计算。

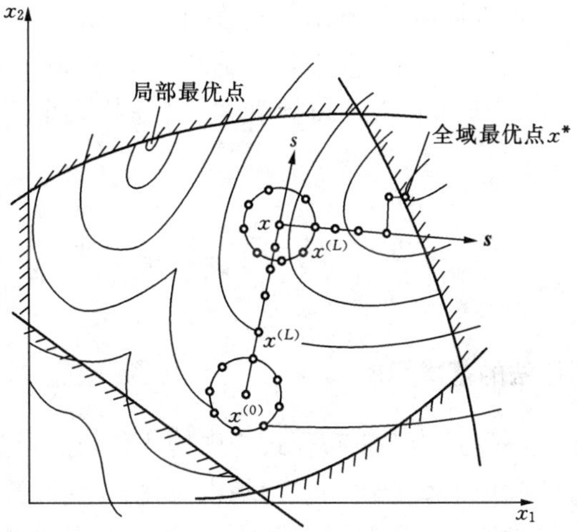

图 8-4　约束随机方向搜索法的搜索轨迹

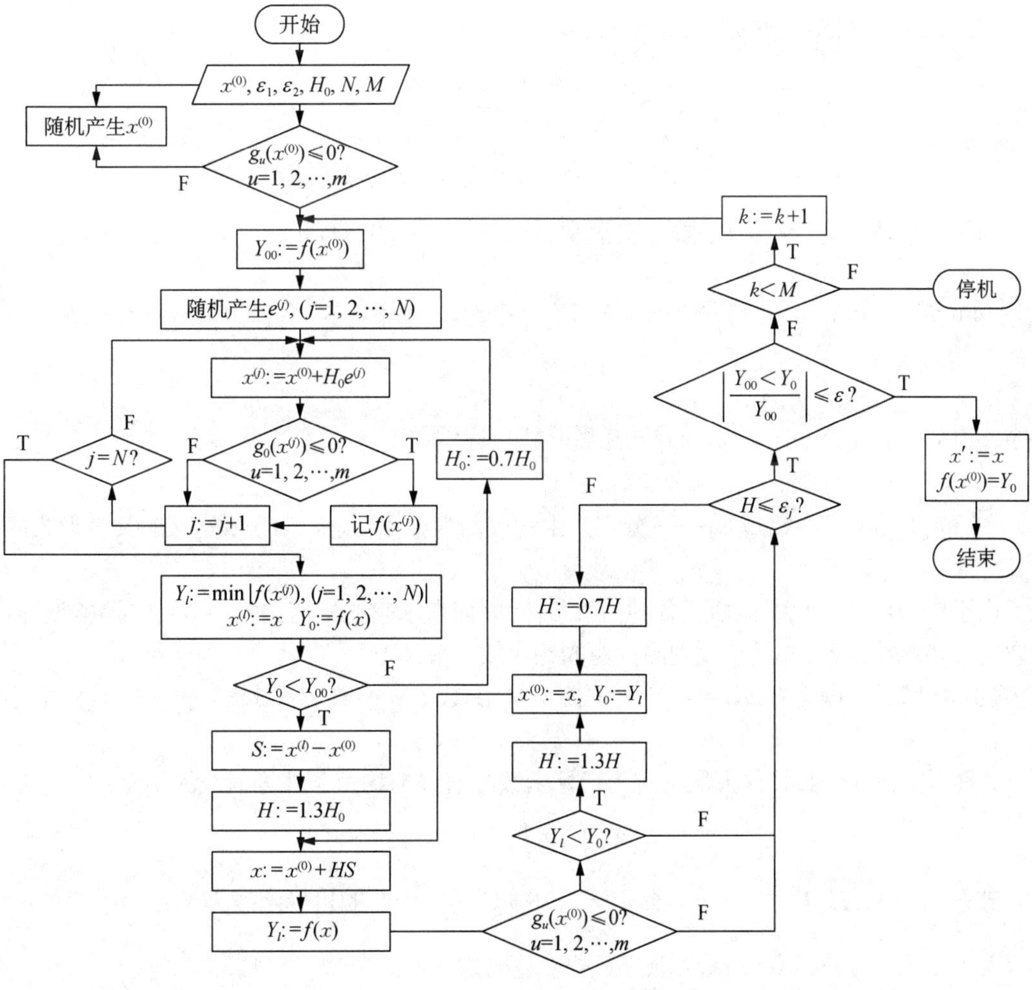

图 8-5　约束随机方向搜索法的程序框图

随机方向搜索法的优点是直接搜索，不用求函数的导数，所以对目标函数的性态无特殊要求，程序结构简单，使用方便。另外，由于搜索方向是从许多方向中选出目标函数值下降最好的方向，再加上随机变更步长，所以收敛速度比较快，且易找到全局最优点。但是计算精度较低。

第二节　惩罚函数法

一、约束优化设计间接法的基本思想

求解具有不等式约束或不等式约束兼有等式约束的优化设计问题，可采用一类常用的有效方法——约束优化设计的间接求解方法。它的基本思想，是将一个有约束的问题转化为一个或一系列无约束的问题来求解。目前，求解无约束问题已有不少有效的算法。因此，约束优化问题的间接解法，在实际工程中亦获得了广泛的应用。约束优化的间接解法有多种，如拉格朗日法、消元法、惩罚函数法等。

约束优化问题的数学模型一般可表达为

$$\min f(x) \quad x \in R^n$$
$$\text{s.t.}\begin{cases} g_u(x) \leqslant 0,\ u=1,\ 2,\ \cdots,\ m \\ h_v(x)=0,\ v=1,\ 2,\ \cdots,\ p \end{cases}$$

为了将它转化为无约束问题求解，通常是引入一个新的目标函数，即

$$\min \Phi(x,\ r_1,\ r_2)=\min\left\{f(x)+r_1\sum_{u=1}^{m}G[g_u(x)]+r_2\sum_{v=1}^{p}H[h_v(x)]\right\},x \in R^n \tag{8-19}$$

式中：$\Phi(x,\ r_1,\ r_2)$—— 约束问题转换后的新目标函数；

r_1、r_2—— 两个不同的加权参数或加权因子；

$G[g_u(x)]$、$H[h_v(x)]$——分别为由约束函数 $g_u(x)$、$h_v(x)$ 所定义的某种形式的泛函数。

由于在新目标函数中包括了各种约束条件，因而在求它的极值过程中应随时调整设计点，使它不致违反约束条件，最终找到原问题的约束最优解。

【例 8-1】 求满足 $h(x)=x_1+x_2-4=0$ 时函数 $f(x)=(x_1-3)^2+(x_2-2)^2$ 的最小值解。

如图 8-6(a)所示，其约束最优解为目标函数等值线与约束条件等值线的切点：

$$x^*=[2.5,\ 1.5]^{\mathrm{T}},\ f(x^*)=0.5$$

若取 $r_2=1$, $H[h_v(x)]=h_v(x)=x_1+x_2-4$, 则新的目标函数为

$$\Phi(x)=(x_1-3)^2+(x_2-2)^2+(x_1+x_2-4)$$

用解析法求其无约束极值，即

$$\frac{\partial \Phi}{\partial x_1}=2(x_1-3)+1=0$$

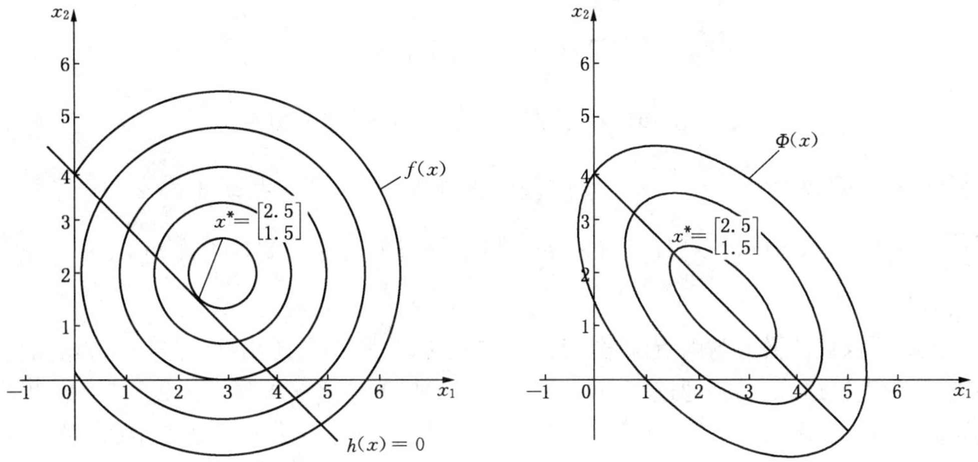

(a) 约束问题目标函数等值线与约束条件的关系　　(b) 新的目标函数的等值线

图 8-6　约束问题转化为无约束问题的举例

和

$$\frac{\partial \Phi}{\partial x_2}=2(x_2-2)+1=0$$

解得极值点为 $x^*=[x_1^*,x_2^*]^T=[2.5,\ 1.5]^T$，结果与约束最优解一致，如图 8-6(b)所示，此点为新目标函数 $\Phi(x)$ 等值线簇的中心。

上例也可以采用消元法，即在原数学模型中，取 $x_1=4-x_2$，代入原目标函数后，得到新的目标函数为：

$$\Phi(x)=(1-x_2)^2+(x_2-2)^2$$

再求新目标函数 $\Phi(x)$ 的极小值，结果同上。

可见，有很多种方法可以用来求约束优化问题，在工程实际中，惩罚函数法通常被认为是一种很有效的方法。

惩罚函数法（SUMT）又称序列无约束极小化技术（Sequential Unconstrained Minimization Technique）。其基本思想就是把等式和不等式约束条件，经过适当的定义作为复合函数(惩罚项)加到原目标函数上，从而取消了约束，转化为求解一系列的无约束问题。所建立的带有惩罚项的新目标函数成为惩罚函数(或罚函数)，如式(8-20)所示。式中的第 2、3 项即为惩罚项，$r_1^{(k)}$ 和 $r_2^{(k)}$(有时简写为 r_1 和 r_2) 式可调参数，又称惩罚因子(或罚因子)。

$$\Phi(x,\ r_1^{(k)},\ r_2^{(k)})=f(x)+r_1^{(k)}\sum_{u=1}^{m}G[g_u(x)]+r_2^{(k)}\sum_{v=1}^{p}H[h_v(x)] \tag{8-20}$$

在求新的目标函数式(8-20)的极小值时，需要不断调整加权参数 $r_1^{(k)}$ 和 $r_2^{(k)}$($k=1$, 2, …)，使其新目标函数 $\Phi(x,\ r_1^{(k)},r_2^{(k)})$ 极小点的序列 $x^*(r_1^{(k)},\ r_2^{(k)})$($k$=1, 2, …)，逐渐

收敛到原目标函数 $f(x)$ 的约束最优解上。因此,要满足三个极限性质

$$\lim_{k\to\infty} r_1^{(k)} \sum_{u=1}^{m} G[g_u(x)]=0$$

$$\lim_{k\to\infty} r_2^{(k)} \sum_{v=1}^{p} H[h_v(x)]=0$$

$$\lim_{k\to\infty} |\Phi(x^{(k)}, r_1^{(k)}, r_2^{(k)})-f(x^{(k)})|=0$$

另外,在求函数 $\Phi(x, r_1^{(k)}, r_2^{(k)})$ 的极小化过程中,当设计点 x 不满足约束条件时,使 $r_1^{(k)} \sum_{u=1}^{m} G[g_u(x)]$ 项和 $r_2^{(k)} \sum_{v=1}^{p} H[h_v(x)]$ 项的函数值增大,这样就对函数 $\Phi(x, r_1^{(k)}, r_2^{(k)})$ 给予了"惩罚"。

按照惩罚函数法又分为内点法、外点法。内点法(也称障碍函数法)是在可行域内部寻找初始点,逐步逼近最优点,并通过在目标函数中加入惩罚函数(又称障碍函数)对于企图穿越可行域边界的点设置障碍,保证迭代一直在可行域内部进行;外点法也是通过目标函数中加入的惩罚函数,对违反约束的点进行惩罚,它是通常是从可行域外部逼近最优点。下面分别讨论之。

二、内点法

1. 内点法的基本原理

内点法将新目标函数定义于可行区域内,这样它的初始点以及后面产生的迭代点序列,亦必定在可行区域内。它是求解不等式约束优化设计问题中一种十分有效的方法,但不能求解等式约束。

下面先用一个简单的例子来说明内点法的一些特点。

求

$$\min f(x)=ax, x \in R^l$$
$$\text{s.t. } g(x)=b-x \leqslant 0$$

的约束最优解。

如图 8-7 所示,这个问题的约束最优解为 $x^*=b$, $f(x^*)=ab$。现在用内点惩罚函数法来求解此约束问题。

根据式(8-20),先在可行区域内构造一个惩罚函数,即

$$\Phi(x, r^{(k)})=ax-r^{(k)}\frac{1}{b-x}$$

对于惩罚因子给定不同的值时,惩罚函数 $\Phi(x, r^{(k)})$ 相应的等值曲线如图 8-7 中所示。

对新目标函数求一阶导数,并令其为零,可求得其极值点的表达式为

$$x^*(r^{(k)})=b+\sqrt{\frac{r^{(k)}}{a}}$$

惩罚函数值为

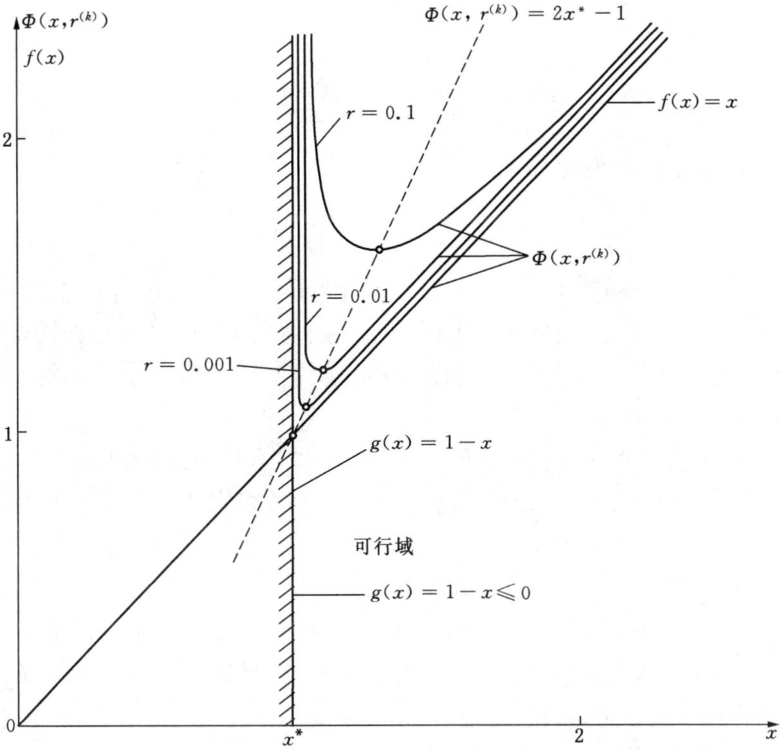

图 8-7　一元惩罚函数内点法的收敛关系

$$\Phi(x,\ r_1^{(k)},r_2^{(k)})=ab+2\sqrt{ar^{(k)}}$$

由此可见,当惩罚因子为一个递减数列时,其极值点 $x^*(r^{(k)})$ 离约束最优点 x^* 愈来愈近。图8-7表明,极值点随 $r^{(k)}$ 值的减小而将沿一直线轨迹 $\Phi(x^*(r^{(k)}),\ r^{(k)})=2x^*(r^{(k)})-1$ 从约束区内向最优点 x^* 收敛,且当 $r^{(k)}\to 0$ 时,$x^*(r^{(k)})\to x^*=b$, $\Phi(x^*(r^{(k)}),\ r^{(k)})\to f(x^*)=ab$,最后惩罚函数 $\Phi(x,\ r^{(k)})$ 收敛于原目标函数的约束最优解。

通过这个例子可以看出,惩罚函数法就是以不同的加权参数来构造一系列无约束的新目标函数,求这一系列惩罚函数的无约束极值点 $x^*(r^{(k)})$,使它逐渐逼近原约束问题的最优解。而且不论原约束问题的最优解在可行区域内还是在可行区域边界上,其整个搜索过程都在约束区域内进行。

根据这一思想,对于满足 $g_u(x)\leqslant 0(u=1,\ 2,\ \cdots,\ m)$ 的优化设计问题,其惩罚函数可取

$$\Phi(x,\ r^{(k)})=f(x)+r^{(k)}\sum_{u=1}^{m}\left[-\frac{1}{g_u(x)}\right] \tag{8-21}$$

或

$$\Phi(x,\ r^{(k)})=f(x)-r^{(k)}\sum_{u=1}^{m}\ln\left[-g_u(x)\right] \tag{8-22}$$

对于满足 $g_u(x)\geqslant 0(u=1,\ 2,\ \cdots,\ m)$ 的约束优化问题,其惩罚函数取

$$\Phi(x,\ r^{(k)})=f(x)+r^{(k)}\sum_{u=1}^{m}\frac{1}{g_u(x)} \tag{8-23}$$

或

$$\Phi(x, r^{(k)}) = f(x) - r^{(k)} \sum_{u=1}^{m} \ln[g_u(x)] \tag{8-24}$$

式中：$r^{(k)}$ ——惩罚因子，它满足如下关系

$$r_1^{(0)} > r^{(1)} > r^{(2)} > \cdots \text{ 和} \lim_{k \to \infty} r^{(k)} \to 0 \tag{8-25}$$

当设计点趋向于无边界时，由于不等式约束函数趋近于零，其惩罚函项的函数值就陡然增加并趋近于无穷大，这就好像在可行域边界上筑起了一道障碍(或“围墙”)，使迭代点始终保持在可行区域内。因此，也只有当惩罚因子 $r^{(k)}$ 趋近于零时，才能求得约束边界上的约束最优点 x^*。

2. **内点法的迭代步骤**

内点惩罚函数的计算是从可行域内的某一初始点 $x^{(0)}$ 开始，再选取适当的惩罚因子初始值 $r^{(0)}$，求出惩罚函数 $\Phi(x, r^{(0)})$ 最优点 $x^*(r^{(0)})$。然后将它作为下一次无约束极值的初始点，并把 $x^{(0)}$ 减至 $x^{(1)}$，再求 $\Phi(x, r^{(1)})$ 最优点 $x^*(r^{(1)})$，如此继续下去，直至 $x^*(r^{(k)})$ 收敛于原约束问题的最优点 x^*。其具体步骤如下：

(1) 选取初始点 $x(0)$，此点应满足 $g_u(x) < 0(u=1, 2, \cdots, m)$，但不应在边界上。

(2) 选取适当的惩罚因子初始值 $r^{(0)}$，降低系数 c，计算精度 ε_1 和 ε_2，并令 $k=0$。(降低系数 c 的选取见下面“内点惩罚函数法使用中的几个问题”。)

(3) 构造惩罚函数，调用无约束优化方法，求 $\min \Phi(x, r^{(k)})$，最优点 $x^*(r(k))$。

(4) 检验精度

$$\| x^*(r^{(k-1)}) - x^*(r^{(k)}) \| \leqslant \varepsilon_1 \quad \text{和} \quad \left| \frac{\Phi(x^*(r^{(k)})) - \Phi(x^*(r^{(k-1)}))}{\Phi(x^*(r^{(k-1)}))} \right| \leqslant \varepsilon_2$$

若不等式成立，则认为已求得最优点 $x^* \approx x^*(r^{(k)})$；若不成立，则转下步。

(5) 计算 $r^{(k+1)} = cr^{(k)}$；并令 $x^{(0)} = x^*(r^{(k)})$，$k=k+1$ 后转向第(3)步。

内点法程序的计算框图如图 8-8 所示。在第 2 个框中，R 为预先给定的某个实数，当惩罚因子 r 大于此值时，不需要经过收敛精度的判断。

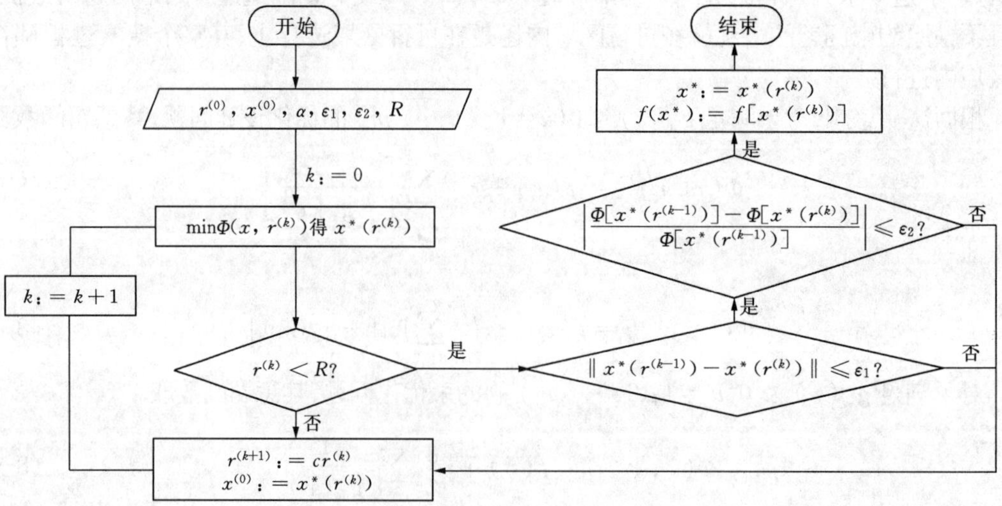

图 8-8　内点惩罚函数法的计算框图

3. *内点惩罚函数法使用中的几个问题*

(1) 初始可行点 $x^{(0)}$ 的确定

一般来说，在设计中预先提供一个可行初始点，通常是可以做到的，但是当约束条件较多、且函数性态较复杂时，想要估计一个严格的可行点就相当困难。为此，介绍两种产生初始可行点的方法。

① 随机选择初始点的方法　用这种方法虽然程序设计比较简单，但有时选择的初始点离约束边界太近，造成计算溢出，影响计算过程的正常进行。

② 搜索初始点的方法　先任意给出一个初始点，这一点可能违反了 s 个约束条件。把这 s 个约束排列在其余的$(m-s)$ 个约束条件的前面，按其约束函数值的大小排列

$$g_s(x^{(0)}) \geqslant g_{s-1}(x^{(0)}) \geqslant \cdots \geqslant g_1(x^{(0)}) \geqslant 0 \tag{8-26}$$

然后取其最大函数值的约束条件为目标函数，即求

$$\begin{aligned} &\min g_s(x) \quad x \in R^n \\ &\text{s.t.}\begin{cases} g_u(x) - g_u(x^{(0)}) \leqslant 0, u=1,\ 2,\ \cdots,\ s-1 \\ g_u(x) \leqslant 0,\ u=1,\ 2,\ \cdots,\ m \end{cases} \end{aligned} \tag{8-27}$$

问题的约束最优解，一旦当其目标函数变为负值，即 $g_s(x)<0$时，便可立即停止搜索，并重新检验所求设计点的可行性，重复这个过程，知道所有约束均得到满足为止。最后，将所得到的设计点 x 取为初始点 $x^{(0)}$。

(2) 惩罚因子初始值 $r^{(0)}$ 的选择

选取适当的惩罚因子初始值 $r^{(0)}$，对于 SUMT 方法正常计算及其计算效率都有一定的影响。如前述，在 SUMT 方法中，只有当 $r^{(k)} \to 0$ 时，惩罚函数的极值才是原问题的约束最优解。因此，要想在一开始就通过取较小的 $r^{(0)}$ 值来加快收敛速度，这往往是不会成功的。因为惩罚函数的性质与 r 值的大小有很大的关系。当 $r^{(0)}$ 值很小时，函数的形态变坏，由图 8-7 可见，其惩罚函数 $\Phi(x,\ r^{(0)})$ 的等值线在约束面附近会出现狭窄的“谷地”。在这种情况下，即使采用最稳定的最优化方法，函数也难收敛到极值点。相反，若选取较大的 $r^{(0)}$ 值，就会增加求无约束极值的次数。因此，为了减少迭代次数，应取较小的 $r^{(0)}$ 值，但为了使求极值的过程稳定些，又应将 $r^{(0)}$ 值取大些。通常，如果初始点是一个较保守的设计点(即离约束边界较远)，那么就应该这样来选择 $r^{(0)}$ 值，即可使初始点的惩罚项 $-r^{(k)}\sum\limits_{u=1}^{m}\dfrac{1}{g_u(x^{(0)})}$ 不要在惩罚数中起支配作用。由此得到的一种选择 $r^{(0)}$ 的方法是

$$r^{(0)} = \frac{p}{100}\left| f(x^{(0)})\sum_{u=1}^{m}\frac{1}{g_u(x^{(0)})} \right| \tag{8-28}$$

通常，用这个方法通常能得到相当合理的初始值。一般推荐 $p=10$；对于非凸约束的情况，p 的典型值取 $1\sim 50$ 较为合适。但是当初始点 $r^{(0)}$ 接近某个或数个约束边界时，则按上式计算得的初始值 $r^{(0)}$ 就显得太小了，这时建议取 $p=100$，或取更大的 p 值。当目标函数与约束函数的非线性程度不高时，直接取 $r^{(0)}=1$ 也能做出正常的计算。

以上选取的初始值 $r^{(0)}$ 的方法，不能认为是一成不变的方法，因为 $r^{(0)}$ 值的大小与函数

$f(x)$ 与 $g_u(x)$ 的性态及初始点 x^0 的位置是密切相关的。所以在实际计算时往往需要通过几次试算,才能选得比较合适的 $r^{(0)}$ 值。

(3) 惩罚因子的下降系数 c

在序列无约束极小化的过程中,惩罚因子将是一个按简单关系递减的数,即

$$r^{(k)}=cr^{(k-1)} \quad k=1,\ 2\cdots \tag{8-29}$$

式中 c 为下降系数,$c<1.0$。一般认为,c 值的大小不是决定性的。如果选取 c 值较小,则以较少的循环次数就可以获得一定的精度,但是求解各序列惩罚函数无约束最优值所需要的迭代次数可能会相对较多些。实践证明,如果选取较大的 c 值,其构造惩罚函数无约束最优值所需的迭代次数大致是差不多的。c 的典型值是 $c=0.1\sim0.02$,但是,当 c 值取得较小时,从某一个 $r^{(k)}$ 值的惩罚函数变到 $r^{(k+1)}$ 值的惩罚函数,其等值线形状变化较快,造成无约束极小化的困难。遇到这种情况,建议把 c 值取大一点,如 $c_{\max}=0.5\sim0.7$。

(4) 收敛准则

当对一系列 $r^{(k)}$ 值的惩罚函数 $\Phi(x,\ r)$ 进行极小化时,得到无约束最优点的序列为

$$x^*(r^{(1)}),\ x^*(r^{(2)}),\ \cdots x^*(r^{(k)}),\ \cdots$$

究竟要计算到什么程度才可以认为 $x^*(r^{(k)})$ 已接近约束最优解 x^* 呢,从工程实际意义来说,一个简单的准则是:相邻两个 r 值的惩罚函数值的相对变化量应满足

$$\left|\frac{\Phi(x^*(r^{(k)}),\ r^{(k)})-\Phi(x^*(r^{(k-1)}),\ r^{(k-1)})}{\Phi(x^*(r^{(k-1)}),\ r^{(k-1)})}\right|\leqslant\varepsilon_1 \tag{8-30}$$

和极值点向量的模应满足

$$\|x^*(r^{(k)})-x^*(r^{(k-1)})\|\leqslant\varepsilon_2 \tag{8-31}$$

此时,表明已接近极值点,可以停止计算。内点法有一个诱人的特点,就是在给定的一个可行的初始方案之后,它能给出一系列逐步得到改进的可行设计方案,因此,只要设计要求允许,就可以选用其中任何一个无约束最优解 $x^*(r^{(k)})$,而不一定取得最后的约束最优解 x^*,使设计方案有一定的储备能力。

【例 8-2】 用内点惩罚函数法求

$$\min f(x)=x_1^2+x_2^2,\ x\in R^2$$
$$\text{s.t. } g(x)=1-x_1\leqslant0$$

问题的约束最优解。

【解】 按式(8-22)构造内点惩罚函数

$$\Phi(x,\ r)=x_1^2+x_2^2-r^{(k)}\ln(-(1-x_1))$$

对于任意给定的惩罚因子 $r^{(k)}>0$,函数 $\Phi(x,\ r^{(k)})$ 是凸的。令函数 $\Phi(x,\ r^{(k)})$ 的一阶偏导数为 0,可得其无约束极值点

$$\frac{\partial\Phi}{\partial x_1}=2x_1-\frac{r^{(k)}}{(x_1-1)}=0,\ \frac{\partial\Phi}{\partial x_2}=2x_2=0$$

解上两式得

$$x_1^*(r^{(k)})=\frac{1\pm\sqrt{1+2r^{(k)}}}{2},x_2^*(r^{(k)})=0$$

当取 $1-\sqrt{1+2r^{(k)}}$ 时，由于 $x_1=\frac{1-\sqrt{1+2r^{(k)}}}{2}<0$，不满足 $1-x_1\leqslant 0$ 的约束条件，因此其无约束极值点为

$$x^*(r^{(k)})=\left[\frac{1+\sqrt{1+2r^{(k)}}}{2},\ 0\right]^{\mathrm{T}}$$

当 $r^{(k)}$ 取值 1, 0.1, 0.01, ⋯→0 时，则

$$x^*(r^{(k)})=[1.366,\ 0]^{\mathrm{T}},\ [1.047,\ 0]^{\mathrm{T}},\ [1.004,\ 0]^{\mathrm{T}},\ \cdots\ [1,\ 0]^{\mathrm{T}}$$

$x^*(r^{(k)})$ 点的移动方向见图 8-9。由此可求得约束最优解

$$x^*=[1,\ 0]^{\mathrm{T}},\ f(x^*)=1$$

总的来说，收敛精度对计算时间有很大的影响，收敛精度低，则计算时间可减少。可见，根据实际情况来确定收敛精度，以保证计算结果既满足工程实际要求，又能加快计算速度，是很有必要的。

采用内点惩罚函数法时，惩罚因子初始值 $r^{(0)}$ 的大小和下降系数 c 的大小，对问题的最优解影响很小，但对计算过程和收敛速度是有影响的。当 $r^{(0)}$ 值增大时，其循环次数和迭代次数都增加了。因此，也就占用了较多的计算时间。选择一个适当较小的 c 值也是有利于减少计算时间的。

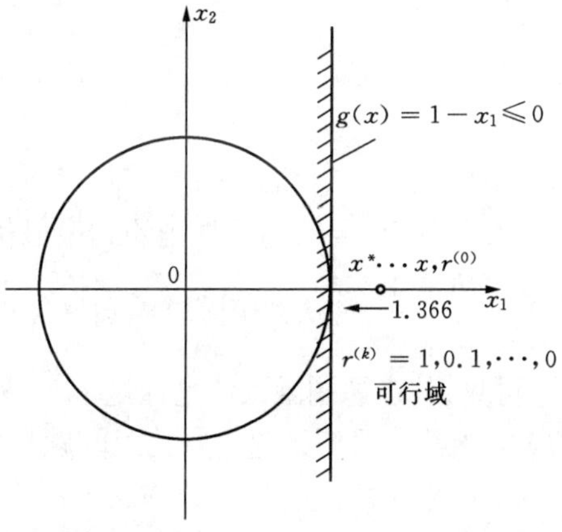

图 8-9　用内点法搜索最优点的移动方向

三、外点法

1. 外点法的基本原理

外点法与内点法不同，它是将惩罚函数定义于可行域外，所以它的初始点可以任意选定，非常方便。同时，它还能处理既有不等式约束又有等式约束的问题。

现在仍用上面内点法中的例子来说明外点惩罚函数法的基本思想。求

$$\begin{aligned}\min\ & f(x)=ax\\ \text{s.t.}\ & g(x)=b-x\leqslant 0\end{aligned}$$

的约束优化问题，如图 8-10 所示，其约束最优解是 $x^*=b$，$f(x^*)=ab$，其惩罚函数取

$$\Phi(x,\ r^{(k)})=x+r^{(k)}\ \{\max[b-x,\ 0]\}^2=\begin{cases}ab+r^{(k)}(b-x)^2 & (x<b)\\ ax & (x\geqslant b)\end{cases}$$

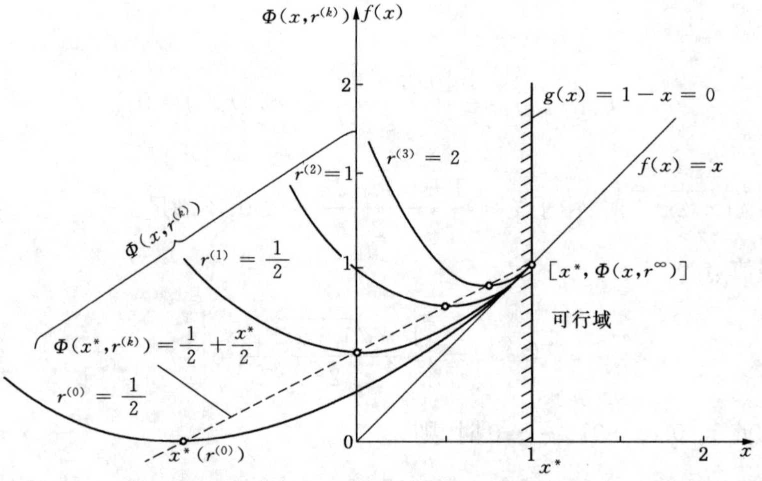

图 8-10　一元外点惩罚函数法的收敛关系($a=1,\ b=1$ 的情况)

对于任意给定的罚因子 $r^{(k)}>0$,函数 $\Phi(x,\ r^{(k)})$ 是凸的。令函数 $\Phi(x,\ r^{(k)})$ 的一阶导数为零,可得其无约束极值点 $x^*(r^{(k)})=b-\dfrac{a}{2r^{(k)}}$ 和惩罚函数值为

$$\Phi(x^*,r^{(k)})=ab-\frac{a^2}{4r^{(k)}}$$

由此可见,当惩罚因子递增时,其极值点 $x^*(r^{(k)})$ 离约束最优点 x^* 愈来愈近。当 $r^{(k)}\to\infty$ 时,$x^*(r^{(k)})=b$,趋于真正的约束最优点。因此,无约束极值点 $x^*(r^{(k)})$ 将沿直线 $\Phi(x^*,\ r^{(k)})=\dfrac{ab}{2}+\dfrac{ax^*}{2}$ 从约束区域外向最优点 x^* 收敛。

可见,外点惩罚函数法是通过求一系列惩罚因子 $\{r^{(k)}\mid(k=0,\ 1,\ 2,\ \cdots)\}$ 的函数 $\Phi(x,\ r^{(k)})$ 的无约束极值来逼近原约束问题最优解的一种方法。

对于受约束于 $g_u(x)\leqslant 0(u=1,\ 2,\ \cdots,\ m)$ 的问题,其外点惩罚函数的一般形式为

$$\Phi(x,\ r^{(k)})=f(x)+r^{(k)}\sum_{u=1}^{m}\{\max[g_u(x),\ 0]\}^z \tag{8-32}$$

大括号内表示

$$\max[g_u(x),\ 0]=\begin{cases}g_u(x), & g_u(x)>0\\ 0, & g_u(x)\leqslant 0\end{cases} \tag{8-33}$$

这就保证了在可行区域内 $\Phi(x,\ r^{(k)})$ 与 $f(x)$ 是等价的,即

$$\Phi(x,\ r^{(k)})=\begin{cases}f(x)+r^{(k)}\sum\limits_{u\in I_1}[g_u(x)]^z, & g_u(x)>0\\ f(x) & g_u(x)\leqslant 0\end{cases}$$

式中:I_1——违反约束条件的集合,即

$$I_1=\{u\mid g_u(x)>0,\ u=1,\ 2,\ \cdots,\ m\} \tag{8-34}$$

Z—— 构造惩罚函数的一个指数,其值将影响函数 $\Phi(x, r^{(k)})$ 的线在约束面处的性质。

对于受约束于 $g_u(x) \geqslant 0(u=1, 2, \cdots, m)$ 的问题,其外点惩罚函数的也可写为

$$\Phi(x, r^{(k)})=f(x)+r^{(k)}\sum_{u=1}^{m}\{\min[g_u(x), 0]\}^z \tag{8-35}$$

对于既有不等式约束 $g_u(x) \geqslant 0(u=1, 2, \cdots, m)$,又有等式约束 $h_v(x)=0(v=1, 2, \cdots, p)$ 的问题,其外点惩罚函数的形式为

$$\Phi(x, r^{(k)})=f(x)+r^{(k)}\{\sum_{u=1}^{m}\min[g_u(x),0]^z+\sum_{v=1}^{p}[h_v(x)]^z\} \tag{8-36}$$

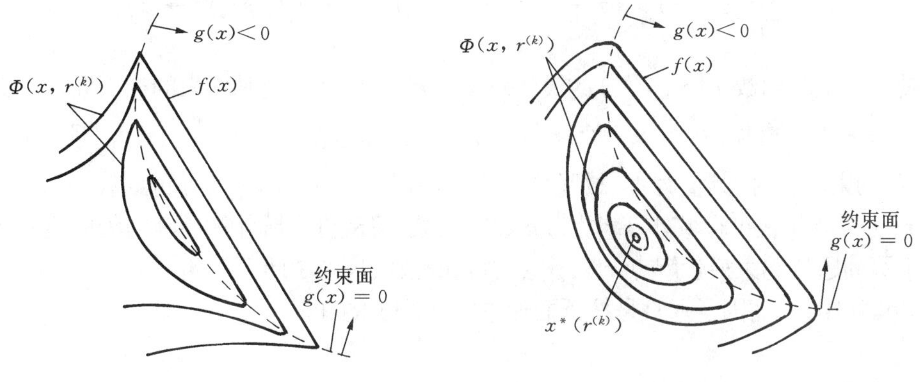

图 8-11　惩罚函数等值线在约束面处的变化情形

如图 8-11 所示,当 $0<z<1$ 时,函数 $\Phi(x, r^{(k)})$ 在约束面处的一阶导数和二阶导数都不连续:当 $z>1$ 时,其一阶导数是连续的,但二阶导数不一定连续,这样就限制了某些无约束最优化方法的应用。因此,一般取 $z=2$。

$r^{(k)}$ ——惩罚项的惩罚因子。惩罚因子是一个递增的序列,即

$$0<r^{(0)}<r^{(1)}<\cdots<r^{(k)}$$

且 $\lim\limits_{k\to\infty} r^{(k)}=\infty$

现在来考察惩罚函数的 $\Phi(x, r^{(k)})$ 无约束极小点是否收敛到原目标函数 $f(x)$ 的约束极小点的问题。当 x 点在可行区域内时,不管 $r>0$ 取何值,惩罚项总为零,因此,惩罚函数 $\Phi(x, r^{(k)})$ 的极小点 $x^*(r^{(k)})$ 如果在可行域内,则该点必为原问题的最优解 x^*,即

$$\Phi(x, r^{(k)})=f(x)+r^{(k)}\sum_{u=1}^{m}\{\max[0, g_u(x)]\}^z \geqslant \Phi(x^*(r^{(k)}), r^{(k)})=$$

$$f(x^*(r^{(k)}))+r^{(k)}\sum_{u=1}^{m}\{\max[0, g_u(x^*(r^{(k)}))]\}^z=$$

$$f(x^*(r^{(k)}))=f(x^*)$$

这是因为当 x 点在可行区域内时,$r^{(k)}\sum\limits_{u=1}^{m}\{\max[0,g_u(x)]\}^z=0$,所以,$\Phi(x^*(r^{(k)}),$

$r^{(k)})=f(x^*(r^{(k)}))$,这就说明了 $x^*(r^{(k)})$ 为原问题的最优解。

另一种情况,当惩罚函数 $\Phi(x, r^{(k)})$ 的无约束极小点 $x^*(r^{(k)})$ 在可行域外,此时有

$$0<r^{(k)}\sum_{u=1}^{m}\{\max[0, g_u(x)]\}^z<\infty$$

这说明 $x^*(r^{(k)})$ 不可能是原问题的约束最优解。从图 8-11 中可以形象地看到,当取 $r^{(0)}$ 值时,其极小点为 $x^*(r^{(0)})$,此点是非可行点。很明显,它不是原问题的约束最优点,当 $r^{(k)}$ 取值增大时,极小点 $x^*(r^{(k)})$ 逐渐向可行域边界逼近,当 $r^{(k)}$ 值达到足够大时,$x^*(r^{(k)})$ 就是原问题最优点 x^* 的近似解。这是因为当 $r^{(k)}$ 值趋近于无穷大时,有

$$\sum_{u\in I_1}[g_u(x)]^2=\frac{1}{r^{(k)}}[\Phi(x^*(r^{(k)}),r^{(k)})-f(x^*)]\to 0$$

这就可以说明函数 $\Phi(x, r^{(k)})$ 的最优解 $x^*(r^{(k)})$ 已处于适时约束的约束面上。实际上,随着惩罚因子值的增加,在由求一个函数的极小化中,迫使 $r^{(k)}\sum[g_u(x)]^z$ 项的值逐渐减小,直至到约束面上时,其值为零,故又称它为衰减函数。可见,外点惩罚函数 $\Phi(x, r^{(k)})$ 的极小点 $x^*(r^{(k)})$ 是在可行域外以 $r^{(k)}$ 为参数的函数,将从可行域外侧逐渐向约束边界运动,最后趋近于原问题的约束最优解点 x^*,外点惩罚函数法也就由此而得名。

在外点法中,惩罚因子通常是按下面递推公式增加的,即

$$r^{(k)}=ar^{(k-1)} \tag{8-37}$$

式中:α—— 递增系数,一般 $\alpha=5\sim 10$。

和内点惩罚函数法相反,如果一开始就选择相当大的 $r^{(0)}$ 值,会使函数 $\Phi(x, r^{(0)})$ 的等值线形状变形或者偏心,造成求函数中 $\Phi(x, r^{(0)})$ 极值很困难。因为在这种情形下,任何微小步长的误差和搜索方向的变动,都会使计算过程很不稳定。但若 $r^{(0)}$ 取得太小,由于 $r^{(k)}$ 趋于相当大值时才达到约束边界,这就会增加计算时间。所以在外点法中 $r^{(0)}$ 的合理选择,也是很重要的。根据许多计算的经验表明,若取 $r^{(0)}=1$ 和 $a=10$ 还是可以得到满意的结果。通常可以按下式来取

$$r^{(0)}=\max_{1\leqslant u\leqslant m}\{r_u^{(0)}\} \tag{8-38}$$

式中
$$r_u^{(0)}=\frac{0.02}{mg_u(x^{(0)})f(x^{(0)})}$$

2. 外点惩罚函数的算法和程序计算框图

外点法的算法步骤如下:

(1) 选择一个适当的 $r^{(0)}$ 值和初始点 $x^{(0)}$,规定收敛精度 ε_1、ε_2。令 $k=0$

(2) 求惩罚函数的无约束极值点 $x^*(r^{(k)})$, 即

$$\min_{x\sim R^n}\Phi(x, r^{(k)})=f(x)+r^{(k)}\sum_{u\in I_1}\{\max[g_u(x), 0]\}^2$$

(3) 计算 $x^*(r^{(k)})$ 点违反约束的情况

$$Q=\max_{u\in I_1}\{g_u[x^*r^{(k)}]\}, \text{当 } g_u(x)\leqslant 0 \text{ 时}$$

(4) 若 $Q \leqslant d_0$，则 $x^*(r^{(k)})$ 点已接近约束边界，停止迭代。否则，转入下一步。

(5) 若 $\| x^*(r^{(k-1)}) - x^*(r^{(k)}) \| \leqslant \varepsilon_1$ 和 $\left| \dfrac{\Phi(x^*(r^{(k-1)})) - \Phi(x^*(r^{(k)}))}{\Phi(x^*(r^{(k-1)}))} \right| \leqslant \varepsilon_2$，则停止迭代；否则 $r^{(k+1)} = ar^{(k)}$，$x^{(0)} = x^*(r^{(k)})$，$k = k+1$，转向(2)。

图 8-12 为外点惩罚函数法的程序计算框图。图中 R 表示是否进行收敛精度条件判别的一个控制量，通常在前面几次迭代时不经过收敛条件判别。图中求 $\min \Phi(x, r^{(k)})$ 的无约束最优点 $x^*(r^{(k)})$ 可以采用任意种无约束极小化方法，但需要作一些必要的修改，以保证在求 $\min \Phi(x, r^{(k)})$ 过程中，整个搜索过程一直在约束区域外部进行。因此，在程序中最好设置一个检查设计点所在位置的环节，一旦发生这类情况，如果步长太大了，则将其缩短；如果混乱了搜索过程，则要惩罚函数作出新的调整，或改用初始点。

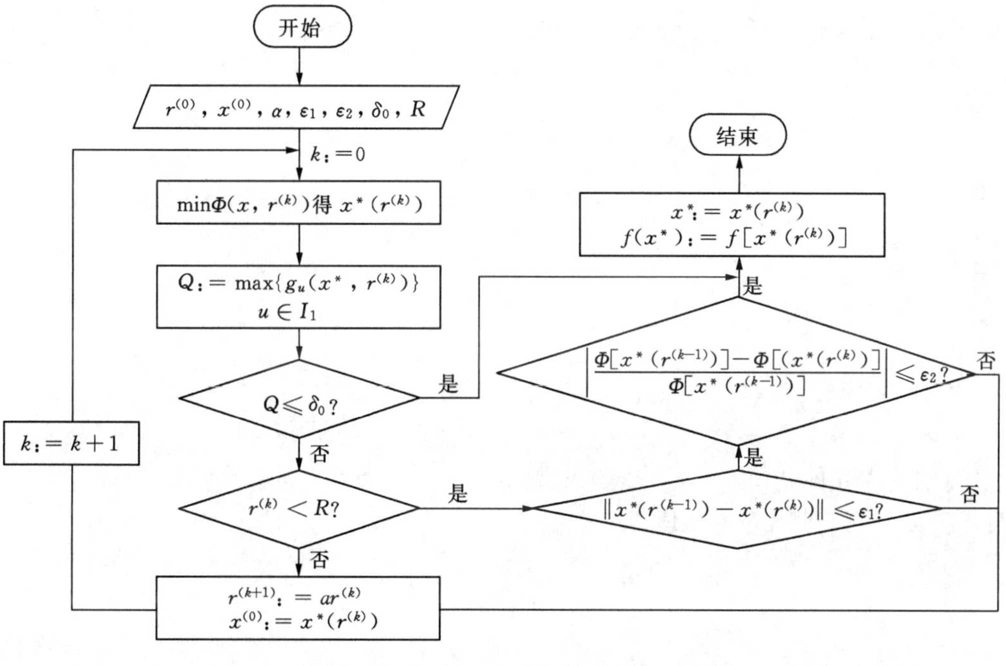

图 8-12　外点惩罚函数法的程序计算框图

3. **外点惩罚函数法使用中的问题**

外点惩罚函数法的初始点 $x^{(0)}$，可以任意选择，因为不论初始点选在可行域内或外，只要 $f(x)$ 的无约束极值点不在可行域内，其函数 $\Phi(x, r^{(k)})$ 的极值点均在约束可行域外。这样，当惩罚因子的增大倍数不太大时，用前一次求得的无约束极值点 $x^*(r^{(k-1)})$，作为下次求 $\min \Phi(x, r^{(k)})$ 的初始点 $x^{(0)}$，对于加快搜索速度是有好处的，特别是对于采用具有较高收敛速度的无约束最优化方法，若初始点离极值点越近，则其收敛速度越快。

在外点法中，判断无约束极值点，$x^*(r^{(k)})$ 是否为最优点 x^*，要看 $x^*(r^{(k)})$ 点离约束面的距离，若 $x^*(r^{(k)})$ 点处于约束边界上，则 $g_u(x^*(r^{(k)}))=0$，但实际上只有当迭代次数 $k \to \infty$ 才能达到，这就需要花费大量的计算时间，是很不经济的。因此，通常规定某一精度值 $\delta_0 = 10^{-3} \sim 10^{-5}$，只要 $x^*(r^{(k)})$ 点满足

$$Q=\max\{g_u[x^*(r^{(k)})]\ u=1,\ 2,\ \cdots m\}\leqslant\delta_0$$

条件,就认为已经达到了约束边界。这样,只能取得一个接近于可行域的非可行设计方案。当要求严格满足不等式约束条件(如强度、刚度等性能约束)时,为了最终能取得一个可行的最优设计方案,必须对那些要求严格满足的约束条件,增加约束裕量 δ,这就是说,定义新的约束条件

$$g'_u(x)=g_u(x)+\delta\leqslant 0,\ u=1,\ 2,\ \cdots,\ m$$

如图 8-13 所示,这样可以用新约束函数构成的惩罚函数求其极小化,所求得的最优设计方案 x^*,可以使原不等式约束条件严格的满足 $g_u(x^*)<0$。当然 δ 值不宜选取过大以避免所得结果与最优点相差过远,一般取 $\delta=10^{-3}\sim10^{-4}$。

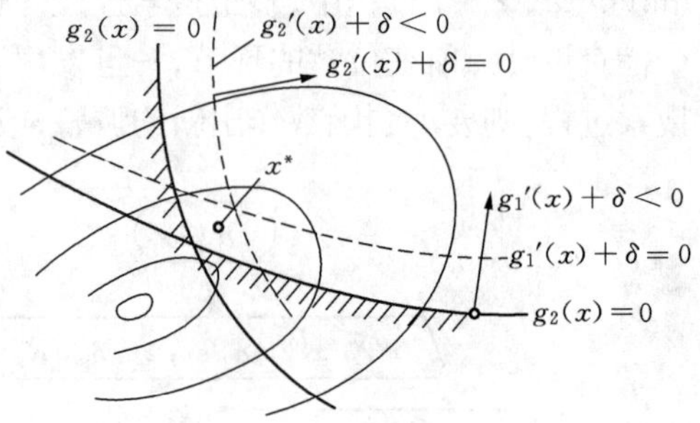

图 8-13　用约束裕量 δ 取得可行设计方案

【例 8-3】 用外点法求解

$$\min f(x)=x_1^2+x_2^2$$
$$\text{s.t.}\quad g(x)=1-x_1\leqslant 0$$

的约束最优解。

【解】 构造外点法惩罚函数

$$\Phi(x,\ r^{(k)})=x_1^2+x_2^2+r^{(k)}\{\max[(1-x_1),\ 0]\}^2=\begin{cases}x_1^2+x_2^2+r^{(k)}(1-x_1)^2 & (若\ x_1<1)\\ x_1^2+x_2^2 & (若\ x_1\geqslant 1)\end{cases}$$

对于任意给定的惩罚因子 $r^{(k)}>0$,函数 $\Phi(x,\ r^{(k)})$ 都是凸的。令函数 $\Phi(x,\ r^{(k)})$ 的一阶偏导数为 0,可得其无约束极值点

$$\frac{\partial\Phi}{\partial x_1}=\begin{cases}2x_1-2r^{(k)}(1-x_1) & (x_1<1)\\ 2x_2 & (x_1\geqslant 1)\end{cases}$$

$$\frac{\partial\Phi}{\partial x_2}=2x_2\quad(x_1\geqslant 1)\ 或(x_1<1)$$

令 $\dfrac{\partial\Phi}{\partial x_1}=\dfrac{\partial\Phi}{\partial x_2}=0$ 后得

$$x_1^*(r^{(k)})=\frac{r^{(k)}}{1+r^{(k)}}$$
$$x_2^*(r^{(k)})=0$$

所以最优点为

$$x^*(r^{(k)})=\left[\frac{r^{(k)}}{1+r^{(k)}},0\right]^{\mathrm{T}}$$

当 $r^{(k)}=1,\ 10,\ 100,\ \cdots\rightarrow\infty$ 时

$$x^*(r^{(k)})=\left[\frac{1}{2},\ 0\right]^{\mathrm{T}},\ \left[\frac{10}{11},\ 0\right]^{\mathrm{T}},\ \left[\frac{100}{101},\ 0\right]^{\mathrm{T}},\ \cdots,\ [1,\ 0]^{\mathrm{T}}$$

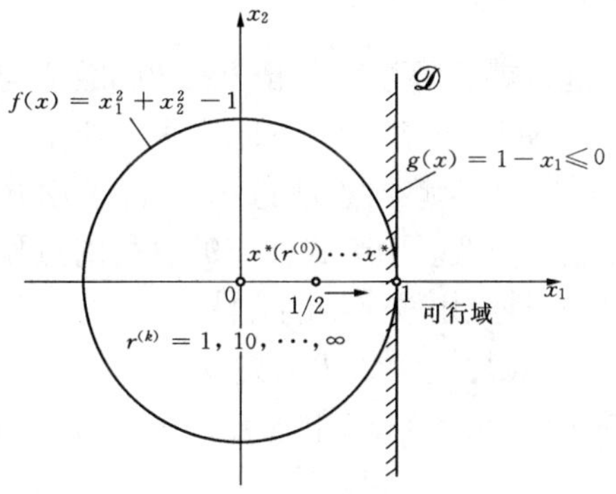

图 8-14　例 8-3 中用外点法搜索最优点的移动方向

最终的最优解为 $x^*=[1,\ 0]^{\mathrm{T}}$，$f(x)=1$。最优点的移动方向如图 8-14 所示。

外点惩罚函数法的一个重要优点是容易处理等式约束条件的优化设计问题。因为在这种情况下，对于任意不满足等式约束条件的设计点，均是外点。从这点出发，随着搜索过程的进行，在求

$$\min \Phi(x,\ r^{(k)})=\min\left\{f(x)+r^{(k)}\sum_{v=1}^{p}[h_v(x)]^2\right\}$$

中，必然要求惩罚项压缩为零，从而使它的极值点 $x^*(r^{(k)})$ 靠近等式约束条件所规定的可行域 $I=\{x\,|\,h_v(x)=0, v=1,\ 2,\ \cdots p\}$ 上，达到真正的约束最优解。

四、混合惩罚函数法

1. 混合惩罚函数法及其算法步骤

由于内点法只适合处理不等式约束优化设计问题，而外点法又往往从可行域外逼近最优点，最优点可能在可行域外，因而可将内点法与外点法结合起来，形成混合惩罚函数法。

设求

$$\min f(x) \quad x \in R^n$$
$$\text{s.t.}\begin{cases} g_u(x) \leqslant 0 & u=1,\ 2,\ \cdots,\ m \\ h_v(x)=0 & v=1,\ 2,\ \cdots,\ p,\ p<n \end{cases}$$

问题的最优解。在构造惩罚函数时，可以同时包括障碍项与衰减项，并将惩罚因子统一用 $r^{(k)}$ 表示，得

$$\Phi(x,\ r^{(k)})=f(x)-r^{(k)}\sum_{u=1}^{m}\frac{1}{g_u(x)}+(r^{(k)})-\frac{1}{2}\sum_{v=1}^{p}[h_v(x)]^2 \tag{8-39}$$

式中 $r^{(0)}>r^{(1)}>\cdots>r^{(k)}$，$\lim\limits_{k\to\infty} r^{(k)}=0$

有时也可以这样处理，对于设计点 x，不满足的等式约束和不等式约束都用外点法，而对于 x 满足的不等式约束用内点法，即

$$\Phi(x,\ r^{(k)})=f(x)+r^{(k)}\sum_{u\in I_1}\frac{1}{g_u(x)}+\frac{1}{r^{(k)}}\left\{\sum_{u\in I_2}[g_u(x)]^2\right\}+\frac{1}{r^{(k)}}\sum_{v=1}^{p}[h_v(x)]^2 \tag{8-40}$$

式中：

$$I_1=\{u \mid g_u(x)\leqslant 0 \quad u=1,\ 2,\ \cdots,\ m\}$$
$$I_2=\{u \mid g_u(x)>0 \quad u=1,\ 2,\ \cdots,\ m\}$$
$$r^{(0)}>r^{(1)}>\cdots>r^{(k)}>\lim_{k\to\infty} r^{(k)}>0$$

这种同时处理等式和不等式约束的惩罚函数法称为混合惩罚函数法。混合惩罚函数法与前述内点法和外点法一样,也属于序列无约束极小化(SUMT)方法中的一种方法。若用式(8-39),则其初始点 $x^{(0)}$ 应为内点,惩罚因子初始值 $r^{(0)}$ 可参考内点法选取。若采用式(8-40),则其初始点 $x^{(0)}$ 可以任意选择,而 $r^{(0)}$ 可参考外点法选取。由于式(8-39)这种内点和外点混合的方法具有内点惩罚函数的求解特点,所以它是一种应用较普遍的方法。

若是用式(8-39)的混合惩罚函数法,则其计算步骤与内点惩罚函数法相类似:

(1) 先在可行域内选择一个严格满足所有不等式约束的初始点;选择适当的惩罚因子初始值 $r^{(0)}$,为了简化可取 $r^{(0)}=1$ 试算;

(2) 求 $\min \Phi(x,\ r^{(k)})$,得 $x^*(r^{(k)})$;

(3) 如 $x^*(r^{(k)})$ 和 $\Phi(x^*(r^{(k)}),\ r^{(k)})$ 满足收敛精度,则停止迭代,否则转入下一步;

(4) 取 $x(r^{(k+)})=c\,r^{(k)}$,$x^{(0)}=x^*(r^{(k)})$, 转向(2)。

2. 用外推法加快搜索过程

对于一个复杂的最优设计问题,特别是当分析目标函数和约束函数的时间较长时,采取适当的措施来提高计算效率是非常必要的。在惩罚函数法中,例如合理选择一种有效的无约束极小化方法、一维搜索方法,以及选取合理的收敛精度等,都能有效的节省计算时间。此外,根据 SUMT 方法求解的特点,在计算机程序加入外推技术,可以改进初始点,减小求极小化的次数,从而能加快 SUMT 方法的收敛速度。

从前面分析可知,在 SUMT 方法中,其惩罚函数的条件极值点 $x^*(r^{(k)})$ 是惩罚因子 $r^{(k)}$ 的函数,即 $x^*(r^{(k)})=f(r^{(k)})$, 如图 8-15。

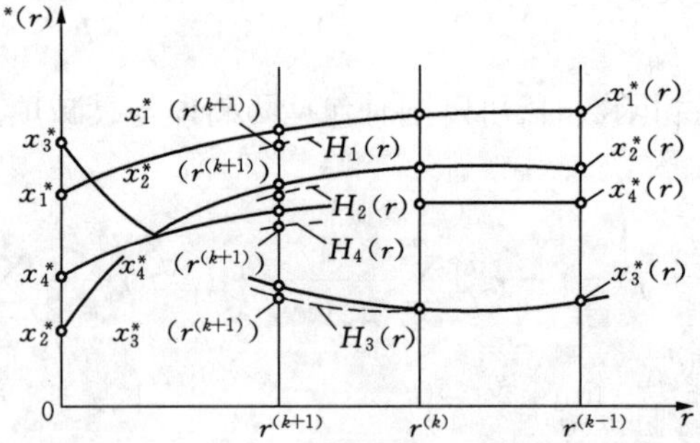

图 8-15　惩罚函数的极值点是惩罚因子的函数

所谓外推技术,就是利用前几次(例如,根据 $r^{(k)}$ 和 $r^{(k-1)}$)所得到的惩罚函数极值点,按曲线拟和的方法构造近似函数 $H(r)$,并根据二次函数的性质推算出下一个 r 值(即 $r^{(k+1)}$)的近似极值点 $x^*r^{(k+1)}$)。通常有两点外推法和三点外推法。用三点外推要比两点外推的效果好,但计算量较大。

若用高次多项式来拟合极值点的轨迹 $x^*(r)$, 则可以表示为

$$H_i(r)=a_i+b_i r^{1/2}+c_i r+d_i r^2+\cdots\approx x_i^*(r) \quad i=1,\ 2,\ \cdots,\ n \tag{8-41}$$

当用两点外推时，取外推公式为

$$H_i(r)=a_i+b_i r^{1/2} \quad i=1,\ 2,\ \cdots,\ n \tag{8-42}$$

如果已知 $x^* r^{(k-1)}$ 和 $x^* r^{(k)}$ 两点，而且 $r^{(k)}=Cr^{(k-1)}$，代入式(8-56)则有

$$x_i^*(r^{(k-1)})=a_i+b_i(r^{(k-1)})^{1/2} \quad i=1,\ 2,\ \cdots,\ n$$

$$x_i^*(r)=a_i+b_i(r^{(k)})^{1/2}=a_i+b_i(Cr^{(k-1)})^{1/2} \quad i=1,\ 2,\ \cdots,\ n$$

由此可以解得

$$a_i=\frac{C^{1/2}x_i^*(r^{(k-1)})-x_i^*(r^{(k)})}{C^{1/2}-1} \quad i=1,\ 2,\ \cdots,\ n \tag{8-43}$$

$$b_i=\frac{x_i^*(r^{(k-1)})-a_i}{(r^{(k-1)})^{1/2}} \quad i=1,\ 2,\ \cdots,\ n \tag{8-44}$$

于是可以按式(8-42)确定外推点 $x_i^*(r^{(k+1)})$ 的各分量

$$x_i^*(r^{(k+1)})=a_i+b_i(r^{(k+1)})^{1/2}=a_i+b_i(Cr^{(k)})^{1/2} \quad i=1,\ 2,\ \cdots,\ n \tag{8-45}$$

根据外推法计算出的 $x^*(r^{(k+1)})$ 点，首先需检查它是否在可行域内。若在可行域内，则作为第 $k+2$ 次求函数 $\Phi(x,\ r^{(k+2)})$ 极小化的初始点，否则仍按原方法求 $x^*(r^{(k+1)})$ 点。

上述外推方法在使用中已取得了很成功的经验。从改进外推效果看，还可以采用如下形式的外推曲线

$$H_i(r)\approx a_i+b_i r^{\beta} \quad i=1,\ 2,\ \cdots,\ n \tag{8-46}$$

式中：b—— 预选指数，一般在 $0<b<l$ 之间选取。

它的计算步骤如下：先取一个初始值 $b=0.4$，若计算所得的外推点是可行点，则作为下一循环求惩罚函数极值的初始点。否则，取 $b=b+\Delta b$（一般 $\Delta b=0.1$），计算外推点，若在 $b<1$ 的情况下，找不到可行点，则按原方法求极值。在求得这个极值之后，再进行类似的外推计算。一般当 $b=0.6\sim0.7$ 时总会取得一个可行的外推点。实践证明，采用这种外推方法，通常可使函数计算次数减少 30%左右。

第九章　多目标函数的最优化方法

前面介绍的最优化方法,可直接用于仅含一个目标函数的所谓"单目标函数的最优化设计问题",而在许多实际工程设计问题中,常常期望同时有几项设计指标都达到最优值,这就是所谓"多目标函数的最优化问题",其数学模型的一般表达式为:

$$
\begin{aligned}
& x=[x_1 \quad x_2 \quad \cdots \quad x_n]^{\mathrm{T}} \in E^n \\
& \min f_1(x) \\
& \min f_2(x) \\
& \vdots \\
& \min f_q(x) \\
& \text{s.t.} \quad g_u(x) \leqslant 0 \quad (u=1,\ 2,\ \cdots,\ m)
\end{aligned}
\tag{9-1}
$$

在上述多目标函数的最优化问题,各个目标 $f_1(x)$, $f_2(x)$, …, $f_q(x)$ 的优化往往是互相矛盾的,不能期望使它们的极小点重叠在一起,即不能同时达到最优解,甚至有时还会产生完全对立的情况,即对一个目标函数是优点,对另一目标函数却是劣点。这就需要在各个目标的最优解之间进行协调,相互间作出适当的"让步",以便取得整体最优方案,而不能像单目标函数的最优化那样,通过简单比较函数值大小的方法去寻优。由此也可以看出多目标函数的最优化问题要比单目标函数的最优化问题复杂得多,求解难度也较大,特别应当指出的是多目标函数的最优化方法虽然有不少,但有些方法的效果并不理想,需要进一步研究和完善。下面介绍几种多目标函数的最优化方法。

第一节　统 一 目 标 法

统一目标法的实质就是将式(9-1)中的各个目标函数(或称分目标函数)

$f_1(x)$,$f_2(x)$, …, $f_q(x)$ 统一到一个总的"统一目标函数"$f(x)$ 中,即令

$$f(x)=f\{f_1(x),\ f_2(x),\ \cdots,\ f_q(x)\} \tag{9-2}$$

使式(9-1)的模型转化为

$$
\begin{aligned}
& \min f(x) \quad x \in E^n \\
& \text{s.t.} \quad g_u(x) \leqslant 0 \quad (u=1,\ 2,\ \cdots,\ m)
\end{aligned}
\tag{9-3}
$$

的型式,把多目标函数的问题转变为单目标函数的最优化问题来求解。

在极小化"统一目标函数" $f(x)$ 的过程中,为了使各个分目标函数能均匀一致地趋向各自的最优值,可采用如下的一些方法:

一、线性加权法

又称加权因子法,即在将各个分目标函数组合为总的"统一目标函数"的过程中,引入加权

因子,给予相对重要的分目标指标较大的权重系数(一般由专家给出) ω_j, $0 < \omega_j < 1$,且 $\sum_{j=1}^{q}\omega_j = 1$。为此,式(9-2)可应写为

$$f(x) = \sum_{j=1}^{q}\omega_j f_j(x) \tag{9-4}$$

为消除分目标函数值由于数量级的差异而导致的失效,通常要对各分目标函数进行归一化或无量纲化处理。通常,可根据各分目标函数的最优值 $f_j(x^*)$ 进行归一化或无量纲化。

$$f_j(x) = \left[\frac{f_j(x) - f_j(x^*)}{f_j(x^*)}\right]^2$$

取平方是为保证各分项为正值。

为消除量级和量纲上的差异,采用加权法来直接建立总的统一目标函数时,其加权因子 ω_j 的选取方法如下:

若已知某项设计指标(分目标函数) $f_j(x)$ 的变动范围为

$$\alpha_j \leqslant f_j(x) \leqslant \beta_j (j = 1,\ 2,\ \cdots,\ q)$$

则称

$$\Delta f_j(X) = \frac{\beta_j - \alpha_j}{2} (j = 1,\ 2,\ \cdots,\ q) \tag{9-5}$$

为该指标的容限,于是可取该项指标的加权因子为

$$\omega_j = \frac{1}{[\Delta f_j(X)]^2} \quad (j = 1,\ 2,\ \cdots,\ q) \tag{9-6}$$

这种取法是基于要求在统一目标函数中的各项指标(分目标函数)趋于在数量级上达到统一平衡,因此,当某项设计指标的数值变化范围愈宽时,其目标的容限就愈大,加权因子就取较小值;而数值变化范围愈窄时,目标的容限就愈小,加权因子就取大值,以达到平衡各分目标函数量级的作用。

另一种直接加权方法是把加权因子分为两部分,即第 j 项设计指标的加权因子 ω_j 为

$$\omega_j = \omega_{1j} \times \omega_{2j} (j = 1,\ 2,\ \cdots,\ q) \tag{9-7}$$

式中: ω_{1j}—— 反映第 j 项目标(设计指标) 相对重要性的加权因子,称作本征因子;

ω_{2j}—— 第 j 项目标的校正权因子,用于调整各目标间在量级差别方面的影响,并在迭代过程中逐步加以校正的加权因子。

若用梯度 $\nabla f_j(x)$ 来反映各个分目标函数 $f_j(x)$ 随设计变量变化而有不同函数值的情况,则其校正权因子可取

$$\omega_{2j} = \frac{1}{\| \nabla f_j(x) \|^2} \quad (j = 1,\ 2,\ \cdots,\ q) \tag{9-8}$$

这意味着 $f_j(x)$ 的函数值变化愈快或 $\| \nabla f_j(x) \|^2$ 值愈大,加权值愈应取小些;反之则

应取大些。这样就可使变化快慢不等的目标一起调整好。

二、理想点法

先分别求出各个分目标函数的最优值 $f_j(x^*)$，然后根据多目标函数最优化设计的总体要求，作适当调整，制定出理想的最优值 $f_j^{(0)}$，则统一目标函数可按如下的无量纲平方和法来构成：

$$f(x)=\sum_{j=1}^{q}\left[\frac{f_j(x)-f_j^{(0)}}{f_j^{(0)}}\right]^2 \tag{9-9}$$

这意味着当各项分目标函数分别达到各自的理想最优值 $f_j^{(0)}$ 时，统一目标函数 $f(x)$ 为最小。此法的关键在于选择恰当的 $f_j^{(0)}$ 值。一般，可取 $f_j(x^*)=f_j^{(0)}$。

三、乘除法

如果能将多目标函数最优化问题中的全部 q 个目标分为：目标函数值愈小愈好的一类(如材料、工时、成本、重量等)$\varphi_1(x)$, $\varphi_2(x)$, …, $\varphi_s(x)$ 和目标函数值愈大愈好的一类(如产量、产值、利润、效益等)$\varphi_{s+1}(x)$, $\varphi_{s+2}(x)$, …, $\varphi_q(x)$，且前者有 s 项，后者有$(q-s)$ 项，则统一目标函数可取为

$$f(x)=\frac{\varphi_1(x)\cdot\varphi_2(x)\cdot\cdots\varphi_s(x)}{\varphi_{s+1}(x)\cdot\varphi_{s+2}(x)\cdot\cdots\varphi_q(x)}=\frac{\prod_{i=1}^{s}\varphi_i(x)}{\prod_{j=s+1}^{q}\varphi_j(x)} \tag{9-10}$$

显然，使 $f(x)\rightarrow \min$ 时，可得最优解。

第二节　主要目标法

考虑到在多目标函数最优化问题中各目标的重要程度并不一样，在最优化设计中显然应首先考虑主要目标，同时兼顾次要目标。主要目标法就是以此思想作为指导，首先将多目标函数最优化问题中的全部目标函数，按其重要程度排列，最重要的排在最前面，然后依次求各个(单)目标函数的约束最优值，这时其他目标函数则根据初步设计的考虑给予适当的最优值的估计值(在求得实际最优值后应以实际最优值进行替换)，作为辅助约束处理。这样就将多目标函数的约束最优化问题，转换成一些单目标函数的约束最优化问题，寻求整个设计可以接受的相对最优解。

对于式(9-1)的问题来说，求第 k 个目标函数约束最优值的数学模型为

$$\min f_k(x)=f_k(x^*)\quad x\in E^n\quad (1\leqslant k\leqslant q)$$

$$\text{s.t.}\begin{cases} g_u(x)\leqslant 0\quad (u=1,\ 2,\ \cdots,\ m)\\ g_{m+j}(x)=f_j(x)-f_j(x^*)\leqslant 0\quad (j=1,\ 2,\ \cdots,\ k-1,\ k+1,\ \cdots,\ q)\end{cases} \tag{9-11}$$

式中，$f_j(x^*)$ 在开始时是极小化以外的其他目标函数的最优值的估计值，然后在求得最

优值后用最优值进行替换。

当目标函数较多时，由于当前面的目标函数都达到最优解时，可能造成后面的一个目标函数无最优解而使求优过程中断，为此可以对最优值 $f_j(x^*)$ 从实用上加一个裕量 $\Delta f_j(x^*)$，也就是对精度要求稍有所降低，以避免中断过程。这时辅助约束条件改为

$$g_{m+j}(x)=f_j(x)-[f_j(x^*)+\Delta f_j(x^*)]\leqslant 0$$
$$(j=1,\ 2,\ \cdots,\ k-1,k+1,\ \cdots,\ q) \tag{9-12}$$

在实际工程的最优化设计中，总可以根据基本要求，对各项设计指标(目标)作出正确的估计和判断，并按其重要性进行排列，因此本法在实际使用中并不困难。

第三节　多目标优化中数学模型的尺度变换

在多目标优化中，由于各目标函数、变量、约束条件等的数量级不同，有的甚至差异很大，会影响求解的速度和精度。因此，必须对它们进行尺度转换，使其达到相同的数量级。数学模型尺度变换是指通过改变在 R_n 空间中各坐标分量(设计变量)、(目标)函数和约束函数作尺度变换来改善数学模型性态的一种技巧。实践证明，数学模型经过这种处理，在多数情况下，可以加速优化计算的收敛速度、提高计算过程的稳定性、保证取得正确的计算结果等。

1. 设计变量的尺度变换

在工程优化设计问题中，设计变量通常具有不同的量纲和数量级，而且有的相差很大。例如，在配棉的优化设计中，若取设计变量 $x=[x_1,\ x_2,x_3]^T$，其中 x_1 为纤维的细度，一般在 1.25～2 dtex 范围内取值；x_2 为纤维的长度，一般在 25～33 mm；而 x_3 为纤维的成熟度，其值为 1.5～2.1。可见三个设计变量不仅量纲不同，而且其量级亦相差十多倍。在这种情况下，当沿某一给定方向搜索时，各设计变量的灵敏度完全不同。为了消除这种差别，可以对设计变量进行尺度变换，使它成为无量纲、规范化的变量。

设计变量的尺度 x_i 变换为 x'_i 如下：

$$x'_i=k_i x_i,i=1,\ 2,\ \cdots,\ n。 \tag{9-13}$$

系数 $k_i=1/x_i^{(0)}$，其中 $x_i^{(0)}$ 为设计变量的初值。如果初值 $x_i^{(0)}$ 离最优值 x^* 相差不甚远，则其变换后的变量 $x'_i(i=1,\ 2,\ \cdots,\ n)$ 值均在 1 的附近变化。

如果能预先估计出设计变量值的变动范围，即 $x_i^l\leqslant x'_i\leqslant x_i^h(i=1,\ 2,\ \cdots,\ n)$，则其变换后的变量可表示为

$$x'_i=\frac{x_i-x_i^l}{x_i^h-x_i^l},\ (i=1,\ 2,\ \cdots,\ n) \tag{9-14}$$

这样，尽管各变量的 $(x_i^h-x_i^l)$ 的值不一定相同，但可以缩小各变量之间在数量级上的差别。

一般说来，对设计变量多数采用常数变换，即式(9-13)中的 k_i 为常数，因此对目标函数和约束函数在计算上不会增加任何的困难，但对于求解过程的稳定性及保证求解的可靠性，将会

起到重要的作用。需注意一点的是，在求得最优解 x'^{*}_{i} 后，各分量应乘以 $1/k_i(i=1, 2, \cdots, n)$，才能转化为真正所求的最优变量值 $x_i{}^{*}$。

2. 目标函数的尺度变换

在优化设计问题中，由于目标函数的严重非线性，致使函数的性态发生严重的偏心与歪曲，所以当遇到这种函数时，其计算效率都不会很理想，而且亦很不稳定。在这种情况下，若对目标函数作尺度变换的处理，则可以大大改善目标函数的性态。

例如，目标函数

$$f(x)=144x_1^2+4x_2^2-8x_1x_2=[x_1\ x_2]\begin{bmatrix}144 & -4\\ -1 & 4\end{bmatrix}\begin{bmatrix}x_1\\ x_2\end{bmatrix}$$

其等值线形状如图 9-1(a)所示；若令 $x'_1=12x_1$，$x'_2=2x_2$ 代入原目标函数中，则得

$$f(x')=x_1'^2+x_2'^2-\frac{1}{3}x'_1x'_2=[x'_1\ x'_2]\begin{bmatrix}1 & -1/6\\ -1/6 & 1\end{bmatrix}\begin{bmatrix}x'_1\\ x'_2\end{bmatrix}$$

其等值线形状如图 9-1(b)所示。显然函数 $f(x')$ 比 $f(x)$ 等值线的偏心程度得到更大的改善，易于求得它的极小点。因此，目标函数尺度变换的目的是通过缩小和放大各个变量的刻度，使其函数的偏心或歪曲程度得到最大限度的改善。

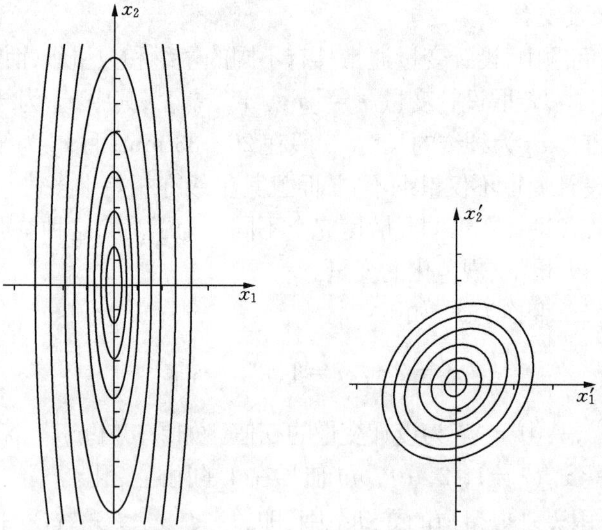

(a) 变换前函数的等值线　　(b) 变换后函数的等值线

图 9-1　目标函数尺度变换前后性态(等值线)的变化

由上例可见，对于一个二次型非线性目标函数，可以通过使二阶偏导数矩阵的对角元素变为 1 的方法进行函数尺度变换，即令 $x'=Dx$，使 Hesse 矩阵 $H(x)$ 的对角元素变为就可以改善目标函数的性态。其矩阵 $\boldsymbol{D}$ 应取式中 $h_{ii}=\partial^2 f(x)/\partial x_i^2(i=1, 2, \cdots, n)$，这样，若取得尺度变换后函数的最优点为 x'^{*}，则原问题的最优点为 $x^{*}=x'^{*}/D$ 或 $x_i^{*}=x'^{*}_i/d_{ii}(i=1, 2, \cdots, n)$，其中

$$\boldsymbol{D}=\begin{bmatrix} d_{11} & & & 0 \\ 0 & d_{22} & & \\ & & \cdots & \\ & & & d_{nn} \end{bmatrix}=\begin{bmatrix} \frac{\sqrt{h_{11}}}{2} & & & 0 \\ & \frac{\sqrt{h_{22}}}{2} & & \\ & & \cdots & \\ 0 & & & \frac{\sqrt{h_{nn}}}{2} \end{bmatrix} \tag{9-15}$$

当然,对于非二次型函数来说,这个矩阵在整个设计空间内不可能是常数,因此也就没有一个常数矩阵作为函数尺度变换的基础。在这种情况下,可以先以初始点的二阶偏导数值矩阵进行尺度变换,然后在每个迭代点上再对尺度变换矩阵进行修正。

一般说,对于二次型函数即使平方项的系数变为1,在数学上也不是一种最优的尺度变换,但精确的尺度变换在理论上较为复杂,本书不予讨论。一般在实际中使用上述方法,通常能取得较好的结果。

最后值得指出的是,目标函数通过尺度变换,对有些算法来说,特别是基于梯度方向和共轭方向信息的算法,将会大大提高它的收敛速度;但对一些像约束问题的直接搜索算法,它的作用就不十分显著,而且经过尺度变换有时会使模型计算变得较为复杂,因而对于这类算法一般不需要对函数进行尺度变换。

3. 约束函数的规格化

在优化设计问题中,约束条件数通常都比较多,而且其函数值在量级上亦相差相当悬殊,因此,对于设计变量的微小变化,它们的灵敏度也完全不同。这样的约束函数代入惩罚函数中,所起的作用不同,灵敏度高的约束条件在极小化中首先得到满足,而其他却得不到考虑,其结果严重妨碍惩罚函数(SUMT)方法的迭代过程。此外,在一些需要控制约束函数值进行搜索迭代的直接解法中,若不对约束函数进行处理,亦难以控制约束的作用和使设计点迅速地移到约束面上。

把约束函数值限于0~1之间取值的约束条件称它为规格化约束条件。规格化约束条件虽然对设计变化的灵敏度依然还存在着差异,但对约束函数的性态却有了一定程度的改善,因此,只要有可能,都应该加以应用。这不论对于哪一种优化算法,都将起到稳定搜索过程和加速收敛的作用。

为了使各个约束函数获得0~1之间的数量级,可将各约束条件除以一个常数来实现。例如,对于设计变量的边界约束 $x_i^l \leqslant x_i \leqslant x_i^u$,可以取

$$g_1(x)=1-x_i/x_i^l \leqslant 0 \text{ 和 } g_2(x)=\frac{x_i}{x_i^u}-1 \leqslant 0 \tag{9-16}$$

对于强度、刚度等这类性能约束,即可用如下形式的约束条件

$$g(x)=\sigma/[\sigma]-1 \leqslant 0 \text{ 和 } g(x)=f/[f]-1 \leqslant 0 \tag{9-17}$$

下面用一个简单的例子来说明。例如

$$h_1(x)=x_1+x_2-2=0$$

$$h_2(x)=10^6x_1-0.9\times10^6x_2-10^5=0$$

对于点 $x=[1.1,\ 1.0]^T$,其约束函数值分别为 $h_1(x)=0.1$, $h_2(x)=10^5$。实际解在 $x=[1,\ 1]^T$。但是由于约束函数未经规格化,其灵敏度相差很大,若用一阶导数矩阵来表示它们的灵敏度,则为

$$\nabla h_1(x)=[1,\ 1]^T \text{ 和 } \nabla h_2(x)=[10^6,\ -0.9\times10^6]^T$$

现将第二项约束除以 10^6,即

$$h'_2(x)=\frac{h_2(x)}{10^6}=x_1-0.9x_2-0.1=0$$

对于点 $x=[1.1,\ 1.0]^T$ 的约束函数值为 $h_1(x)=0.1$, $h'_2(x)=0.1$,其最优点乃是 $x=[1.1,\ 1.0]^T$, 灵敏度为

$$\nabla h_1(x)=[1.0,\ 1.0]^T \text{ 和 } \nabla h'_2(x)=[1.0,\ -0.9]^T$$

可见将约束函数规格化后,其约束函数的灵敏度由原来差别很大而变为很小,这对于搜索最优解来说是很有好处的。

但是,当一个不等式约束函数是两个设计变量之间的比例函数时,就不可能有一个常数作为除数,在这种情况下,最好采用经过标度过的设计变量来建立约束条件,或者用一个可以改变其数值的变量来除此式,但不能因此而改变约束条件的性质。

第十章　应 用 示 例

本章将介绍三个应用实例，前两个例子采用二次通用旋转组合设计方法进行试验设计并求解最优解，第三个例子采用二次回归组合正交设计的方法进行试验设计并求解最优解。

第一节　二次通用旋转组合设计示例

一、转杯纺工艺参数优化

1. 纺纱试验设计

在转杯纺纱工艺参数的配置中，转杯速度、分梳辊速度及捻系数是影响成纱质量最主要的工艺参数。选择转杯速度 (x_1)，分梳辊速度(x_2) 和捻系数(x_3) 三个工艺参数为试验因子。

综合考虑：转杯速度的变化范围为 65 000～80 000 rpm；分梳辊速度的变化范围为 6 500～8 300 rpm；捻系数的变化范围为 α_t：350～500。

本试验采用二次通用旋转组合设计安排试验，其因子水平编码表和结构矩阵表分别如表 10-1 和表 10-2 所示。

表 10-1　因子水平编码表

因子	水平				
	+1.682	+1	0	−1	−1.682
转杯速度(x_1)rpm	80 000	76 959	72 500	68 041	65 000
分梳辊速度(x_2)rpm	8 300	7 752	6 950	6 148	5 600
捻系数(x_3)α_T	500	470	425	380	350

表 10-2　三因子二次通用旋转组合设计结构矩阵表

设计方案	x_0	x_1	x_2	x_3	x_1x_2	x_1x_3	x_2x_3	x_1^2	x_2^2	x_3^2
1#	1	1	1	1	1	1	1	1	1	1
2#	1	1	1	−1	1	−1	−1	1	1	1
3#	1	1	−1	1	−1	1	−1	1	1	1
4#	1	1	−1	−1	−1	−1	1	1	1	1
5#	1	−1	1	1	−1	−1	1	1	1	1
6#	1	−1	1	−1	−1	1	−1	1	1	1
7#	1	−1	−1	1	1	−1	−1	1	1	1
8#	1	−1	−1	−1	1	1	1	1	1	1
9#	1	1.682	0	0	0	0	0	2.829	0	0
10#	1	−1.682	0	0	0	0	0	2.829	0	0
11#	1	0	1.682	0	0	0	0	0	2.829	0
12#	1	0	−1.682	0	0	0	0	0	2.829	0
13#	1	0	0	1.682	0	0	0	0	0	2.829
14#	1	0	0	−1.682	0	0	0	0	0	2.829
15#	1	0	0	0	0	0	0	0	0	0

（续表）

设计方案	x_0	x_1	x_2	x_3	x_1x_2	x_1x_3	x_2x_3	x_1^2	x_2^2	x_3^2
16#	1	0	0	0	0	0	0	0	0	0
17#	1	0	0	0	0	0	0	0	0	0
18#	1	0	0	0	0	0	0	0	0	0
19#	1	0	0	0	0	0	0	0	0	0
20#	1	0	0	0	0	0	0	0	0	0

2. *纺纱试验结果*

首先对原始数据进行剔除异常值处理，正态性检验及方差一致性检验。检验结果表明，剔除异常值后的每个方案各指标数据均在不同程度上满足正态性，方案间相应指标数据也都在不同程度上满足方差一致性。然后，分别求取各方案指标数据的平均值，结果如表10-3所示。

表10-3　纱线质量考察指标测试结果

方案	条干CV%	棉结(+200%)/400 m	细节(−50%)/400 m	粗节(+50%)/400 m	强度/(cN·tex^{-1})	强度不匀/CV%	断裂功/(N·m)(×10^{-4})	伸长/%
1#	18.24	140.04	77.40	22.78	15.06	12.43	468.04	9.24
2#	17.68	199.00	72.20	26.80	14.06	11.93	470.38	8.20
3#	15.79	138.00	25.20	7.75	16.56	10.15	569.46	9.58
4#	16.30	211.00	40.20	11.40	16.15	9.76	539.08	9.07
5#	18.16	152.50	91.60	29.75	14.76	12.42	519.02	9.72
6#	18.05	205.00	73.20	38.20	14.50	13.77	497.92	9.42
7#	15.68	130.40	25.20	8.80	16.39	11.15	557.22	8.61
8#	16.15	162.20	28.00	17.80	17.12	9.85	582.31	9.66
9#	16.41	140.25	29.25	11.00	16.71	10.83	526.80	9.27
10#	16.59	110.50	36.25	16.75	15.13	12.16	594.74	10.26
11#	20.67	229.60	187.00	58.20	14.32	12.67	476.36	9.26
12#	16.46	224.80	46.40	9.60	18.81	10.50	701.18	10.20
13#	16.49	97.60	41.60	10.20	15.34	11.26	596.24	9.30
14#	16.01	150.60	28.60	14.60	15.27	10.33	546.62	9.11
15#	16.95	137.40	33.20	17.60	15.86	13.20	491.29	9.13
16#	16.59	171.40	37.60	24.00	16.05	11.88	499.79	9.25
17#	16.86	168.60	52.80	26.20	16.43	12.62	527.17	9.56
18#	16.24	126.40	40.60	12.20	16.40	12.58	477.44	9.20
19#	16.21	124.60	29.00	16.60	16.51	12.67	520.94	9.46
20#	16.33	143.00	33.00	20.40	16.85	12.12	523.39	9.47

3. *求解回归方程*

(1) 回归方程的模型

$$\hat{y}=b_0+b_1x_1+b_2x_2+b_3x_3+b_{12}x_1x_2+b_{13}x_1x_3+b_{23}x_2x_3+b_{11}x_1^2+b_{22}x_2^2+b_{33}x_3^2$$

首先要把试验数据转化成如下的矩阵形式(每行对应一个试验方案，每列对应一个指标)，便于在程序运行中的调用。

```
Y=[18.24   140.04   77.40   22.78   15.06   12.43   468.04    9.24
   17.68   199.00   72.20   26.80   14.06   11.93   470.38    8.20
   15.79   138.00   25.20    7.75   16.56   10.15   569.46    9.58
   16.30   211.00   40.20   11.40   16.15    9.76   539.08    9.07
   18.16   152.50   91.60   29.75   14.76   12.42   519.02    9.72
   18.05   205.00   73.20   38.20   14.50   13.77   497.92    9.42
   15.68   130.40   25.20    8.80   16.39   11.15   557.22    8.61
   16.15   162.20   28.00   17.80   17.12    9.85   582.31    9.66
   16.41   140.25   29.25   11.00   16.71   10.83   526.80    9.27
   16.59   110.50   36.25   16.75   15.13   12.16   594.74   10.26
   20.67   229.60  187.00   58.20   14.32   12.67   476.36    9.26
   16.46   224.80   46.40    9.60   18.81   10.50   701.18   10.20
   16.49    97.60   41.60   10.20   15.34   11.26   596.24    9.30
   16.01   150.60   28.60   14.60   15.27   10.33   546.62    9.11
   16.95   137.40   33.20   17.60   15.86   13.20   491.29    9.13
   16.59   171.40   37.60   24.00   16.05   11.88   499.79    9.25
   16.86   168.60   52.80   26.20   16.43   12.62   527.17    9.56
   16.24   126.40   40.60   12.20   16.40   12.58   477.14    9.20
   16.21   124.60   29.00   16.60   16.51   12.67   520.94    9.46
   16.33   143.60   33.00   20.40   16.85   12.12   523.39    9.47]
```

(2) 求回归系数

下面调用书后光盘在附录2中所列的回归旋转设计里的函数文件(13)xsjs.m来求解各指标的回归方程,调用格式:xsjs(Y1,yz),其中Y1为原试验数据矩阵,每行对应一次试验,每列对应一个指标;yz为因子数,所返回的矩阵中,每行对应相应指标回归方程的系数,对三因子而言,为

$[b_0\ b_1\ b_2\ b_3\ b_{12}\ b_{13}\ b_{23}\ b_{11}\ b_{22}\ b_{33}]$。

在本例中,Y1=Y,yz=3。

程序的运行过程如下:

```
≫xsjs(Y, 3)
ans=
16.5343   -0.0244   1.1196   0.0364   -0.0687   0.0512   0.2062   -0.0388   0.6914   -0.1272
145.0889   6.4415   4.6136   -22.3606   -9.3575   -5.9575   -0.8325   -5.4635   30.5425
-5.9144
37.9861   -1.0817   31.6504   2.0256   -3.4250   -3.1750   5.1750   -3.6163   26.0690
-2.7853
19.4897   -2.5985   11.2405   -2.3810   -1.3650   1.2225   0.0225   -1.9220   5.1590
-2.4435
16.3607   0.1258   -1.1270   0.0774   0.0825   0.2350   0.1975   -0.2216   0.0065
-0.4391
```

12.5047　－0.3776　0.9730　0.1760　－0.0925　0.1175　－0.3175　－0.3141　－0.2823
－0.5616

508.3130　－16.3846　－49.1174　7.8715　－5.9412　4.0037　1.6838　8.1075　18.0085
11.8769

9.3577　－0.2186　－0.1407　0.0820　－0.2600　0.2875　0.2350　0.0656　0.0533　－0.1324

程序运行得到各考察指标的回归系数如表 10-4 所示。

表 10-4　各考察指标的回归系数

指标	回归系数									
	b_0	b_1	b_2	b_3	b_{12}	b_{13}	b_{23}	b_{11}	b_{22}	b_{33}
条干 CV%	16.534 3	−0.024 4	1.119 6	0.036 4	−0.068 7	0.051 2	0.206 2	−0.038 8	0.691 4	−0.127 2
棉结	145.088 9	6.441 5	4.613 6	−22.360 6	−9.357 5	−5.957 5	−0.832 5	−5.463 5	30.542 5	−5.914 4
细节	37.986 1	−1.081 7	31.650 4	2.025 6	−3.425 0	−3.175 0	5.175 0	−3.616 3	26.069 0	−2.785 3
粗节	19.489 7	−2.598 5	11.240 5	−2.381 0	−1.365 0	1.222 5	0.022 5	−1.922 0	5.159 0	−2.443 5
强度	16.360 7	0.125 8	−1.127 0	0.077 4	0.082 5	0.235 0	0.197 5	−0.221 6	0.006 5	−0.439 1
强度不匀	12.504 7	−0.377 6	0.973 0	0.176 1	−0.092 5	0.117 5	−0.317 5	−0.402 3	0.053 9	−0.649 8
断裂功	508.313 0	−16.384 6	−49.117 4	7.871 5	−5.941 2	4.003 7	1.683 8	8.107 5	18.008 5	11.876 9
伸长	9.357 7	−0.218 6	−0.140 7	0.082 0	−0.260 0	0.287 5	0.235 0	0.065 6	0.053 3	−0.132 4

这样就得到了各个指标的初步的回归方程。例如第一行即为第一个指标(条干 CV%)所对应的回归方程的系数：

$$y_{条干}=16.534\,3-0.024\,4x_1+1.119\,6x_2+0.036\,4x_3-0.068\,7x_1x_2+0.051\,2x_1x_3+0.206\,2x_2x_3-0.038\,8x_1^2+0.691\,4x_2^2-0.127\,2x_3^2$$

其余回归方程类似得到。

(3) 回归方程的显著性检验

下面进行回归方程的显著性检验，如方程不显著，则不必进行下一步的回归系数的检验与剔除。因采用不同的显著性水平会导致不同的检验结果，这里采用书后光盘在附录 2 中所列的回归旋转设计里的函数文件(14)函数文件 fcjy.m 对每一回归方程分别进行检验，调用格式：[y, tj1, tj2, tjf1, tjf2]＝fcjy(Y1, k, alpha1, alpha2, yz)。

当返回值 y＝－1 表明用统计量 F1 进行检验的结果是显著的，需要进一步考察原因，改变二次回归模型；当 y＝0 表明用统计量 F1 和 F2 进行检验的结果都是不显著的，回归方程不显著；当 y＝1 表明用统计量 F1 进行检验的结果是不显著的，而用统计量 F2 进行检验的结果是显著的，回归方程显著。

其中 tj1 和 tj2 分别为统计量 F1 和统计量 F2，tjf1 和 tjf2 分别为对应的两个 F 检验的分位数(也称临界值)；Y1 为原试验数据矩阵(行为每次试验，列为每个指标)；k 为第 k 个指标所在的列数；alpha1 和 alpha2 分别为用统计量 F1 和 F2 进行检验时的显著性水平；yz 为因子数。

对本例题而言，Y1＝Y, k＝1(首先对第一个指标进行检验)，alpha1＝0.05, alpha2＝0.05(如不作特别严格的要求，可将 alpha1 取得更小一点而将 alpha2 取得更大一点)，yz＝3。

程序运行过程如下

```
≫[y, tj1, tj2, tjf1, tjf2]=fcjy(Y, 1, 0.05, 0.05, 3)
回归方程显著! ———————————————————————————————————
tj1 和 tj2 分别为统计量 F1 和统计量 F2, tjf1 和 tjf2 分别为对应的两个 F 检验的分位数
y=
    1
tj1=
    0.7228
tj2=
    31.4180
tjf1=
    5.0503
tjf2=
    3.0204
```

同理对其他方程检验,结果汇总如表 10-5 所示。

表 10-5　回归方程的显著性检验结果

指标	显著性水平		各有关量				显著性
	α_1	α_2	F_1	F_2	$F_{\alpha 1}$	$F_{\alpha 2}$	
条干 CV%	0.05	0.05	0.722 8	31.418 0	5.050 3	3.020 4	显著
棉结(+200%)/400 m	0.05	0.05	0.437 7	8.993 6	5.050 3	3.020 4	显著
细节(−50%)/400 m	0.05	0.05	3.628 7	16.818 2	5.050 3	3.020 4	显著
粗节(+50%)/400 m	0.05	0.05	0.902 9	11.128 4	5.050 3	3.020 4	显著
强度 /($cN \cdot tex^{-1}$)	0.05	0.05	3.184 6	9.398 9	5.050 3	3.020 4	显著
强度不匀 CV%	0.05	0.05	2.097 5	7.529 1	5.050 3	3.020 4	显著
断裂功 /($N \cdot m$)($\times 10^{-4}$)	0.03	0.05	6.382 1	3.251 0	6.538 3	3.020 4	显著
伸长 /%	0.03	0.05	5.444 8	3.477 3	6.538 3	3.020 4	显著

注:仅当采用统计量 $F1$ 检验的结果为不显著(即 $F_1 < F_1(\alpha_1)$) 且用统计量 $F2$ 检验的结果为显著(即 $F_2 > F_2(\alpha_2)$) 时,才可认为回归方程在某一对显著性水平下是显著的。

(4) 回归系数的检验与剔除

在各方程是显著的情况下,再对回归系数进行检验,剔除不显著的系数,得到各有效回归方程。对所有指标的回归系数采用同一显著性水平进行检验,调用书后光盘在附录 2 中所列的回归旋转设计里的函数文件(16) duoxsjy.m,调用格式为:[y0, tj0, tt, ffs]=duoxsjy(alpha, Y1, yz)。该函数文件用于所有指标的回归方程系数的检验与剔除(所有检验均采用同一显著性水平);alpha 为显著性水平;Y1 为实际试验数据矩阵;yz 为因子数;y0 为经检验与剔除后的系数矩阵,每行对应一个指标;tj0 为各系数所对应的统计量矩阵,与 y0 相对应;tt 为 t 检验分位数;ffs 为 t 检验自由度。

对本例题而言,Y1=Y, alpha=0.3, yz=3,程序过程为:[y0, tj0, tt, ffs]=duoxsjy(0.3, Y, 3)。这里要说明,所采用的 t 检验分位数(临界值)为 $t_{0.3}(10)=0.541\,5$,所有的系数统计量 tj0 都要与它比较,只有满足 tj0>0.541 5 的相应系数才是显著的。在 0.3 的系数显著性水平下的各有效回归方程汇总见表 10-6。

表 10-6 有效回归方程

指标	有效回归方程
条干CV%	$y_{条干}=16.5343-0.0244x_1+1.1196x_2+0.0364x_3-0.0687x_1x_2+0.0512x_1x_3+0.2062x_2x_3-0.0388x_1^2+0.6914x_2^2-0.1272x_3^2$
棉结	$y_{棉结}=145.0889+6.4415x_1+4.6136x_2-22.3606x_3-9.3575x_1x_2-5.9575x_1x_3-0.8325x_2x_3-5.4635x_1^2+30.5425x_2^2-5.9144x_3^2$
细节	$y_{细节}=37.9861-1.0817x_1+33.6504x_2-3.4250x_1x_2+5.7150x_2x_3-3.6163x_1^2+26.0690x_2^2-2.7853x_3^2$
粗节	$y_{粗节}=19.4897-2.5985x_1+11.2405x_2-2.3810x_3-1.3650x_1x_2+1.2225x_1x_3-1.9220x_1^2+5.1590x_2^2-2.4435x_3^2$
强度	$y_{强度}=16.3607+0.1258x_1-1.1270x_2+0.0774x_3+0.2350x_1x_3+0.1975x_2x_3-0.2216x_1^2-0.4391x_3^2$
强度不匀	$y_{强度不匀}=12.5047-0.3776x_1+0.9730x_2+0.1761x_3+0.1175x_1x_3-0.3175x_2x_3-0.4023x_1^2-0.6498x_3^2$
断裂功	$y_{断裂功}=518.3130-16.3846x_1-49.1174x_2+7.8715x_3+8.1075x_1^2+18.0085x_2^2+11.8769x_3^2$
伸长	$y_{伸长}=9.3577-0.2186x_1-0.1407x_2+0.0820x_3-0.2600x_1x_2+0.2875x_1x_3+0.2350x_2x_3+0.0656_1^2-0.1324x_3^2$

以棉结为例：

令 $x_3=0$，得到棉结和转杯速度及分梳辊速度之间的关系式：

$$y_{棉结}=145.0889+6.4415x_1+4.6136x_2-9.3575x_1x_2-5.4635x_1^2+30.5425x_2^2$$

(5) 等高图分析

调用书后光盘在附录 2 中所列的回归旋转设计里的绘图文件(17)dg2.m 和(18)dg3.m 这两个程序分别绘制二维和三维等高线图如图 10-1 和 10-2 所示。

这两个图表明：随转杯速度的增加，成纱棉结指标恶化。分梳辊速度对成纱棉结指标有显著影响，随分梳辊速度增加，棉结有一个先降低而后增加的变化过程。

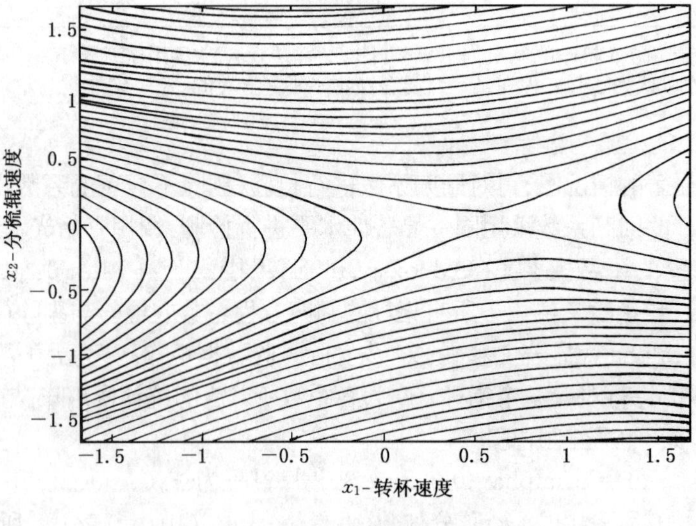

图 10-1 二维等高线

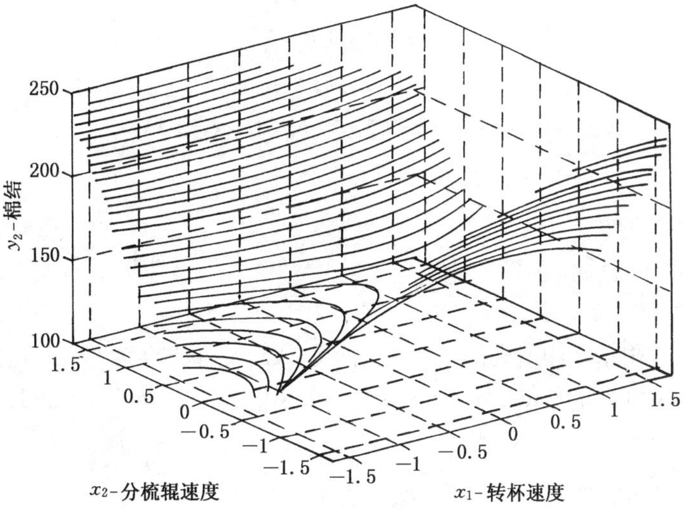

图 10-2 三维等高线

4. *参数优化的数学模型及求解*

(1) 数学模型

通过最优试验设计求得的变量因子与考察指标之间的高精度回归方程,用目标规划法建立如下的优化数学模型:

目标函数:选取条干 $F_1(x) = y_{条干}$、棉结 $F_2(x) = y_{棉结}$ 和强度 $F_3(x) = y_{强度}$ 为目标函数。

约束函数:其他五个则为约束函数。

求 $X = [x_1, x_2, x_3]^{\mathrm{T}} \in R^3$, 使

$$\min F(X) = \min\left\{\left[\frac{F_1(x)}{f_1^{(0)}} - 1\right]^2 + \left[\frac{F_2(x)}{f_2^{(0)}} - 1\right]^2 + \left[\frac{F_3(x)}{f_3^{(0)}} - 1\right]^2\right\}$$

受约束于:

$$g_1 = 1.682 + x_1 \geqslant 0 \quad g_2 = 1.682 - x_1 \geqslant 0$$
$$g_3 = 1.682 + x_2 \geqslant 0 \quad g_4 = 1.682 - x_2 \geqslant 0$$
$$g_5 = 1.628 + x_3 \geqslant 0 \quad g_6 = 1.682 - x_3 \geqslant 0$$
$$g_7 = y_{细节}(x_0) - y_{细节}(x) \geqslant 0$$
$$g_8 = y_{粗节}(x_0) - y_{粗节}(x) \geqslant 0$$
$$g_9 = y_{强度不匀}(x_0) - y_{强度不匀}(x) \geqslant 0$$
$$g_{10} = y_{断裂功}(x) - y_{断裂功}(x_0) \geqslant 0$$
$$g_{11} = y_{伸长}(x) - y_{伸长}(x_0) \geqslant 0$$

其中, $f_i^{(0)}$ 为试验范围内相应指标的理想最优值,在此分别取条干 CV%:16.4%;棉结:140/400 m;强度:22.5 cN/tex。

$y_i(x_0)$ 为各指标的极限值选取,根据约束条件的要求选取结果测试表里每个指标的最大或最小值:

$y_{细节}(x_0) = 187/400\ \mathrm{m}$;

$y_{粗节}(x_0) = 58/400\ \mathrm{m}$;

$y_{强度不匀}(x_0) = 13\%$;

$y_{断裂功}(x_0) = 477.59\ \mathrm{N \cdot m}(\times 10^{-4})$;

$y_{伸长}(x_0) = 8.2\%$。

(2) 优化模型的求解

以下采用不同的方法进行最优点搜索。

外点罚函数法:

调用书后光盘在附录 2 中所列的约束优化问题(23)文件夹名为“外点罚函数法”的程序,其中包含主文件 PF.m 和子程序 fun.m、Funval.m。调用格式:[x, minf]=minPF(f, x0, g, h, c1, p, var)。

其中,f:目标函数;

x0:初始点(用户自行选择);

g:约束矩阵(本书所附程序里的约束矩阵定义为大于等于约束右端向量);

h:约束右端向量;

c1:罚参数的初始常数,本书所附程序取 0.05;

p:罚参数的比例系数,本书所附程序取 2;

var:自变量向量;

x:目标函数取最小值时的自变量值;

minf:目标函数的最小值。

调用程序的具体步骤如下:

(1) 打开程序所在的文件夹

(2) 在 Command Window 里调用程序(输入内容如下图)

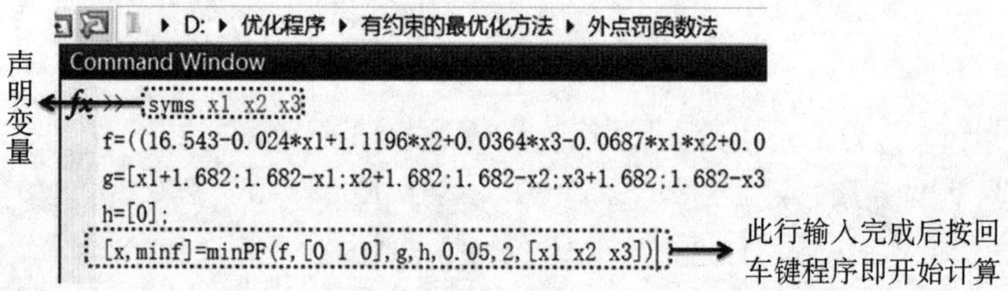

(3) 程序计算结果

选取多个不同的初始点分别调用书后附录的外点罚函数法的程序进行优化求解,计算结果均为: $x_1 = 1.199\ 6$, $x_2 = -0.634\ 75$, $x_3 = 1.144\ 4$, $\min f = 0.001\ 241$。

调用书后光盘在附录 2 中所列的约束优化问题函数文件(26)transfor.m 进行解码,调用格式为 transform(yz, x, a, b)。

该程序为通用解码程序,根据因子水平直接求实际数值, yz 是因子个数(只能取 2, 3 或 4), x 代表因子水平, y 是返回值,该水平代表的实际值, a、b 分别为最低水平和最高水平代表的实际数值。程序运行过程如下。

经解码得到最优转杯速度为 77 848.99 rpm,分梳辊速度为 6 440.54 rpm,捻系数 α_T 为

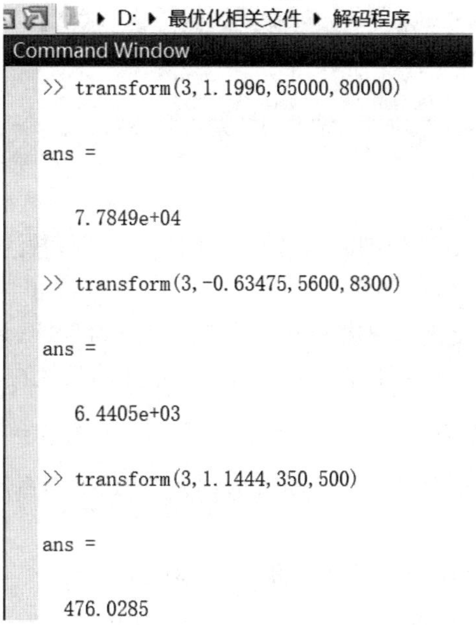
▸ D: ▸ 最优化相关文件 ▸ 解码程序
Command Window
>> transform(3, 1.1996, 65000, 80000)
ans =
7.7849e+04
>> transform(3, -0.63475, 5600, 8300)
ans =
6.4405e+03
>> transform(3, 1.1444, 350, 500)
ans =
476.0285

476.03。

将所求得的因子值分别代入各指标的回归方程，可得在综合最优的情况下，对应的各指标值为：

$$f_1(x) = 15.765\,3,\ f_2(x) = 120.672\,7,\ f_3(x) = 16.602\,7。$$

这也进一步说明初始点的选择对于外点法的计算结果一般没有影响，所以对初始点的选用没有特别要求。

内点罚函数法：

调用书后光盘在附录 2 中所列的约束优化问题(24)文件夹名为“内点罚函数法”的程序，其中包含主文件 NF.m 和子程序 fun.m、Funval.m、minNT.m。调用格式：[x, minf]=minPF(f, x0, g, u, v, var)。

其中，f：目标函数；

x0：初始点(用户自行选择)；

g：约束矩阵(本书所附程序里的约束矩阵定义为大于等于约束右端向量)；

u：罚因子，本书所附程序取 8；

v：缩小系数，本书所附程序取 0.05；

var：自变量向量；

x：目标函数取最小值时的自变量值；

minf：目标函数的最小值。

调用程序的具体步骤如下：

(1) 打开程序所在的文件夹

(2) 在 Command Window 里调用程序(输入内容如下图)

(3) 程序计算结果

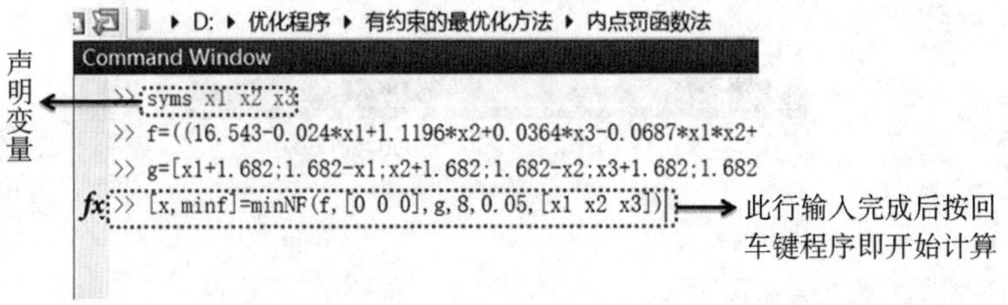

在可行域内选取多个初始点分别调用书后附录的内点罚函数法的程序进行优化求解,计算结果均为:$x_1=1.199\ 6$, $x_2=-0.634\ 75$, $x_3=1.144\ 4$, $\min f=0.001\ 241$。

经解码得到最优转杯速度为 77 848.99 rpm,分梳辊速度为 6 440.54 rpm,捻系数 αt 为 476.03。

将所求得的因子值分别代入各指标的回归方程,可得在综合最优的情况下,对应的各指标值为:

$$f_1(x)=15.765\ 3,\ f_2(x)=120.672\ 7,\ f_3(x)=16.602\ 7。$$

这也同样说明,在可行域范围内可任意选取初始点,对于内点法的计算结果没有影响。

混合惩罚函数法:

调用书后光盘在附录 2 中所列的约束优化问题(25)文件夹名为“混合惩罚函数法”的程序,其中包含主文件 minMixFun.m 和子程序 fun.m、Funval.m、minNT.m。调用格式:[x, minf]=minMixFun(f, g, h, x0, u, v, var)。

其中,f:目标函数;

x0:初始点(用户自行选择);

g:不等式约束矩阵(本书所附程序里的约束矩阵定义为大于等于 0);

h:等式约束;

x0:初始点;

u:罚因子,本书所附程序取 2;

v:缩小系数,本书所附程序取 0.5;

var:自变量向量;

x:目标函数取最小值时的自变量值;

minf:目标函数的最小值。

调用程序的具体步骤如下:

(1) 打开程序所在的文件夹

(2) 在 Command Window 里调用程序(输入内容如下图)

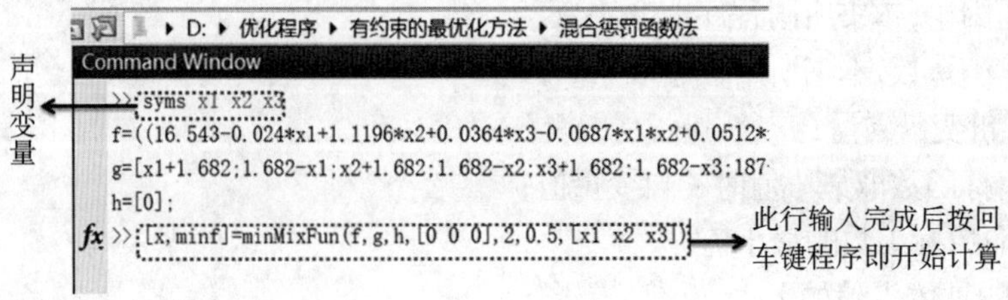

(3) 程序计算结果

在可行域内选取多个初始点分别调用书后附录的内点罚函数法的程序进行优化求解,计算结果均为:$x_1=1.199\ 6$, $x_2=-0.634\ 75$, $x_3=1.144\ 4$, $\min f=0.001\ 241$。

经解码得到最优转杯速度为 77 848.99 rpm,分梳辊速度为 6 440.54 rpm,捻系数 αt 为 476.03。

可见上面混合惩罚函数法与外点法和内点法的计算结果一致。

随机方向搜索法:

调用书后光盘在附录 2 中所列的约束优化问题(22)文件夹名为“随即方向搜索法”的程序,其中包含主文件 RS.m 和子程序 judgeAB.m、judgeIE.m。调用格式:[xmin, minfx]=RS(f, A, B, G, X, h0, M, eps1, eps2)(计算机随机选取初始点)、[xmin, minfx]=RS1(X0, f, A, B, G, X, h0, M, eps1, eps2)(人为选取初始点)。

其中,f:目标函数

A:设计变量的下限值(列向量)

B:设计变量的上限值(列向量)

X:自变量向量(列向量)

X0:人为选取得初始点(列向量)

G:不等式约束向量(每个向量的分量都是一个不等式,满足 gi(X)<=0,如果没有函数值约束则输入一个恒成立的式子即可,例如自变量向量为[x_1; x_2; x_3],可输入 G=[x_1+x_2+x_3−100 000]。)

h0:初始步长

eps1, eps2:精度(要小于初始步长)

M:迭代进行的次数上限(一般为 20,可自行更改)

xmin:目标函数取最小值时的自变量值

minfx:目标函数的最小值

调用程序的具体步骤如下:

(1) 打开程序所在的文件夹

(2) 在 Command Window 里调用程序(输入内容如下图)

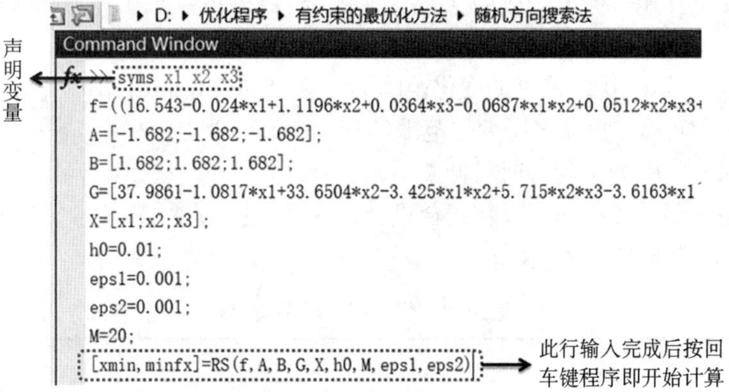

(3) 程序计算结果

调用书后附录的随机方向搜索法的程序,选用 10 个不同的初始点分别用随机方向法搜索运算 10 次,运算结果如表 10-7。

可见,不同初始点下,随机方向搜索的最优结果是不同的。因此,采用随机方向搜索法求解最优解时,应利用不同的初始点分别求优,再从这些最优解中找出相对较优的点,由表 10-7

可知，当 $x_1=0.494\ 4$, $x_2-0.180\ 5$, $x_3=1.571\ 9$ 时目标函数取最小值 0.002 7。

表 10-7　不同初始点随机方向搜索的优化结果

序号	$[x_1, x_2, x_3]$	min f
1	[−0.737 1, 0.174 6, 1.682]	0.009 5
2	[1.129, 1.091 7, 1.682]	0.031 7
3	[1.676 4, 0.398 8, 0.963 9]	0.008 9
4	[0.494 4, 0.180 5, 1.579 1]	0.006 3
5	[0.451 6, 0.834 8, 1.682]	0.027 2
6	[−1.297 1, 0.013 5, 1.682]	0.009 8
7	[0.227 7, 0.416 5, 1.682]	0.008 2
8	[−0.560 1, 0.151 7, 1.682]	0.008 3
9	[1.481 6, 0.329 9, 1.028 2]	0.007 7
10	[0.774 2, −0.491 7, 1.682]	0.010 9

经解码得到最优转杯速度为 74 704.52 rpm，分梳辊速度为 7 211.725 rpm，捻系数 αt 为 495.411 7。将所求得的因子值分别代入各指标的回归方程，可得在综合最优的情况下，对应的各指标值为：

$$f_1(x)=16.635\ 9,\ f_2(x)=148.927\ 0,\ f_3(x)=20.494\ 2。$$

可见，随机方向搜索法的优化结果与惩罚函数法的结果有些差异，一般来说随机方向搜索法的精度不高，且往往需要采用多个初始点进行最优运算，找出这些结果中的最优(小)值

5. 优化结果试验验证(略)。

二、喷气纺工艺参数优化

1. 纺纱试验设计

喷气纺纱中，纺纱速度、第一、第二喷嘴纺纱气压这三者都单独对成纱强力有很大影响，并且它们之间的交互作用也会影响成纱强力的高低，选择纺纱速度、第一喷嘴气压和第二喷嘴气压为试验因子。

根据前期试验确定：纺纱速度的变化范围为 160～200 m/min；第一喷嘴气压变化范围为 $(1.5\sim3.5)\times10^5$ Pa，第二喷嘴气压变化范围 $(3.5\sim5.5)\times10^5$ Pa。

考察指标：强力、强力不匀、伸长、伸长不匀。

本试验采用三因子二次通用旋转组合设计来安排试验方案，其子水平编码表和结构矩阵表分别如表 10-8 和表 10-9 所示。

表 10-8　优化因子水平编码表

编码 x_{aj}	因子		
	纺纱速度 /$(m\cdot min^{-1})$ x_1	第一喷嘴气压 /10^5 Pa x_2	第二喷嘴气压 /10^5 Pa x_3
$+\gamma(1.682)$	200	3.5	5.5
+1	191.89	3.09	5.09
0	180	2.5	4.5
−1	168.11	1.91	3.91
$-\gamma(-1.682)$	160	1.5	3.5

表 10-9　三因子二次通用旋转组合设计结构矩阵表

设计方案	x_0	x_1	x_2	x_3	x_1x_2	x_1x_3	x_2x_3	x_1^2	x_2^2	x_3^2
1#	1	1	1	1	1	1	1	1	1	1
2#	1	1	1	−1	1	−1	−1	1	1	1
3#	1	1	−1	1	−1	1	−1	1	1	1
4#	1	1	−1	−1	−1	−1	1	1	1	1
5#	1	−1	1	1	−1	−1	1	1	1	1
6#	1	−1	1	−1	−1	1	−1	1	1	1
7#	1	−1	−1	1	1	−1	−1	1	1	1
8#	1	−1	−1	−1	1	1	1	1	1	1
9#	1	1.682	0	0	0	0	0	2.829	0	0
10#	1	−1.682	0	0	0	0	0	2.829	0	0
11#	1	0	1.682	0	0	0	0	0	2.829	0
12#	1	0	−1.682	0	0	0	0	0	2.829	0
13#	1	0	0	1.682	0	0	0	0	0	2.829
14#	1	0	0	−1.682	0	0	0	0	0	2.829
15#	1	0	0	0	0	0	0	0	0	0
16#	1	0	0	0	0	0	0	0	0	0
17#	1	0	0	0	0	0	0	0	0	0
18#	1	0	0	0	0	0	0	0	0	0
19#	1	0	0	0	0	0	0	0	0	0
20#		0	0	0	0	0	0	0	0	0

2. 纺纱试验结果

首先对原始数据进行剔除异常值处理，正态性检验及方差一致性检验。检验结果表明，剔除异常值后的每个方案各指标数据均在不同程度上满足正态性，方案间相应指标数据都在不同程度上满足方差一致性。然后，分别求取各方案指标数据的平均值，结果如表 10-10 所示。

表 10-10　实验结果表

方案	强力/cN	强力不匀 CV%	伸长/%	伸长不匀/%
1#	272.6	20.13	9.1	25.61
2#	271.5	24.14	8.5	25.14
3#	277.9	11.09	8.7	22.99
4#	272.9	12.74	8.1	25.00
5#	273.3	12.64	9.1	22.18
6#	293.2	16.60	8.7	22.00
7#	244.5	17.43	7.2	23.04
8#	273.0	11.48	8.1	21.73
9#	245.8	13.89	7.6	20.78
10#	242.5	25.14	7.6	25.80
11#	262.1	11.71	7.9	24.74
12#	306.5	9.42	8.5	22.13
13#	270.6	14.61	8.4	22.45
14#	288.6	15.30	8.5	22.22
15#	279.8	11.68	8.3	23.68
16#	286.9	12.55	8.6	23.95
17#	290.6	17.12	9.0	24.81
18#	296.8	13.00	8.7	22.82
19#	282.4	13.29	9.0	23.39
20#	292.3	11.07	8.8	23.03

3. 求解回归方程

(1) 回归方程的模型

$$\hat{y}=b_0+b_1x_1+b_2x_2+b_3x_3+b_{12}x_1x_2+b_{13}x_1x_3+b_{23}x_2x_3+b_{11}x_1^2+b_{22}x_2^2+b_{33}x_3^2$$

(2) 求回归系数

采用最小二乘法求得各考察指标的回归系数如表 10-11 所示。

表 10-11 各考察指标的回归系数

	b_0	b_1	b_2	b_3	b_{11}	b_{22}	b_{33}	b_{12}	b_{13}	b_{23}
强力	287.999 7	0.377 0	8.550 2	−0.865 7	−14.681 1	−0.483 8	−2.145 7	−6.987 5	6.837 5	0.612 5
强力不匀	13.083 3	1.815 9	1.238 7	−0.183 7	2.062 5	−0.674 4	0.877 9	2.513 7	−0.956 3	−1.533 7
伸长	8.727 5	0.243 0	0.315 5	0.063 6	−0.150 3	−0.150 3	−0.061 9	−0.212 5	0.212 5	0.162 5
伸长不匀	23.597 9	1.335 0	−0.162 5	−0.032 0	−0.013 6	0.037 7	−0.351 3	0.418 7	−0.378 8	0.168 8

(3) 回归方程的显著性检验结果如表 10-12 所示。

表 10-12 回归方程的显著性检验结果

指标	统计量	显著性
强力	$F1=3.326\ 4<F_{0.25}(3,\ 4)=2.05$ $F2=13.467\ 6>F_{0.10}(5,\ 4)=4.05$	方程显著 拟合良好
强力不匀	$F1=2.395\ 2<F_{0.10}(3,\ 4)=4.19$ $F2=5.495\ 3>F_{0.10}(5,\ 4)=4.05$	方程显著 拟合良好
伸长	$F1=1.7950<F_{0.10}(3,\ 4)=4.19$ $F2=5.918\ 9>F_{0.05}(5,\ 4)=6.26$	方程显著 拟合良好
伸长不匀	$F1=2.429\ 5<F_{0.25}(3,\ 4)=2.05$ $F2=6.346\ 7>F_{0.10}(5,\ 4)=4.05$	方程显著 拟合良好

(4) 进行回归系数检验,如表 10-13 所示。

表 10-13 回归系数的显著性检验表

	b_0	b_1	b_2	b_3	b_{11}	b_{22}	b_{33}	b_{12}	b_{13}	b_{23}
强力	75.462 9> $t_{0.001}(10)^{***}$	0.148 9	3.376 8> $t_{0.01}(10)^{**}$	0.341 9	5.955 9> $t_{0.001}(10)^{***}$	0.196 3	1.870 5> $t_{0.2}(10)^{*}$	2.112 1> $t_{0.1}(10)^{*}$	2.066 7> $t_{0.1}(10)^{*}$	4.437 5> $t_{0.01}(10)^{**}$
强力不匀	11.664 3> $t_{0.001}(10)^{***}$	2.440 2> $t_{0.05}(10)^{*}$	1.664 5> $t_{0.2}(10)^{*}$	0.244 9	2.823 8> $t_{0.02}(10)^{**}$	0.923 4	1.201 9	2.564 2> $t_{0.05}(10)^{*}$	0.975 4	2.103 9> $t_{0.1}(10)^{*}$
伸长	68.093 2> $t_{0.001}(10)^{***}$	2.857 1> $t_{0.02}(10)^{**}$	3.710 2> $t_{0.01}(10)^{**}$	0.747 5	1.815 3> $t_{0.1}(10)^{*}$	1.815 3> $t_{0.1}(10)^{*}$	0.747 4	1.912 6> $t_{0.1}(10)^{*}$	1.912 6> $t_{0.1}(10)^{*}$	1.352 5
伸长不匀	61.638 3> $t_{0.001}(10)^{***}$	5.255 8> $t_{0.001}(10)^{***}$	0.639 9	0.125 9	0.054 9	0.152 4	1.420 6> $t_{0.2}(10)^{*}$	1.261 8	1.141 2	0.040 9

(5) 各指标的有效回归方程

通过以上检验,得到各指标回归方程:

强力:

$$y_1 = 287.9997 + 8.5502x_2 - 14.6811x_1^2 - 2.1457x_3^2 - 6.9875x_1x_2 + 6.8375x_1x_3 + 0.6125x_2x_3$$

强力不匀：

$$y_2 = 13.0833 + 1.8159x_1 + 1.2387x_2 + 2.0625x_1^2 + 2.5137x_1x_2 - 1.5337x_2x_3$$

伸长：

$$y_3 = 8.7275 + 0.2430x_1 + 0.3155x_2 - 0.1503x_1^2 - 0.1503x_2^2 - 0.2125x_1x_2 + 0.2125x_1x_3$$

伸长不匀：

$$y_4 = 23.5979 + 1.3350x_1 - 0.3513x_3^2$$

(6) 绘制等高线

根据各变量因子与考察指标之间的高精度有效回归方程，用 Matlab 软件，分别绘制三维立体等高线，如图 10-3 至图 10-9。

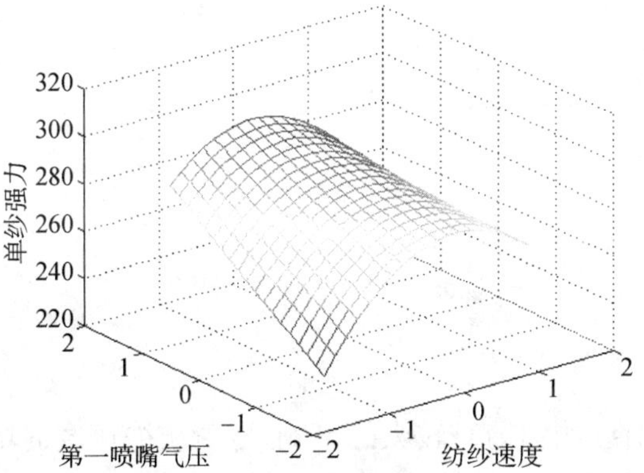

图 10-3　强力等高线

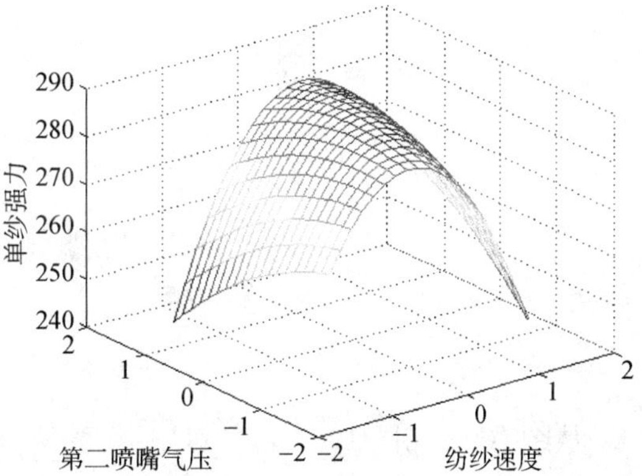

图 10-4　强力等高线

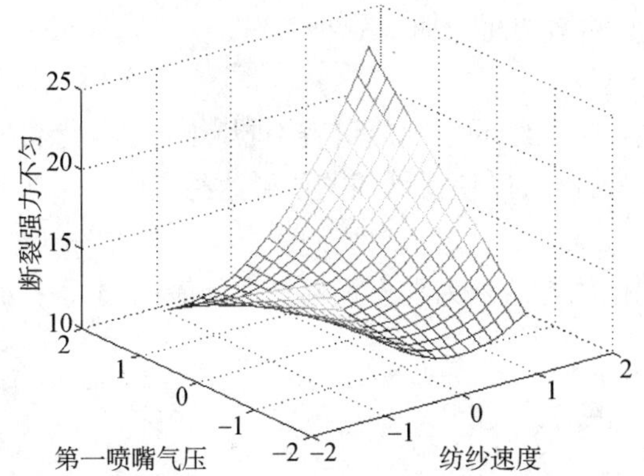

图 10-5　强力不匀等高线

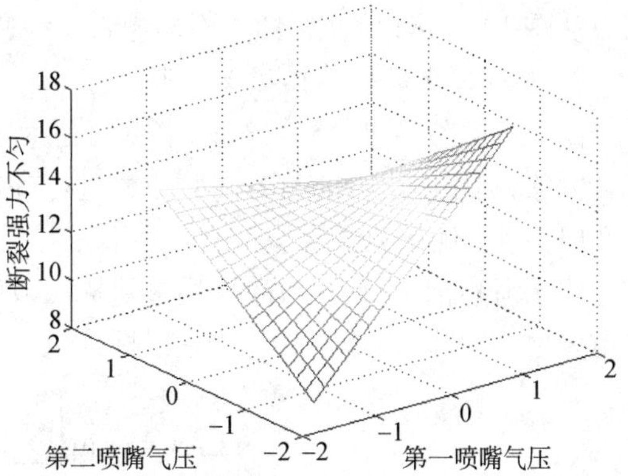

图 10-6　强力不匀等高线

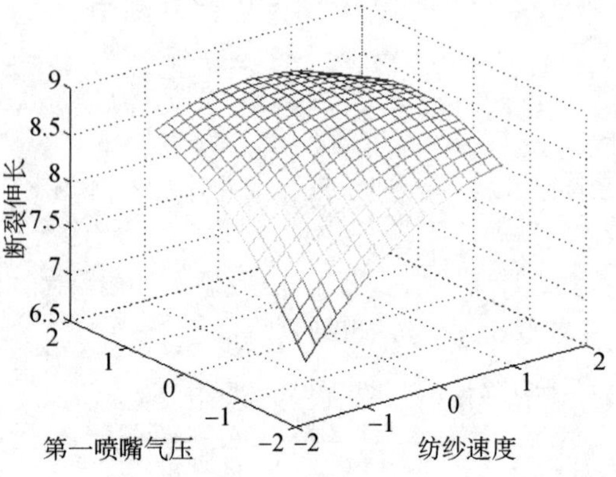

图 10-7　伸长等高线

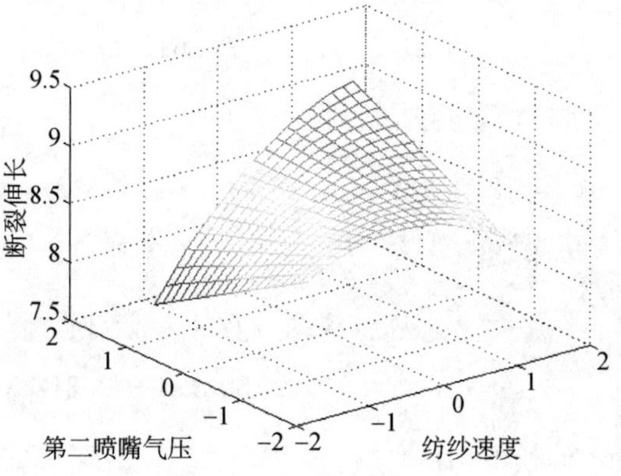

图 10-8　伸长等高线

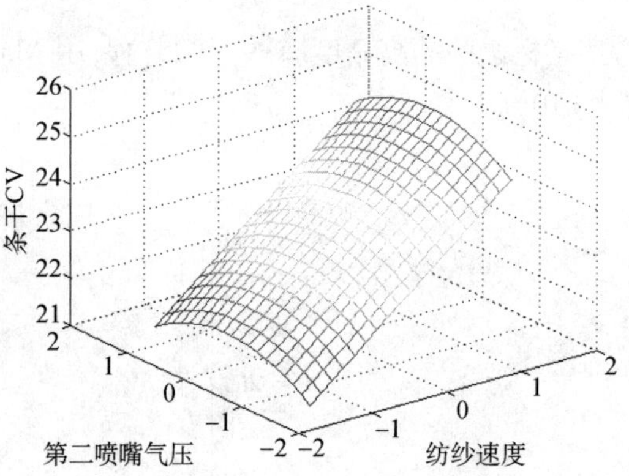

图 10-9　伸长不匀等高线

从图 10-3 与图 10-4 可以看出,纺纱速度对纱的强力有较大的影响,随着纺纱速度的增加,强力提高,但当速度增加到一定程度后若继续提高,强力反而下降。从图 10-5 和图 10-6 中可以看出纺纱速度、第一喷嘴气压与第二喷嘴气压对纱的强力不匀均有显著影响。从图 10-7 和图 10-8 中可以看出,纱的断裂伸长受到纺纱速度、第一喷嘴压力与第二喷嘴压力的影响。从图 10-9 可以看出,伸长不匀随着纺纱速度的增加而增加。

4. 参数优化的数学模型及求解

由上述实验结果分析可知,不同的工艺参数对喷气纱的成纱质量有不同影响,必须综合考虑各因素,利用所求得的有效回归方程进行多目标优化,以使得纱线的质量达到最优。

(1) 建立优化数学模型:

由于考察指标有 4 个,故采用多目标函数优化的方法。为求多指标均达到最优(上各指标的重要性相同,即权重相等),建立目标函数:

$$\min f=\min\left\{\sum_{j=1}^{4}\left[\frac{f_j(x)}{f_j^0}-1\right]^2\right\}。$$

其中,目标函数中的 $f_j^{(0)}(j=1,\ 2,\ 3,\ 4)$ 为各考察指标在前期的单因子实验结果中的最优值,

为 $f_1^{(0)}=305.9$, $f_2^{(0)}=8.42$, $f_3^{(0)}=10.4$, $f_4^{(0)}=8.70$。求:$x=[x_1, x_2, x_3]^{\mathrm{T}}\in R^3$,使 $\min f=\min\left\{\sum_{j=1}^{4}\left[\frac{f_j(x)}{f_j^0}-1\right]^2\right\}$

受约束于:

$$g_1(x)=1.682+x_1\geqslant 0$$
$$g_2(x)=1.682-x_1\geqslant 0$$
$$g_3(x)=1.682+x_2\geqslant 0$$
$$g_4(x)=1.682-x_2\geqslant 0$$
$$g_5(x)=1.682+x_3\geqslant 0$$
$$g_6(x)=1.682-x_3\geqslant 0$$

(2) 优化模型求解

外点罚函数法:

选取不同的初始点分别调用书后光盘在附录 2 中所列的约束优化问题(23)文件夹名为"外点罚函数法"的程序进行优化求解,计算结果为: $x_1=0.002\,732\,2$, $x_2=0.085\,588$, $x_3=-0.087\,207$, $\min f=0.073\,902$。

经解码得到最优纺纱速度为 180.032 m/min,第一喷嘴气压为 $2.550\,8\times10^5$ Pa,第二喷嘴气压为 $4.448\,15\times10^5$ Pa。将所求得的因子值分别代入各指标的回归方程,可得在综合最优的情况下,对应的各指标值为:

$$f_1(x)=288.372\,2,\ f_2(x)=10.564\,1,\ f_3(x)=10.247,\ f_4(x)=9.303\,1。$$

内点罚函数法:

在可行域内选取多个初始点分别调用书后光盘在附录 2 中所列的约束优化问题(24)文件夹名为"内点罚函数法"的程序进行优化求解,计算结果均为: $x_1=0.002\,734\,8$, $x_2=0.085\,591$, $x_3=-0.087\,204$, $\min f=0.073\,902$。

经解码得到最优纺纱速度为 180.032 5 m/min,第一喷嘴气压为 $2.550\,9\times10^5$ Pa,第二喷嘴气压为 $4.448\,2\times10^5$ Pa。结果与上面的外点法相同。

混合惩罚函数法:

在可行域内选取多个初始点分别调用书后光盘在附录 2 中所列的约束优化问题(25)文件夹名为"混合罚函数法"的程序,进行计算,结果均为: $x_1=0.002\,732\,2$, $x_2=0.085\,588$, $x_3=-0.087\,207$, $\min f=0.073\,902$。

经解码得到最优纺纱速度为 180.032 m/min,第一喷嘴气压为 $2.550\,8\times10^5$ Pa,第二喷嘴气压为 $4.448\,15\times10^5$ Pa。可见,结果与上面的外点法和内点法相同。

随机方向搜索法:

调用书后光盘在附录 2 中所列的约束优化问题(22)文件夹名为"随机方向搜索法"的程序,选用 10 个不同的初始点分别用随机方向法搜索运算 10 次,运算结果如表 10-14。

表 10-14　不同初始点随机方向搜索的优化结果

序号	$[x_1, x_2, x_3]$	min f
1	[1.179 6, 1.619 4, 0.901 6]	0.138 7
2	[0.100 1, 0.545 6, 0.138 0]	0.074 5
3	[0.635 7, −0.836 3, 0.618 8]	0.074 1
4	[0.667 7, −0.087 2, 0.725 7]	0.078 5
5	[0.334 3, 1.682, 1.463 7]	0.161 0
6	[1.655 7, 0.272 7, 1.421 5]	0.131 2
7	[−0.161 0, 1.260 9, −0.075 3]	0.072 3
8	[−0.939 2, 1.682 0, −0.586 3]	0.062 6
9	[1.681 4, 0.714 3, 1.441 7]	0.153 8
10	[−0.153 5, −0.943 7, −0.257 7]	0.071 6

根据随机方向搜索法的特点,应利用不同的初始点分别求优,从而找出相对较优的点,由表10-14可知,当 $x_1 = -0.939\ 2$, $x_2 = 1.628$, $x_3 = -0.586\ 3$ 时目标函数取最小值0.062 6。

经解码得到最优纺纱速度为171 m/min,第一喷嘴气压为 1.686×10^5 Pa,第二喷嘴气压为 $4.206\ 8 \times 10^5$ Pa。将所求得的因子值分别代入各指标的回归方程,可得在综合最优的情况下,对应的各指标值为:

$$f_1(x) = 319.110\ 4,\ f_2(x) = 13.161\ 6,\ f_3(x) = 9.859\ 0,\ f_4(x) = 9.064\ 3。$$

可见,随机方向搜索法的结果与惩罚函数法的有差异,但差异不大。

5. 优化结果验证(略)。

第二节　二次回归组合正交设计示例

1. 试验设计

在转杯纺纱过程中,纤维强度、短绒率、纤维长度不匀(CV/%)以及马克隆值这4个因素对成纱质量有很大影响,因此将此4因子作为试验因子以制定试验方案。

评定指标的选择则既要考虑成纱质量,又要兼顾到纺纱稳定性。只有在此基础上优化设计才有望达到提高成纱质量与降低纺纱断头率的合理统一,而不失实用性。因此,本问题选择单纱强力、条干不匀率和毛羽指数作为评定指标。

本试验采用二次回归正交设计安排试验,其因子水平编码表和结构矩阵表分别如表10-15和表10-16所示。试验结果如表10-17。

表 10-15　因子水平编码表

水平 \ 因子	纤维强度/($cN \cdot tex^{-1}$)	短绒率/%	长度不匀/%	马克隆值
+1.483	21.9	21.9	0.431 4	4.48
+1	20.6	20.0	0.400 4	4.00
0	18.0	16.0	0.336 1	3.00
−1	15.4	12.0	0.272 1	2.00
−1.483	14.1	10.1	0.240	1.52

表 10-16　二次回归正交设计结构矩阵表

设计方案	x_0	x_1	x_2	x_3	x_4	x_1x_2	x_1x_3	x_1x_4	x_2x_3	x_2x_4	x_3x_4	$x_1'=x_1^2-0.7846$	$x_2'=x_2^2-0.7846$	$x_3'=x_3^2-0.7846$	$x_4'=x_4^2-0.7846$
1	1	1	1	1	1	1	1	1	1	1	1	0.214 5	0.214 5	0.214 5	0.214 5
2	1	1	1	1	−1	1	1	−1	1	−1	−1	0.214 5	0.214 5	0.214 5	0.214 5
3	1	1	1	−1	1	1	−1	1	−1	1	−1	0.214 5	0.214 5	0.214 5	0.214 5
4	1	1	1	−1	−1	1	−1	−1	−1	−1	1	0.214 5	0.214 5	0.214 5	0.214 5
5	1	1	−1	1	1	−1	1	1	−1	−1	1	0.214 5	0.214 5	0.214 5	0.214 5
6	1	1	−1	1	−1	−1	1	−1	−1	1	−1	0.214 5	0.214 5	0.214 5	0.214 5
7	1	1	−1	−1	1	−1	−1	1	1	−1	−1	0.214 5	0.214 5	0.214 5	0.214 5
8	1	1	−1	−1	−1	−1	−1	−1	1	1	1	0.214 5	0.214 5	0.214 5	0.214 5
9	1	−1	1	1	1	−1	−1	−1	1	1	1	0.214 5	0.214 5	0.214 5	0.214 5
10	1	−1	1	1	−1	−1	−1	1	1	−1	−1	0.214 5	0.214 5	0.214 5	0.214 5
11	1	−1	1	−1	1	−1	1	−1	−1	1	−1	0.214 5	0.214 5	0.214 5	0.214 5
12	1	−1	1	−1	−1	−1	1	1	−1	−1	1	0.214 5	0.214 5	0.214 5	0.214 5
13	1	−1	−1	1	1	1	−1	−1	−1	−1	1	0.214 5	0.214 5	0.214 5	0.214 5
14	1	−1	−1	1	−1	1	−1	1	−1	1	−1	0.214 5	0.214 5	0.214 5	0.214 5
15	1	−1	−1	−1	1	1	1	−1	1	−1	−1	0.214 5	0.214 5	0.214 5	0.214 5
16	1	−1	−1	−1	−1	1	1	1	1	1	1	0.214 5	0.214 5	0.214 5	0.214 5
17	1	1.483	0	0	0	0	0	0	0	0	0	1.414 7	−0.784 6	−0.784 6	−0.784 6
18	1	−1.483	0	0	0	0	0	0	0	0	0	1.414 7	−0.784 6	−0.784 6	−0.784 6
19	1	0	1.483	0	0	0	0	0	0	0	0	−0.784 6	1.414 7	−0.784 6	−0.784 6
20	1	0	−1.483	0	0	0	0	0	0	0	0	−0.784 6	1.414 7	−0.784 6	−0.784 6
21	1	0	0	1.483	0	0	0	0	0	0	0	−0.784 6	−0.784 6	1.414 7	−0.784 6
22	1	0	0	−1.483	0	0	0	0	0	0	0	−0.784 6	−0.784 6	1.414 7	−0.784 6
23	1	0	0	0	1.483	0	0	0	0	0	0	−0.784 6	−0.784 6	−0.784 6	1.414 7
24	1	0	0	0	−1.483	0	0	0	0	0	0	−0.784 6	−0.784 6	−0.784 6	1.414 7
25	1	0	0	0	0	0	0	0	0	0	0	−0.784 6	−0.784 6	−0.784 6	−0.784 6
26	1	0	0	0	0	0	0	0	0	0	0	−0.784 6	−0.784 6	−0.784 6	−0.784 6

2. 试验结果

首先对原始数据进行剔除异常值处理,正态性检验及方差一致性检验。检验结果表明,剔除异常值后的每个方案各指标数据均在不同程度上满足正态性,方案间相应指标数据也都在不同程度上满足方差一致性,然后分别求取各方案指标数据的平均值,结果如表 10-17 所示。

表 10-17 试验结果

试验序号	强力/cN	条干不匀 CV%	毛羽指数
1	225.5	17.37	3.130
2	248.4	17.10	3.756
3	227.85	18.86	2.073
4	209.05	18.04	2.786
5	213.1	18.90	1.989
6	207.1	18.32	2.808
7	221.4	17.82	1.910
8	221.15	19.02	2.419
9	318.1	15.77	3.430
10	338.13	16.16	3.966
11	316.5	18	2.093
12	331.1	16.76	2.911
13	333.6	17.16	2.014
14	307.3	16.06	2.669
15	337.9	16.75	1.997
16	329.0	16.47	2.559
17	195.55	18.63	2.112
18	325.2	16.36	2.325
19	301.45	16.78	2.013
20	305.15	16.53	3.798
21	293.45	17.12	2.104
22	262.35	18.26	2.695
23	276.7	17.33	3.108
24	288.85	17.09	2.546
25	263.0	18.38	2.541
26	277.55	17.48	2.384

3. 求解回归方程

采用最小二乘法,求得各评定指标的回归方程如表 10-18 所示。回归方程的显著性检验结果如表 10-19 所示。

表 10-18 回归方程

指标	回归方程
强力	$\hat{y}_p = 280.599 - 50.5011x_1 - 2.4397x_2 + 2.3845x_3 - 1.0069x_4 - 3.2638x_1x_2 - 2.0138x_1x_3 - 0.0863x_1x_4 + 5.8863x_2x_3 - 5.0238x_2x_4 - 1.5113x_3x_4 - 10.1628x_1^2 + 9.3628x_2^2 - 2.1911x_3^2 + 0.0264x_4^2$
条干不匀率	$\hat{y}_c = 17.7544 + 0.7680x_1 + 0.1378x_2 + 0.1564x_3 - 0.1149x_4 + 0.1838x_1x_2 - 0.0488x_1x_3 + 0.1100x_1x_4 - 0.3525x_2x_3 + 0.0738x_2x_4 + 0.0263x_3x_4 + 0.0500x_1^2 - 0.3321x_2^2 + 0.1387x_3^2 - 0.0796x_4^2$
毛羽指数	$\hat{y}_{a\min} = 2.3385 - 0.0531x_1 - 0.4131x_2 - 0.2888x_3 + 0.2976x_4 + 0.0339x_1x_2 + 0.0015x_1x_3 + 0.0059x_1x_4 + 0.2389x_2x_3 - 0.0092x_2x_4 - 0.0021x_3x_4 - 0.1229x_1^2 + 0.1896x_2^2 - 0.0406x_3^2 + 0.1537x_4^2$

表 10-19　回归方程的显著性检验

指标	平方和	自由度	统计量 F_α	有效性	显著性
强力	$S_{总}=57\ 262.1$ $S_{回}=55\ 404.82$ $S_{剩}=1\ 857.28$ $S_{误}=105.85$	25 14 11 1	$F_1=1.654\ 6$ $F_2=23.438\ 8$	$F_1<F_{0.25}(10,\ 1)=9.32$	$F_2>F_{0.01}(14,\ 11)=4.29$
条干不匀	$S_{总}=22.247\ 6$ $S_{回}=17.383\ 3$ $S_{剩}=4.864\ 3$ $S_{误}=0.405\ 0$	25 14 11 1	$F_1=1.101\ 1$ $F_2=2.807\ 9$	$F_1<F_{0.25}(10,\ 1)=9.32$	$F_2>F_{0.05}(14,\ 11)=2.74$
毛羽指数	$S_{总}=9.123\ 2$ $S_{回}=8.717\ 5$ $S_{剩}=0.405\ 7$ $S_{误}=0.012\ 4$	25 14 11 1	$F_1=3.178\ 2$ $F_2=16.884\ 3$	$F_1<F_{0.25}(10,\ 1)=9.32$	$F_2>F_{0.01}(14,\ 11)=4.29$

4. *参数优化的数学模型及求解*

(1) 数学模型的建立

因转杯纺纱的均匀度均已较环锭纺为优，而其单纱强力则较环锭纱为低，所以我们将单纱强力和毛羽作为优化目标，使 $f_{单强}(x)$达到最大，同时使 $f_{毛羽}(x)$达到最小。而将条干不匀率作为约束条件。

其中，

$$x=\begin{bmatrix}x_1\\x_2\\x_3\\x_4\end{bmatrix}=\begin{bmatrix}\text{强度}\\\text{短绒率}\\\text{长度不匀}\\\text{马克隆值}\end{bmatrix},$$

$$f_{强力}(x)=f_1(x)=\hat{y}_p(x),$$

$$f_{毛羽}(x)=f_2(x)=\hat{y}_{毛羽}(x)。$$

对于上述各分目标函数，引入加权因子，考虑各个分目标函数在相对重要程度方面的差异，将它们组合成统一的目标函数

$$f(x)=\sum_{j=1}^{2}\omega_j f_j(x)$$

通过分析，以上问题归结为如下的约束最优化问题：

求 $X\in R^n$，使

$$\min f(x)=\min\{0.6[-f_{强力}(x)]+0.4f_{毛羽}(x)\}$$

约束条件：

$$g_3(x)=y_c(x_1)-\hat{y}_c(x)\geqslant 0$$

变量边界条件：

$$-1.483 \leqslant x_1 \leqslant 1.483$$
$$-1.483 \leqslant x_2 \leqslant 1.483$$
$$-1.483 \leqslant x_3 \leqslant 1.483$$
$$-1.483 \leqslant x_4 \leqslant 1.483$$

(2) 优化模型的求解

外点罚函数法：

选取不同的初始点分别调用书后光盘在附录 2 中所列的约束优化问题(23)文件夹名为“外点罚函数法”的程序进行优化求解，计算结果均为：$x_1=-1.483\ 1$, $x_2=-0.444\ 37$, $x_3=0.772\ 65$, $x_4=-0.216\ 47$, $\min f=-200.023$。

经解码得到最优纤维强度为 14.1 cN/tex，短绒率为 14.232%，纤维长度不匀为 0.385 6%，马克隆值 2.784。将所求得的因子值分别代入各指标的回归方程，可得在综合最优的情况下，对应的各指标值为：

$$f_{强力}(x)=334.707,\ f_{毛羽}(x)=1.998\ 7。$$

内点罚函数法：

在可行域内选取不同的初始点分别调用书后光盘在附录 2 中所列的约束优化问题(24)文件夹名为“内点罚函数法”的程序进行优化求解，计算结果均为：$x_1=-1.483$, $x_2=-1.483$, $x_3=-1.194\ 7$, $x_4=1.483$, $\min f=-216.15$。

经解码得到最优纤维强度为 14.1 cN/tex，短绒率为 10.1%，纤维长度不匀为 0.181 2%，马克隆值 4.48。将所求得的因子值分别代入各指标的回归方程，可得在综合最优的情况下，对应的各指标值为：

$$f_{强力}(x)=363.539\ 5,\ f_{毛羽}(x)=4.931\ 1。$$

混合惩罚函数法：

在可行域内选取多个初始点分别调用书后光盘在附录 2 中所列的约束优化问题(25)文件夹名为“混合罚函数法”的程序进行计算，结果均为：$x_1=-1.483$, $x_2=-0.444\ 35$, $x_3=0.772\ 6$, $x_4=-0.216\ 63$, $\min f=-200.02$。

经解码得到最优纤维强度为 14.1 cN/tex，短绒率为 14.232%，纤维长度不匀为 0.386 165%，马克隆值 2.78。

上述外点法和惩罚函数法的计算结果一致，与内点法的结果有所区别，但内点法求出的目标函数值最小，原因可能是惩罚系数选取不同，在使用内点法计算时选取惩罚系数为 0.05 时，惩罚系数太小，力度不够，偏离正确解，所以选取的是较大的惩罚系数。

随机方向搜索法：

调用书后光盘在附录 2 中所列的约束优化问题(22)文件夹名为“随机方向搜索法”的程序，选用 10 个不同的初始点分别用随机方向法搜索运算 10 次，运算结果如表 10-20。

根据随机方向搜索法的特点，应利用不同的初始点分别求优，从而找出相对较优的点，由表 10-20 可知，当 $x_1=-1.161\ 5$, $x_2=1.483$, $x_3=0.547\ 6$, $x_4=1.281\ 6$时目标函数取最小值 -209.112。

表 10-20　不同初始点随机方向搜索的优化结果

序号	$[x_1, x_2, x_3, x_4]$	min f
1	[0.937 9, 1.483, −1.058 8, 1.256 2]	−128.55
2	[−1.307 2, 1.010 8, −0.862 8, 1.483]	−204.928
3	[1.069 7, 1.483, 0.639 4, 1.301 9]	−130.542
4	[0.461 1, 1.059 6, −0.686 1, 1.482 9]	−166.338
5	[0.778 2, 1.483, 1.392, 0.523 1]	−156.963
6	[−1.034 2, 0.994, 1.483, −0.618]	−207.891
7	[0.781 2, 0.336 9, 0.275 9, 1.244 2]	−137.205
8	[−1.161 5, 1.483, 0.547 6, 1.286 1]	−209.112
9	[0.696 5, 1.483, 0.729 1, 0.211 5]	−153.927
10	[0.276 9, −0.871 7, 0.122 7, 1.354 2]	−166.436

经解码得到最优纤维强度为14.945 5 cN/tex,短绒率为21.9%,纤维长度不匀为0.300 3%,马克隆值为4.279 0。将所求得的因子值分别代入各指标的回归方程,可得在综合最优的情况下,对应的各指标值为:

$$f_{强力}(x)=343.123\ 0,\ f_{毛羽}(x)=2.453\ 9。$$

可见,随机搜索法的结果优于上述外点罚函数法和混合惩罚函数法的结果,略差于内点罚函数法的结果,也说明不同的优化方法对不同目标函数的优化结果是有差异的。

5. 优化结果试验验证(略)。

通过上面几种常用约束优化方法的应用,可以发现各方法的特点如下,在求解相关问题时可根据实际情况选择合适的方法。

随机方向搜索法:

优点:

(1) 对目标函数的性态无特殊要求。

(2) 程序结构简单,使用方便。

缺点:

(1) 计算精度低,求解同一个问题,初始点不同时,结果往往不同,同样的初始点几次试算,结果有时也相差很多,分析表明,有些结果并非真正的全局最优解,而只是搜索点靠近一个或几个约束面后,没有寻求到可用方向,无法继续搜索而输出的假极值(局部最优)。

(2) 计算效率比较低。

外点罚函数法:

优点:

(1) 对初始点没有要求,可以在整个 R^n 空间内求最优解,这给计算带来很大的方便。

(2) 可以适用于同时含有等式约束和不等式约束的优化问题,应用范围较广。

缺点:

(1) 辅助函数在可行域的边界上往往是不可导的,即偏导数不存在,这使得一般的无约束优化方法的应用受到限制。

(2) 外点法的中间结果不是可行解,不能作为近似最优解,只有迭代大最后才能得到符合要求的可行解。

(3) 外点法的最优序解序列一般在可行域以外,而有些目标函数在可行域外没有定义,这一点使得外点罚函数法的应用受到一定的限制。

(4) 当点 x 接近最优解时,罚因子很大,可能使罚函数性质变坏,其 Hesse 矩阵可能陷入病态(等值线变得十分狭长,极小值点位于一个十分狭长得深谷之中,搜索方向稍有偏离就会导致相当大的误差),使搜索产生较大的困难。

内点罚函数法:

优点:

(1) 迭代过程中的每一点都在可行域内,可以随时停止迭代得到近似解。

(2) 对目标函数在可行域外没有要求。

缺点:

(1) 初始点必须选在可行域内,对于比较简单的问题,可以凭经验得到一个内点,但当约束条件多时就很困难了。

(2) 只适用于含有不等式约束的非线性规划问题。

混合惩罚函数法:

由于内点法容易处理不等式约束优化设计问题,而外点法又容易处理等式约束优化设计问题,因而将内点法和外点法结合起来,可处理同时具有等式约束和不等式约束的优化设计问题。

附录 1 附　　表

表 1-1 波动游程检验临界值表

$(\alpha = 0.05)$

$r_{1,\,0.05}[n_1,\ n_2]$

n_1	n_2																		
	2	3	4	5	6	7	8	9	10	11	12	13	14	15	16	17	18	19	20
2											2	2	2	2	2	2	2	2	2
3					2	2	2	2	2	2	2	2	2	3	3	3	3	3	3
4				2	2	2	3	3	3	3	3	3	3	3	4	4	4	4	4
5			2	2	3	3	3	3	3	4	4	4	4	4	4	4	5	5	5
6		2	2	3	3	3	3	4	4	4	4	5	5	5	5	5	5	6	6
7		2	2	3	3	3	4	4	5	5	5	5	5	6	6	6	6	6	6
8		2	3	3	3	4	4	5	5	5	6	6	6	6	6	7	7	7	7
9		2	3	3	4	4	5	5	5	6	6	6	7	7	7	7	8	8	8
10		2	3	3	4	5	5	5	6	6	7	7	7	7	8	8	8	8	9
11		2	3	4	4	5	5	6	6	7	7	7	8	8	8	9	9	9	9
12	2	2	3	4	4	5	6	6	7	7	7	8	8	8	9	9	9	10	10
13	2	2	3	4	5	5	6	6	7	7	8	8	9	9	9	10	10	10	10
14	2	2	3	4	5	5	6	7	7	8	8	9	9	9	10	10	10	11	11
15	2	3	3	4	5	6	6	7	7	8	8	9	9	10	10	11	11	11	12
16	2	3	2	4	5	6	6	7	8	8	9	9	10	10	11	11	11	12	12
17	2	3	2	4	5	6	7	7	8	9	9	10	10	11	11	11	12	12	13
18	2	3	2	5	5	6	7	8	8	9	9	10	10	11	11	12	12	13	13
19	2	3	2	5	6	6	7	8	8	9	10	10	11	11	12	12	13	13	13
20	2	3	4	5	6	6	7	8	9	9	10	10	11	12	12	13	13	13	14

$r_{2,\,0.05}[n_1,\ n_2]$

n_1	n_2																		
	2	3	4	5	6	7	8	9	10	11	12	13	14	15	16	17	18	19	20
2																			
3																			
4				9	9														
5			9	10	10	11	11												
6			9	10	11	12	12	13	13	13	13								
7				11	12	13	13	14	14	14	14	15	15	15					
8				11	12	13	14	14	15	15	16	16	16	16	17	17	17	17	17
9					13	14	14	15	16	16	16	17	17	18	18	18	18	18	18
10					13	14	15	16	16	17	17	18	18	18	19	19	19	20	20
11					13	14	15	16	17	17	18	19	19	19	20	20	20	21	21
12					13	14	16	16	17	18	19	19	20	20	21	21	21	22	22
13						15	16	17	18	19	19	20	20	21	21	22	22	23	23
14						15	16	17	18	19	20	20	21	22	22	23	23	23	24
15						15	16	18	18	19	20	21	22	22	23	23	24	24	25
16							17	18	19	20	21	21	22	23	23	24	25	25	25
17							17	18	19	20	21	22	23	23	24	25	25	26	26
18							17	18	19	20	21	22	23	24	25	25	26	26	27
19							17	18	20	21	22	23	23	24	25	26	26	27	27
20							17	18	20	21	22	23	24	25	25	26	27	27	28

表 1-2　t-分布临界值表

$$P(|t| > t_\alpha) = \alpha$$

v	α								
	0.9	0.5	0.4	0.2	0.1	0.05	0.02	0.01	0.001
1	0.158	1.000	1.376	3.078	6.314	12.706	31.821	63.657	636.619
2	0.142	0.816	1.061	1.886	2.920	4.303	6.965	9.925	31.598
3	0.137	0.765	0.978	1.638	2.353	3.182	4.541	5.841	12.924
4	0.134	0.741	0.941	1.533	2.132	2.776	3.747	4.604	8.610
5	0.132	0.727	0.920	1.476	2.015	2.571	3.365	4.032	6.869
6	0.131	0.718	0.906	1.440	1.943	2.447	3.143	3.707	5.959
7	0.130	0.711	0.896	1.415	1.895	2.365	2.998	3.499	5.408
8	0.130	0.706	0.889	1.397	1.860	2.306	2.896	3.355	5.041
9	0.129	0.703	0.883	1.383	1.833	2.262	2.821	3.250	4.781
10	0.129	0.700	0.879	1.372	1.812	2.228	2.764	3.169	4.587
11	0.129	0.697	0.876	1.363	1.796	2.201	2.718	3.106	4.437
12	0.128	0.695	0.873	1.356	1.782	2.179	2.681	3.055	4.318
13	0.128	0.694	0.870	1.350	1.771	2.160	2.650	3.012	4.221
14	0.128	0.692	0.868	1.345	1.761	2.145	2.624	2.977	4.140
15	0.128	0.691	0.866	1.341	1.753	2.131	2.602	2.947	4.073
16	0.128	0.690	0.865	1.337	1.746	2.120	2.583	2.921	4.015
17	0.128	0.689	0.863	1.333	1.740	2.110	2.567	2.898	3.965
18	0.127	0.688	0.862	1.330	1.734	2.101	2.552	2.878	3.922
19	0.127	0.688	0.861	1.328	1.729	2.093	2.539	2.861	3.883
20	0.127	0.687	0.860	1.325	1.725	2.086	2.528	2.845	3.850
21	0.127	0.686	0.859	1.323	1.721	2.080	2.518	2.831	3.819
22	0.127	0.686	0.858	1.321	1.717	2.074	2.508	2.819	3.792
23	0.127	0.685	0.858	1.319	1.714	2.069	2.500	2.807	3.767
24	0.127	0.685	0.857	1.318	1.711	2.064	2.492	2.797	3.745
25	0.127	0.684	0.856	1.316	1.708	2.060	2.485	2.787	3.725
26	0.127	0.684	0.856	1.315	1.706	2.056	2.479	2.779	3.707
27	0.127	0.684	0.855	1.314	1.703	2.052	2.473	2.771	3.690
28	0.127	0.683	0.855	1.313	1.701	2.048	2.467	2.763	3.674
29	0.127	0.683	0.854	1.311	1.699	2.045	2.462	2.756	3.659
30	0.127	0.683	0.854	1.310	1.697	2.042	2.457	2.750	3.646
40	0.126	0.681	0.851	1.303	1.684	2.021	2.423	2.704	3.551
60	0.126	0.679	0.848	1.296	1.671	2.000	2.390	2.660	3.460
120	0.126	0.677	0.845	1.289	1.658	1.980	2.358	2.617	3.373
∞	0.126	0.674	0.842	1.282	1.645	1.960	2.326	2.576	3.291

表 1-3　异常值 Grubbs 检验临界值表

n	α				
	0. 100	0. 050	0. 025	0. 010	0. 005
3	1. 148	1. 153	1. 115	1. 155	1. 155
4	1. 425	1. 463	1. 481	1. 492	1. 496
5	1. 602	1. 672	1. 715	1. 749	1. 764
6	1. 729	1. 822	1. 887	1. 944	1. 973
7	1. 828	1. 938	2. 020	2. 097	2. 139
8	1. 909	2. 032	2. 126	2. 221	2. 274
9	1. 977	2. 110	2. 215	2. 323	2. 387
10	2. 036	2. 176	2. 290	2. 410	2. 482
11	2. 088	2. 234	2. 355	2. 485	2. 564
12	2. 134	2. 285	2. 412	2. 550	2. 636
13	2. 175	2. 331	2. 462	2. 607	2. 699
14	2. 213	2. 371	2. 507	2. 659	2. 755
15	2. 247	2. 409	2. 549	2. 705	2. 806
16	2. 279	2. 443	2. 585	2. 747	2. 852
17	2. 309	2. 475	2. 620	2. 785	2. 894
18	2. 335	2. 504	2. 651	2. 821	2. 932
19	2. 361	2. 532	2. 681	2. 854	2. 968
20	2. 385	2. 557	2. 709	2. 884	3. 001
21	2. 408	2. 580	2. 733	2. 912	3. 031
22	2. 429	2. 603	2. 758	2. 939	3. 060
23	2. 448	2. 624	2. 781	2. 963	3. 087
24	2. 467	2. 644	2. 802	2. 987	3. 112
25	2. 486	2. 663	2. 822	3. 009	3. 135
26	2. 502	2. 681	2. 841	3. 029	3. 157
27	2. 519	2. 698	2. 859	3. 049	3. 178
28	2. 534	2. 714	2. 876	3. 068	3. 199
29	2. 549	2. 730	2. 893	3. 085	3. 218
30	2. 563	2. 745	2. 908	3. 103	3. 236
31	2. 577	2. 759	2. 924	3. 119	3. 253
32	2. 591	2. 773	2. 938	3. 135	3. 270
33	2. 604	2. 786	2. 952	3. 150	3. 286
34	2. 616	2. 799	2. 965	3. 164	3. 301
35	2. 628	2. 811	2. 979	3. 178	3. 316
36	2. 639	2. 823	2. 991	3. 191	3. 330
37	2. 650	2. 835	3. 003	3. 204	3. 343
38	2. 661	2. 846	3. 014	3. 216	3. 356
39	2. 671	2. 857	3. 025	3. 228	3. 369
40	2. 682	2. 866	3. 036	3. 240	3. 381
50	2. 768	2. 956	3. 128	3. 336	3. 483
60	2. 837	3. 025	3. 199	3. 411	3. 560
70	2. 893	3. 082	3. 257	3. 471	3. 622
80	2. 940	3. 130	3. 305	3. 521	3. 673
90	2. 981	3. 171	3. 347	3. 563	3. 716
100	3. 017	3. 207	3. 383	3. 600	3. 754
110	3. 049	3. 239	3. 415	3. 632	3. 787
120	3. 078	3. 267	3. 444	3. 662	3. 817
130	3. 104	3. 294	3. 470	3. 688	3. 843
140	3. 129	3. 318	3. 493	3. 712	3. 867

表 1-4 异常值 t-检验临界值表

n	α 0.01	α 0.05	n	α 0.01	α 0.05	n	α 0.01	α 0.05
4	11.46	4.96	13	3.23	2.29	22	2.91	2.14
5	6.53	3.56	14	3.17	2.26	23	2.90	2.13
6	5.04	3.04	15	3.12	2.24	24	2.88	2.12
7	4.36	2.78	16	3.08	2.22	25	2.86	2.11
8	3.96	2.62	17	3.04	2.20	26	2.85	2.10
9	3.71	2.51	18	3.01	2.18	27	2.84	2.10
10	3.54	2.43	19	2.98	2.17	28	2.83	2.09
11	3.41	2.37	20	2.95	2.16	29	2.82	2.09
12	3.31	2.33	21	2.93	2.15	30	2.81	2.08

表 1-5 异常值 Dixon 检验临界与检验系数计算式表

n	$D_{\alpha[n]}$		D_s 计算式	
	$\alpha = 0.01$	$\alpha = 0.05$	x_1 可疑	x_n 可疑
3	0.988	0.941		
4	0.889	0.765		
5	0.780	0.642	$\frac{x_2 - x_1}{x_n - x_1}$	$\frac{x_n - x_{n-1}}{x_n - x_1}$
6	0.698	0.560		
7	0.637	0.507		
8	0.683	0.554		
9	0.635	0.512	$\frac{x_2 - x_1}{x_{n-1} - x_1}$	$\frac{x_n - x_{n-1}}{x_n - x_2}$
10	0.597	0.477		
11	0.697	0.576		
12	0.642	0.546	$\frac{x_3 - x_1}{x_{n-1} - x_1}$	$\frac{x_n - x_{n-2}}{x_n - x_2}$
13	0.615	0.521		
14	0.641	0.546		
15	0.616	0.525		
16	0.595	0.507		
17	0.577	0.490		
18	0.561	0.475		
19	0.547	0.462		
20	0.535	0.450	$\frac{x_3 - x_1}{x_{n-2} - x_1}$	$\frac{x_n - x_{n-2}}{x_n - x_3}$
21	0.524	0.440		
22	0.514	0.430		
23	0.505	0.421		
24	0.497	0.413		
25	0.489	0.406		

表 1-6　计算统计量 W 必需的系数 $\alpha_k(W)$

k \ n	3	4	5	6	7	8	9	10
1	0.707 1	0.687 2	0.664 6	0.643 1	0.623 3	0.605 2	0.588 8	0.573 9
2	—	0.167 7	0.241 3	0.280 6	0.303 1	0.316 4	0.324 4	0.329 1
3	—	—	—	0.087 5	0.140 1	0.174 3	0.197 6	0.214 1
4	—	—	—	—	—	0.056 1	0.094 7	0.122 4
5	—	—	—	—	—	—	—	0.039 9

k \ n	11	12	13	14	15	16	17	18	19	20
1	0.560 1	0.547 5	0.535 9	0.525 1	0.515 0	0.505 6	0.496 8	0.488 6	0.480 8	0.473 4
2	0.331 5	0.332 5	0.332 5	0.331 8	0.330 6	0.329 0	0.327 3	0.325 3	0.323 2	0.321 1
3	0.226 0	0.234 7	0.241 2	0.246 0	0.249 5	0.252 1	0.254 0	0.255 3	0.256 1	0.256 5
4	0.142 9	0.158 6	0.170 7	0.180 2	0.187 8	0.193 9	0.198 8	0.202 7	0.205 9	0.208 5
5	0.069 5	0.092 2	0.109 9	0.124 0	0.135 3	0.144 7	0.152 4	0.158 7	0.164 1	0.168 6
6	—	0.030 3	0.053 9	0.072 7	0.088 0	0.100 5	0.110 9	0.119 7	0.127 1	0.133 4
7	—	—	—	0.024 0	0.043 3	0.059 3	0.072 5	0.083 7	0.093 2	0.101 3
8	—	—	—	—	—	0.019 6	0.035 9	0.049 6	0.061 2	0.071 1
9	—	—	—	—	—	—	—	0.016 3	0.030 3	0.042 2
10	—	—	—	—	—	—	—	—	—	0.014 0

k \ n	21	22	23	24	25	26	27	28	29	30
1	0.464 3	0.459 0	0.454 2	0.449 3	0.445 0	0.440 7	0.436 6	0.432 8	0.429 1	0.425 4
2	0.318 5	0.315 6	0.312 6	0.309 8	0.306 9	0.304 3	0.301 8	0.299 2	0.296 8	0.294 4
3	0.257 8	0.257 1	0.256 3	0.255 4	0.254 3	0.253 3	0.252 2	0.251 0	0.249 9	0.248 7
4	0.211 9	0.213 1	0.213 9	0.214 5	0.214 8	0.215 1	0.215 2	0.215 1	0.215 0	0.214 8
5	0.173 6	0.176 4	0.178 7	0.180 7	0.182 2	0.183 6	0.184 8	0.185 7	0.186 4	0.187 0
6	0.139 9	0.144 3	0.148 0	0.151 2	0.153 9	0.156 3	0.158 4	0.160 1	0.161 6	0.163 0
7	0.109 2	0.115 0	0.120 1	0.124 5	0.128 3	0.131 6	0.134 6	0.137 2	0.139 5	0.141 5
8	0.080 4	0.087 8	0.094 1	0.099 7	0.104 6	0.108 9	0.112 8	0.116 2	0.119 2	0.121 9
9	0.053 0	0.061 8	0.069 6	0.076 4	0.082 3	0.087 6	0.092 3	0.096 5	0.100 2	0.103 6
10	0.026 3	0.036 8	0.045 9	0.053 9	0.061 0	0.067 2	0.072 8	0.077 8	0.082 2	0.086 2
11	—	0.012 2	0.022 8	0.032 1	0.040 3	0.047 6	0.054 0	0.059 8	0.065 0	0.066 7
12	—	—	—	0.010 7	0.020 0	0.028 4	0.035 8	0.042 4	0.048 3	0.053 7
13	—	—	—	—	—	0.009 4	0.017 8	0.025 3	0.032 0	0.038 1
14	—	—	—	—	—	—	—	0.008 4	0.015 9	0.022 7
15	—	—	—	—	—	—	—	—	—	0.007 6

k \ n	31	32	33	34	35	36	37	38	39	40
1	0.422 0	0.418 8	0.415 6	0.412 7	0.409 6	0.406 8	0.404 0	0.401 5	0.398 9	0.396 4
2	0.292 1	0.289 8	0.287 6	0.285 4	0.283 4	0.281 3	0.279 4	0.277 4	0.275 5	0.273 7
3	0.247 5	0.246 3	0.245 1	0.243 9	0.242 7	0.241 5	0.240 3	0.239 1	0.238 0	0.236 8
4	0.214 5	0.214 1	0.213 7	0.213 2	0.212 7	0.212 1	0.211 6	0.211 0	0.210 4	0.209 8
5	0.187 4	0.187 8	0.188 0	0.188 2	0.188 3	0.188 3	0.188 3	0.188 1	0.188 0	0.187 8

(续表)

k \ n	31	32	33	34	35	36	37	38	39	40
6	0.164 1	0.165 1	0.166 0	0.166 7	0.167 3	0.167 8	0.168 3	0.168 6	0.168 9	0.169 1
7	0.143 3	0.144 9	0.146 3	0.147 5	0.148 7	0.149 6	0.150 5	0.151 3	0.152 0	0.152 6
8	0.124 3	0.126 5	0.128 4	0.130 1	0.131 7	0.133 1	0.134 4	0.135 6	0.136 6	0.137 6
9	0.106 6	0.109 3	0.111 8	0.114 0	0.116 0	0.117 9	0.119 6	0.121 1	0.122 5	0.123 7
10	0.089 9	0.093 1	0.096 1	0.098 8	0.101 3	0.103 6	0.105 6	0.107 5	0.109 2	0.110 8
11	0.073 9	0.077 7	0.081 2	0.084 4	0.087 3	0.090 0	0.092 4	0.094 7	0.096 7	0.098 6
12	0.058 5	0.062 9	0.066 9	0.070 6	0.073 9	0.077 0	0.079 8	0.082 4	0.084 8	0.087 0
13	0.043 5	0.048 5	0.053 0	0.057 2	0.061 0	0.064 5	0.067 7	0.070 6	0.073 3	0.075 9
14	0.028 9	0.034 4	0.039 5	0.044 1	0.048 4	0.052 3	0.055 9	0.059 2	0.062 2	0.065 1
15	0.014 4	0.020 6	0.026 2	0.031 4	0.036 1	0.040 4	0.044 4	0.048 1	0.051 5	0.054 6
16	—	0.006 8	0.013 1	0.018 7	0.023 9	0.028 7	0.033 1	0.037 2	0.040 9	0.044 4
17	—	—	—	0.006 2	0.011 9	0.017 2	0.022 0	0.026 4	0.030 5	0.034 3
18	—	—	—	—	—	0.005 7	0.011 0	0.015 8	0.020 3	0.024 4
19	—	—	—	—	—	—	—	0.005 3	0.010 1	0.014 6
20	—	—	—	—	—	—	—	—	—	0.004 9

k \ n	41	42	43	44	45	46	47	48	49	50
1	0.394 0	0.391 7	0.389 4	0.387 2	0.385 0	0.383 0	0.380 8	0.378 9	0.377 0	0.375 1
2	0.271 9	0.270 1	0.268 4	0.266 7	0.265 1	0.263 5	0.262 0	0.260 4	0.258 9	0.257 4
3	0.235 7	0.234 5	0.233 4	0.232 3	0.231 3	0.230 2	0.229 1	0.228 1	0.227 1	0.226 0
4	0.209 1	0.208 5	0.207 8	0.207 2	0.206 5	0.205 8	0.205 2	0.204 5	0.203 8	0.203 2
5	0.187 6	0.187 4	0.187 1	0.186 8	0.186 5	0.186 2	0.185 9	0.185 5	0.185 1	0.184 7
6	0.169 3	0.169 4	0.169 5	0.169 5	0.169 5	0.169 5	0.169 5	0.169 3	0.169 2	0.169 1
7	0.153 1	0.153 5	0.153 9	0.154 2	0.154 5	0.154 8	0.155 0	0.155 1	0.155 3	0.155 4
8	0.138 4	0.139 2	0.139 8	0.140 5	0.141 0	0.141 5	0.142 0	0.142 3	0.142 7	0.143 0
9	0.124 9	0.125 9	0.126 9	0.127 8	0.128 6	0.129 3	0.130 0	0.130 6	0.131 2	0.131 7
10	0.112 3	0.113 6	0.114 9	0.116 0	0.117 0	0.118 0	0.118 9	0.009 7	0.120 5	0.121 2
11	0.100 4	0.102 0	0.103 5	0.104 9	0.106 2	0.107 3	0.108 5	0.109 5	0.110 5	0.111 3
12	0.089 1	0.090 9	0.092 7	0.094 3	0.095 9	0.097 2	0.098 6	0.099 8	0.101 0	0.102 0
13	0.078 2	0.080 4	0.082 4	0.084 2	0.086 0	0.087 6	0.089 2	0.090 6	0.091 9	0.093 2
14	0.067 7	0.070 1	0.072 4	0.074 5	0.076 5	0.078 3	0.080 1	0.081 7	0.083 2	0.084 6
15	0.057 5	0.060 2	0.062 8	0.065 1	0.067 3	0.069 4	0.071 3	0.073 1	0.074 8	0.076 4
16	0.047 6	0.050 6	0.053 4	0.056 0	0.058 4	0.060 7	0.062 8	0.064 8	0.066 7	0.068 5
17	0.037 9	0.041 1	0.044 2	0.047 1	0.049 7	0.052 2	0.054 6	0.056 8	0.058 8	0.060 8
18	0.028 3	0.031 8	0.035 2	0.038 3	0.041 2	0.043 9	0.046 5	0.048 9	0.051 1	0.053 2
19	0.018 8	0.022 7	0.026 3	0.029 6	0.032 8	0.035 7	0.038 5	0.041 1	0.043 6	0.045 9
20	0.009 4	0.013 6	0.017 5	0.021 1	0.024 5	0.027 7	0.030 7	0.033 5	0.036 1	0.038 6
21	—	0.004 5	0.008 7	0.012 6	0.016 3	0.019 7	0.022 9	0.025 9	0.028 8	0.031 4
22	—	—	—	0.004 2	0.008 1	0.011 8	0.015 3	0.018 5	0.021 5	0.024 4
23	—	—	—	—	—	0.003 9	0.007 6	0.011 1	0.014 3	0.017 4
24	—	—	—	—	—	—	—	0.003 7	0.007 1	0.010 4
25	—	—	—	—	—	—	—	—	—	0.003 5

表 1-7　W 检验　统计量 W 的 α 分位数 Z_α

n \ α	0.01	0.05	0.10	n \ α	0.01	0.05	0.10
				26	0.891	0.920	0.933
				27	0.894	0.923	0.935
3	0.753	0.767	0.789	28	0.896	0.924	0.936
4	0.687	0.748	0.792	29	0.898	0.926	0.937
5	0.686	0.762	0.806	30	0.900	0.927	0.939
6	0.713	0.788	0.826	31	0.902	0.929	0.940
7	0.730	0.803	0.838	32	0.904	0.930	0.941
8	0.749	0.818	0.851	33	0.906	0.931	0.942
9	0.764	0.829	0.859	34	0.908	0.933	0.943
10	0.781	0.842	0.869	35	0.910	0.934	0.944
11	0.792	0.850	0.876	36	0.912	0.935	0.945
12	0.805	0.859	0.883	37	0.914	0.936	0.946
13	0.814	0.866	0.889	38	0.916	0.938	0.947
14	0.825	0.874	0.895	39	0.917	0.939	0.948
15	0.835	0.881	0.901	40	0.919	0.940	0.949
16	0.844	0.887	0.906	41	0.920	0.941	0.950
17	0.851	0.892	0.910	42	0.922	0.942	0.951
18	0.858	0.897	0.914	43	0.923	0.943	0.951
19	0.863	0.901	0.917	44	0.924	0.944	0.952
20	0.868	0.905	0.920	45	0.926	0.945	0.953
21	0.873	0.908	0.923	46	0.927	0.945	0.953
22	0.878	0.911	0.926	47	0.928	0.946	0.954
23	0.881	0.914	0.928	48	0.929	0.947	0.954
24	0.884	0.916	0.930	49	0.929	0.947	0.955
25	0.888	0.918	0.931	50	0.930	0.947	0.955

表 1-8　D 检验　统计量 Y 的 α 分位数 Z_α

n \ α	0.005	0.025	0.05	0.95	0.975	0.995
50	−3.91	−2.74	−2.21	0.937	1.06	1.24
60	−3.81	−2.68	−2.17	0.997	1.13	1.34
70	−3.73	−2.64	−2.14	1.05	1.19	1.42
80	−3.67	−2.60	−2.11	1.08	1.24	1.48
90	−3.61	−2.57	−2.09	1.12	1.28	1.54
100	−3.57	−2.54	−2.07	1.14	1.31	1.59
150	−3.41	−2.45	−2.00	1.23	1.42	1.75
200	−3.30	−2.39	−1.96	1.29	1.50	1.85
250	−3.23	−2.35	−1.93	1.33	1.55	1.93
300	−3.17	−2.32	−1.91	1.36	1.53	1.98
350	−3.13	−2.29	−1.89	1.38	1.61	2.03
400	−3.09	−2.27	−1.87	1.40	1.63	2.06
450	−3.06	−2.25	−1.86	1.41	1.65	2.09
500	−3.04	−2.24	−1.85	1.42	1.67	2.11
550	−3.02	−2.23	−1.84	1.43	1.68	2.14
600	−3.00	−2.22	−1.83	1.44	1.69	2.15
650	−2.98	−2.21	−1.83	1.45	1.70	2.17
700	−2.97	−2.20	−1.82	1.46	1.71	2.18
750	−2.96	−2.19	−1.81	1.47	1.72	2.20
800	−2.94	−2.18	−1.81	1.47	1.73	2.21
850	−2.93	−2.18	−1.80	1.48	1.74	2.22
900	−2.92	−2.17	−1.80	1.48	1.74	2.23
950	−2.91	−2.16	−1.80	1.49	1.75	2.24
1 000	−2.91	−2.16	−1.79	1.49	1.75	2.25

表 1-9　David 检验临界值表

n	$D_{1,\alpha}$					$D_{2,\alpha}$				
	0.005	0.010	0.025	0.050	0.100	0.100	0.050	0.025	0.010	0.005
3	1.735	1.737	1.745	1.758	1.782	1.997	1.999	2.000	2.000	2.000
4	1.83	1.87	1.93	1.98	2.04	2.509	2.429	2.439	2.445	2.447
5	1.98	2.02	2.09	2.15	2.22	2.712	2.753	2.782	2.803	2.813
6	2.11	2.15	2.22	2.28	2.37	2.949	3.012	3.056	3.095	3.115
7	2.22	2.26	2.33	2.40	2.49	3.143	3.222	3.282	3.338	3.369
8	2.31	2.35	2.43	2.50	2.59	3.308	3.399	3.471	2.543	3.535
9	2.39	2.44	2.51	2.59	2.68	3.449	3.552	3.634	3.720	3.772
10	2.46	2.51	2.59	2.67	2.76	3.57	3.685	3.777	3.875	3.935
11	2.53	2.58	2.66	2.74	2.84	3.68	3.80	3.903	4.012	4.079
12	2.59	2.61	2.72	2.80	2.90	3.78	3.91	4.020	4.134	4.208
13	2.64	2.70	2.78	2.86	2.96	3.87	4.00	4.12	4.244	4.325
14	2.70	2.75	2.83	2.92	3.02	3.95	4.09	4.21	4.36	4.431
15	2.74	2.80	2.88	2.97	3.07	4.02	4.17	4.29	4.44	4.53
16	2.79	2.84	2.93	3.01	3.12	4.09	4.24	4.37	4.52	4.62
17	2.83	2.88	2.97	3.06	3.17	4.15	4.31	4.44	4.60	4.70
18	2.87	2.92	3.01	3.10	3.21	4.21	4.37	4.51	4.67	4.78
19	2.90	2.96	3.05	3.14	3.25	4.27	4.43	4.57	4.76	4.85
20	2.94	2.99	3.09	3.18	3.29	4.32	4.49	4.63	4.80	4.91
25	3.09	3.15	3.24	3.34	3.45	4.53	4.71	4.87	5.06	5.19
30	3.21	3.27	3.37	3.47	3.59	4.70	4.89	5.06	5.26	5.40
35	3.32	3.38	3.48	3.58	3.70	4.84	5.04	5.21	5.42	5.57
40	3.41	3.47	3.57	3.67	3.79	4.96	5.16	5.34	5.56	5.71
45	3.49	3.55	3.66	3.75	3.88	5.06	5.26	5.45	5.67	5.88
50	3.56	3.62	3.73	3.88	3.95	5.14	5.35	5.54	5.77	5.93
55	3.62	3.69	3.80	3.90	4.02	5.22	5.43	5.63	5.86	6.02
60	3.68	3.75	3.86	3.96	4.08	5.29	5.51	5.70	5.94	6.10
65	3.74	3.80	3.91	4.01	4.14	5.35	5.57	5.77	6.01	6.17
70	3.79	3.85	3.96	4.06	4.19	5.41	5.63	5.83	6.07	6.24
75	3.83	3.90	4.01	4.11	4.24	5.46	5.68	5.88	6.18	6.30
80	3.88	3.94	4.05	4.16	4.28	5.51	5.73	5.93	6.18	6.35
85	3.92	3.99	4.09	4.20	4.33	5.56	5.78	5.98	6.23	6.40
90	3.96	4.02	4.13	4.24	4.36	5.60	5.82	6.03	6.27	6.45
95	3.99	4.06	4.17	4.27	4.40	5.64	5.86	6.07	6.32	6.49
100	4.03	4.10	4.21	4.31	4.44	5.68	5.90	6.11	6.36	6.53
150	4.32	4.38	4.48	4.59	4.72	5.96	6.18	6.39	6.64	6.82
200	4.53	4.59	4.68	4.78	4.90	6.15	6.39	6.60	6.84	7.01
500	5.06	5.13	5.25	5.37	5.49	6.72	6.94	7.15	7.42	7.69
1 000	5.50	5.57	5.68	5.79	5.92	7.11	7.33	7.54	7.80	7.99

表 1-10　F-分布临界值表

($\alpha = 0.10$)

f_2	f_1										
	1	2	3	4	5	6	7	8	9	10	11
1	39.9	49.5	53.6	55.8	57.2	58.2	58.9	59.4	59.9	60.2	60.5
2	8.53	9.00	9.16	9.24	9.29	9.33	9.35	9.37	9.38	9.39	9.40
3	5.54	5.46	5.39	5.34	5.31	5.28	5.27	5.25	5.24	5.23	5.22
4	4.54	4.32	4.19	4.11	4.05	4.01	3.98	3.95	3.94	3.92	3.91
5	4.06	3.78	3.62	3.52	3.45	3.40	3.37	2.34	3.32	3.30	3.28
6	3.78	3.46	3.29	3.18	3.11	3.05	3.01	2.98	2.96	2.94	2.92
7	3.59	3.26	3.07	2.96	2.88	2.83	2.78	2.75	2.72	2.70	2.68
8	3.46	3.11	2.92	2.81	2.73	2.67	2.62	2.59	2.56	2.54	2.52
9	3.36	3.01	2.81	2.69	2.61	2.55	2.51	2.47	2.44	2.42	2.40
10	3.29	2.92	2.73	2.61	2.52	2.46	2.41	2.38	2.35	2.32	2.30
11	3.23	2.86	2.66	2.54	2.45	2.39	2.34	2.30	2.27	2.25	2.23
12	3.18	2.81	2.61	2.48	2.39	2.33	2.28	2.24	2.21	2.19	2.17
13	3.14	2.76	2.56	2.43	2.35	2.28	2.23	2.20	2.16	2.14	2.12
14	3.10	2.73	2.52	2.39	2.31	2.24	2.19	2.15	2.12	2.10	2.07
15	3.07	2.70	2.49	2.36	2.27	2.21	2.16	2.12	2.09	2.06	2.04
16	3.05	2.67	2.46	2.33	2.24	2.18	2.13	2.09	2.06	2.03	2.01
17	3.03	2.64	2.44	2.31	2.22	2.15	2.10	2.06	2.03	2.00	1.98
18	3.01	2.62	2.42	2.29	2.20	2.13	2.08	2.04	2.00	1.98	1.95
19	2.99	2.61	2.40	2.27	2.18	2.11	2.06	2.02	1.98	1.96	1.93
20	2.97	2.59	2.38	2.25	2.16	2.09	2.04	2.00	1.96	1.94	1.91
21	2.96	2.57	2.36	2.23	2.14	2.08	2.02	1.98	1.95	1.92	1.90
22	2.95	2.56	2.35	2.22	2.13	2.06	2.01	1.97	1.93	1.90	1.88
23	2.94	2.55	2.31	2.25	2.11	2.05	1.99	1.95	1.92	1.89	1.87
24	2.93	2.54	2.33	2.19	2.10	2.04	1.98	1.94	1.91	1.88	1.85
25	2.92	2.53	2.32	2.18	2.09	2.02	1.97	1.93	1.89	1.87	1.84
26	2.91	2.52	2.31	2.17	2.08	2.01	1.96	1.92	1.88	1.86	1.83
27	2.90	2.51	2.30	2.17	2.07	2.00	1.95	1.91	1.87	1.85	1.82
28	2.89	2.50	2.29	2.16	2.06	2.00	1.94	1.90	1.87	1.84	1.81
29	2.89	2.50	2.28	2.15	2.06	1.99	1.93	1.89	1.86	1.83	1.80
30	2.88	2.49	2.28	2.14	2.05	1.98	1.93	1.88	1.85	1.82	1.79
40	2.84	2.44	2.23	2.09	2.00	1.93	1.87	1.83	1.79	1.76	1.74
60	2.79	2.39	2.18	2.04	1.95	1.87	1.82	1.77	1.74	1.71	1.68
120	2.75	2.35	2.13	1.99	1.90	1.82	1.77	1.72	1.68	1.65	1.63
∞	2.71	2.30	2.08	1.94	1.85	1.77	1.72	1.67	1.63	1.60	1.57

(α = 0.10) （续表）

f_2	f_1 12	15	20	24	30	40	50	60	120	∞
1	60.7	61.2	61.7	62.0	62.3	62.5	62.7	62.8	63.1	63.3
2	9.41	9.42	9.44	9.45	9.46	9.47	9.47	9.47	9.48	9.49
3	5.22	5.20	5.18	5.18	5.17	5.16	5.15	5.15	5.14	5.13
4	3.90	3.87	3.84	3.83	3.82	3.80	3.79	3.79	3.78	3.76
5	3.27	3.24	3.21	3.19	3.17	3.16	3.15	3.14	3.12	3.10
6	2.90	2.87	2.84	2.82	2.80	2.78	2.77	2.76	2.74	2.72
7	2.67	2.63	2.59	2.58	2.56	2.54	2.52	2.51	2.49	2.47
8	2.50	2.46	2.42	2.40	2.38	2.36	2.35	2.34	2.32	2.29
9	2.38	2.34	2.30	2.28	2.25	2.23	2.22	2.21	2.18	2.16
10	2.28	2.24	2.20	2.18	2.16	2.13	2.12	2.11	2.08	2.05
11	2.21	2.17	2.12	2.10	2.08	2.05	2.04	2.03	2.00	1.97
12	2.15	2.11	2.06	2.04	2.04	1.99	1.97	1.96	1.93	1.90
13	2.10	2.05	2.01	1.98	1.96	1.93	1.92	1.90	1.88	1.85
14	2.05	2.01	1.96	1.94	1.91	1.89	1.87	1.86	1.83	1.80
15	2.02	1.97	1.92	1.90	1.87	1.85	1.83	1.82	1.79	1.76
16	1.99	1.94	1.89	1.87	1.84	1.81	1.79	1.78	1.75	1.72
17	1.96	1.91	1.86	1.84	1.81	1.78	1.76	1.75	1.72	1.69
18	1.93	1.89	1.84	1.81	1.78	1.75	1.74	1.72	1.69	1.66
19	1.91	1.86	1.81	1.79	1.76	1.73	1.71	1.70	1.67	1.63
20	1.89	1.84	1.79	1.77	1.74	1.71	1.69	1.68	1.64	1.61
21	1.87	1.83	1.78	1.75	1.72	1.69	1.67	1.66	1.62	1.59
22	1.86	1.81	1.76	1.73	1.70	1.67	1.65	1.064	1.60	1.57
23	1.85	1.80	1.74	1.72	1.69	1.66	1.64	1.62	1.59	1.55
24	1.83	1.78	1.73	1.70	1.67	1.64	1.62	1.61	1.57	1.53
25	1.82	1.77	1.72	1.69	1.66	1.63	1.61	1.59	1.56	1.52
26	1.81	1.76	1.71	1.68	1.65	1.61	1.59	1.58	1.54	1.50
27	1.80	1.75	1.70	1.67	1.64	1.60	1.58	1.57	1.53	1.49
28	1.79	1.74	1.69	1.66	1.63	1.59	1.57	1.56	1.52	1.48
29	1.78	1.73	1.68	1.65	1.62	1.58	1.56	1.55	1.51	1.47
30	1.77	1.72	1.67	1.64	1.61	1.57	1.55	1.54	1.50	1.46
40	1.74	1.66	1.61	1.57	1.54	1.51	1.48	1.47	1.42	1.38
60	1.66	1.60	1.54	1.51	1.48	1.44	1.41	1.40	1.35	1.29
120	1.60	1.55	1.46	1.45	1.41	1.37	1.34	1.32	1.26	1.19
∞	1.55	1.49	1.42	1.38	1.34	1.30	1.26	1.24	1.17	1.00

($\alpha = 0.05$)　　(续表)

f_2	f_1														
	1	2	3	4	5	6	7	8	9	10	12	14	16	18	20
1	161	200	216	225	230	234	237	239	241	242	244	245	246	247	248
2	18.5	19.0	19.2	19.2	19.3	19.3	19.4	19.4	19.4	19.4	19.4	19.4	19.4	19.4	19.4
3	10.1	9.55	9.28	9.12	9.01	8.94	8.89	8.85	8.81	8.79	8.74	8.71	8.69	8.67	8.66
4	7.71	6.94	6.59	6.39	6.26	6.16	6.09	6.04	6.00	5.96	5.91	5.87	5.84	5.82	5.80
5	6.61	5.79	5.41	5.19	5.05	4.95	4.88	4.82	4.77	4.74	4.68	4.46	4.60	4.58	4.56
6	5.99	5.14	4.76	4.53	4.39	4.28	4.21	4.15	4.10	4.06	4.00	3.96	3.92	3.90	3.87
7	5.59	4.74	4.35	4.12	3.97	3.87	3.79	3.73	3.68	3.64	3.57	3.53	3.49	3.47	3.44
8	5.32	4.46	4.07	3.84	3.69	3.58	3.50	3.44	3.39	3.35	3.28	3.24	3.20	3.17	3.15
9	5.12	4.26	3.86	3.63	3.48	3.37	3.29	3.23	3.18	3.14	3.07	3.03	2.99	2.96	2.94
10	4.96	4.10	3.71	3.48	3.33	3.22	3.14	3.07	3.02	2.98	2.91	2.86	2.83	2.80	2.77
11	4.84	3.98	3.59	3.36	3.20	3.09	3.01	2.95	2.90	2.85	2.79	2.74	2.70	2.67	2.65
12	4.75	3.89	3.49	3.26	3.11	3.00	2.91	2.85	2.80	2.75	2.69	2.64	2.60	2.57	2.54
13	4.67	3.81	3.41	3.18	3.03	2.92	2.83	2.77	2.71	2.67	2.60	2.55	2.51	2.48	2.46
14	4.60	3.74	3.34	3.11	2.96	2.85	2.76	2.70	2.65	2.60	2.53	2.48	2.44	2.41	2.39
15	4.54	3.68	3.29	3.06	2.90	2.79	2.71	2.64	2.59	2.54	2.48	2.42	2.38	2.35	2.33
16	4.49	3.63	3.24	3.01	2.85	2.74	2.66	2.59	2.54	2.49	2.42	2.37	2.33	2.30	2.28
17	4.45	3.59	3.20	2.96	2.81	2.70	2.61	2.55	2.49	2.45	2.38	2.33	2.29	2.26	2.23
18	4.41	3.55	3.16	2.93	2.77	2.66	2.58	2.51	2.46	2.41	2.34	2.29	2.25	2.22	2.19
19	4.38	3.52	3.13	2.90	2.74	2.63	2.54	2.48	2.42	2.38	2.31	2.26	2.21	2.18	2.16
20	4.35	3.49	3.10	2.87	2.71	2.60	2.51	2.45	2.39	2.35	2.28	2.22	2.18	2.15	2.12
21	4.32	3.47	3.07	2.84	2.68	2.57	2.49	2.42	2.37	2.32	2.25	2.20	2.16	2.12	2.10
22	4.30	3.44	3.05	2.82	2.66	2.55	2.46	2.40	2.34	2.30	2.23	2.17	2.13	2.10	2.07
23	4.28	3.42	3.03	2.80	2.64	2.53	2.44	2.37	2.32	2.27	2.20	2.15	2.11	2.07	2.05
24	4.26	3.40	3.01	2.78	2.62	2.51	2.42	2.36	2.30	2.25	2.18	2.13	2.09	2.05	2.03
25	4.24	3.39	2.99	2.76	2.60	2.49	2.40	2.34	2.28	2.24	2.16	2.11	2.07	2.04	2.01
26	4.23	3.37	2.98	2.74	2.59	2.47	2.39	2.32	2.27	2.22	2.15	2.09	2.05	2.02	1.99
27	4.21	3.35	2.96	2.73	2.57	2.46	2.37	2.31	2.25	2.20	2.13	2.08	2.04	2.00	1.97
28	4.20	3.34	2.95	2.71	2.56	2.45	2.36	2.29	2.24	2.19	2.12	2.06	2.02	1.99	1.96
29	4.18	3.33	2.93	2.70	2.55	2.43	2.35	2.28	2.22	2.18	2.10	2.05	2.01	1.97	1.94
30	4.17	3.32	2.92	2.69	2.53	2.42	2.33	2.27	2.21	2.16	2.09	2.04	1.99	1.96	1.93
32	4.15	3.29	2.90	2.67	2.51	2.40	2.31	2.24	2.19	2.14	2.07	2.01	1.97	1.94	1.91
34	4.13	3.28	2.88	2.65	2.49	2.38	2.29	2.23	2.17	2.12	2.05	1.99	1.95	1.92	1.89
36	4.11	3.26	2.87	2.63	2.48	2.36	2.28	2.21	2.15	2.11	2.03	1.98	1.93	1.90	1.87
38	4.10	3.24	2.85	2.62	2.46	2.35	2.26	2.19	2.14	2.09	2.02	1.96	1.92	1.88	1.85
40	4.08	3.23	2.84	2.61	2.45	2.34	2.25	2.18	2.12	2.08	2.00	1.95	1.90	1.87	1.84
42	4.07	3.22	2.83	2.59	2.44	2.32	2.24	2.17	2.11	2.06	1.99	1.93	1.89	1.86	1.83
44	4.06	3.21	2.82	2.58	2.43	2.31	2.23	2.16	2.10	2.085	1.98	1.92	1.88	1.84	1.81
46	4.05	3.20	2.81	2.57	2.42	2.30	2.22	2.15	2.09	2.04	1.97	1.91	1.87	1.83	1.80
48	4.04	3.19	2.80	2.57	2.41	2.29	2.21	2.14	2.08	2.03	1.96	1.90	1.86	1.82	1.79
50	4.03	3.18	2.79	2.56	2.40	2.29	2.20	2.13	2.07	2.03	1.95	1.89	1.85	1.81	1.78
60	4.00	3.15	2.76	2.53	2.37	2.25	2.17	2.10	2.04	1.99	1.92	1.86	1.82	1.78	1.75
80	3.96	3.11	2.72	2.49	2.33	2.21	2.13	2.06	2.00	1.95	1.88	1.82	1.77	1.73	1.70
100	3.94	3.09	2.70	2.46	2.31	2.19	2.10	2.03	1.97	1.93	1.85	1.79	1.75	1.71	1.68
125	3.92	3.07	2.68	2.44	2.29	2.17	2.08	2.01	1.96	1.91	1.83	1.77	1.72	1.69	1.65
150	3.90	3.06	2.66	2.43	2.27	2.16	2.07	2.00	1.94	1.89	1.82	1.76	1.71	1.67	1.64
200	3.89	3.04	2.65	2.42	2.26	2.14	2.06	1.98	1.93	1.88	1.80	1.74	1.69	1.66	1.62
300	3.87	3.03	2.63	2.40	2.24	2.13	2.04	1.97	1.91	1.86	1.78	1.72	1.68	1.64	1.61
500	3.86	3.01	2.62	2.39	2.23	2.12	2.03	1.96	1.90	1.85	1.77	1.71	1.66	1.62	1.59
1 000	3.85	3.00	2.61	2.38	2.22	2.11	2.02	1.95	1.89	1.84	1.76	1.70	1.65	1.61	1.58
∞	3.84	3.00	2.60	2.37	2.21	2.10	2.01	1.94	1.88	1.83	1.75	1.69	1.64	1.60	1.57

($\alpha = 0.05$) (续表)

f_2	f_1														
	22	24	26	28	30	35	40	45	50	60	80	100	200	500	∞
1	249	249	249	250	250	251	251	251	252	252	252	253	254	254	254
2	19.5	19.5	19.5	19.5	19.5	19.5	19.5	19.5	19.5	19.5	19.5	19.5	19.5	19.5	19.5
3	8.65	8.64	8.63	8.62	8.62	8.60	8.59	8.59	8.58	8.57	8.56	8.55	8.54	8.53	8.53
4	5.79	5.77	5.76	5.75	5.75	5.73	5.72	5.71	5.70	5.69	5.67	5.66	5.65	5.64	5.63
5	4.54	4.53	4.52	4.50	4.50	4.48	4.46	4.45	4.44	4.43	4.41	4.41	4.39	4.37	4.37
6	3.86	3.84	3.83	3.82	3.81	3.79	3.77	3.76	3.75	3.74	3.72	3.71	3.69	3.68	3.67
7	3.43	3.41	3.40	3.39	3.38	3.36	3.34	3.33	3.32	3.30	3.29	3.27	3.25	3.24	3.23
8	3.13	3.12	3.10	3.09	3.08	3.06	3.04	3.03	3.02	3.01	2.99	2.97	2.95	2.94	2.93
9	2.92	2.90	2.89	2.87	2.86	2.84	2.83	2.81	2.80	2.79	2.77	2.76	2.73	2.72	2.71
10	2.75	2.74	2.72	2.71	2.70	2.68	2.66	2.65	2.64	2.62	2.60	2.59	2.56	2.55	2.54
11	2.63	2.61	2.59	2.58	2.57	2.55	2.53	2.52	2.51	2.49	2.47	2.46	2.43	2.42	2.40
12	2.52	2.51	2.49	2.48	2.47	2.44	2.43	2.41	2.40	2.38	2.36	2.35	2.32	2.31	2.30
13	2.44	2.42	2.41	2.39	2.38	2.36	2.34	2.33	2.31	2.30	2.27	2.26	2.23	2.22	2.21
14	2.37	2.35	2.33	2.32	2.31	2.28	2.27	2.25	2.24	2.22	2.20	2.19	2.16	2.14	2.13
15	2.31	2.29	2.27	2.26	2.25	2.22	2.20	2.19	2.18	2.16	2.14	2.12	2.10	2.08	2.07
16	2.25	2.24	2.22	2.21	2.19	2.17	2.15	2.14	2.12	2.11	2.08	2.07	2.04	2.02	2.01
17	2.21	2.19	2.17	2.16	2.15	2.12	2.10	2.09	2.08	2.06	2.03	2.02	1.99	1.97	1.96
18	2.17	2.15	2.13	2.12	2.11	2.08	2.06	2.05	2.04	2.02	1.99	1.98	1.95	1.93	1.92
19	2.13	2.11	2.10	2.08	2.07	2.05	2.03	2.01	2.00	1.98	1.96	1.94	1.91	1.89	1.88
20	2.10	2.08	2.07	2.05	2.04	2.01	1.99	1.98	1.97	1.95	1.92	1.91	1.88	1.86	1.84
21	2.07	2.05	2.04	2.02	2.01	1.98	1.96	1.95	1.94	1.92	1.89	1.88	1.84	1.82	1.81
22	2.05	2.03	2.01	2.00	1.98	1.96	1.94	1.92	1.91	1.89	1.86	1.85	1.82	1.80	1.78
23	2.02	2.00	1.99	1.97	1.96	1.93	1.91	1.90	1.88	1.86	1.84	1.82	1.79	1.77	1.76
24	2.00	1.98	1.97	1.95	1.94	1.91	1.89	1.88	1.86	1.84	1.82	1.80	1.77	1.75	1.73
25	1.98	1.96	1.95	1.93	1.92	1.89	1.87	1.86	1.84	1.82	1.80	1.78	1.75	1.73	1.71
26	1.97	1.95	1.93	1.91	1.90	1.87	1.85	1.84	1.82	1.80	1.78	1.76	1.73	1.71	1.69
27	1.95	1.93	1.91	1.90	1.88	1.86	1.84	1.82	1.81	1.79	1.76	1.74	1.71	1.69	1.67
28	1.93	1.91	1.90	1.88	1.87	1.84	1.82	1.80	1.79	1.77	1.74	1.73	1.69	1.67	1.65
29	1.92	1.90	1.88	1.87	1.85	1.83	1.81	1.79	1.77	1.75	1.73	1.71	1.67	1.65	1.64
30	1.91	1.89	1.87	1.85	1.84	1.81	1.79	1.77	1.76	1.74	1.71	1.70	1.66	1.64	1.62
32	1.88	1.86	1.85	1.83	1.82	1.79	1.77	1.75	1.74	1.71	1.69	1.67	1.63	1.61	1.59
34	1.86	1.84	1.82	1.80	1.80	1.77	1.75	1.73	1.71	1.69	1.66	1.65	1.61	1.59	1.57
36	1.85	1.82	1.81	1.79	1.78	1.75	1.73	1.71	1.69	1.67	1.64	1.62	1.59	1.56	1.55
38	1.83	1.81	1.79	1.77	1.76	1.73	1.71	1.69	1.68	1.65	1.62	1.61	1.57	1.54	1.53
40	1.81	1.79	1.77	1.76	1.74	1.72	1.69	1.67	1.66	1.64	1.61	1.59	1.55	1.53	1.51
42	1.80	1.78	1.76	1.74	1.73	1.70	1.68	1.66	1.65	1.62	1.59	1.57	1.53	1.51	1.49
44	1.79	1.77	1.75	1.73	1.72	1.69	1.67	1.65	1.63	1.61	1.58	1.56	1.52	1.49	1.48
46	1.78	1.76	1.74	1.72	1.71	1.68	1.65	1.64	1.62	1.60	1.57	1.55	1.51	1.48	1.46
48	1.77	1.75	1.73	1.71	1.70	1.67	1.64	1.62	1.61	1.59	1.56	1.54	1.49	1.47	1.45
50	1.76	1.74	1.72	1.70	1.69	1.66	1.63	1.61	1.60	1.58	1.54	1.52	1.48	1.46	1.44
60	1.72	1.70	1.68	1.66	1.65	1.62	1.59	1.57	1.56	1.53	1.50	1.48	1.44	1.41	1.39
80	1.68	1.65	1.63	1.62	1.60	1.57	1.54	1.52	1.51	1.48	1.45	1.43	1.38	1.35	1.32
100	1.65	1.63	1.61	1.59	1.57	1.54	1.52	1.49	1.48	1.45	1.41	1.39	1.34	1.31	1.28
125	1.63	1.60	1.58	1.57	1.55	1.52	1.49	1.47	1.45	1.42	1.39	1.36	1.31	1.27	1.25
150	1.61	1.59	1.57	1.55	1.53	1.50	1.48	1.45	1.44	1.41	1.37	1.34	1.29	1.25	1.22
200	1.60	1.57	1.55	1.53	1.52	1.48	1.46	1.43	1.41	1.39	1.35	1.32	1.26	1.22	1.19
300	1.58	1.55	1.53	1.51	1.50	1.46	1.43	1.41	1.39	1.36	1.32	1.30	1.23	1.19	1.15
500	1.56	1.54	1.52	1.50	1.48	1.45	1.42	1.40	1.38	1.34	1.30	1.28	1.21	1.16	1.11
1 000	1.55	1.53	1.51	1.49	1.47	1.44	1.41	1.38	1.36	1.33	1.29	1.26	1.19	1.13	1.08
∞	1.54	1.52	1.50	1.48	1.46	1.42	1.39	1.37	1.35	1.32	1.27	1.24	1.17	1.11	1.00

(α = 0.01) (续表)

f_2	f_1														
	1	2	3	4	5	6	7	8	9	10	12	14	16	18	20
1	405	500	540	563	576	586	593	598	602	606	611	614	617	619	621
2	98.5	99.0	99.2	99.2	99.3	99.3	99.4	99.4	99.4	99.4	99.4	99.4	99.4	99.4	99.4
3	34.1	30.8	29.5	28.7	28.2	27.9	27.7	27.5	27.3	27.2	27.1	26.9	26.8	26.8	26.7
4	21.2	18.0	16.7	16.0	15.5	15.2	15.0	14.8	14.7	14.5	14.4	14.2	14.2	14.1	14.0
5	16.3	13.3	12.1	11.4	11.0	10.7	10.5	10.3	10.2	10.1	9.89	9.77	9.68	9.61	9.55
6	13.7	10.9	9.78	9.15	8.75	8.47	8.26	8.10	7.98	7.87	7.72	7.60	7.52	7.45	7.40
7	12.2	9.55	8.45	7.85	7.46	7.19	6.99	6.84	6.72	6.62	6.47	6.36	6.27	6.21	6.16
8	11.3	8.65	7.59	7.01	6.63	6.37	6.18	6.03	5.91	5.81	5.67	5.56	5.48	5.41	5.36
9	10.6	8.02	6.99	6.42	6.06	5.80	5.61	5.47	5.35	5.26	5.11	5.00	4.92	4.86	4.81
10	10.0	7.56	6.55	5.99	5.64	5.39	5.20	5.06	4.94	4.85	4.71	4.60	4.52	4.46	4.41
11	9.65	7.21	6.22	5.67	5.32	5.07	4.89	4.74	4.63	4.54	4.40	4.29	4.21	4.15	4.10
12	9.33	6.93	5.95	5.41	5.06	4.82	4.64	4.50	4.39	4.30	4.16	4.05	3.97	3.91	3.86
13	9.07	6.70	5.74	5.21	4.86	4.62	4.44	4.30	4.19	4.10	3.96	3.86	3.78	3.71	3.66
14	8.86	6.51	5.56	5.04	4.70	4.46	4.28	4.14	4.03	3.94	3.80	3.70	3.62	3.56	3.51
15	8.68	6.36	5.42	4.89	4.56	4.32	4.14	4.00	3.89	3.80	3.67	3.56	3.49	3.42	3.37
16	8.53	6.23	5.29	4.77	4.44	4.20	4.03	3.89	3.78	3.69	3.55	3.45	3.37	3.31	3.26
17	8.40	6.11	5.18	4.67	4.34	4.10	3.93	3.79	3.68	3.59	3.46	3.35	3.27	3.21	3.16
18	8.29	6.01	5.09	4.58	4.25	4.01	3.84	3.71	3.60	3.51	3.37	3.27	3.19	3.13	3.08
19	8.18	5.93	5.01	4.50	4.17	3.94	3.77	3.63	3.52	3.43	3.30	3.19	3.12	3.05	3.00
20	8.10	5.85	4.94	4.43	4.10	3.87	3.70	3.56	3.46	3.37	3.23	3.13	3.05	2.99	2.94
21	8.02	5.78	4.87	4.37	4.04	3.81	3.64	3.51	3.40	3.31	3.17	3.07	2.99	2.93	2.88
22	7.95	5.72	4.82	4.31	3.99	3.76	3.59	3.45	3.35	3.26	3.12	3.02	2.94	2.88	2.83
23	7.88	5.66	4.76	4.26	3.94	3.71	3.54	3.41	3.30	3.21	3.07	2.97	2.89	2.83	2.78
24	7.82	5.61	4.72	4.22	3.90	3.67	3.50	3.36	3.26	3.17	3.03	2.93	2.85	2.79	2.74
25	7.77	5.57	4.68	4.18	3.86	3.63	3.46	3.32	3.22	3.13	2.99	2.89	2.81	2.75	2.70
26	7.72	5.53	4.64	4.14	3.82	3.59	3.42	3.29	3.18	3.09	2.96	2.86	2.78	2.72	2.66
27	7.68	5.49	4.60	4.11	3.78	3.56	3.39	3.26	3.15	3.06	2.93	2.82	2.75	2.68	2.63
28	7.64	5.45	4.57	4.07	3.75	3.53	3.36	3.23	3.12	3.03	2.90	2.79	2.72	2.65	2.60
29	7.60	5.42	4.54	4.04	3.73	3.50	3.33	3.20	3.09	3.00	2.87	2.77	2.69	2.62	2.57
30	7.56	5.39	4.51	4.02	3.70	3.47	3.30	3.17	3.07	2.98	2.84	2.74	2.66	2.60	2.55
32	7.50	5.34	4.46	3.97	3.65	3.43	3.26	3.13	3.02	2.93	2.80	2.70	2.62	2.55	2.50
34	7.44	5.29	4.42	3.93	3.61	3.39	3.22	3.09	2.98	2.89	2.76	2.66	2.58	2.51	2.46
36	7.40	5.25	4.38	3.89	3.57	3.35	3.18	3.05	2.95	2.86	2.72	2.62	2.54	2.48	2.43
38	7.35	5.21	4.34	3.86	3.54	3.32	3.15	3.02	2.92	2.83	2.69	2.59	2.51	2.45	2.40
40	7.31	5.18	4.31	3.83	3.51	3.29	3.12	2.99	2.89	2.80	2.66	2.56	2.48	2.42	2.37
42	7.28	5.15	4.29	3.80	3.49	3.27	3.10	2.97	2.86	2.78	2.64	2.54	2.46	2.40	2.34
44	7.25	5.12	4.26	3.78	3.47	3.24	3.08	2.95	2.84	2.75	2.62	2.52	2.44	2.37	2.32
46	7.22	5.10	4.24	3.76	3.44	3.22	3.06	2.93	2.82	2.73	2.60	2.50	2.42	2.35	2.30
48	7.20	5.08	4.22	3.74	3.43	3.20	3.04	2.91	2.80	2.72	2.58	2.48	2.40	2.33	2.28
50	7.17	5.06	4.20	3.72	3.41	3.19	3.02	2.89	2.79	2.70	2.56	2.46	2.38	2.32	2.27
60	7.08	4.98	4.13	3.65	3.34	3.12	2.95	2.82	2.72	2.63	2.50	2.39	2.31	2.25	2.20
80	6096	4.88	4.04	3.56	3.26	3.04	2.87	2.74	2.64	2.55	2.42	2.31	2.23	2.17	2.12
100	6.90	4.82	3.98	3.51	3.21	2.99	2.82	2.69	2.59	2.50	2.37	2.26	2.19	2.12	2.07
125	6.84	4.78	3.94	3.47	3.17	2.95	2.79	2.66	2.55	2.47	2.33	2.23	2.15	2.08	2.03
150	6.81	4.75	3.92	3.45	3.14	2.92	2.76	2.63	2.53	2.44	2.31	2.20	2.12	2.06	2.00
200	6.76	4.71	3.88	3.41	3.11	2.89	2.73	2.60	2.50	2.41	2.27	2.17	2.09	2.02	1.97
300	6.72	4.68	3.85	3.38	3.08	2.86	2.70	2.57	2.47	2.38	2.24	2.14	2.06	1.99	1.94
500	6.69	4.65	3.82	3.36	3.05	2.84	2.68	2.55	2.44	2.36	2.22	2.12	2.04	1.97	1.92
1 000	6.66	4.63	3.80	3.34	3.04	2.82	2.66	2.53	2.43	2.34	2.20	2.10	2.02	1.95	1.90
∞	6.63	4.61	3.78	3.32	3.02	2.80	2.64	2.51	2.41	2.32	2.18	2.08	2.00	1.93	1.88

($\alpha = 0.01$) (续表)

f_2	f_1														
	22	24	26	28	30	35	40	45	50	60	80	100	200	500	∞
1	622	623	624	625	626	628	629	630	630	631	633	633	635	636	637
2	99.5	99.5	99.5	99.5	99.5	99.5	99.5	99.5	99.5	99.5	99.5	99.5	99.5	99.5	99.5
3	26.6	26.6	26.6	26.5	26.5	26.5	26.4	26.4	26.4	26.3	26.3	26.2	26.2	26.1	26.1
4	14.0	13.9	13.9	13.9	13.8	13.8	13.7	13.7	13.7	13.7	13.6	13.6	13.5	13.5	13.5
5	9.51	9.47	9.43	9.40	9.38	9.33	9.29	9.26	9.24	9.20	9.16	9.13	9.08	9.04	9.02
6	7.35	7.31	7.28	7.25	7.23	7.18	7.14	7.11	7.09	7.06	7.01	6.99	6.93	6.90	6.88
7	6.11	6.07	6.04	6.02	5.99	5.94	5.91	5.88	5.86	5.82	5.78	5.75	5.70	5.67	5.65
8	5.32	5.28	5.25	5.22	5.20	5.15	5.12	5.00	5.07	5.03	4.99	4.96	4.91	4.88	4.86
9	4.77	4.73	4.70	4.67	4.65	4.60	4.57	4.54	4.52	4.48	4.44	4.42	4.36	4.33	4.31
10	4.36	4.33	4.30	4.27	4.25	4.20	4.17	4.14	4.12	4.08	4.04	4.01	3.96	3.93	3.91
11	4.06	4.02	3.99	3.96	3.94	3.89	3.86	3.83	3.81	3.78	3.73	3.71	3.66	3.62	3.60
12	3.82	3.78	3.75	3.72	3.70	3.65	3.62	3.59	3.57	3.54	3.49	3.47	3.41	3.38	3.36
13	3.62	3.59	3.56	3.53	3.51	3.46	3.43	3.40	3.38	3.34	3.30	3.27	3.22	3.19	3.17
14	3.46	3.43	3.40	3.37	3.35	3.30	3.27	3.24	3.22	3.18	3.14	3.11	3.06	3.03	3.00
15	3.33	3.29	3.26	3.24	3.21	3.17	3.13	3.10	3.08	3.05	3.00	2.98	2.92	2.89	2.87
16	3.22	3.18	3.15	3.12	3.10	3.05	3.02	2.99	2.97	2.93	2.89	2.86	2.81	2.78	2.75
17	3.12	3.08	3.05	3.03	3.00	2.96	2.92	2.89	2.87	2.83	2.79	2.76	2.71	2.68	2.65
18	3.03	3.00	2.97	2.94	2.92	2.87	2.84	2.81	2.78	2.75	2.70	2.68	2.62	2.59	2.57
19	2.96	2.92	2.89	2.87	2.84	2.80	2.76	2.73	2.71	2.67	2.63	2.60	2.55	2.51	2.49
20	2.90	2.86	2.83	2.80	2.78	2.73	2.69	2.67	2.64	2.61	2.56	2.54	2.48	2.44	2.42
21	2.84	2.80	2.77	2.74	2.72	2.67	2.64	2.61	2.58	2.55	2.50	2.48	2.42	2.38	2.36
22	2.78	2.75	2.72	2.69	2.67	2.62	2.58	2.55	2.53	2.50	2.45	2.42	2.36	2.33	2.31
23	2.74	2.70	2.67	2.64	2.62	2.57	2.54	2.51	2.48	2.45	2.40	2.37	2.32	2.28	2.26
24	2.70	2.66	2.63	2.60	2.58	2.53	2.49	2.46	2.44	2.40	2.36	2.33	2.27	2.24	2.21
25	2.86	2.62	2.59	2.56	2.54	2.49	2.45	2.42	2.40	2.36	2.32	2.29	2.23	2.19	2.17
26	2.62	2.58	2.55	2.53	2.50	2.45	2.42	2.39	2.36	2.33	2.28	2.25	2.19	2.16	2.13
27	2.59	2.55	2.52	2.49	2.47	2.42	2.38	2.35	2.33	2.29	2.25	2.22	2.16	2.12	2.10
28	2.56	2.52	2.49	2.46	2.44	2.39	2.35	2.32	2.30	2.26	2.22	2.19	2.13	2.09	2.06
29	2.53	2.49	2.46	2.44	2.41	2.36	2.33	2.30	2.27	2.23	2.19	2.16	2.10	2.06	2.03
30	2.51	2.47	2.44	2.41	2.39	2.34	2.30	2.27	2.25	2.21	2.16	2.13	2.07	2.03	2.01
32	2.46	2.42	2.39	2.36	2.34	2.29	2.25	2.22	2.20	2.16	2.11	2.08	2.02	1.98	1.96
34	2.42	2.38	2.35	2.32	2.30	2.25	2.21	2.18	2.16	2.12	2.07	2.04	1.98	1.94	1.91
36	2.38	2.35	2.32	2.29	2.26	2.21	2.17	2.14	2.12	2.08	2.03	2.00	1.94	1.90	1.87
38	2.35	2.32	2.28	2.26	2.23	2.18	2.14	2.11	2.09	2.05	2.00	1.97	1.90	1.86	1.84
40	2.33	2.29	2.26	2.23	2.20	2.15	2.11	2.08	2.06	2.02	1.97	1.94	1.87	1.83	1.80
42	2.30	2.26	2.23	2.20	2.18	2.13	2.09	2.06	2.03	1.99	1.94	1.91	1.85	1.80	1.78
44	2.28	2.24	2.21	2.18	2.15	2.10	2.06	2.03	2.01	1.97	1.92	1.89	1.82	1.78	1.75
46	2.26	2.22	2.19	2.16	2.13	2.08	2.04	2.01	1.99	1.95	1.90	1.86	1.80	1.75	1.73
48	2.24	2.20	2.17	2.14	2.12	2.06	2.02	1.99	1.97	1.93	1.88	1.84	1.78	1.73	1.70
50	2.22	2.18	2.15	2.12	2.10	2.05	2.01	1.97	1.95	1.91	1.86	1.82	1.76	1.71	1.68
60	2.15	2.12	2.08	2.05	2.03	1.98	1.94	1.90	1.88	1.84	1.78	1.75	1.68	1.63	1.60
80	2.07	2.03	2.00	1.97	1.94	1.89	1.85	1.81	1.79	1.75	1.69	1.66	1.58	1.53	1.49
100	2.02	1.98	1.94	1.92	1.89	1.84	1.80	1.76	1.73	1.69	1.63	1.60	1.52	1.47	1.43
125	1.98	1.94	1.91	1.88	1.85	1.80	1.76	1.72	1.69	1.65	1.59	1.55	1.47	1.41	1.37
150	1.96	1.92	1.88	1.85	1.83	1.77	1.73	1.69	1.66	1.62	1.56	1.52	1.43	1.38	1.33
200	1.93	1.89	1.85	1.82	1.79	1.74	1.69	1.66	1.63	1.58	1.52	1.48	1.39	1.33	1.28
300	1.89	1.85	1.82	1.79	1.76	1.71	1.66	1.62	1.59	1.55	1.48	1.44	1.35	1.28	1.22
500	1.87	1.83	1.79	1.76	1.74	1.68	1.63	1.60	1.56	1.52	1.45	1.41	1.31	1.23	1.16
1 000	1.85	1.81	1.77	1.74	1.72	1.66	1.61	1.57	1.54	1.50	1.43	1.38	1.28	1.19	1.11
∞	1.83	1.79	1.76	1.72	1.70	1.64	1.59	1.55	1.52	1.47	1.40	1.36	1.25	1.15	1.00

表 1-11　χ^2 分布临界值表

v	α									
	0.995	0.975	0.900	0.500	0.100	0.050	0.025	0.010	0.005	0.001
1	0.000	0.000	0.016	0.455	2.706	3.841	5.024	6.635	7.879	10.828
2	0.010	0.051	0.211	1.386	4.605	5.099 1	7.378	9.210	10.597	13.816
3	0.072	0.216	0.584	2.366	6.251	7.815	9.348	11.345	12.838	16.266
4	0.207	0.484	1.064	3.357	7.779	9.048 8	11.143	13.277	14.860	18.467
5	0.412	0.831	1.610	4.351	9.236	11.070	12.832	15.086	16.750	20.515
6	0.676	1.237	2.204	5.348	10.645	12.592	14.449	16.812	18.548	22.458
7	0.989	1.690	2.833	6.346	12.017	14.067	16.013	18.475	20.278	24.322
8	1.344	2.180	3.490	7.344	15.362	15.507	17.535	20.090	21.955	26.124
9	1.735	2.700	4.168	8.343	14.684	16.919	19.023	21.666	23.589	27.877
10	2.156	3.247	4.865	9.342	15.987	18.307	20.483	23.209	25.188	29.588
11	2.603	3.816	5.578	10.341	17.275	19.675	21.920	24.725	26.757	31.264
12	3.074	4.404	6.304	11.340	18.549	21.026	23.337	26.217	28.300	32.910
13	3.565	5.009	7.042	12.340	19.812	22.362	24.736	27.688	29.819	34.528
14	4.075	5.629	7.790	13.339	21.064	23.685	26.119	29.141	31.319	36.123
15	4.601	6.262	8.547	14.339	22.307	24.996	27.488	30.578	32.801	37.697
16	5.142	6.908	9.312	15.338	23.542	26.296	28.845	32.000	34.267	39.252
17	5.697	7.564	10.085	16.338	24.769	27.587	30.191	33.409	35.718	40.790
18	6.265	8.231	10.865	17.338	25.989	28.869	31.526	34.805	37.156	42.312
19	6.844	8.907	11.651	18.338	27.204	30.144	32.852	36.191	38.582	43.820
20	7.434	9.591	12.443	19.337	28.412	31.410	34.170	37.566	39.997	45.315
21	8.034	10.283	13.240	20.337	29.615	32.670	35.479	38.932	41.401	46.797
22	8.643	10.982	14.042	21.337	30.813	33.924	36.781	40.289	42.796	48.268
23	9.260	11.688	14.848	22.337	32.007	35.172	38.076	41.638	44.181	49.728
24	9.886	12.401	15.659	23.337	33.196	36.415	39.364	42.980	45.558	51.179
25	10.520	13.120	16.473	24.337	34.382	37.652	40.646	44.314	46.928	52.620
26	11.160	13.844	17.292	25.336	35.563	38.885	41.923	45.642	48.290	54.052
27	11.808	14.573	18.114	26.336	36.741	40.113	43.194	46.963	49.645	55.476
28	12.461	15.308	18.939	27.336	37.916	41.337	44.461	48.278	50.993	56.892
29	13.121	16.047	19.768	28.336	39.088	42.557	45.722	49.588	52.336	58.301
30	13.787	16.791	20.599	29.336	40.256	43.773	46.979	50.892	53.672	59.703
31	14.458	17.539	21.434	30.336	41.422	44.985	48.232	52.191	55.003	61.098
32	15.134	18.291	22.271	31.336	42.585	46.194	49.480	53.486	56.329	62.487
33	15.815	19.047	23.110	32.336	43.745	47.400	50.725	54.776	57.649	63.874
34	16.501	19.806	23.952	33.336	44.903	48.602	51.966	56.061	58.964	65.247
35	170192	20.569	24.797	34.336	46.059	49.802	53.203	57.342	60.275	66.619
36	17.887	21.336	25.643	35.336	47.212	50.998	54.437	58.619	61.582	67.985
37	18.586	22.106	26.492	36.335	48.363	52.192	55.668	59.892	62.884	69.346
38	19.289	22.878	27.343	37.335	49.513	53.384	56.896	61.162	64.182	70.703
39	19.996	23.654	28.196	38.335	50.660	54.572	58.120	62.428	65.476	72.055
40	20.707	24.433	29.051	39.335	51.805	55.758	59.342	63.691	66.766	73.402
41	21.421	25.215	29.907	40.335	52.949	56.942	60.561	64.950	68.053	74.745
42	22.138	25.999	30.765	41.335	54.090	58.124	61.777	66.206	69.336	76.084
43	22.859	26.785	31.625	42.335	55.230	59.304	62.990	67.459	70.616	77.419
44	23.584	27.575	32.487	43.335	56.369	60.481	64.202	68.710	71.893	78.750
45	24.311	28.366	33.350	44.335	57.505	61.656	65.410	69.957	73.166	80.077
46	25.042	29.160	34.215	45.335	58.641	62.830	66.617	71.201	74.437	81.400
47	25.775	29.956	35.081	46.335	59.774	64.001	67.821	72.443	75.704	82.720
48	26.511	30.755	35.949	47.335	60.907	65.171	69.023	73.683	76.969	84.037
49	27.249	31.555	36.818	48.335	62.038	66.339	70.222	74.919	78.231	85.351
50	27.991	32.357	37.689	49.335	63.167	67.505	71.420	76.154	79.490	86.661

表 1-12 Fmax 检验临界值表

($\alpha = 0.05$)

v	m										
	2	3	4	5	6	7	8	9	10	11	12
2	39.0	87.5	142	202	266	333	403	475	550	626	704
3	15.4	27.8	39.2	50.7	62.0	72.9	83.5	93.9	104	114	124
4	9.60	15.5	20.6	25.2	29.5	33.6	37.5	41.1	44.6	48.0	51.4
5	7.15	10.8	13.7	16.3	18.7	20.8	22.9	24.7	26.5	28.2	29.9
6	5.82	8.38	10.4	12.1	13.7	15.0	16.3	17.5	18.6	19.7	20.7
7	4.99	6.94	8.44	9.70	10.8	11.8	12.7	13.5	14.3	15.1	15.8
8	4.43	6.00	7.18	8.12	9.03	9.78	10.5	11.1	11.7	12.2	12.7
9	4.03	5.34	6.31	7.11	7.80	8.41	8.95	9.45	9.91	10.3	10.7
10	3.72	4.85	5.67	6.34	6.92	7.42	7.87	8.28	8.66	9.01	9.34
12	3.28	4.16	4.79	5.30	5.72	6.09	6.42	6.72	7.00	7.25	7.48
15	2.86	3.54	4.01	4.37	4.68	4.95	5.19	5.40	5.59	5.77	5.93
20	2.46	2.95	3.29	3.54	3.76	3.94	4.10	4.24	4.37	4.49	4.59
30	2.07	2.40	2.61	2.78	2.91	3.02	3.12	3.21	3.29	3.36	3.39
60	1.67	1.85	1.96	2.04	2.11	2.17	2.22	2.26	2.30	2.33	2.36
∞	1.00	1.00	1.00	1.00	1.00	1.00	1.00	1.00	1.00	1.00	1.00

($\alpha = 0.01$)

v	m										
	2	3	4	5	6	7	8	9	10	11	12
2	199	448	729	1 036	1 362	1 705	2 063	2 432	2 813	3 204	3 605
3	47.5	85.0	120	151	184	216	249	281	310	337	361
4	23.2	37.0	49.0	59.0	69.0	79.0	89.0	97.0	106	113	120
5	14.9	22.0	28.0	33.0	38.0	42.0	46.0	50.0	54.0	57.0	60.0
6	11.1	15.5	19.1	22.0	25.0	27.0	30.0	32.0	34.0	36.0	37.0
7	8.89	12.1	14.5	16.5	18.4	20.0	22.0	23.0	24.0	26.0	27.0
8	7.50	9.90	11.7	13.2	14.5	15.8	16.9	17.9	18.9	19.8	21.0
9	6.54	8.50	9.90	11.1	12.1	13.1	13.9	14.7	15.3	16.0	16.6
10	5.85	7.40	8.60	9.60	10.4	11.1	11.8	12.4	12.9	13.4	13.9
12	4.91	6.10	6.90	7.60	8.20	8.70	9.10	9.50	9.90	10.2	10.6
15	4.07	4.90	5.50	6.00	6.40	6.70	7.10	7.30	7.50	7.80	8.00
20	3.32	3.80	4.30	4.60	4.90	5.10	5.30	5.50	5.60	5.80	5.90
30	2.63	3.00	3.30	3.40	3.60	3.70	3.80	3.90	4.00	4.10	4.20
60	1.96	2.20	2.30	2.40	2.40	2.50	2.50	2.60	2.60	2.70	2.70
∞	1.00	1.00	1.00	1.00	1.00	1.00	1.00	1.00	1.00	1.00	1.00

表 1-13　Cochran 检验临界值表

($\alpha = 0.01$)

α	v						
	1	2	3	4	5	6	7
2	0.999 9	0.995 0	0.979 4	0.958 6	0.937 3	0.917 2	0.898 8
3	0.993 3	0.942 3	0.883 1	0.833 5	0.793 3	0.760 6	0.733 5
4	0.967 6	0.864 3	0.781 4	0.721 2	0.676 1	0.641 0	0.612 9
5	0.927 9	0.788 5	0.695 7	0.632 9	0.587 5	0.553 1	0.525 9
6	0.882 8	0.721 8	0.625 8	0.563 5	0.519 5	0.486 6	0.460 8
7	0.837 6	0.664 4	0.568 5	0.508 0	0.465 9	0.434 7	0.410 5
8	0.794 5	0.615 2	0.520 9	0.462 7	0.422 6	0.393 2	0.370 4
9	0.754 4	0.572 7	0.481 0	0.425 1	0.387 0	0.359 2	0.337 8
10	0.717 5	0.535 8	0.446 9	0.393 4	0.357 2	0.330 8	0.310 6
12	0.652 8	0.475 1	0.391 9	0.342 8	0.309 9	0.286 1	0.268 0
15	0.574 7	0.406 9	0.331 7	0.288 2	0.259 3	0.238 6	0.222 8
20	0.479 9	0.329 7	0.265 4	0.228 8	0.204 8	0.187 7	0.174 8
24	0.424 7	0.287 1	0.229 5	0.197 0	0.175 9	0.160 8	0.149 5
30	0.363 2	0.241 4	0.191 3	0.153 5	0.145 4	0.132 7	0.123 2
40	0.294 0	0.191 5	0.150 8	0.128 1	0.113 5	0.103 3	0.095 7
60	0.215 1	0.137 1	0.106 9	0.090 2	0.079 6	0.072 2	0.066 8
120	0.122 5	0.075 9	0.058 5	0.048 9	0.042 9	0.033 7	0.035 7
∞	0.000 0	0.000 0	0.000 0	0.000 0	0.000 0	0.000 0	0.000 0

α	v						
	8	9	10	16	36	144	∞
2	0.882 3	0.887 4	0.853 9	0.794 9	0.706 7	0.606 2	0.500 0
3	0.710 7	0.691 2	0.674 3	0.605 9	0.515 3	0.423 0	0.333 3
4	0.589 7	0.570 2	0.553 6	0.488 4	0.405 7	0.325 1	0.260 0
5	0.503 7	0.485 4	0.469 7	0.409 4	0.335 1	0.264 4	0.200 0
6	0.440 1	0.422 9	0.408 4	0.352 9	0.285 8	0.222 9	0.166 7
7	0.391 1	0.375 1	0.361 6	0.310 5	0.249 4	0.192 9	0.142 9
8	0.352 2	0.337 3	0.324 8	0.277 9	0.221 4	0.170 0	0.125 0
9	0.320 7	0.306 7	0.295 0	0.251 4	0.199 2	0.152 1	0.111 1
10	0.294 5	0.281 3	0.270 4	0.229 7	0.181 1	0.137 6	0.100 0
12	0.253 5	0.241 9	0.232 0	0.196 1	0.153 5	0.115 7	0.083 3
15	0.210 4	0.200 2	0.191 8	0.161 2	0.125 1	0.093 4	0.066 7
20	0.164 6	0.156 7	0.150 1	0.124 8	0.096 0	0.070 9	0.050 0
24	0.140 6	0.133 8	0.128 2	0.106 0	0.081 0	0.059 5	0.041 7
30	0.115 7	0.110 0	0.105 4	0.086 7	0.065 8	0.048 0	0.033 2
40	0.089 8	0.085 3	0.081 6	0.066 8	0.050 3	0.036 3	0.025 0
60	0.062 5	0.059 4	0.056 7	0.046 1	0.034 4	0.024 5	0.016 7
120	0.033 4	0.031 6	0.030 2	0.024 2	0.017 8	0.012 5	0.008 3
∞	0.000 0	0.000 0	0.000 0	0.000 0	0.000 0	0.000 0	0.000 0

(α = 0.05) (续表)

α	v						
	1	2	3	4	5	6	7
2	0.998 5	0.975 0	0.939 2	0.905 7	0.877 2	0.853 4	0.833 2
3	0.966 9	0.870 9	0.797 7	0.749 7	0.707 1	0.677 1	0.653 0
4	0.906 5	0.767 9	0.694 1	0.628 7	0.589 5	0.559 8	0.536 5
5	0.841 2	0.683 8	0.598 1	0.544 1	0.506 5	0.478 3	0.456 4
6	0.780 8	0.616 1	0.532 1	0.480 3	0.444 7	0.418 4	0.398 0
7	0.727 1	0.561 2	0.490 0	0.430 7	0.397 4	0.372 6	0.353 5
8	0.679 8	0.515 7	0.437 7	0.391 0	0.359 5	0.336 2	0.318 5
9	0.638 5	0.477 5	0.402 7	0.358 4	0.328 6	0.306 7	0.290 1
10	0.602 0	0.445 0	0.373 3	0.331 1	0.302 9	0.282 3	0.266 6
12	0.541 0	0.392 4	0.326 4	0.288 8	0.262 4	0.243 9	0.229 9
15	0.470 9	0.334 6	0.275 8	0.241 9	0.219 5	0.203 4	0.191 1
20	0.389 4	0.270 5	0.220 5	0.192 1	0.173 5	0.160 2	0.150 1
24	0.343 4	0.235 4	0.190 7	0.165 6	0.149 3	0.137 4	0.128 6
30	0.292 9	0.198 0	0.159 3	0.137 7	0.123 7	0.113 7	0.106 1
40	0.237 0	0.157 6	0.125 9	0.108 2	0.096 3	0.088 7	0.082 7
60	0.173 7	0.113 1	0.089 5	0.076 5	0.062 8	0.062 3	0.058 3
120	0.099 8	0.063 2	0.049 5	0.041 9	0.037 1	0.033 7	0.031 2
∞	0.000 0	0.000 0	0.000 0	0.000 0	0.000 0	0.000 0	0.000 0

α	v						
	8	9	10	16	36	144	∞
2	0.815 9	0.801 0	0.788 0	0.734 1	0.660 2	0.581 3	0.500 0
3	0.633 3	0.616 7	0.602 5	0.546 6	0.474 8	0.403 1	0.333 3
4	0.517 5	0.501 7	0.488 4	0.436 6	0.372 0	0.309 3	0.250 0
5	0.436 7	0.424 1	0.411 8	0.364 5	0.306 6	0.251 3	0.200 0
6	0.381 7	0.368 2	0.356 8	0.313 5	0.261 2	0.211 9	0.166 7
7	0.338 4	0.325 9	0.315 4	0.275 6	0.227 8	0.183 3	0.142 9
8	0.304 3	0.292 6	0.282 9	0.246 2	0.202 2	0.161 6	0.125 0
9	0.276 8	0.265 9	0.256 8	0.222 6	0.182 0	0.144 6	0.111 1
10	0.254 1	0.243 9	0.235 3	0.203 2	0.165 5	0.130 8	0.100 0
12	0.218 7	0.209 8	0.202 0	0.173 7	0.140 3	0.110 0	0.083 3
15	0.181 5	0.173 6	0.167 4	0.142 9	0.114 4	0.088 9	0.066 7
20	0.142 2	0.135 7	0.130 3	0.110 8	0.087 9	0.067 5	0.050 0
24	0.121 6	0.116 0	0.111 3	0.094 2	0.074 3	0.056 7	0.041 7
30	0.100 2	0.095 8	0.092 1	0.077 1	0.060 4	0.045 7	0.033 3
40	0.078 0	0.074 5	0.071 3	0.059 5	0.046 2	0.034 7	0.025 0
60	0.055 2	0.052 0	0.049 7	0.041 1	0.031 6	0.023 4	0.016 7
120	0.029 2	0.027 9	0.026 6	0.021 8	0.016 5	0.012 0	0.008 3
∞	0.000 0	0.000 0	0.000 0	0.000 0	0.000 0	0.000 0	0.000 0

表 1-14　正交表

$L_4(2^3)$

试验号＼列号	1	2	3
1	1	1	1
2	1	2	2
3	2	1	2
4	2	2	1

［注］注意二列间的交互作用出现于另一列。

$L_8(2^7)$

试验号＼列号	1	2	3	4	5	6	7
1	1	1	1	1	1	1	1
2	1	1	1	2	2	2	2
3	1	2	2	1	1	2	2
4	1	2	2	2	2	1	1
5	2	1	2	1	2	1	2
6	2	1	2	2	1	2	1
7	2	2	1	1	2	2	1
8	2	2	1	2	1	1	2

$L_8(2^7)$:二列间的交互作用表

列号＼列号	1	2	3	4	5	6	7
	(1)	3	2	5	4	7	6
		(2)	1	6	7	4	5
			(3)	7	6	5	4
				(4)	1	2	3
					(5)	3	2
						(6)	1

$L_{12}(2^{11})$

试验号＼列号	1	2	3	4	5	6	7	8	9	10	11
1	1	1	1	1	1	1	1	1	1	1	1
2	1	1	1	1	1	2	2	2	2	2	2
3	1	1	2	2	2	1	1	1	2	2	2
4	1	2	1	2	2	1	2	2	1	1	2
5	1	2	2	1	2	2	1	2	1	2	1
6	1	2	2	2	1	2	2	1	2	1	1
7	2	1	2	2	1	1	2	2	1	2	1
8	2	1	2	1	2	2	2	1	1	1	2
9	2	1	1	2	2	2	1	2	2	1	1
10	2	2	2	1	1	1	1	2	2	1	2
11	2	2	1	2	1	2	1	1	1	2	2
12	2	2	1	1	2	1	2	1	2	2	1

$L_{16}(2^{15})$

试验号＼列号	1	2	3	4	5	6	7	8	9	10	11	12	13	14	15
1	1	1	1	1	1	1	1	1	1	1	1	1	1	1	1
2	1	1	1	1	1	1	1	2	2	2	2	2	2	2	2
3	1	1	1	2	2	2	2	1	1	1	1	2	2	2	2
4	1	1	1	2	2	2	2	2	2	2	2	1	1	1	1
5	1	2	2	1	1	2	2	1	1	2	2	1	1	2	2
6	1	2	2	1	1	2	2	2	2	1	1	2	2	1	1
7	1	2	2	2	2	1	1	1	1	2	2	2	2	1	1
8	1	2	2	2	2	1	1	2	2	1	1	1	1	2	2
9	2	1	2	1	2	1	2	1	2	1	2	1	2	1	2
10	2	1	2	1	2	1	2	2	1	2	1	2	1	2	1
11	2	1	2	2	1	2	1	1	2	1	2	2	1	2	1
12	2	1	2	2	1	2	1	2	1	2	1	1	2	1	2
13	2	2	1	1	2	2	1	1	2	2	1	1	2	2	1
14	2	2	1	1	2	2	1	2	1	1	2	2	1	1	2
15	2	2	1	2	1	1	2	1	2	2	1	2	1	1	2
16	2	2	1	2	1	1	2	2	1	1	2	1	2	2	1

$L_{16}(2^{15})$:二列间的交互作用表

列号＼列号	1	2	3	4	5	6	7	8	9	10	11	12	13	14	15
	(1)	3	2	5	4	7	6	9	8	11	10	13	12	15	14
		(2)	1	6	7	4	5	10	11	8	9	14	15	12	13
			(3)	7	6	5	4	11	10	9	8	15	14	13	12
				(4)	1	2	3	12	13	14	15	8	9	10	11
					(5)	3	2	13	12	15	14	9	8	11	10
						(6)	1	14	15	12	13	10	11	8	9
							(7)	15	14	13	12	11	10	9	8
								(8)	1	2	3	4	5	6	7
									(9)	3	2	5	4	7	6
										(10)	1	6	7	4	5
											(11)	7	6	5	4
												(12)	1	2	3
													(13)	3	2
														(14)	1

$L_{32}(2^{31})$:

试验号 \ 列号	1	2	3	4	5	6	7	8	9	10	11	12	13	14	15	16	17	18	19	20	21	22	23	24	25	26	27	28	29	30	31
1	1	1	1	1	1	1	1	1	1	1	1	1	1	1	1	1	1	1	1	1	1	1	1	1	1	1	1	1	1	1	1
2	1	1	1	1	1	1	1	1	1	1	1	1	1	1	1	2	2	2	2	2	2	2	2	2	2	2	2	2	2	2	2
3	1	1	1	1	1	1	1	2	2	2	2	2	2	2	2	1	1	1	1	1	1	1	1	2	2	2	2	2	2	2	2
4	1	1	1	1	1	1	1	2	2	2	2	2	2	2	2	2	2	2	2	2	2	2	2	1	1	1	1	1	1	1	1
5	1	1	1	2	2	2	2	1	1	1	1	2	2	2	2	1	1	1	1	2	2	2	2	1	1	1	1	2	2	2	2
6	1	1	1	2	2	2	2	1	1	1	1	2	2	2	2	2	2	2	2	1	1	1	1	2	2	2	2	1	1	1	1
7	1	1	1	2	2	2	2	2	2	2	2	1	1	1	1	1	1	1	1	2	2	2	2	2	2	2	2	1	1	1	1
8	1	1	1	2	2	2	2	2	2	2	2	1	1	1	1	2	2	2	2	1	1	1	1	1	1	1	1	2	2	2	2
9	1	2	2	1	1	2	2	1	1	2	2	1	1	2	2	1	1	2	2	1	1	2	2	1	1	2	2	1	1	2	2
10	1	2	2	1	1	2	2	1	1	2	2	1	1	2	2	2	2	1	1	2	2	1	1	2	2	1	1	2	2	1	1
11	1	2	2	1	1	2	2	2	2	1	1	2	2	1	1	1	1	2	2	1	1	2	2	2	2	1	1	2	2	1	1
12	1	2	2	1	1	2	2	2	2	1	1	2	2	1	1	2	2	1	1	2	2	1	1	1	1	2	2	1	1	2	2
13	1	2	2	2	2	1	1	1	1	2	2	2	2	1	1	1	1	2	2	2	2	1	1	1	1	2	2	2	2	1	1
14	1	2	2	2	2	1	1	1	1	2	2	2	2	1	1	2	2	1	1	1	1	2	2	2	2	1	1	1	1	2	2
15	1	2	2	2	2	1	1	2	2	1	1	1	1	2	2	1	1	2	2	2	2	1	1	2	2	1	1	1	1	2	2
16	1	2	2	2	2	1	1	2	2	1	1	1	1	2	2	2	2	1	1	1	1	2	2	1	1	2	2	2	2	1	1
17	2	1	2	1	2	1	2	1	2	1	2	1	2	1	2	1	2	1	2	1	2	1	2	1	2	1	2	1	2	1	2
18	2	1	2	1	2	1	2	1	2	1	2	1	2	1	2	2	1	2	1	2	1	2	1	2	1	2	1	2	1	2	1
19	2	1	2	1	2	1	2	2	1	2	1	2	1	2	1	1	2	1	2	1	2	1	2	2	1	2	1	2	1	2	1
20	2	1	2	1	2	1	2	2	1	2	1	2	1	2	1	2	1	2	1	2	1	2	1	1	2	1	2	1	2	1	2
21	2	1	2	2	1	2	1	1	2	1	2	2	1	2	1	1	2	1	2	2	1	2	1	1	2	1	2	2	1	2	1
22	2	1	2	2	1	2	1	1	2	1	2	2	1	2	1	2	1	2	1	1	2	1	2	2	1	2	1	1	2	1	2
23	2	1	2	2	1	2	1	2	1	2	1	1	2	1	2	1	2	1	2	2	1	2	1	2	1	2	1	1	2	1	2
24	2	1	2	2	1	2	1	2	1	2	1	1	2	1	2	2	1	2	1	1	2	1	2	1	2	1	2	2	1	2	1
25	2	2	1	1	2	2	1	1	2	2	1	1	2	2	1	1	2	2	1	1	2	2	1	1	2	2	1	1	2	2	1
26	2	2	1	1	2	2	1	1	2	2	1	1	2	2	1	2	1	1	2	2	1	1	2	2	1	1	2	2	1	1	2
27	2	2	1	1	2	2	1	2	1	1	2	2	1	1	2	1	2	2	1	1	2	2	1	2	1	1	2	2	1	1	2
28	2	2	1	1	2	2	1	2	1	1	2	2	1	1	2	2	1	1	2	2	1	1	2	1	2	2	1	1	2	2	1
29	2	2	1	2	1	1	2	1	2	2	1	2	1	1	2	1	2	2	1	2	1	1	2	1	2	2	1	2	1	1	2
30	2	2	1	2	1	1	2	1	2	2	1	2	1	1	2	2	1	1	2	1	2	2	1	2	1	1	2	1	2	2	1
31	2	2	1	2	1	1	2	2	1	1	2	1	2	2	1	1	2	2	1	2	1	1	2	2	1	1	2	1	2	2	1
32	2	2	1	2	1	1	2	2	1	1	2	1	2	2	1	2	1	1	2	1	2	2	1	1	2	2	1	2	1	1	2

$L_{32}(2^{31})$:二列间的交互作用表

列号＼列号	1	2	3	4	5	6	7	8	9	10	11	12	13	14	15	16	17	18	19	20	21	22	23	24	25	26	27	28	29	30	31
	(1)	3	2	5	4	7	6	9	8	11	10	13	12	15	14	17	16	19	18	21	20	23	22	25	24	27	26	29	28	31	30
		(2)	1	6	7	4	5	10	11	8	9	14	15	12	13	18	19	16	17	22	23	20	21	26	27	24	25	30	31	28	29
			(3)	7	6	5	4	11	10	9	8	15	14	13	12	19	18	17	16	23	22	21	20	27	26	25	24	31	30	39	28
				(4)	1	2	3	12	13	14	15	8	9	10	11	20	21	22	23	16	17	18	19	28	29	30	31	24	25	26	27
					(5)	3	2	13	12	15	14	9	8	11	10	21	20	23	22	17	16	19	18	29	28	31	30	25	24	27	26
						(6)	1	14	15	12	13	10	11	8	9	22	23	20	21	18	19	16	17	30	31	28	29	26	27	24	25
							(7)	15	14	13	12	11	10	9	8	23	22	21	20	19	18	17	16	31	30	29	28	27	26	25	24
								(8)	1	2	3	4	5	6	7	24	25	26	27	28	29	30	31	16	17	18	19	20	21	22	23
									(9)	3	2	5	4	7	6	25	24	27	26	29	28	31	30	17	16	19	18	21	20	23	22
										(10)	1	6	7	4	5	26	27	24	25	30	31	28	29	18	19	16	17	22	23	20	21
											(11)	7	6	5	4	27	26	25	24	31	30	29	28	19	18	17	16	23	22	21	20
												(12)	1	2	3	28	29	30	31	24	25	26	27	20	21	22	23	16	17	18	19
													(13)	3	2	29	28	31	30	25	24	27	26	21	20	23	22	17	16	19	18
														(14)	1	30	31	28	29	26	27	24	25	22	23	20	21	18	19	16	17
															(15)	31	30	29	28	27	26	25	24	23	22	21	20	19	18	17	16
																(16)	1	2	3	4	5	6	7	8	9	10	11	12	13	14	15
																	(17)	3	2	5	4	7	6	9	8	11	10	13	12	15	14
																		(18)	1	6	7	4	5	10	11	8	9	14	15	12	13
																			(19)	7	6	5	4	11	10	9	8	15	14	13	12
																				(20)	1	2	3	12	13	14	15	8	9	10	11
																					(21)	3	2	13	12	15	14	9	8	11	10
																						(22)	1	14	15	12	13	10	11	8	9
																							(23)	15	14	13	12	11	10	9	8
																								(24)	1	2	3	4	5	6	7
																									(25)	3	2	5	4	7	6
																										(26)	1	6	7	4	5
																											(27)	7	6	5	4
																												(28)	1	2	3
																													(29)	3	2
																														(30)	1

$L_9(3^4)$

试验号 \ 列号	1	2	3	4
1	1	1	1	1
2	1	2	2	2
3	1	3	3	3
4	2	1	2	3
5	2	2	3	1
6	2	3	1	2
7	3	1	3	2
8	3	2	1	3
9	3	3	2	1

[注] 注意二列间的交互作用出现于另二列。

$L_{18}(3^7)$

试验号 \ 列号	1	2	3	4	5	6	7	[注] 1′
1	1	1	1	1	1	1	1	1
2	1	2	2	2	2	2	2	1
3	1	3	3	3	3	3	3	1
4	2	1	1	2	2	3	3	1
5	2	2	2	3	3	1	1	1
6	2	3	3	1	1	2	2	1
7	3	1	2	1	3	2	3	1
8	3	2	3	2	1	3	1	1
9	3	3	1	3	2	1	2	1
10	1	1	3	3	2	2	1	2
11	1	2	1	1	3	3	2	2
12	1	3	2	2	1	1	3	2
13	2	1	2	3	1	3	2	2
14	2	2	3	1	2	1	3	2
15	2	3	1	2	3	2	1	2
16	3	1	3	2	3	1	2	2
17	3	2	1	3	1	2	3	2
18	3	3	2	1	2	3	1	2

[注] 把两水平的列 1′排进 $L_{18}(2^7)$，便得混合型 $L_{18}(2^1\times3^7)$，交互作用 1′×1 可从两列的二元表求出。在 $L_{18}(2^1\times3^7)$中把列 1′和列 1 的水平组合 11，12，13，21，22，23，分别换成 1，2，3，4，5，6，便得混合型 $L_{18}(6^1\times3^5)$。

$L_{27}(3^{13})$

试验号 \ 列号	1	2	3	4	5	6	7	8	9	10	11	12	13
1	1	1	1	1	1	1	1	1	1	1	1	1	1
2	1	1	1	1	2	2	2	2	2	2	2	2	2
3	1	1	1	1	3	3	3	3	3	3	3	3	3
4	1	2	2	2	1	1	1	2	2	2	3	3	3
5	1	2	2	2	2	2	2	3	3	3	1	1	1
6	1	2	2	2	3	3	3	1	1	1	2	2	2
7	1	3	3	3	1	1	1	3	3	3	2	2	2

(续表)

试验号 \ 列号	1	2	3	4	5	6	7	8	9	10	11	12	13
8	1	3	3	3	2	2	2	1	1	1	3	3	3
9	1	3	3	3	3	3	3	2	2	2	1	1	1
10	2	1	2	3	1	2	3	1	2	3	1	2	3
11	2	1	2	3	2	3	1	2	3	1	2	3	1
12	2	1	2	3	3	1	2	3	1	2	3	1	2
13	2	2	3	1	1	2	3	2	3	1	3	1	2
14	2	2	3	1	2	3	1	3	1	2	1	2	3
15	2	2	3	1	3	1	2	1	2	3	2	3	1
16	2	3	1	2	1	2	3	3	1	2	2	3	1
17	2	3	1	2	2	3	1	1	2	3	3	1	2
18	2	3	1	2	3	1	2	2	3	1	1	2	3
19	3	1	3	2	1	3	2	1	3	2	1	3	2
20	3	1	3	2	2	1	3	2	1	3	2	1	3
21	3	1	3	2	3	2	1	3	2	1	3	2	1
22	3	2	1	3	1	3	2	2	1	3	3	2	1
23	3	2	1	3	2	1	3	3	2	1	1	3	2
24	3	2	1	3	3	2	1	1	3	2	2	1	3
25	3	3	2	1	1	3	2	3	2	1	2	1	3
26	3	3	2	1	2	1	3	1	3	2	3	2	1
27	3	3	2	1	3	2	1	2	1	3	1	3	2

$L_{27}(3^{13})$:二列间的交互作用表

列号 \ 列号	1	2	3	4	5	6	7	8	9	10	11	12	13
	(1)	3 4	2 4	2 3	6 7	5 7	5 6	9 10	8 10	8 9	12 13	11 13	11 12
		(2)	1 4	1 3	8 11	9 12	10 13	5 11	6 12	7 13	5 8	6 9	7 10
			(3)	1 2	9 13	10 11	8 12	7 12	5 13	6 11	6 10	7 8	5 9
				(4)	10 12	8 13	9 11	6 13	7 11	5 12	7 9	5 10	6 8
					(5)	1 7	1 6	2 11	3 13	4 12	2 8	4 10	3 9
						(6)	1 5	4 13	2 12	3 11	3 10	2 9	4 8
							(7)	3 12	4 11	2 13	4 9	3 8	2 10
								(8)	1 10	1 9	2 5	3 7	4 6
									(9)	1 8	4 7	2 6	3 5
										(10)	3 6	4 5	7 7
											(11)	1 13	1 12
												(12)	1 11

$L_{36}(3^{13})$　　　　[注]

试验号 \ 列号	1	2	3	4	5	6	7	8	9	10	11	12	13	1′	2′	3′
1	1	1	1	1	1	1	1	1	1	1	1	1	1	1	1	1
2	1	2	2	2	2	2	2	2	2	2	2	2	2	1	1	1
3	1	3	3	3	3	3	3	3	3	3	3	3	3	1	1	1
4	1	1	1	1	1	2	2	2	2	3	3	3	3	1	2	2
5	1	2	2	2	2	3	3	3	3	1	1	1	1	1	2	2
6	1	3	3	3	3	1	1	1	1	2	2	2	2	1	2	2
7	1	1	1	2	3	1	2	3	3	1	2	2	3	2	1	2
8	1	2	2	3	1	2	3	1	1	2	3	3	1	2	1	2
9	1	3	3	1	2	3	1	2	2	3	1	1	2	2	1	2
10	1	1	1	3	2	1	3	2	3	2	1	3	2	2	2	1
11	1	2	2	1	3	2	1	3	1	3	2	1	3	2	2	1
12	1	3	3	2	1	3	2	1	2	1	3	2	1	2	2	1
13	2	1	2	3	1	3	2	1	3	3	2	1	2	1	1	1
14	2	2	3	1	2	1	3	2	1	1	3	2	3	1	1	1
15	2	3	1	2	3	2	1	3	2	2	1	3	1	1	1	1
16	2	1	2	3	2	1	1	3	2	3	3	2	1	1	2	2
17	2	2	3	1	3	2	2	1	3	1	1	3	2	1	2	2
18	2	3	1	2	1	3	3	2	1	2	2	1	3	1	2	2
19	2	1	2	1	3	3	3	1	2	2	1	2	3	2	1	2
20	2	2	3	2	1	1	1	2	3	3	2	3	1	2	1	2
21	2	3	1	3	2	2	2	3	1	1	3	1	2	2	1	2
22	2	1	2	2	3	3	1	2	1	1	3	3	2	2	2	1
23	2	2	3	3	1	1	2	3	2	2	1	1	3	2	2	1
24	2	3	1	1	2	2	3	1	3	3	2	2	1	2	2	1
25	3	1	3	2	1	2	3	3	1	3	1	2	2	1	1	1
26	3	2	1	3	2	3	1	1	2	1	2	3	3	1	1	1
27	3	3	2	1	3	1	2	2	3	2	3	1	1	1	1	1
28	3	1	3	2	2	2	1	1	3	2	3	1	3	1	2	2
29	3	2	1	3	3	3	2	2	1	3	1	2	1	1	2	2
30	3	3	2	1	1	1	3	3	2	1	2	3	2	1	2	2
31	3	1	3	3	3	2	3	2	2	1	2	1	1	2	1	2
32	3	2	1	1	1	3	1	3	3	2	3	2	2	2	1	2
33	3	3	2	2	2	1	2	1	1	3	1	3	3	2	1	2
34	3	1	3	1	2	3	2	3	1	2	2	3	1	2	2	1
35	3	2	1	2	3	1	3	1	2	3	3	1	2	2	2	1
36	3	3	2	3	1	2	1	2	3	1	1	2	3	2	2	1

[注]把两水平的列 1′, 2′和 3′排进 $L_{36}(3^{13})$,便得混合型 $L_{35}(2^3\times3^{13})$。这时交互作用 1′×2′出现于 3′,并且交互作用 1′×1, 2′×1 和 3′×1 可分别从各自的二元表求出。

$L_{16}(4^5)$

试验号 \ 列号	1	2	3	4	5
1	1	1	1	1	1
2	1	2	2	2	2
3	1	3	3	3	3
4	1	4	4	4	4
5	2	1	2	3	4
6	2	2	1	4	3
7	2	3	4	1	2
8	2	4	3	2	1
9	3	1	3	4	2
10	3	2	4	3	1
11	3	3	1	2	4
12	3	4	2	1	3
13	4	1	4	2	3
14	4	2	3	1	4
15	4	3	2	4	1
16	4	4	1	3	2

[注] 注意二列间的交互作用出现于其他三列。

$L_{32}(4^9)$

试验号 \ 列号	1	2	3	4	5	6	7	8	9	[注] 1′
1	1	1	1	1	1	1	1	1	1	1
2	1	2	2	2	2	2	2	2	2	1
3	1	3	3	3	3	3	3	3	3	1
4	1	4	4	4	4	4	4	4	4	1
5	2	1	1	2	2	3	3	4	4	1
6	2	2	2	1	1	4	4	3	3	1
7	2	3	3	4	4	1	1	2	2	1
8	2	4	4	3	3	2	2	1	1	1
9	3	1	2	3	4	1	2	3	4	1
10	3	2	1	4	3	2	1	4	3	1
11	3	3	4	1	2	3	4	1	2	1
12	3	4	3	2	1	4	3	2	1	1
13	4	1	2	4	3	3	4	2	1	1
14	4	2	1	3	4	4	3	1	2	1
15	4	3	4	2	1	1	2	4	3	1
16	4	4	3	1	2	2	1	3	4	1
17	1	1	4	1	4	2	3	2	3	2
18	1	2	3	2	3	1	4	1	4	2
19	1	3	2	3	2	4	1	4	1	2
20	1	4	1	4	1	3	2	3	2	2
21	2	1	4	2	3	4	1	3	2	2
22	2	2	3	1	4	3	2	4	1	2
23	2	3	2	4	1	2	3	1	4	2
24	2	4	1	3	2	1	4	2	3	2
25	3	1	3	3	1	2	4	4	2	2
26	3	2	4	4	2	1	3	3	1	2
27	3	3	1	1	3	4	2	2	4	2
28	3	4	2	2	4	3	1	1	3	2
29	4	1	3	4	2	4	2	1	3	2
30	4	2	4	3	1	3	1	2	4	2
31	4	3	1	2	4	2	4	3	1	2
32	4	4	2	1	3	1	3	4	2	2

[注]把两水平的列 1′排进 $L_{32}(4^9)$,便得混合型 $L_{32}(2^1\times4^9)$。这时交互作用 1′×1 可从二元表求出。把列 1′和列 1 的水平组合 11, 12, 13, 14, 21, 22, 23, 24,分别换成 1, 2, 3, 4, 5, 6, 7, 8 便得混合型 $L_{32}(8^1\times4^8)$。

$L_{25}(5^6)$

试验号 \ 列号	1	2	3	4	5	6
1	1	1	1	1	1	1
2	1	2	2	2	2	2
3	1	3	3	3	3	3
4	1	4	4	4	4	4
5	1	5	5	5	5	5
6	2	1	2	3	4	5
7	2	2	3	4	5	1
8	2	3	4	5	1	2
9	2	4	5	1	2	3
10	2	5	1	2	3	4
11	3	1	3	5	2	4
12	3	2	4	1	3	5
13	3	3	5	2	4	1
14	3	4	1	3	5	2
15	3	5	2	4	1	3
16	4	1	4	2	5	3
17	4	2	5	3	1	4
18	4	3	1	4	2	5
19	4	4	2	5	3	1
20	4	5	3	1	4	2
21	5	1	5	4	3	2
22	5	2	1	5	4	3
23	5	3	2	1	5	4
24	5	4	3	2	1	5
25	5	5	4	3	2	1

[注]注意二列间的交互作用出现于其他四列。

附录2 程 序 清 单

一、试验数据的处理

1. 正态性检验

(1) 文件名 ***shapiro_wilk.m***(正态分布的 shapiro_wilk.m 检验法,适合 3=<样本量 n<=50)

(2) 文件名 ***Dagostino.m***(正态分布的 D'Agostino 检验法,适合样本容量为 50～1 000 的情况)

2. 异常值检验

(3) 文件名 ***tichuxiu.m***(主程序,适合样本量小于 30)

(4) 文件名 ***findxb.m***(子程序,适合样本量小于 30)

(5) 文件名 ***tgl.m***(子程序,适合样本量小于 30)

(6) 文件名 ***tc.m***(主程序,适合样本量大于 30,子程序同上)

3. 多总体方差一致性检验

(7) 文件名 ***duozongti.m***(主程序)

(8) 文件名 ***sg.m***(子程序)

二、回归旋转设计

(9) 文件名 ***sjbiao.m***(试验数据表)

(10) 文件名 ***pingfanghe.m***(求各统计量)

(11) 文件名 ***sjjz.m***(因子编码表和结构矩阵表)

(12) 文件名 ***transform.m***(通用解码,可用于 2、3 和 4 因子)

(13) 文件名 ***xsjs.m***(用于一个或多个回归方程回归系数的计算)

(14) 文件名 ***fcjy.m***(某一指标回归方程的显著性检验)

(15) 文件名 ***dxsjy.m***(单个指标回归方程的回归系数的检验与剔除)

(16) 文件名 ***duoxsjy.m***(所有指标回归方程的回归系数的检验与剔除)

(17) 文件名 ***dg*3*.m***(画三维等高线)

(18) 文件名 ***dg*2*.m***(画二维等高线)

三、优化问题求解

1. 无约束问题优化方法

(19) 文件名 ***minHJ.m***(黄金分割法)

(20) 文件名 ***minNT.m***(牛顿法)

(21) 文件名 ***minDFP.m***(变尺度法)

2. 约束问题优化方法

(22) 文件夹名"随机方向搜索法"(包含计算机随机选取初始点的主程序 ***RS.m***,人为选取

初始点的主程序 ***RS*1.*m*** 和子程序 ***judgeAB.m***，***judgeIE.m***）。

（23）文件夹名“外点罚函数法”（包含主程序 ***PF.m*** 和子主程序 ***fun.m***，***Funval.m***）

（24）文件夹名“内点罚函数法”（包含主程序 ***NF.m*** 和子主程序 ***fun.m***，***Funval.m***，***minNT.m***）

（25）文件夹名“混合惩罚函数法”（包含主程序 ***minMixFun.m*** 和子程序 ***fun.m***，***Funval.m***，***minNT.m***）

（26）文件名 ***transform.m***（解码文件）

（请扫描以上二维码下载程序，提取密码：K7td。如有问题，请询我社营销中心，电话：021-62193056，62373056，62379558。）

参 考 文 献

[1] 茆诗松,周纪芗,陈颖.试验设计[M].2 版.北京:中国统计出版社,2012.
[2] 朱伟勇.最优设计理论与应用[M].沈阳:辽宁人民出版社,1981.
[3] 陈军斌.最优化方法[M].北京:中国石化出版社,2011.
[4] 何坚勇.最优化方法[M].北京:清华大学出版社,2007.
[5] 宋巨龙,王香柯,冯晓慧.优化方法[M].西安:电子科技大学出版社,2012.
[6] 龚纯,王正林.精通 MATLAB 最优化计算[M].北京:电子工业出版社,2009.
[7] 中华人民共和国国家标准:数据的统计处理和解释,GB/T 4883—85,GB/T 4882—85,GB/T 4883—2001.
[8] 刘惟信.机械最优化设计[M].北京:清华大学出版社,1994.